冶金固废资源利用新技术丛书

电解铝危险废物
在炼钢生产中的资源化利用

主　编　俞海明

副主编　王　强　聂玉梅　谭广志
　　　　宿　宁　刘宏博

北　京

冶 金 工 业 出 版 社

2023

内 容 提 要

　　本书在对电解铝工业产生的危险废物进行全面分析的基础上，阐述了电解铝危险废物的无害化处理原理和资源化利用工艺，进而分析了电解铝危险废物在炼钢生产过程中无害化转化的可能性，此后分别阐述了在铁水预处理、转炉炼钢和电炉炼钢、炉外精炼生产过程中使用电解铝危险废物产品的工艺点，以及电解铝危险废物在各工序中的使用特点与技术。

　　本书可供从事冶金固废处理特别是电解铝行业固废处理的科研工作人员、生产人员、管理人员，以及钢铁企业的相关人员阅读参考。

图书在版编目(CIP)数据

电解铝危险废物在炼钢生产中的资源化利用/俞海明主编 . —北京：冶金工业出版社，2023.3

（冶金固废资源利用新技术丛书）

ISBN 978-7-5024-9493-3

Ⅰ. ①电…　Ⅱ. ①俞…　Ⅲ. ①炼铝—电解冶金—危险废弃物—废物综合利用　Ⅳ. ①X758

中国国家版本馆 CIP 数据核字（2023）第 076964 号

电解铝危险废物在炼钢生产中的资源化利用

出版发行	冶金工业出版社		电　话	(010)64027926
地　址	北京市东城区嵩祝院北巷 39 号		邮　编	100009
网　址	www.mip1953.com		电子信箱	service@mip1953.com

责任编辑　刘小峰　赵缘园　美术编辑　彭子赫　版式设计　郑小利
责任校对　王永欣　责任印制　禹　蕊
三河市双峰印刷装订有限公司印刷
2023 年 3 月第 1 版，2023 年 3 月第 1 次印刷
710mm×1000mm　1/16；21.75 印张；424 千字；335 页
定价 120.00 元

投稿电话　(010)64027932　投稿信箱　tougao@cnmip.com.cn
营销中心电话　(010)64044283
冶金工业出版社天猫旗舰店　yjgycbs.tmall.com
（本书如有印装质量问题，本社营销中心负责退换）

前　言

　　电解铝工业和钢铁工业都是国民经济发展的支柱性产业。进入20世纪90年代后，我国钢铁工业进入了快速发展期，自1996年起，年产粗钢量连续20多年稳居世界第一，目前钢铁年产量占到世界钢铁总产量的一半以上。从2001年起，我国电解铝产量跃居世界第一，目前年产量占到世界电解铝产量的一半以上。

　　钢铁生产对电解铝行业的依存度较高。已有实践和研究表明，特钢和高端优特钢的生产，金属铝和氧化铝对炼钢工艺不可或缺。其中，金属铝应用于钢液脱氧和合金化，氧化铝应用于造渣脱氧等工艺。然而，电解铝在生产过程中，产生三种危险废物——铝灰、炭渣和大修渣，其中的氟化物等对环境和动植物都有毒害。而从炼钢生产的工艺来看，电解铝危险废物中的各种组分，绝大多数是炼钢生产过程中所需要的原料组分，所以电解铝危险废物是能够作为炼钢的原辅料加以资源化利用的。

　　日本于20世纪70年代末将铝灰作为钢铁生产原料加以应用，已经形成稳定的产业链。俄罗斯阿莎冶金厂也有使用铝灰渣在LF工艺过程中的应用介绍。北京科技大学、东北大学、安钢等对铝灰在钢铁生产中的应用进行了研究与实践，推动了国内电解铝危险废物在钢铁生产过程中的资源化应用发展。河南、河北、山东、辽宁一带有数百家规模化的企业和作坊式企业，在利用电解铝危险废物为原料生产炼钢熔剂。每个企业都有相对固定的用户，消纳了一部分国内电解铝企业产生的铝灰，对环境保护起到了重要作用。我们在调查研究的同时发现，有相当一部分钢铁企业不认可铝灰生产的脱氧剂，明确拒绝使用铝灰为原料生产的脱氧剂，这限制了铝灰在钢铁生产过程中的应用。

2018 年 1 月，国务院办公厅印发了《禁止洋垃圾入境推进固体废物进口管理制度改革实施方案》，以铝灰为主要原料生产的 AD 粉被禁止进口。因此，国内钢铁企业和电解铝企业愈发重视利用电解铝危险废物生产冶金熔剂，同时炼钢生产协同电解铝危险废物资源化利用技术也得到了越来越多的钢铁企业和电解铝企业的认可。

2022 年我国粗钢年产量在 10 亿吨左右，电解铝年产量在 4000 万吨左右。按照炼钢使用萤石、金属铝和氧化铝的量来看，我国钢铁生产不到一半的产能就能够全量资源化利用电解铝产生的危险废物，实现钢铁工业和电解铝工业的融合发展，助力我们美丽家园的建设。我们坚信，随着技术的进步和广大科技工作者的努力，会有更多的企业投身到钢铁生产资源化利用电解铝危险废物中。

作者从 2006 年起开始在宝钢八钢炼钢生产中使用利用电解铝危险废物为原料生产的熔剂，从 2011 年起开始研究利用不同的电解铝危险废物生产的熔剂在不同炼钢工艺环节的使用工艺。在新疆中合大正冶金科技有限公司的支持下，我们依托中国宝武集团，与新疆工业职业技术学院老师合作，期间经历了数百次产品研制改型、黏结剂定型、生产线改造等技术攻关，于 2017 年取得了利用电解铝危险废物生产炼钢熔剂的突破，产品稳定向中国宝武集团供货。相关研究的阶段性成果在学术会议上与代表交流，引起业内广泛关注。为了回报社会各界的支持与帮助，我们将研究成果免费服务于 6 家企业。

作者 2018 年在山东和辽宁等地考察电解铝危险废物资源化利用情况时，看到内地诸多企业相关工作的开展已经有 30 余年的历史，有的企业已经取得了国家核准的危险废物经营许可证，可以合法资源化利用电解铝危险废物生产冶金熔剂，但是更多的企业受多种因素限制，没有取得相应的危险废物经营许可证，他们的生存处于进退维谷的状态。作者认为，这种情况的存在，主要是因为缺少对两个行业之间有机联系相关知识的系统化介绍，于是萌生了编写本书的想法。

新疆是电解铝产能大省，新疆工业职业技术学院是新疆电解铝企业的职工培训基地。北京璞域环保科技有限公司长年跟进新疆地区电解铝危险废物处理问题。新疆中合大正冶金科技有限公司拥有利用电解铝危险废物生产冶金熔剂的研发团队和生产团队。中国环境科学研究院负责生态环境保护行业标准《铝冶炼行业固体废物污染控制技术规范》的编制工作，长期开展铝冶炼行业危险废物的利用处置污染控制研究。本书编写团队由上述四家单位组成。第1、2章由新疆工业职业技术学院聂玉梅、谭广志、宿宁编写，第3、4章由北京璞域环保科技有限公司王强编写，其余章节由新疆中合大正冶金科技有限公司俞海明、中国环境科学研究院刘宏博编写。全书由俞海明统稿。

特别感谢新疆中合大正冶金科技有限公司吴汉元董事长对本书编写与出版的鼎力支持！

由于作者水平所限，书中不足之处，恳请广大读者批评指正。

俞海明

2022 年 8 月 10 日

目　　录

1 电解铝工业产生的危险废物

<<<<<<<<<<<<<<<<<<<<<<<<<<<<<<<<<<<<<<<<<<<<<<<<<<<<<<<<<<<<<<<<<<<<<

1.1 电解铝工业简介

铝具有质轻（其密度相当于钢铁的 1/3），良好的导热性、导电性和可加工性，以及可构成高强度、耐腐蚀性合金等优良性能，因而成为有色金属中应用最广泛的金属。铝工业现在是世界上最大的电化学工业，铝的产量仅次于钢，居各种有色金属的首位。由于铝具有很多优良的性质，价格也比较便宜，故其用途甚广，主要应用于以下几个方面[1-13]：

（1）轻型结构材料。铝及其合金质轻、机械强度高，易加工、耐腐蚀，所以铝及其合金必然成为飞机、汽车、宇宙飞船、火箭、导弹、人造卫星中不可缺少的金属材料，特别是航空工业、汽车制造业和建筑行业。

（2）电气工业材料。由于铝的导电性能优良，导热性能好，抗大电流冲击强，因此在电气制造工业中应用越来越广，如导电线缆、导电铝排、电容器等电器元器件，铝成就了电气工业的发展和升级换代。

（3）耐腐蚀材料。纯铝在空气中生成致密氧化膜，保护铝基体不致被进一步氧化，所以铝作为耐腐蚀的设备和管道，在化学工业中的应用很广。此外，钢铁材料表面镀铝和浸铝能够减缓钢材腐蚀的速度，有助于钢铁材料性能的提高。此外，铝在低温环境中机械性能良好，甚至还有所提高，性价比优于钢铁，所以在冷冻食品运输、液化装置等都采用铝制容器。

（4）热能材料。铝的导热性能好，热导率是铁的 3 倍，热容量是铁的 2 倍，工业上散热材料使用铝，重量轻，效果好，因此常常作为汽车、火车的散热片，半导体材料散热的散热器等。

（5）铝粉和铝箔在军事上有广泛的应用。铝粉用于生产炸药和烟火，铝箔生产箔条干扰弹和电磁干扰材料。铝合金生产的武器具有重量轻、性能稳定的优点。

（6）应用于钢铁生产和铁合金生产。铝的金属活性强，在炼钢生产中是最重要的脱氧材料，目前世界上特种钢和优特钢的生产，95%以上采用铝脱氧或者含铝的材料脱氧。在铁合金的生产过程中，铝热法生产钛铁等特种合金，是铁合金生产中的重要工艺方法。在贵重金属的生产中，铝粉作为还原剂还原贵重金属的氧化物生产贵重金属，是高性价比的工艺方法之一。此外，铝粉可还原蒸气压高的活性金属，也有广泛的应用。

（7）生产特殊材料。铝的其他性质独特，能够广泛应用于生产特殊材料。

1）铝的热中子俘获面小，仅次于铍和锆，能够用于核反应堆；

2）高纯铝对光线的反射能力很强，可制造高质量的反射镜等；

3）铝是非磁体，可制造罗盘或其他磁性仪器的外壳；

4）高纯铝在特殊的环境氧化生产人造宝石等。

我国铝工业是新中国成立后建立并发展起来的。1954 年我国第一家电解铝厂抚顺铝厂建成投产，设计能力为年产铝锭 1.5 万吨，槽型为 45kA 侧插自焙槽。改革开放以来，在优先发展铝工业的方针指导下，我国铝工业有了突飞猛进的发展。经过近 40 年的努力，到 1992 年原铝产量突破 100 万吨，2001 年产量达到 342.7 万吨，跃居世界第一位。2001 年开始，我国电解铝呈"井喷式"高速发展。2010 年原铝产量达 1696 万吨，占当年全球铝产量的 40.4%，十年间年均增长率为 20%。我国电解铝产能最高时达到 4500 万吨，占全球电解铝产能的 50%以上，助推国防和工业现代化的发展。

铝在生产过程中由四个环节构成一个完整的产业链：铝矿石开采-氧化铝制取-电解铝冶炼-铝加工生产。一般而言，2t 铝矿石生产 1t 氧化铝；2t 氧化铝生产 1t 电解铝。

目前工业生产原铝的主要方法是霍尔-埃鲁铝电解法，由美国的霍尔和法国的埃鲁于 1886 年发明。霍尔-埃鲁铝电解法是以氧化铝为原料、冰晶石（Na_3AlF_6）为助熔剂组成电解质，在 950~970℃的条件下通过电解的方法使电解质熔体中的氧化铝分解为铝和氧，铝在炭阴极以液相形式析出，氧在炭阳极上以二氧化碳气体的形式逸出。每生产 1t 原铝，将产生 1.5t 的二氧化碳，综合电耗在 15000kW·h 左右。电解铝的生产流程如图 1-1 所示。

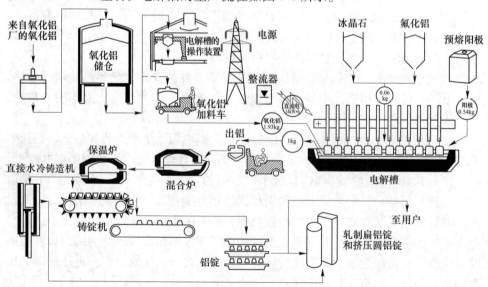

图 1-1 电解铝的生产工艺流程

上述冰晶石-氧化铝熔盐电解法，其基本原理是：熔融冰晶石作为助熔剂，氧化铝作为熔质，氟化铝、氟化钙作为添加剂，以炭素材料作为电极（实际生产中，铝液作为阴极），通入直流电，高温下，在电解槽的两极上进行电化学反应，即电解。电解铝工艺如图1-2所示。

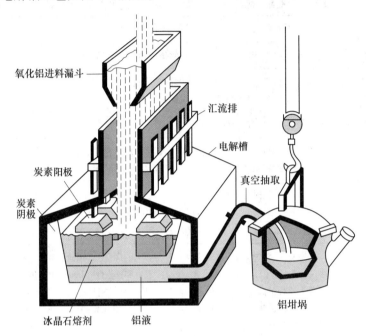

氧化铝进料漏斗
汇流排
电解槽
炭素阳极
真空抽取
炭素阴极
铝坩埚
冰晶石熔剂　　铝液

图1-2　电解铝工艺示意图

1.2　电解铝工业中的危险废物

电解铝电解生产过程中产生的危险废物主要有三种，分别为铝灰、炭渣和大修渣，本书统称电解铝危废。

电解铝厂的铝灰，主要来源于电解熔炼过程中，漂浮于铝熔体表面的不熔夹杂物、添加剂以及与添加剂进行物理、化学反应产生的物质，呈松散的灰渣状，因此被称为铝灰[14]。铝灰虽然是一种浮渣，但对熔炼过程有着重要的作用，主要是吸附来自电解铝液中的氧化铝、氟化盐等杂质，同时铝灰还能起到保护铝熔体、防止铝氧化等作用。但过厚的铝灰会阻碍热的传导，不利于熔炼，所以熔炼时铝灰要从熔炉定时扒出，成为工业废弃物。

炭渣是电解过程中，因阳极炭块或阴极炭块剥落，由含碳的物质与电解槽中的各种物质组成，在电解温度条件下产生的一种浮渣[15-17]。

大修渣是电解槽大修时清除的所有废旧内衬材料及含碳电极材料的统称，是电解铝生产过程中不可避免的固体废弃物[18-20]。

以上三大类的废弃物中，含有 AlN、NaF、Na_2C_2、Na_3AlF_6、HCN 等物质，遇水后淋溶析出氟离子，并产生 NH_3 等有害气体，我国于 2021 年 1 月 1 日施行的《国家危险废物名录》中的相关规定见表 1-1[21]。

表 1-1　《国家危险废物名录（2021 年版）》中的相关规定

废物代码	危险废物	危险特性
321-023-48	电解铝生产过程电解槽阴极内衬维修、更换产生的废渣（大修渣）	T
321-024-48	电解铝铝液转移、精炼、合金化、铸造过程熔体表面产生的铝灰渣，以及回收铝过程产生的盐渣和二次铝灰	R，T
321-025-48	电解铝生产过程产生的炭渣	T
321-026-48	再生铝和铝材加工过程中，废铝及铝锭重熔、精炼、合金化、铸造熔体表面产生的铝灰渣，及其回收铝过程产生的盐渣和二次铝灰	R
321-034-48	铝灰热回收铝过程烟气处理集（除）尘装置收集的粉尘，铝冶炼和再生过程烟气（包括：再生铝熔炼烟气、铝液熔体净化、除杂、合金化、铸造烟气）处理集（除）尘装置收集的粉尘	T，R

注：1. 危险特性，是指对生态环境和人体健康具有有害影响的毒性（Toxicity，T）、腐蚀性（Corrosivity，C）、易燃性（Ignitability，I）、反应性（Reactivity，R）和感染性（Infectivity，In）。

　　2. 所列危险特性为该种危险废物的主要危险特性，不排除可能具有其他危险特性；","分隔的多个危险特性代码，表示该种废物具有列在第一位代码所代表的危险特性，且可能具有所列其他代码代表的危险特性。

1.2.1　铝灰

铝灰是电解铝或铸造铝生产工艺中产生的熔渣经冷却加工后的产物[22]。通常所说的铝灰主要有以下三个方面的来源：（1）原铝电解冶炼出铝或铸铝锭等过程中，每生产 1t 原铝产生 30~50kg 铝灰；（2）金属铝在铸造合金或浇铸零部件等加工过程中，每加工 1t 金属铝产生 30~40kg 铝灰；（3）废杂铝再生回收金属铝的过程中，每再生 1t 金属铝有 150~250kg 的铝灰产生。根据是否进行金属铝回收，铝灰分为一次铝灰和二次铝灰。

铝灰，也被称为铝渣灰或铝渣，是在一次和二次铝工业中所产生的一种废弃物。在金属铝生产和铸造过程中，为了防止熔融金属铝的氧化，通常会加入氟化盐进行保护，为此有大量的铝灰产生。这一过程中产生的铝灰通常含有较高的金属铝，被称为白灰或一次铝灰。白灰可以作为二次铝工业的原料。

二次铝工业主要是指从各种废弃物（如铝灰、废弃铝制品）以及铝制品加工中产生的铝屑、废渣等原料中回收铝的过程[22,23]。从白灰中回收金属铝的传统方法为熔盐法，熔盐通常用 NaCl 和 KCl 的混合物加入少量的冰晶石或 CaF_2。熔盐的加入可以促进铝和渣的分离，并且防止铝液的氧化。这些加入的盐类和二次铝生产过程中产生的氧化物、杂质等，在二次铝生产结束后成为二次铝灰。二次铝工业所产生的废弃物通常含有 5%～20% 的金属铝和大量的可溶性盐，被称为黑灰，其中金属铝含量在 5%～10% 的又被称为盐饼。

1.2.1.1　一次铝灰

电解铝铝厂的铝灰，是铝电解过程中产生的一种浮渣，在电解过程中漂浮于电解槽铝液的上表面，由电解过程中未参加反应的氧化铝、冰晶石等原料及混合物组成，也包括与添加剂进行化学反应产生的少量其他杂质，因其与其他重金属熔炼产生的炉渣不同，呈松散的灰渣状，因此又被称为一次铝灰（铝渣），每生产 1t 原铝将产生 25kg 铝灰[23]（15～40kg）。由于电解过程是连续进行的，因此一次铝灰的产生量较大，成分比较复杂。某厂电解铝工艺过程中产生的铝灰主要成分见表 1-2。

表 1-2　某厂的铝灰成分　　　　　　　　　　（%）

$Al+Al_2O_3$	Fe	K	Mg	SiO_2	Na	N	Cl	F
81.524	0.448	0.218	1.42	1.9	2.17	9.45	1.79	1.08

电解铝现场的捞渣作业和冷却后铝灰的实体照片如图 1-3 和图 1-4 所示。

图 1-3　电解铝电解槽的捞渣　　　　　　　图 1-4　筛选出金属铝后的铝灰

铝液在铸造前需在混合炉中进行净化熔炼，为了吸附铝液中的有害夹杂物、降低铝液表面熔渣黏度以及防止铝液氧化，在铝液熔炼过程中会加入一些添加剂，导致铝液表面产生一定量的熔渣，此熔渣在铸造前需要用人工或机械方式从混合炉中扒出，扒出的熔渣呈松散的灰渣状，也被称为一次铝灰。混合炉生产过程中产生铝灰的实体照片如图 1-5 和图 1-6 所示。

图 1-5　电解铝厂的铝液倒入混合炉　　　　图 1-6　从混合炉捞出铝灰

A　铝灰中氮化物的形成与 AlN 的水解

铝灰中的氮化物主要是氮化铝。其主要的产生原因是金属铝液在与炉气接触以后，炉气中的主要成分氮在高温下与金属铝反应生成的，反应的热力学数据如下[25]：

$$2Al + N_2 \, 2AlN$$

$$\Delta G_{298}^{\ominus} = -235.56 \text{kJ/mol}$$

$$\Delta H_{298}^{\ominus} = -267.78 \text{kJ/mol}$$

$$\Delta S_{298}^{\ominus} = -107.95 \text{kJ/} (\text{mol} \cdot \text{K})$$

在电解槽附近可以发生以下反应：

$$Al_2O_3 + 3C + N_2 \Longrightarrow 2AlN + 3CO$$

氮化铝的性质为：熔点 2230℃，比热容 0.82kJ/（mol·K），密度 3.1g/cm³，分子中氮的质量分数 34.18%。

氮化铝遇水后可能发生反应的方程式如下：

$$AlN + 3H_2O \longrightarrow Al(OH)_3 + NH_3$$

按照不同温度下的反应吉布斯自由能（$\Delta G^{\ominus}$）的计算公式如下：

$$H_i^{\ominus}(T) = \Delta_f H_i^{\ominus} + \int_{298}^{T} C_p \mathrm{d}T$$

$$\Delta H^{\ominus} = \sum V_i H_i^{\ominus}(T)$$

$$S_i^T(T) = S_{i,\,298}^{\ominus} + \int_0^{298} C_p \mathrm{d}\ln T + \sum \frac{\Delta H_i^t}{T_i}$$

$$\Delta S^{\ominus} = \sum V_i S_i^{\ominus}(T)$$

$$\Delta G^{\ominus} = \Delta H^{\ominus} - T \Delta S G^{\ominus}$$

式中，$H_i^{\ominus}$ 为 i 物质在温度 T 下的生成焓；$\Delta_f H_i^{\ominus}$ 为 i 物质标准摩尔生成焓；$\Delta H^{\ominus}$ 为化学反应焓变；V_i 为 i 物质的化学计量数；$S_i^{\ominus}$ 为 i 物质在温度 T 下的熵；C_p 为等压热容；$\Delta S^{\ominus}$ 为化学反应熵变。反应的热力学数据见表 1-3。

表 1-3 热力学数据

物质	C_p	$H_{298}^{\ominus}$ /kJ·mol^{-1}	$S_{298}^{\ominus}$ /kJ·(mol·K)$^{-1}$
AlN	$32.267+22.686\times10^{-3}T-7.904\times10^{5}T^{-2}(298.15\sim600\text{K})$	−317.98	20.15
H$_2$O	$29.999+10.711\times10^{-3}T+0.335\times10^{5}T^{-2}(298.15\sim500\text{K})$	−241.81	188.72
Al(OH)$_3$	$30.602+209.78\times10^{-3}T(298.15\sim700\text{K})$	−1284.49	71.13
NH$_3$	$25.794+31.623\times10^{-3}T+0.35\times10^{5}T^{-2}(298.15\sim800\text{K})$	−45.94	192.67

$$H_{\text{AlN}}^{\ominus}(T)=-331.26+3.226\times10^{-2}T+1.1343\times10^{-5}T^2+7.904\times10^2T^{-1}(\text{kJ/mol})$$

$$H_{\text{H}_2\text{O}}^{\ominus}(T)=-251.11+2.999\times10^{-2}T+5.3555\times10^{-6}T^2-0.335\times10^2T^{-1}(\text{kJ/mol})$$

$$H_{\text{Al(OH)}_3}^{\ominus}(T)=-1302.92+3.060\times10^{-2}T+1.0489\times10^{-4}T^2(\text{kJ/mol})$$

$$H_{\text{NH}_3}^{\ominus}(T)=-54.91+2.5794\times10^{-2}T+1.5812\times10^{-5}T^2(\text{kJ/mol})$$

通过计算，得到在 0~100℃（273~373K）下的数据如下：

温度/K	$\Delta G^{\ominus}$/kJ·mol^{-1}
273	−219.153
323	−211.049
348	−202.863
373	−194.587

由上可知，在室温~100℃的范围，AlN 的水解反应吉布斯自由能变化值均小于零，也就是说遇水就能够反应。根据以上计算可知，铝灰采用水或者蒸汽加湿，就能够使得其中的 AlN 水解反应，生成氢氧化铝。

目前所提到的铝灰脱氮工艺，就是基于以上的机理，加湿以后铝灰中的 AlN 分解，N 转化成为 NH$_3$ 逸出。

B　HCN 产生的可能性

氮化铝反应的生成物 NH$_3$ 遇热会产生 HCN，这种担心在很多的文献中有介绍，其化学反应方程式：

$$\text{NH}_3 + \text{C} === \text{HCN} + \text{H}_2(\text{反应条件：强热})$$

由于 HCN 的酸性比碳酸弱，比碳酸氢根强，因此不能与碳酸盐反应放出 CO$_2$，相反氰化物会发生以下反应，吸收 CO$_2$ 并生成碳酸氢盐。

$$\text{CN}^- + \text{CO}_2 + \text{H}_2\text{O} === \text{HCN} + \text{HCO}_3^-$$

根据以上分析，结合铝灰处理的工艺特点可知，在特定的环境下，铝灰中的氮化铝水解有产生 HCN 的可能。

氰化氢标准状态下为液体。氰化氢易在空气中均匀弥散，在空气中可燃烧。氰化氢在空气中的含量达到 5.6%~12.8% 时，具有爆炸性。氢氰酸属于剧毒类。

急性氰化氢中毒的临床表现为患者呼出气中有明显的苦杏仁味，轻度中毒主要表现为胸闷、心悸、心率加快、头痛、恶心、呕吐、视物模糊。重度中毒主要表现呈深昏迷状态，呼吸浅快，阵发性抽搐，甚至强直性痉挛。

1.2.1.2　二次铝灰

二次铝灰是把一次铝灰中的金属铝通过炒灰、熔融等工艺，回收其中的金属铝以后，产生的以氧化铝为主、含有多种盐类化合物的废弃物。

一次铝灰中的金属铝含量较高，回收其中的金属铝是提高铝厂经济竞争力的工艺方法。目前国内外从铝灰中回收铝的方法很多，大体上可以分为热处理回收法和冷处理回收法两大类，这些方法铝的回收率在55%以上。

热处理回收法主要针对一次铝灰。笔者所见最简单的回收金属铝的工艺，是在一个钢制的大锅内，加入炼铝的原料，下面采用高热值的焦炭或者无烟煤等加热，利用铝熔点低的特点，将铝灰中的金属铝熔化后沉降在铁锅底部，在这一过程中，操作工不断搅拌，以便于传热和熔化的铝液沉降在锅底，并且不断地将上部的铝灰捞出，成为二次铝灰。炒灰机炒灰的原理也是利用了铝熔点低这一特点来实施的。

热处理回收法的另一种形式是通过外加热源（如旋转电弧炉、等离子电弧炉等）对铝灰进行加热，从而使金属铝熔化，以实现铝和铝灰的分离。此方法突出的优点是污染小，并且处理后的二次铝灰中没有可溶性盐，有利于后续处理，但该方法消耗大量能源，成本高。

冷处理回收法主要是通过磨机磨细后，利用金属铝耐磨的特点，采用筛分的工艺方法，选取其中绝大部分的金属铝。这是一种通过机械加工分离金属铝的工艺。

通过热处理回收法处理后的铝灰依然含有一定量的金属铝，冷却后的金属铝形成小颗粒，一般采用筛选、重选、浮选或电选法回收其中的铝，也称为冷处理工艺。

二次铝灰的成分因各生产厂家的原料及操作条件不同而略有变化，但通常都含有金属铝，铝的氧化物、氮化物、碳化物和盐，其他金属氧化物如 SiO_2、MgO，以及一些其他成分。其中，SiO_2 的含量一般在 5%~22%，Al_2O_3 的含量一般在 43%~95%。一次铝灰和二次铝灰的照片如图 1-7 所示。

1.2.2　炭渣

电解铝生产过程中，阳极炭块和阴极炭素内衬在电化学和冶炼的热力学条件下，加上铝液冲蚀作用，均能从炭块或内衬上剥落进入电解槽，形成炭渣。炭渣的形成原因如下[16]：

（1）电解槽的阳极炭块剥落。常见的原因如下：

1）从焙烧炉内出炉后阳极表面黏结的填充料清理不干净，进入电解槽后，

(a) 一次铝灰　　　　　　　　　　　　　(b) 二次铝灰

图 1-7　一次铝灰和二次铝灰

随着电解反应的进行，逐渐脱落进入电解质中成为炭渣。

2）阳极质量不稳定。预焙炭块是由石油焦、沥青焦、沥青通过破碎、煅烧、配料、混捏等工序烧制而成，如果采用的原材料及工艺不合乎要求就会产出不合格的炭块，如耐压强度低、空隙度大、杂质大等，从而导致阳极氧化和炭粒在阳极表面脱落进入电解质中形成炭渣，有时会形成掉块和裂缝，在电解质的冲蚀和洗刷下也会形成炭渣。

（2）阴极炭素内衬的冲蚀剥落。在铝电解过程中，阴极炭素内衬的剥落和碎裂是铝电解溶液中产生炭渣的又一来源。铝电解槽启动后由于钠的渗透、电解质溶液和铝液的侵蚀和冲刷，阴极炭素内衬不久就会产生剥落。钠对阴极炭块的渗入，是引起剥落的主要原因。钠的渗入使炭块内部产生应力，导致炭块体积膨胀，并变得疏松多孔，从而剥落形成炭渣。

（3）二次反应生成游离的固定碳产生炭渣，这种情况下产生的炭渣量很少，在电解质溶液中形成细微的游离态炭渣。反应有两种：

1）在电解质的溶液中溶解的铝与阳极气体 CO_2、CO 反应生成 C，即：

$$2Al + 3CO_2 \Longrightarrow Al_2O_3 + 3CO$$

$$2Al + 3CO \Longrightarrow Al_2O_3 + 3C$$

2）电解质中的铝直接将 CO_2 还原成 C：

$$4Al + 3CO_2 \Longrightarrow 2Al_2O_3 + 3C$$

由于炭块质量不稳定而形成的炭渣是生产中炭渣形成的主要原因。

在电解铝生产过程中，一般情况下，炭渣会在电解质表面燃烧掉，但在产生过量炭渣的情况下（就自焙槽而言），需人工及时捞出槽外，以减少炭渣对电解生产过程的不利影响。在捞出的炭渣中，含有大量的氟化盐（70%左右，主要是冰晶石），炭渣的主要成分是以冰晶石（Na_3AlF_6）为主的钠铝氟化物、$\alpha\text{-}Al_2O_3$

和碳；含碳 15%~40%，电解质氟化物约 60%。青铜峡能源铝业集团有限公司产生的炭渣主要成分见表 1-4，其主要物相分析结果见表 1-5。

表 1-4　青铜峡能源铝业集团有限公司产生的炭渣主要成分

元素	F	Na	Al	Ca	Fe	Si	Mg	C
含量/%	32.36	16.34	12.91	1.08	0.52	1.7	0.82	19.68

表 1-5　炭渣的主要物相分布率

相别	组成	分布率/%
冰晶石	Na_3AlF_6	40~45
氟铝酸钠石	Na_3MgAlF_7	5~10
锥冰晶石	$Na_5Al_3F_{14}$	5
氧化铝	$\alpha\text{-}Al_2O_3$	15
石墨	C	20
其他杂相		5

1.2.3　大修渣

现代电解铝工业生产采用冰晶石-氧化铝熔盐电解法工艺。熔融冰晶石是助熔剂，氧化铝作为熔质，以炭素体作为阳极，铝液作为阴极，通入强大的直流电后，在 950~970℃ 下，在电解槽内的两极上进行电化学反应，即电解。阴极、阳极均为碳质，阴极上析出铝，而阳极上析出 CO_2(70%) 和 CO(30%) 气体。

铝电解过程是在电解槽中进行的。电解槽是由炭素材料和耐火材料组成的。电解槽的结构如图 1-8 所示，其砌筑材料的技术数据见表 1-6。

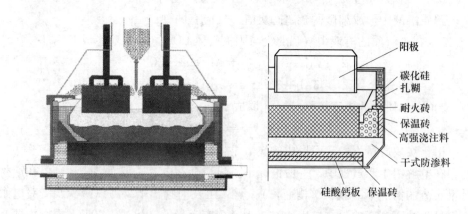

阳极
碳化硅
扎糊
耐火砖
保温砖
高强浇注料
干式防渗料
硅酸钙板　保温砖

图 1-8　电解槽的结构示意图

表 1-6 电解槽砌筑使用的各种原料的情况

名称	砌筑材料及用量				
	保温材料	耐火材料	炭素材料	浇注料	合计
120kA 电解槽	3.4	10	15.7	2.6	31.7
150kA 电解槽	3.1	12.5	20.5	5	41.1
200kA 电解槽	5.9	14.2	22.2	6.4	48.7
350kA 电解槽	7.3	31.6	46	8.7	93.6
合计	19.7	68.3	104.4	22.7	215.1

注: 青海某电解铝厂的电解槽数据。

在电解铝生产过程中, 由于高温电解质对内衬材料的渗透、腐蚀, 导致阴极炭块发生变形、破裂, 槽内的铝液和电解质沿着裂缝向下渗透, 直达炉膛底部, 导致电解槽不能正常生产, 需要停槽进行大修。大修渣是电解铝生产过程中不可避免的固体废弃物。

1.2.3.1 大修渣中各种物质的形成机理和相关化学反应

现代大型铝电解预焙槽的电解温度在 950~970℃ 之间, 每生产 1t 铝约消耗 50kg 电解质, 电解质一般采用冰晶石、氟化铝、氟化镁等。铝电解用阴极材料从使用到最后变成旧阴极内衬的过程中主要发生了以下一系列的物理化学变化[18-28]:

(1) 正常生产过程中, 在阴极表面会生成碳化铝:

$$4Al(l) + 3C(s) === Al_4C_3(s)$$

腐蚀时生成 NaF:

$$12Na(g) + 3C(s) + 4Na_3AlF_6(l) === Al_4C_3(s) + 24NaF(l)$$

(2) 钠对阴极炭块的渗透发生的反应。阴极炭块中的孔隙率在 16%~20%, 在电解槽启动通电后, 氧化铝中带入的钠会析出, 向炭素内衬快速渗透, 形成结晶后造成膨胀。钠的渗入改善了电解质熔体对炭素阴极的湿润性, 随后电解质熔体随着孔隙向内衬中渗入, 氟化盐、金属、碳化铝等熔结, 在炭素阴极与耐火砖之间形成灰白层, 期间发生的反应如下:

$$32C(s) + Na(g) === C_{32}Na(s)$$

$$3Na(g) + Na_3AlF_6(l) === 6NaF(s) + Al(l)$$

$$4Na_3AlF_6(l) + 12Na(g) + 3O_2(g) === 2Al_2O_3(s) + 24NaF(l)$$

$$22Na_3AlF_6(l) + 68Na(g) + 17O_2(g) === Na_2O \cdot 11Al_2O_3(s) + 132NaF(l)$$

$$4Na(g) + 3O_2(g) + 2C(g) === 2Na_2CO_3(s)$$

钠对阴极炭块渗透时同时生成了上述几种电解质。

（3）空气渗入发生的反应。空气进入内衬，直接在阴极内衬下产生钠-碳-空气的反应：

$$2Na(g) + 2C(s) + N_2(g) = 2NaCN(l)$$

$$2Na_3AlF_6(l) + N_2(g) + 6Na(g) = 12NaF(l) + 2AlN(s)$$

$$2Na(g) + 1/2O_2(g) + 11Al_2O_3(s) = Na_2O \cdot 11Al_2O_3(s)$$

（4）电解质渗漏导致新物质生成：

$$8Na_3AlF_6(l) + 3(3Al_2O_3 \cdot 2SiO_2)(s) = 6SiF_4 \uparrow + 24NaF(s) + 13Al_2O_3(l)$$

$$8Na(g) + 5(3Al_2O_3 \cdot 2SiO_2)(s) = 8NaAlSiO_4(s) + 2Si(s) + 11Al_2O_3(s)$$

$$6NaF + 34Al_2O_3 = 3(Na_2O \cdot 11Al_2O_3) + 2AlF_3$$

（5）电解质渗漏与钢棒反应：

$$Al(l) + 3Fe(s) = AlFe_3(s)$$

$$3Na(g) + Na_3AlF_6(l) + 3Fe(s) = AlFe_3(s) + 6NaF(s)$$

$$4Al(l) + 3SiO_2(s) = 2Al_2O_3(s) + 3Si(l)$$

$$Al(l) + Si(l) + Fe(s) = AlSiFe(s)$$

电解质和钠与阴极钢棒接触时，发生以下反应：

$$Na_3AlF_6(l) + 3NaF(l) + 3Fe(s) = AlFe_3(s) + 6NaF$$

此外，有研究人员在对大修渣的 X 衍射分析过程中发现，X 衍射还显示了两种新氰化物的存在。根据反应条件，认为可能发生的化学反应方程式如下：

$$2C(s) + 2Na(l) + N_2(g) = 2NaCN(s)$$

$$6C(s) + 4Na(l) + Fe(l) + 3N_2(g) = Na_4Fe(CN)_6(s)$$

1.2.3.2　大修渣的组成特点介绍

电解槽大修前虽然要抽干金属铝液和电解质液，但因槽膛的不规则性及槽膛槽帮与炭内衬的紧密结合，极难将电解质液全部抽出，也极难将炭内衬附着的电解质槽帮剥离干净，使得在大修过程中附着的电解质与炭内衬一起被清理出来。

铝电解槽在大修时，主要拆除的是废阴极炭块、废耐火材料、废保温材料等。同时在电解过程中，还产生一定量的炭渣。由于各个电解铝厂电流容量内衬结构、内衬材料种类、电解工艺条件、操作制度、槽寿命差别较大，废弃物的具体组成也有较大差别，但主要组分基本相同，主要包括底部的阴极炭块、炭渣（碳粒）、各种耐火材料等。

A　废阴极炭块

由于热作用、化学作用、机械冲蚀作用、电作用、钠和电解质的渗透等引起的熔盐反应、化学反应，铝电解槽中的阴极炭块使用一定时间后破损。废阴板炭块一般含有 C、NaF、Na_3AlF_6、AlF_3、CaF_2、Al_2O_3 等，含碳约为 50%~70%，电解质氟化物约为 30%~50%，氰化物约为 0.2%。青铜峡能源铝业集团有限公司阴极炭块现场如图1-9所示。

有文献对大修渣中的废旧阴极做了详细的研究，具体的研究结果如下：

（1）废旧阴极中电解质的组成。通过对铝电解槽废旧阴极炭块进行物相分析，得到废旧阴极的具体组成为：碳（C）、冰晶石（Na_3AlF_6）、氧化铝（α-Al_2O_3、β-Al_2O_3）、氟化钠（NaF）、氟化钙（CaF_2）等，而根据电解槽的部位不同，各组分的含量又存在差异。废旧阴极不同部位所含物质的含量和组成见表1-7。

图1-9 废阴极炭块的现场照片

表1-7 废旧阴极不同部位所含物质的含量和组成

取样部位	质量分数/%		电解质组成/%[①]				
	C[①]	电解质[②]	Na_3AlF_6	α-Al_2O_3	β-Al_2O_3	NaF	CaF_2
边部炭块	74.5	25.5	6	3	—	31	—
边部炭缝	21	79	1	—	—	78	1
阴极炭块	66.6	33.4	7	—	1	35.7	1.5
中部炭块	66.9	33.1	9	1.5	2.5	17.7	1.5
保温层	—	—	35.6	41	3	20	4

① X衍射分析结果；② 化学分析结果。

同时通过X衍射图及现场实物还发现有黄色的碳化铝化合物（Al_4C_3）生成。它往往出现在氟化钠和冰晶石的周围，可能发生的化学反应如下：

$$4Na_3AlF_6(l) + 12Na(l) + 3C(s) = 24NaF(s) + Al_4C_3(s)$$

冰晶石催化了上述反应的进行。但也有人认为一部分 Al_4C_3 是碳与铝在高温下直接反应生成的：

$$4Al(l) + 3C(s) = Al_4C_3(s) \qquad \Delta G_{970℃} = -147kJ/mol$$

（2）废旧阴极炭块中碳的结构。X射线衍射图证明废旧阴极炭块大多数是石墨化状态，石墨化度为70%~80%。铝电解槽的炭阴极主要由无烟煤构成，属无定形碳类，这类炭素材料的石墨化需在2400℃左右的高温下才有可能实现，而铝电解的温度仅有970℃左右，石墨化的进行可能与铝电解过程中冰晶石电解质的催化作用有关。

（3）废旧阴极炭块中的碳钠化合物和氰化物。根据X射线衍射成分结果，还显示了两种新化合物的存在：碳钠化合物（通常写成 NaC_{64} 或 NaC_{32}）及

$Na_4Fe(CN)_6$。它们是电解过程中伴生化学反应的产物。

分析认为，NaC_{64} 和 NaC_{32} 的生成，可能是因为钠离子侵入碳的晶格中，并与碳形成化合物。氰化物多集中于钢质阴极棒附近和电解槽的侧部。有铁存在时，氰化物的生成反应速度将加快，有文献报道有 NaCN 和 $Na_4Fe(CN)_6$ 两种氰化物。生成的化学反应可能如下：

$$2C(s) + 2Na(l) + N_2(g) \rule[0.5ex]{1em}{0.4pt} 2NaCN(s)$$

$$6C(s) + 4Na(l) + Fe(l) + 3N_2(g) \rule[0.5ex]{1em}{0.4pt} Na_4Fe(CN)_6(s)$$

某厂典型的废阴极炭块的主要化学成分分析结果见表 1-8。

表 1-8　某厂典型的废阴极炭块的主要化学成分分析结果

化学成分	烧失量	F	Na	Al	Ca	Fe	SiO$_2$
含量/%	58.56	9.86	11.86	2.42	1.36	0.74	4.33

B　废 SiC-Si$_3$N$_4$ 耐火砖

废 SiC-Si$_3$N$_4$ 耐火砖的主要成分是 SiC、Si$_3$N$_4$ 以及在电解过程中浸入的 NaF、Na$_3$AlF$_6$ 等。某电解铝铝厂的废 SiC-Si$_3$N$_4$ 耐火砖现场照片如图 1-10 所示。

研究表明，寿命为 4 年的电解槽，由于吸收电解质和铝液，废内衬的炭素材料平均增重约 30%，耐火保温材料平均增重约 15%。每外排 1t 大修渣，相当于丢弃电解质约 300kg，丢弃阴极炭块约 330kg。

图 1-10　废 SiC-Si$_3$N$_4$ 耐火砖的现场照片

1.3　电解铝危险废物中有害组分的危害

铝灰和炭渣是电解工艺进行过程中排出的浮渣，两种物质中的有害物质是氟化物、氮化物、碳化物、氰化物、重金属和砷化物。大修渣的成分复杂，但是有害物质更多。

铝灰和炭渣堆存时，其中的氟化物是容易水解析出氟离子的氟化钠和氟铝酸钠，遇水后溶出的氟离子对环境的植物生长产生影响，进入环境的水系统，人畜饮用氟离子浓度超标的水，会患因为摄入过量氟离子引起的骨骼病变和心肺病变等。而在利用过程中，铝灰中的氮化铝水解反应，生成的氨气使环境恶化，影响生态环境，危害现场工人和附近的居民的身体健康。2017 年，作者创新团队在生产铝渣球的时候，采用高分子黏结剂，添加 5% 的水压球，产生的氨气，导致附近100m外的居民投诉，氨气的刺激造成居民的孩子嗓子红肿，说明其毒化作用的危害性较大。

氰化物、碳化物和砷化物等剧毒物质是躲犹不及的危险物，重金属的危害在于其慢性的毒化作用。

铝灰和炭渣、大修渣中的危害，不仅在于其有害物质浓度，还与其综合危害因素有关，以下按照不同的危废，说明其危害物质的危害。

1.3.1 氟化物的危害

氟化物是重要的环境污染物之一。炭渣和铝灰中的氟化物是钠盐、钾盐和锂盐等，它们溶解后溶出对动植物均有危害的氟离子。氟化物污染不仅对人类的身体健康构成了严重的危害，而且也带来巨大的经济损失。

1.3.1.1 氟化物对人的危害

氟是一种非常活泼的卤族元素，是人体内仅次于氢的强活性电解质。氟同氨基酸氢键有极强结合力，可以影响蛋白质的合成和酶的活性。氟化物作用于人体的靶器官主要是肝、肾、骨骼、骨骼肌、心脏和牙齿等。在一定条件下，氟可以影响人体代谢的各个时期[29-33]。

氟是动物和人体生命活动中必需的微量元素之一，其大部分分布于骨骼和牙齿中，是维持骨骼正常发育必不可少的成分，同时也是人体所必需的微量元素之一。骨和牙齿的氟代谢有一定的特殊性，它们摄氟的三个途径是：（1）通过羟氟磷灰石晶体的水合作用；（2）与晶体表面其他离子或基团发生置换作用；（3）潜移沉积于晶体间的空隙中。骨氟的代谢是个可逆的过程，但是随着年龄的增长和氟摄入量的增多，骨氟沉积量增加。人体内95%的氟沉积于骨骼和牙齿等钙化硬组织。

氟对人体健康意义重大，适量的氟对机体牙齿、骨骼的钙化、神经兴奋的传导和酶系统的代谢均有促进作用。摄入适量的氟，能够促进机体的生长、发育和繁殖、增强牙齿和骨骼硬度等作用。但如果机体长期摄入过量的氟，导致氟在体内蓄积，可引起氟中毒致使机体出现病理变化。

氟的毒性作用主要表现在：（1）对整体脏器的损害；（2）对亚细胞结构即细胞器的损害；（3）对酶的作用。这些影响是相互关联的，会对骨骼、牙齿、神经系统、消化系统、泌尿系统、内分泌系统和免疫系统等产生一系列伤害。

研究发现，氟过剩与缺乏均可导致疾病。缺氟易患龋齿病，长期摄入过量氟，会导致骨质疏松、骨骼变形。当饮水中氟的浓度为 $0.5\sim1.0\text{mg/L}(\text{F}^-)$ 时适宜饮用。当人类长期饮用氟的浓度高于 $1\sim1.5\text{mg/L}(\text{F}^-)$ 的水时，则易患斑齿病，如果水中氟化物的含量高于 4mg/L 时，则可致氟骨病。因此，卫生部1986年颁布的《初级卫生保健计划》规定，成人每人每日氟总摄入量不能超过4mg，生活饮用水卫生标准（GB 5749—2006）规定饮用水的上限为 1mg/L。

文献[34]给出，电解铝大修渣的氟离子浸出浓度为国标饮用水的 1000 倍以上；文献[35]给出铝灰的氟离子浸出浓度是国标的 500 倍以上。

已有的研究结果证明[36-40]，电解铝企业附近的居民，受电解铝企业的影响，氟斑牙和氟尿水平异常，也表明了氟污染的危害。

1.3.1.2　氟对动物的危害

动物可通过呼吸、饮水、饲料而摄入氟，氟污染对动物同样有致病危害。已有的研究证明，氟对动物骨骼和牙齿的损伤明显。氟对牙齿的损伤机理与骨骼类似。

牙齿的釉质母细胞对氟很敏感，使釉质形成不良，失去光泽，色素在牙齿表面沉着，形成氟斑牙，随年龄的增长越来越严重，造成家畜提前衰老的表现。

氟对草食动物的心脏毒害严重；对肉食动物主要侵害其中枢神经系统；对杂食性动物的心脏和神经系统均有毒害作用。研究结果证明，氟化物间接地使动物的组织和血液柠檬酸蓄积，使 ATP 生成受阻，严重影响细胞呼吸，尤其是对能量代谢需求旺盛的脑和心脏的影响最为严重。动物摄入氟过量，能够导致动物出现痉挛、抽搐等神经毒害症状。

动物急性氟中毒较少见到，多为突发性事件引起急性的氟中毒，临床上常见的一般多为慢性氟中毒。

如果动物一次性大剂量地摄入氟化物后，氟可立即与胃酸作用，产生氢氟酸，直接刺激胃肠道黏膜，引起炎症。大量氟被吸收后迅速与血浆中的钙离子结合形成氟化钙，动物由此会出现低血钙症，其临床表现为呼吸困难、肌肉震颤、瞳孔放大、感觉过敏和不断咀嚼等神经症状，严重的发生抽搐和虚脱而死。

慢性氟中毒主要表现为牙齿和骨骼的损害，出现跛行以及僵硬和疼痛的步态，并且伴有骨质增厚，容易骨折等症状。动物的牙齿最初出现色素沉积或带状斑纹，呈水平排列。进而发生牙齿磨损和破裂，导致不能采食和咀嚼，采食量减少。

已有的氟污染事件的调研结果表明，动物氟污染后，能够造成畜牧业和养殖业经济损失严重，畜产品品质下降，严重危害畜牧业的生存和发展。

1.3.1.3　氟化物对植物的影响

氟是动物所必需的生长元素，目前尚无证据表明氟为植物生长所必需[41,42]，但许多研究认为氟是对植物有毒的元素，氟富集过量会导致植物生理障碍。

土壤位于地球陆地疏松表层，与大气圈、水圈、岩石圈和生物圈相连接，是联系无机界与有机界的桥梁，也是氟环境化学体系的枢纽。空气中的氟可通过干、湿沉降（重力沉降和大气降水）进入土壤。

植物通过根系吸收土壤中的氟，再经过茎部输送，在叶组织内积累，最后集聚在叶尖和叶缘，所以叶尖和叶缘对氟的伤害最为敏感，一般土壤中的氟在高浓度时才会对植物产生危害；植物也可直接通过叶片吸收空气中的氟。许多植物叶片对氟化物的吸收能力很强，叶绿体是氟化物积累的主要场所，吸收的氟化物会对植物产生严重伤害。故空气中的氟在低浓度时便可伤害植物，毒害较大，但两种来源的氟对植物产生的危害症状是一样的。

氟能取代酶蛋白中的金属元素成络合物或与 Ca^{2+}、Mg^{2+} 等离子结合，使酶失去活性。

植物吸收氟化物后，叶片 pH 值下降，使叶绿素失掉 Mg^{2+} 形成去镁叶绿素，从而使叶绿素含量下降，进而导致光合作用受到抑制，引起植物缺绿。

氟污染植物叶片亚显微结构研究表明，细胞损伤最普遍的现象是细胞发生皱缩、干瘪、萎陷。在细胞器中，叶绿体结构破坏严重，造成叶绿体片状结构难以辨认、外膜内陷。用扫描电镜观察幼年冷杉针叶发现，氟化物延迟了针叶下表面的角质表面蜡质的形成，进行切片样品的研究后发现细胞中的叶绿体变小，基粒-基质类囊体系统膨胀，而且基粒类囊体相贴不紧。氟化物对植物的代谢也产生一定的影响。

氟污染对植物呼吸作用的影响是颇为突出的。氟低浓度时刺激植物呼吸，高浓度则抑制呼吸。过量的氟能够引起自由氨基酸增多，蛋白质含量下降。

另外氟化物还能导致钙营养障碍。植物细胞保持形态，维持生物膜透性均与钙有密切关系。钙不足则细胞外渗性变大，内容物易渗出。植物生长点、新叶、顶芽易发生溃烂，生长点枯死，是植物的幼芽等部位在受氟化物危害时易表现症状。

急性氟伤害的典型症状是叶尖、叶缘部分出现坏死斑，然后这些斑块沿中脉及较大支脉蔓延，受害叶组织与正常叶组织之间常形成明显的界限，甚至有一条红棕色带状边界，有的植物还表现为大量落叶。植物受到慢性伤害时主要表现为生长缓慢、叶片脱落、早衰及物候期延迟。例如小麦苗期受到氟化物危害后，在新叶尖端和边缘出现黄化，在扬花期、孕穗期和灌浆期对氟化物最敏感，对产量影响较大。重者近于绝产，轻者产量低，蛋白质含量下降，严重影响品质。

已有的结论认为：氟化物对植物的毒性比 SO_2 大 10~1000 倍，而且密度比空气小，扩散距离远，往往在较远距离也能危害植物。

氟污染还影响着土壤胶体的稳定性。研究表明，氟污染使土壤黏粒的稳定性增强，土壤胶体的临界聚沉浓度（CFC）增大。氟污染对土壤黏粒的分散性，不利于土粒聚沉，使其他污染物质易从土壤进入水体，进而污染水源。

1.3.1.4 NaF

氟化钠：无色发亮晶体或白色粉末，密度 2.25g/cm³，熔点 993℃，沸点 1695℃。溶于水，溶解度见表 1-9。溶解于氢氟酸，微溶于醇。水溶液呈弱碱性，溶于氢氟酸而成氟化氢钠,能腐蚀玻璃,有毒。

表 1-9　氟化钠的溶解度

温度/℃	0	10	20	30	40	50	60	80	100
溶解度/$g \cdot 100g^{-1}$	3.53	3.85	4.17	4.2	4.4	4.55	4.68	4.89	5.08

注:摘自《化学化工物性数据手册》(无机卷)。

1.3.2　砷化物的危害

砷是一种半金属元素,无臭、无味,广泛存在于自然界中,多以重金属的砷化物和硫化物的形式存在于金属矿中。其中,三氧化二砷(As_2O_3),俗称砒霜,是最常见的天然化合物,中药称为"信石"。此外,雄黄(AsS)和雌黄(AsS_2)也含有砷。砷也是金属冶炼、工农业生产的一种副产品,如化工企业特别是磷化工、硫化工企业排放不达标、使用含砷高的煤作为燃料,以及大量砷化合物在工业中的应用,都能增加环境中砷的含量。

砷的化合物被用于工业和医疗等方面,合理的砷含量可以促进人体新陈代谢。但砷也是一种有毒的元素,不合理的利用、排放含砷物质,累积到一定程度,会对人类造成伤害,导致器官变异等。在自然环境条件和人为因素的影响下,砷可以在环境中迁移。

砷化物为原生质毒,三价砷与人体中酶的结合,可抑制酶活性,导致糖代谢紊乱、中毒性神经衰弱症候群等问题。五价砷的毒性是慢性的,可造成脊髓炎、再生不良贫血等后遗症[43,44]。砷还对体内蛋白分子中的巯基有很强的亲和性,由此产生一系列变化,具体表现为:

(1) 使许多含巯基酶活性降低或丧失,如丙酮酸氧化酶、磷酸酶、6-磷酸葡萄糖脱氢酶、乳酸脱氢酶、琥珀酸脱氢酶、细胞色素氧化酶等,直接损害细胞的正常代谢、呼吸及氧化过程。

(2) 砷能够使血管活动中枢麻痹,毛细血管扩张,渗透性增加,血压下降。

(3) 血液循环中的砷 95% 以上与脱氧血红蛋白结合,影响氧的运输,可视黏膜发绀(发绀简单地说就是体内缺氧后,在人体黏膜或者是循环末梢表现出来的身体外观呈现出一种青紫的颜色)。

(4) 砷增强酪氨酸酶活性,增加黑色素合成与沉着。

(5) 易在胃肠壁、肝、肾、脾、肺、皮肤和神经系统沉积而造成损害。

(6) 使染色体结构功能发生改变。

人体摄入砷过量,会造成砷中毒。急性砷中毒,导致人在数天甚至数小时内死亡;慢性中毒,则会增加人体罹患肺癌、皮肤癌、膀胱癌以及肝癌等疾病的概率。

急性、亚急性砷中毒初期为全身不适、疲乏无力、头痛头晕等，继而出现恶心、腹痛、腹泻；慢性砷中毒的临床表现一般为神经衰弱症候群。砷化物还可致癌、致畸、致突变。

砷化物主要有砷化铝（AlAs）、三氟化砷（AsF_3）、五氟化砷（AsF_5），以上的物质水解后会产生三氧化二砷（砒霜）和砷化氢。

文献介绍，砷化氢一般由 As 与 Zn 合成 Zn_3As_2，然后再与 H_2SO_4 反应生成 $ZnSO_4$ 和 AsH_3，再经几步纯化、液化而得；还可由砷化铝水解制得。

电解铝铝灰中砷化物的产生，目前研究的相关权威文献尚未见，但是铝灰中砷化物引起的死亡已有介绍，主要是砷化氢造成的中毒死亡。

砷化氢是一种无色、有蒜味的剧毒气体，经呼吸道侵入人体，吸入后 95% ~ 99%和血红蛋白结合，形成砷-血红蛋白复合物，导致红细胞膜破裂，出现急性溶血，主要表现为全身性疾病，严重者可发生急性肝、肾衰竭。

《铝灰致急性砷化氢中毒调查分析》中写到[45]："1999 年 3 月，安新县（安新县是河北省保定市下辖县）某村发生两户 6 例急性砷化氢中毒，并致 3 人死亡的中毒事故。

现场调查表明，两家患者均为个体铝冶炼加工户，所购原料为同一地点。其生产过程为：从外地购进铝灰，经过筛选、碾压、熔化、铸成铝锭出售。发病当天下午 5 时，王 A 将购进的 2300kg 铝灰碾压后放入住室外屋。王 B 则将购进的 2000kg 铝灰放在自家院内窗台下边地上，同时将铝含量较高的块状物约 200kg 拣出放在住室外屋，两家住房结构相同，住室与外屋有门窗相通，门上下两边有 2~3cm 缝隙，因习惯将洗脸水洒在地上，故地面较潮湿。

最终的医学调查结论给出了砷化氢中毒的诊断结论：

发病两家为前后邻居，两家庭成员同时发病，且症状相同，故为同一致病因素所致。王 A 一家三口全部死亡而无法调查。王 B 一家共 4 口人，夫妻和两个子女，大女儿晚饭后到其奶奶家睡觉而未发病，全村统一自来水供水，无相似病例，发病当天因村内办丧事与王 B 同聚餐 100 多人也未出现相同病例，两家均安有土暖气。综上可排除水源性、食物性及 CO 中毒性疾病。潜伏期 2h。6 名患者均有头痛、头晕、恶心、呕吐及腹痛症状，王 A 家 3 人自发病至死亡均无尿，在 2~5h 内死亡，死亡前神志清楚，并有强烈的口渴。王 B 一家 3 人均出现深茶水样尿。

两家均为有色金属冶炼加工户，其生活条件除将买回的铝灰放在屋内外余无任何改变，根据患者临床表现及化验结果，并经现场模拟调查证实屋内空气中含有高浓度的砷化氢，加之王 A 家养的一条狗因在室内也死亡，王 B 家室内发现有一只死亡的小家鼠，患者否认在 1 年半内用过鼠药等现象，经综合分析，6 例患者被诊断为急性砷化氢中毒。"

由此可知，铝灰中的有害物质砷化物，能够分解产生砷化氢造成急性中毒，水化后的砷化物会污染土壤，对动植物产生危害。

1.3.3　氮化铝水解后的危害

氮化铝在常温下遇水就能够发生分解反应，产生氨气。

氨是一种碱性物质，对接触皮肤组织都有腐蚀和刺激作用，可以吸收皮肤组织中的水分，使组织脂肪皂化，破坏细胞膜结构，长期接触氨，可能会出现皮肤色素沉积或手指溃疡等症状。

当氨气以气体形式吸入人体后，进入肺泡内的氨，少部分被二氧化碳所中和，其余的容易通过肺泡进入血液，与血红蛋白结合，破坏运氧功能。短期内吸入大量氨气后可出现流泪、咽痛、声音嘶哑、咳嗽、痰带血丝、胸闷、呼吸困难，可伴有头晕、头痛、恶心、呕吐、乏力等，严重者可发生肺水肿、成人呼吸窘迫综合征，同时可能发生呼吸道刺激症状。

氨的溶解度极高，除了对动物或人体的上呼吸道有刺激和腐蚀作用，还能减弱人体对疾病的抵抗力。浓度过高时，除腐蚀作用外，还可通过三叉神经末梢的反射作用吸收至血液，而引起心脏停搏和呼吸停止。

1.3.4　铝灰中重金属元素的危害

铝灰中的有毒金属元素（As、Hg、Cd、Cr、Pb 等）进入土壤和地下水系统会造成重金属污染等负面影响；盐饼中的盐分积聚在土壤中会导致盐碱化。

重金属的危害是指铝灰中的重金属元素进入土壤以后，土壤中的植物吸收进入食物链，被人吸收以后产生危害。

重金属，特别是汞、镉、铅、铬等具有显著的生物毒性。它们在水体中不能被微生物降解，而只能发生各种形态的相互转化和分散、富集过程（即迁移）。重金属污染的特点是：（1）除被悬浮物带走的外，会因吸附沉淀作用而富集于排污口附近的底泥中，成为长期的次生污染源。（2）水中各种无机配位体（氯离子、硫酸根离子、氢氧根离子等）和有机配位体（腐殖质等）会与其生成络合物或螯合物，导致重金属有更大的水溶解度而使已进入底泥的重金属又可能重新释放出来。（3）重金属的价态不同，其活性与毒性不同。其形态又随 pH 值和氧化还原条件而转化。（4）在其危害环境方面的特点是：微量浓度即可产生毒性（一般为 1~10mg/L，汞、镉为 0.001~0.01mg/L）；在微生物作用下会转化为毒性更强的有机金属化合物（如洋-甲基汞）；可被生物富集，通过食物链进入人体，造成慢性中毒。亲硫重金属元素（汞、镉、铅、锌、硒、铜、砷等）与人体组织某些酶的巯基（—SH）有特别大的亲和力，能抑制酶的活性，亲铁元素（铁、镍）可在人体的肾、脾、肝内累积，抑制精氨酶的活性[46,47]。

国家对肥料中的重金属限制要求为：Hg < 0.0005%；As < 0.005%；Cd < 0.001%；Pb<0.02%；Cr<0.05%。

1.3.5 铝灰的危害

研究表明，铝灰中的氧化铝对土壤和动物均有害。铝灰进入土壤，通常以难溶性硅酸盐或氧化铝的形式存在，溶解度很低，一般对植物没有毒害作用。然而，当土壤环境变为酸性时（pH<5.5），存在于硅酸盐或氧化铝中的铝便以离子形式（Al^{3+}）存在于酸性土壤中，使植物受到铝的毒害，也叫作铝毒。植物受到铝胁迫时主要表现为根的生长受到抑制，从而限制了根对水分和营养物质的吸收，导致生长减缓。细胞学的研究指出，铝毒可以造成脂质过氧化和细胞完整性的缺失，从而破坏细胞膜，同时也可导致细胞程序性死亡等，这些过程均抑制了根的正常生长。

对接触铝灰作业的群体来讲，管理和防护不好，长期接触铝灰或者生活在铝灰堆存区，摄入氧化铝对人有危害，危害的表现如下：（1）记忆力减退；（2）注意力不太集中；（3）反应迟缓；（4）中老年人长期摄入过多极易导致老年痴呆症。

铝灰没有处理和应用，接触水后会产生氨气、氢气和甲烷等，容易引起火灾；其中的砷和砷化铝等杂质与水发生反应后产生的砷化氢气体在生产场所中富集后不仅污染空气，而且会造成密切接触者的急性砷化氢中毒。

欧洲有害废料目录把铝灰定义为有毒有害废料，其被认为是高度易燃的（遇水或者湿空气易产生大量易燃气体）、刺激的（与皮肤长期或者反复接触会引发过敏反应）、有害的（被吸入、被消化进入体内或者渗入皮肤会危害健康）、渗出性的（处理后会渗出其他物质污染土地），其最主要的危害是渗出性以及其遇水或在潮湿的空气中极易反应生成有毒、有害、易爆、恶臭气体等。因此，未经处理的铝灰是一种危险的废弃物。

1.3.6 大修渣的危害

大修渣对生态环境危害很大，主要表现在以下几个方面[18]：

（1）大修渣含有氰化物的危害。大修渣中的氰化物遇水后能够发生以下反应：

$$CN^- + 2H_2O \longrightarrow NH_3\uparrow + HCOO^-$$

$$[Fe(CN)_6]^{4-} + 6H_2O \longrightarrow 6HCN\uparrow + Fe(OH)_2 + 4OH^-$$

以上反应析出的氰化氢（HCN）气体有剧毒，少量就能致人中毒并在几秒内死亡，吸入的空气中 HCN 浓度达 0.5mg/L 即可致死。

（2）氮化铝的分解产生刺激性物质：

$$2AlN + 3H_2O === 2NH_3\uparrow + Al_2O_3$$

NH_3 是对环境和人有危害的刺激性气体，影响环境的空气质量。

（3）碳化物的水解反应产生易燃易爆气体。碳化铝在常温下为固体，黄色或绿灰色结晶块或粉末，有吸湿性。其化学性质活跃，常温下水解为甲烷和氢氧化铝，反应的方程式如下：

$$Al_4C_3 + 12H_2O === 4Al(OH)_3\downarrow + 3CH_4\uparrow$$

$$Al_4C_3 + 6H_2O === 3CH_4\uparrow + 2Al_2O_3$$

碳化钠遇水后发生分解反应，常温下反应就能够迅速的进行，其反应的方程式如下：

$$Na_2C_2 + 2H_2O === 2NaOH + C_2H_2\uparrow$$

大修渣中含有的金属钠，遇水反应生成氢气：

$$2Na + 2H_2O === 2NaOH + H_2\uparrow$$

以上反应产生的 CH_4 和 H_2 富集后，容易遇火发生燃烧和爆炸，所以大修渣的堆存点本身就是一个充满火灾和爆炸的危险源。

（4）大修渣在干燥的情况下，粉末会对人和动物造成伤害。碳化钠被吸入人体后会与食管肺部的水反应，氢氧化钠会对肺部造成伤害。氰化钠为剧毒化学品，能通过呼吸系统、消化系统和皮肤进入人体，对呼吸酶有强烈抑制作用。中毒初期症状表现为面部潮红、心动过速、呼吸急促、头痛和头晕，然后出现焦虑、木僵、昏迷、窒息，进而出现阵发性抽搐、抽筋和大小便失禁，最后出现心动过缓、血压骤降和死亡。致死剂量为 0.1~0.3g。

当大修渣与酸类物质、氯酸钾、亚硝酸盐、硝酸盐混放时，或者长时间暴露在潮湿空气中，易产生剧毒、易燃易爆的 HCN 气体。当 HCN 在空气中浓度为 20ppm（0.002%）时，经过数小时人就产生中毒症状、致死。

$Na_4Fe(CN)_6$ 是一种淡黄色结晶，易溶于水，难溶于醇，无固定熔点，加热至 50℃ 开始脱水，81.5℃ 时成无水物，435℃ 分解，分解产物为氮气、碳化铁、氰化钠。

（5）大修渣中含有较高浓度的可溶氟化物（NaF），在有降雨和降雪的条件下，氟化物分解出的氟离子随雨水渗入地下，污染土壤和地下水，形成高氟土壤和高氟水；危害动植物的生长，可使动物骨骼/植物组织变黑坏死，破坏免疫系统。

（6）大修渣堆存过的土地，即使氟离子的浓度随着淋溶作用流失后降低，残留的钠盐还会造成土壤碱化，植物不能够正常生长。

1988 年美国环保署将大修渣定为危险废物，登记号为 K088。1996 年美国环保署禁止大修渣的露天堆存，强制全美电解铝厂进行安全填埋或无害化处理。相关环保部门曾对电解槽大修渣各组分及混合样进行过浸出毒性试验，结果见表 1-10（浸出试验结果各企业电解槽均相差不大）。

表 1-10 电解槽大修渣浸出毒性试验结果

项目	pH 值	$F^-/mg \cdot L^{-1}$	$CN^-/mg \cdot L^{-1}$
炭块	11.44	3500	6.8
扎糊	11.68	13000	12.3
耐火灰浆	11.00	400	0.015
耐火砖	7.89	290	0.017
保温砖	6.48	26	0.009
耐火粉	6.58	220	0.011
绝热板	7.04	2220	0.008
混合样	10.50	2200	0.018

由表 1-10 中可以看出，大修渣中，扎糊氟化物浸出液浓度最高，达 13000mg/L；炭块次之，为 3500mg/L；其他部位相对较低。

根据《中华人民共和国固体废物污染环境防治法》规定："危险废物是指列入国家危险废物名录或者根据国家规定的危险废物鉴别标准和鉴别方法认定的具有危险特性的废物。"

根据《国家危险废物名录（2021 年版）》列入名录的为：（1）具有毒性、腐蚀性、易燃性、反应性或者感染性一种或者几种危险特性的；（2）不排除具有危险特性，可能对生态环境或者人体健康造成有害影响，需要按危险废物进行管理的。

国家早在 1996 年就颁布了危险废物系列鉴别标准，其中与电解槽大修渣相关的有《危险废物鉴别标准　腐蚀性鉴别》（GB 5085.1—1996）和《危险废物鉴别标准　浸出毒性鉴别》（GB 5085.3—1996）；并于 2007 年对危险废物鉴别标准进行修订，对其内容进行了较多补充和完善，现将修订前后的标准中有关 pH 值和无机氟化物的限值列于表 1-11。

表 1-11 鉴别标准修订前后 pH 值、无机氟化物限值对照表

标准	《危险废物鉴别标准　腐蚀性鉴别》		《危险废物鉴别标准　浸出毒性鉴别》	
	GB 5085.1—1996	GB 5085.1—2007	GB 5085.3—1996	GB 5085.3—2007
pH 值	≥12.5 或 ≤2.0	≥12.5 或 ≤2.0		
无机氟化物			浸出液浓度≤50mg/L	浸出液浓度≤100mg/L

根据上述定义，对照表 1-10 和表 1-11 可知，电解槽大修渣属于危险废物，如不进行有效的综合利用和无害化处理或储存处置不当，将对土壤和地下水存在长期潜在的污染影响。

我国于 2021 年 1 月 1 日施行的《国家危险废物名录》，"电解铝生产过程中电解槽阴极内衬维修、更换产生的废渣"被列入危险废物，废物代码为 321-023-48，其危险特性属于"毒性"。

据统计，每生产 1t 原铝约外排 25kg 大修渣（不计阴极钢棒）。随着我国原铝产量的提高，电解铝工业外排的大修渣逐年增加，参见表 1-12。

表 1-12　大修渣的外排情况（2010～2016 年）

年份	2010	2011	2012	2013	2014	2015	2016
原铝产量/万吨	1695	1966	1988	2195	2810	3141	3220
大修渣量/万吨	42.37	49.15	49.70	54.87	70.25	78.50	80.50

相关的研究和统计表明，2016 年我国原铝产量 3220 万吨，当年外排大修渣约 80 万吨。2010～2016 年我国大修渣的累计外排量约 425 万吨，相当于丢弃高附加值电解质约 127.5 万吨。

每外排 1t 大修渣，将有约 150kg 有害氟化物和 2kg 氰化物威胁着生态环境，既浪费了价格不菲的电解质和炭素阴极，又带来了严重的环境污染问题。随着我国电解铝工业的快速发展，大修渣的污染问题显得越来越突出，成为制约电解铝企业节约资源、清洁生产的瓶颈问题。大修渣的污染问题已成为影响我国铝工业可持续发展的重大问题之一。

1.4　铝灰和大修渣的物质组成和矿物特点

1.4.1　铝灰的矿物组织

1.4.1.1　一次铝灰中 Al_2O_3 的特点

氧化铝在自然界有多种存在形式，工业氧化铝是各种氧化铝水合物经热分解的脱水产物。它们形成一系列的同质异晶体，有些呈分散相，有些呈过渡态，但当加热超过 1000℃时，它们又都转变成同一种稳定的最终产物，真正无水氧化铝，即 α-Al_2O_3（人造刚玉）。所以氧化的同质异晶体又可以被看作 α-Al_2O_3 的中间过渡态。按照它们的生成温度可以分为以下两类[49]：

（1）低温氧化铝。低温氧化铝化学组成为 $Al_2O_3 \cdot nH_2O$，式中 $0 < n < 0.6$，是前述各种氢氧化铝在不超过 600℃ 的温度下脱水的产物，属于这一类的有 ρ-Al_2O_3、χ-Al_2O_3、η-Al_2O_3 及 γ-Al_2O_3 四种。

（2）高温氧化铝。高温氧化铝几乎是无水的氧化铝，是在 900～1000℃ 的温度下生成的，属于这一类的除 α-Al_2O_3 外还有 κ-Al_2O_3、δ-Al_2O_3 及 θ-Al_2O_3。

在氧化铝生产中，通常所生产的电解炼铝用的氧化铝是 α-Al_2O_3 和 γ-Al_2O_3 的混合物。α-Al_2O_3 属于六角晶系，由于有完整坚固的晶格，所以它是所有的氧化铝同质异晶体中化学性质最稳定的一种，在酸或碱溶液中不溶解。α-Al_2O_3 在空气中储存时不吸收水分，流动性好，α-Al_2O_3 细粉在冰晶石氧化铝熔体中能够很快溶解，有利于铝电解生产。

铝电解生产用氧化铝除对化学成分有严格要求外，而且还要求氧化铝在冰晶石熔体中溶解速度快，电解槽槽底沉淀少，覆盖在电解质上结壳保温性好，在空气中不吸湿，飞扬损失少，流动性好，便于输送和便于电解槽自动加料。所有这些特性都取决于氧化铝的物理性质。常见的氧化铝物理性质的指标有安息角、α-Al_2O_3 含量、容积密度、粒度和比表面积以及磨损系数等。

（1）安息角。安息角是指物料在光滑平面上自然堆积的倾角。安息角较大的氧化铝在电解质中较易溶解，在电解过程中能够很好覆盖于电解质结壳上，飞扬损失也较小。

（2）α-Al_2O_3 含量。α-Al_2O_3 含量反映了氧化铝的焙烧程度，焙烧程度越高，α-Al_2O_3 含量越多，氧化铝的吸湿性随着 α-Al_2O_3 含量增多而变小。所以，电解用的氧化铝要求含一定数量的 α-Al_2O_3。但 α-Al_2O_3 在电解质中的溶解性能较 γ-Al_2O_3 差。

（3）容积密度。氧化铝的容积密度是指在自然状态下单位体积的物料质量。通常容积密度小的氧化铝有利于在电解质中的溶解。

（4）粒度。氧化铝的粒度是指粗细程度。氧化铝的粒度必须适当，过粗在电解质中溶解速度慢，甚至沉淀，过细则容易飞扬损失。

（5）比表面积。氧化铝的比表面积是指单位重量物料的外表面积与内孔表面积之和的总面积，是表示物质活性高低的一个重要指标。比表面积大的氧化铝在电解质中溶解性能好，活性大，但易吸湿。

（6）磨损系数。所谓磨损系数是指氧化铝在控制一定条件下的流化床上磨撞后，试样中 $-44\mu m$ 粒级含量改变的百分数，是氧化铝强度的一项物理指标。

根据氧化铝的物理性质，通常又可将 Al_2O_3 分为砂状、面粉状和中间状三种类型。这三种类型的 Al_2O_3 在物理性质上有较大的差别。

砂状的 Al_2O_3 具有较小的容积密度、较大的比表面积、略小的安息角，含较少量的 α-Al_2O_3，粗粒较多且均匀，强度较高。面粉状的氧化铝则有较大的容积密度、小的比表面积，含有较多的 α-Al_2O_3，细粒较多，强度差。而中间状氧化铝的物理性质介于二者之间。

一次铝灰中的氧化铝，是铝电解以后的铝液二次氧化后产生，或者没有参与电解的氧化铝，在高温下完成了晶体结构的转变以后形成的，所以性质独特。

文献研究证明，将除杂后的铝灰、电解原料（砂状氧化铝）与冰晶石按质量比 1：10 的比例混匀后分别放入相同的陶瓷坩埚内加热到 1000℃，保温 1.5h 后，自然冷却至常温时发现：两份熔体均未出现分层现象，说明铝灰、电解原料均能与冰晶石较好地互溶。但同时还发现：盛装铝灰与冰晶石的互溶体的陶瓷坩埚未出现明显的腐蚀，而盛装电解原料与冰晶石的陶瓷坩埚已被腐蚀并穿透，陶瓷坩埚以及耐火砖都受到损坏。以上现象说明铝灰与铝电解原料中的氧化铝虽然都含 α-Al_2O_3，但二者的活性不同。前者几乎没有活性，不能被冰晶石熔盐分散并使之形成离子态，所以对陶瓷坩埚几乎不具有腐蚀性。

由以上文献介绍可知：铝灰中 α-Al_2O_3 的活性低，位错、孔隙、裂纹等晶体缺陷非常少，与电解槽中的冰晶石互溶后仍以分子状态存在，难以被解离为离子态的 Al^{3+} 和 O^{2-} 或者难以与冰晶石形成的阴离子团和阳离子团。

作者在天龙矿业调研期间，企业的技术主管介绍，该企业也曾经试图将铝灰中的氧化铝返回到电解槽二次利用，实践结果表明，一次铝灰不适合返回电解槽工艺，证明了已有的研究结论与现场实践吻合，也证明一次铝灰中的 Al_2O_3 活性较低。

按照晶体力学的角度讲，热力学条件和机械力化学反应原理均能够改变晶体的键能，改变其晶体结构。在炼钢温度（1500~1750℃）的条件下，很显然，电解铝过程产生的一次铝灰，铝灰中的 α-Al_2O_3 的活性，将会在热力学条件下，由很差向具有活性的方向转化，成为参与炼钢反应的活性物质。

1.4.1.2　一次铝灰中的 AlN 的形成和物理化学性质

一次铝灰的成分因各生产厂家的原料及操作条件不同而略有变化，与二次铝灰一样，一次铝灰通常都含有金属铝，铝的氧化物、氮化物、碳化物和盐，其他金属氧化物（如 SiO_2、MgO）以及一些其他成分。其中，SiO_2 的含量一般在 5%~22%，Al_2O_3 的含量一般在 43%~95%。对白铝灰的成分，X 射线衍射分析结果表明铝灰的物相组成为 Al_2O_3、$MgAl_2O_4$、AlN、$NaAl_{11}O_{17}$ 和 $K_{1.6}Al_{11}O_{17}$。

天龙矿业的一次铝灰的测试分析表明，一次铝灰中的 AlN 含量在 9%~27%。含量波动较大，有可能与 AlN 的水解性质有关。北京科技大学的李燕龙和张立峰采用荧光法对一次铝灰的成分分析如图 1-11 所示[51]。

1.4.1.3　一次铝灰中金属铝的特点

作者在采用球磨机处理铝灰、采用化学试剂溶解铝灰的过程中发现，一次铝灰中的金属铝通常以三种形式存在：

（1）较小的颗粒，直径 d<0.1mm，表面有致密的 Al_2O_3 和 AlN 覆盖包裹。

（2）较大的颗粒，直径在 1~5mm，呈现金属铝的光泽。

（3）尺寸较大，d>5mm，以片状、块状形式存在，夹杂有部分的 Al_2O_3 和 AlN 杂质。

一次铝灰中除去直径在 5mm 以上的金属铝以后，一次铝灰中的成分见表 1-13。

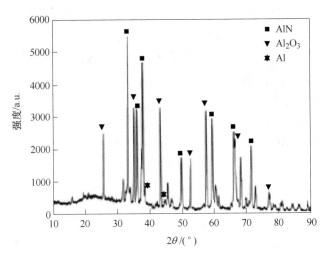

图 1-11 铝灰的 XRD 分析

表 1-13 除去大颗粒金属铝的一次铝灰的主要成分 （%）

SiO_2	Al_2O_3	CaO	S	P	金属铝
1.07~2.38	40~86.89	1.03~3	<0.09	<0.07	16~25

在天龙矿业，为了选出金属铝，该厂选用滚筒筛筛分选取金属铝，其生产实践也证明，一次铝灰中的金属铝是以金属小颗粒存在的，可以通过机械的方法选取，但是不能够磁选。由于研究条件的限制，没有对铝灰做电镜分析。宝钢对二次铝灰的电镜扫描结果如图 1-12 所示。

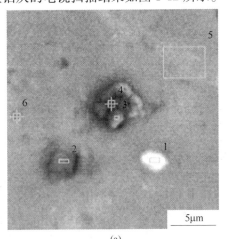

(a)

(b)

图 1-12 电镜扫描的二次铝灰中的各种物相

1，2—AlN；3，4，6—Al_2O_3；5—Al

1.4.1.4　一次铝灰中氟化物和其他组分的特点

电解铝铝灰是铝电解过程中产生的一种浮渣，在电解过程中漂浮于电解槽铝液的上表面，由电解过程中未参加反应的氧化铝、冰晶石等原料及混合物组成，也包括与添加剂进行化学反应产生的少量其他杂质及阴阳极材料的脱落，其中的硅、钠、镁、钙等金属的氧化物主要来自电解槽内衬耐火材料，由于不同企业的操作技术、工艺参数及电解参数的不同而不同。文献介绍，检测到铝灰渣中的主要物相组成为 Al_2O_3、AlN、$MgAl_2O_4$、$NaAl_{11}O_{17}$、$KAl_{11}O_{17}$、SiO_2、Al、NaF、AlC、$AlAs$ 等。

1.4.2　大修渣中的物质组成和矿物特点

1.4.2.1　大修渣中阴极炭块的矿物组织特点[52]

铝电解槽大修后产生的废旧阴极炭块，是铝电解产生的最大的污染源。相关研究表明，每生产 1t 铝锭，就会产生大约 30kg 废旧阴极炭块，根据工业铝电解槽的氟平衡计算结果，每生产 1t 铝平均消耗氟 30kg，其中有 30%~40% 渗透于碳阴极中，并且电解质成分越来越复杂。某厂铝电解废旧阴极的化学成分见表1-14。

表 1-14　某厂铝电解废旧阴极的化学成分　　　　　　　　　　（%）

C	Al_2O_3	Na	Fe	F	Si	CaO	S	K
33.74	35.86	5.49	3.58	10.33	1.01	0.67	0.33	0.04

采用 X 射线衍射分析废旧阴极的物质组成，废旧阴极的 X 射线衍射结果如图 1-13 所示。

从图 1-13 可知，废旧阴极中，石墨、金属铝、冰晶石为主要成分。各个组分的特点简述如下：

（1）废旧阴极中有自然元素、氧化物、硫化物、硅酸盐、卤化物五类共 10种物质存在，其中自然元素占 43.30%，氧化物占 32.98%，卤化物占 17.10%，其他少量。

（2）废旧阴极中石墨及无定形碳的含量合计为 33.74%，石墨含量为 20.24%，无定形碳含量为 13.50%。石墨及无定形碳的含量尚需进一步做详细研究方可精确定量。石墨与无定形碳经常相互包裹、相互连生，颗粒细小者边界不明显，故针对石墨的选矿试验得到的产品预计为石墨及石墨与无定形碳的混合物。

（3）废旧阴极中冰晶石含量为 15.27% 左右，多与氧化铝连生或相互包裹，粒度在 0.05~0.1mm。

（4）废旧阴极中氧化铝含量为 32.59%。金属铝的含量为 7%~25%，含量波动较大。

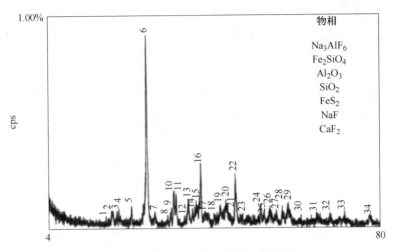

图 1-13　废旧阴极的 X 射线衍射结果

类型	物质名称	分子式	含量/%
自然元素	石墨	C	20.24
	无定形碳	C	13.5
	金属铝	Al	9.56
氧化物	石英	SiO_2	0.39
	氧化铝	Al_2O_3	32.59
硫化物	白铁矿	FeS_2	0.62
硅酸盐	硅酸铁	$FeSiO_4$	6
卤化物	冰晶石	Na_3AlF_6	15.27
	氟化钠	NaF	0.89
	萤石	CaF_2	0.94
合计	—	—	100

1.4.2.2　大修渣阴极炭块中各种物质的嵌布特性[52]

A　石墨

阴极炭块中含有的石墨含量为 20.24% 左右，黑色，不透明。镜下观察，主要为片状晶体及土状微晶集合体，常与无定形碳成分混杂、相互包裹（部分图中标注为"碳质"，意为石墨及无定形碳的混合物）。石墨及无定形碳的混合物常与金属铝（氧化铝）、冰晶石等物质连生或相互包裹。片状晶体粒度多在 0.05～0.5mm，-0.2mm 的粒级中解离程度相对较好。如图 1-14～图 1-17 所示。

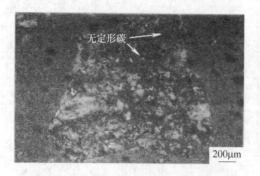

图 1-14　石墨常与无定形碳呈混杂状
（反射单偏光）

图 1-15　石墨（无定形碳）独立产出
（反射单偏光）

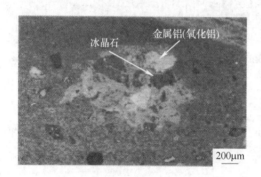

图 1-16　石墨与金属铝、冰晶石连生
（反射单偏光）

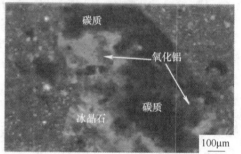

图 1-17　废旧阴极中物质混杂产出
（透射正交偏光）

B　无定形碳

无定形碳是有机物加热处理，因处理温度（一般小于 2000℃）及处理方式不同，在未转化为石墨之前，形成的一系列的非晶态碳质物质的总称，如炭黑、焦炭、玻璃炭、活性炭等。无定形碳又称为过渡态碳，是碳的同素异形体中的一大类。

阴极炭块中的无定形碳含量在 13.5% 左右，黑色，不透明。镜下观察，主要为土状混合物，常与石墨成分混杂或相互包裹，与微晶状石墨无明显界限，较难区别。除了在反射正交偏光视场之下石墨非均性较明显及部分石墨常为片状晶体以外，其他条件下难以区分碳和石墨。阴极炭块中的无定形碳如图 1-18 和图 1-19 所示。

经化学分析，废旧阴极中的碳含量为 33.74%，经镜下观察、X 射线衍射分析等方法研究发现，碳主要以独立矿物及非晶态物质的形式赋存在石墨及无定形碳之中，详见表 1-15。

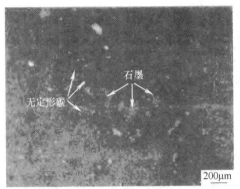

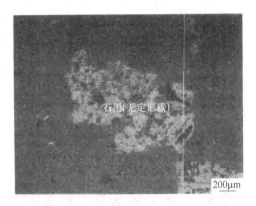

图 1-18　石墨非均性明显，无定形碳
全黑色（反光正交）

图 1-19　石墨与无定形碳难以区别
（反射单偏光）

表 1-15　阴极炭块中的碳以石墨及无定形碳形式的比例

物质	物质质量/%	物质中碳的含量/%	物质中碳的分配量/%	碳在各物质中的分配比/%
石墨	20.24	100	20.24	60
无定形碳	13.5	100	13.5	40
合计	33.74		18.09	100

C　阴极炭块中的金属铝

阴极炭块中金属铝的色泽为白色至锡白色，含量为 9.56% 左右，金属光泽，不透明。镜下观察，常呈延展性较好的片状产出，部分与氧化铝、碳质、冰晶石连生，或与碳质、冰晶石等相互包裹。粒度在 0.5~5mm 之间。阴极炭块中的金属铝形貌如图 1-20 和图 1-21 所示。

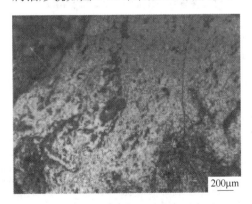

图 1-20　金属铝中常包裹碳质等
（反光）

图 1-21　反射正交偏光下金属铝
为全黑（反光正交）

D　氧化铝

阴极炭块中的氧化铝含量在 32.59% 左右，白色、乳白色至无色，半透明，玻璃光泽。镜下观察，常呈片状至粒状，常与冰晶石连生或成分混杂产出，部分与碳质等相互包裹。粒度在 0.01~1mm。阴极炭块中的氧化铝如图 1-22~图 1-25 所示。

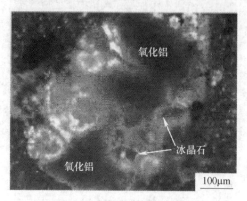

图 1-22　冰晶石常与氧化铝连生
（透光正交）

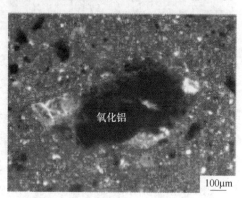

图 1-23　冰晶石与氧化铝连生
（透光）

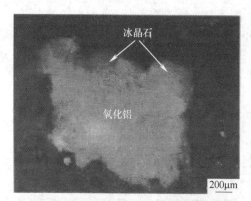

图 1-24　氧化铝与片状冰晶石
混杂连生（反光正交）

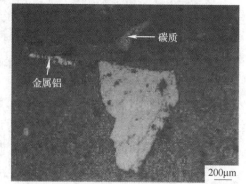

图 1-25　氧化铝、金属铝、
碳质独立产出（反光）

经化学分析，废旧阴极中 Al_2O_3 的含量为 20%~35%。经镜下观察、X 射线衍射分析等方法研究发现，含 Al 的物质主要以独立矿物（或物质）的形式赋存在金属铝、氧化铝、冰晶石中，详见计算表 1-16。

表 1-16　铝在主要物质中的分配率

物质	物质质量/%	物质中铝的含量/%	物质中铝的分配量/%	铝在各物质中的分配比/%
金属铝	9.56	100	9.56	30.77
氧化铝	32.59	59.99	19.55	62.92

续表 1-16

物质	物质质量/%	物质中铝的含量/%	物质中铝的分配量/%	铝在各物质中的分配比/%
冰晶石	15.27	12.85	1.96	6.31
合计	57.42		31.07	100

E 冰晶石

冰晶石分子式是 Na_3AlF_6，含量为 15.27% 左右，无色透明，玻璃光泽。镜下观察，常为片状至粒状晶体，多与氧化铝连生或相互包裹，粒度在 $0.05 \sim 0.1mm$。

1.4.2.3 废 $SiC\text{-}Si_3N_4$ 耐火砖的组成

表 1-17 为青铜峡能源铝业集团有限公司废耐火砖的化学元素分析结果。

表 1-17 青铜峡能源铝业集团有限公司废耐火砖的化学元素分析结果

化学成分	Si_3N_4	SiC	Al_2O_3	Fe_2O_3	C	f-Si	Na_2O	F
含量/%	19.53	67.16	1.19	0.23	1.41	0.26	3.74	3.65

图 1-26 为废 $SiC\text{-}Si_3N_4$ 耐火砖的 XRD 图谱。由 X 射线衍射分析结果可知，该废 $SiC\text{-}Si_3N_4$ 耐火砖中主要含有 SiC、Si_3N_4、NaF 及微量的铝硅酸盐。

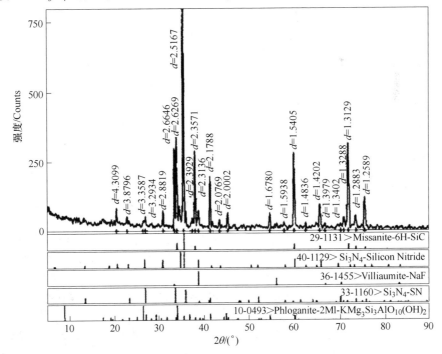

图 1-26 废 $SiC\text{-}Si_3N_4$ 耐火砖的 XRD 图谱

参 考 文 献

[1] 孙林贤，董文貌，刘咏杭. 我国电解铝工业现状及未来发展 [J]. 轻金属，2015 (3)：
　　　1-4.

[2] 张国锋. 我国电解铝工业现状与发展 [J]. 广州化工，2013 (12)：60-62.

[3] 孙春亮，王醒钟. 浅析我国电解铝工业现状及发展方向 [J]. 轻金属，2001 (4)：32-35.

[4] 单淑秀. 我国电解铝工业的现状及发展方向 [J]. 轻金属，2011 (8)：3-8.

[5] 陈建华. 论我国铝工业技术进步 [J]. 轻金属，2000 (2)：3-6.

[6] 冯乃祥，田福泉. 我国铝工业的现状和与国外先进水平的差距 [J]. 轻金属，2000 (4)：
　　　29-30.

[7] 王晓齐. 中国铝工业的环境、改革与发展 [A]. 2002 年中国国际铝业研讨会论文集
　　　[C]. 2002.

[8] 董春明. 中国铝工业与铝市场在全球化中的角色与国际合作前景 [A]. 2002 年中国国际
　　　铝业研讨会论文集 [C]. 2002.

[9] 王锋. 关于我国电解铝行业的现状与发展研究 [J]. 中外企业家，2018 (26)：136.

[10] 卢宇飞. 国内外电解铝工业发展的现状和趋势 [J]. 云南冶金，2004 (12)：58-63.

[11] 邱竹贤. 铝工业应用新型电极材料的研究 [J]. 轻金属，2001 (9)：30-34.

[12] 孟杰. 提高我国电解铝技术经济指标的探讨 [J]. 有色金属工业，2002 (2)：56-59.

[13] 韦涵光. 进入 21 世纪电解铝技术的革新 [J]. 世界有色金属，2001 (10)：22-23.

[14] 郭箐. 电解铝灰铝渣的回收利用现状 [J]. 材料导报，2013，27：285.

[15] 金瑞玉，王玉明. 铝厂炭渣增多的原因及其预防 [J]. 上海金属，1992 (4)：54-56.

[16] 黄英科，肖辉照，彭德泉. 铝电解质熔液中炭渣的形成和分布及其分离措施 [J]. 轻金
　　　属，1994 (10)：23-25.

[17] 谢叶明. 碳渣对铝电解生产的影响 [J]. 甘肃冶金，2014 (4)：33-36.

[18] 陈喜平. 电解铝废槽衬处理技术的最新研究 [J]. 轻金属，2011 (12)：21-25.

[19] 黄尚展. 电解槽废槽衬现状处理及技术分析 [J]. 轻金属，2009 (4)：29-31.

[20] 郭志华. 电解铝生产固体废物大修废渣无害化处置技术 [J]. 冶金与材料，2018 (5)：
　　　133-135.

[21] 中华人民共和国生态环境部. 国家危险废物名录 (2021 年版).

[22] 柴登鹏，周云峰，李昌林，等. 铝灰综合回收利用的国内外技术现状及趋势 [J]. 铝镁
　　　通讯，2015 (3)：1-5.

[23] 杨群，李祺，张国范. 铝灰综合利用现状研究与展望 [J]. 轻金属，2019 (6)：1-5.

[24] 戴翔，焦少俊，郑洋. 利用含氟盐熔剂产生的二次铝灰的危险特性分析 [J]. 无机盐工
　　　业，2018 (11)：42-44.

[25] 姜澜，邱明放，丁友东，等. 铝灰中 AlN 的水解行为 [J]. 中国有色金属学报，
　　　2012 (12)：3556-3561.

[26] 翟秀静，邱竹贤. 铝电解槽废旧阴极炭块的结构和组成 [J]. 东北工学院学报，
　　　1992 (5)：456-459.

[27] 袁威，金自钦，杨毅. 铝电解废旧阴极的工艺矿物学研究 [J]. 云南冶金，2012 (6)：

64-67.

[28] 葛山, 尹玉成. Si$_3$N$_4$ 结合 SiC 材料在铝电解槽中的损毁机理研究 [J]. 轻金属, 2008 (5): 58-61.

[29] 程月发. 全身用氟防龋的危害性研究进展 [J]. 西安医科大学学报, 1995 (1): 85-88.

[30] 刘丹, 石修权. 氟的生殖毒性研究进展 [J]. 中国预防医学杂志, 2014 (3): 282-285.

[31] 石修权, 王海燕, 余静, 等. 不同氟暴露男性人群不育情况比较与分析 [J]. 南京医科大学学报 (自然科学版), 2012, 32 (7): 1024-1028.

[32] 姬海莲. 铝电解厂周围地区人群氟斑牙和尿氟水平调查 [J]. 环境与健康, 2006 (6): 520-525.

[33] 刘靖, 刘显, 苏齐鉴, 等. 桂西某电解铝厂氟作业工人尿氟水平分析 [J]. 广西中医药大学学报, 2018 (3): 134-137.

[34] 张宏忠, 王利, 陈文亮. 电解铝大修渣无害化处理研究 [J], 无机盐工业, 2017 (4): 46-50.

[35] 朱小凡, 欧玉静, 朱江凯. 铝灰浸出液中氟含量的测定及脱氟研究 [J]. 甘肃科技, 2019 (20): 14-18.

[36] 徐浩, 傅成诚, 徐瑞. 电解铝企业阳极残渣、阳极残极浸出毒性鉴别及管理建议 [J]. 中国环境监测, 2015 (4): 22-24.

[37] 张西林, 马超, 熊如意, 等. 对电解铝厂周边氟污染的环境影响评价 [J]. 中国环保产业, 2012 (10): 41-46.

[38] 漆杰, 佘文华, 李勇, 等. 电解铝渣场含氟废水处理实践 [J]. 中国有色冶金, 2013 (2): 80-82.

[39] 刘尔强. 电解槽大修渣的污染及其控制 [J]. 轻金属, 1998 (8): 32.

[40] 国家环境保护总局, 国家质量监督检验检疫总局. 危险废物鉴别标准浸出毒性鉴别 (GB 5085.3—2007) [S]. 北京: 中国环境科学出版社, 2007.

[41] 吴代赦, 吴铁, 董瑞斌. 植物对土壤中氟吸收、富集的研究进展 [J]. 南昌大学学报 (工科版), 2008 (2): 103-105.

[42] 徐丽珊. 大气氟化物对植物影响的研究进展 [J]. 浙江师范大学学报 (自然科学版), 2004, 27 (1): 66-71.

[43] 王禹苏, 张蕾, 陈吉浩. 水中砷元素的测定和去除 [J]. 科学技术创新, 2019 (6): 46-50.

[44] 陈强. 砷的危害及其污染治理技术 [J]. 福建农业科技, 2017 (6): 67-69.

[45] 任宝印, 杨捍卫, 顾旺卓, 等. 铝灰致急性砷化氢中毒调查分析 [J]. 中国职业医学, 2000 (5): 59-61.

[46] 李青仁, 王月梅, 王惠民. 微量元素铅、汞、镉对人体健康的危害 [J]. 世界元素医学, 2006 (2): 31-35.

[47] 黄秋婵, 韦友欢, 黎晓峰. 镉对人体健康的危害效应及其机理研究进展 [J]. 安徽农业科学, 2007 (9): 2528-2531.

[48] 杨冬梅. 铬与人体健康 [J]. 科技创新导报, 2008 (30): 178.

[49] 王丽萍, 郭昭华, 池君洲. 氧化铝多用途开发研究进展 [J]. 无机盐工业, 2015 (6):

　　　11-15.

[50] 周扬民，谢刚，姚云，等，铝灰中氧化铝的活性研究 [J]. 矿冶，2015（6）：45-48.

[51] 李燕龙，张立峰、杨文，等. 铝灰用于钢包渣改质剂试验 [J]. 钢铁，2014（3）：17-20.

[52] 王金玲，申十富. 电解铝废阴极中石墨化碳的可浮性研究 [J]. 有色金属，2017（6）：28-31.

2 电解铝危险废物的无害化和资源化利用

<<<<<<<<<<<<<<<<<<<<<<<<<<<<<<<<<<<<<<<<<<<<<<<<<<<<<<<<<<<<

2.1 铝灰的资源化利用工艺

铝灰中的氟化物，会造成污染区寸草不生，人畜难以立足生存，铝灰中的有毒金属元素（Se、As、Ba、Cd、Cr、Pb 等）进入土壤和地下水系统会造成重金属污染等；盐饼中的盐分积聚在土壤中会导致盐碱化；接触水后会产生氨气、氢气和甲烷，容易引起火灾；其中的砷和砷化铝等杂质与水发生反应后产生的砷化氢、硫化氢和磷化氢气体在生产场所中富集后不仅污染空气，还会造成密切接触者的急性砷化氢、磷化氢和硫化氢中毒。

由此可见，最大限度地回收铝灰中的有价物质，减量化处理是一种必然的选择。为了解决一次铝灰的污染，目前业界开展的铝灰综合利用技术有多种多样，主要针对回收铝灰中的金属铝和再利用电解过程中产生的氧化铝。

2.1.1 从铝灰中回收金属铝的工艺

目前，铝灰中回收金属铝的回收工艺分为盐浴和无盐分离两种。盐浴回收法，是将以氯化盐为主要成分的熔剂与铝灰一起加热混合分离出铝灰中金属铝的方法。因铝灰浸入熔融的盐熔剂中，故而得名盐浴。

盐熔剂一方面促进熔体流动，使熔盐覆盖下的铝在铝冶炼的温度（低于金属铝的熔点）下熔化，降低了铝的氧化损失；另一方面有助于增加了铝熔体颗粒与氧化铝杂质的界面张力，促使熔铝液滴沉降到底部被回收，提高了回收率。利用盐浴原理处理铝灰的方法主要有炒灰回收法、ALUREC 法和倾动回转炉回收法等[1-3]。

加入的熔盐减少了金属铝的氧化并促进金属铝的沉聚，大大提高了金属的回收率。此法操作简便，易于实现。熔盐的加入也带来了一些不利因素。比如盐蒸气的逸出造成了原料的浪费以及成本的增加，盐蒸气对环境和员工均存在安全隐患。更为重要的是，这种工艺方法，每处理 1t 铝灰便产生 1t 多的盐饼（氧化铝、氮化铝、其他金属与盐的混合物），盐饼的处理成为一项日益严重的环境问题。以上的缺陷，促使行业寻求一个无盐的处理过程。

20 世纪末，针对盐浴回收法产生的盐饼处理费用较高的问题，人们开发出了少用或不用熔盐处理回收的工艺，省去了处理回收后的含盐废料环节，可以降低成本、能耗并减少环境压力。

2.1.1.1　炒灰回收法

炒灰工艺是利用铝灰，再加入一些添加剂（主要为盐类），通过高温搅拌使铝灰中的金属铝熔化，由于金属铝和铝灰的相互不润湿，且金属铝的密度大，在熔融后沉入底部，从而实现金属铝和铝灰的分离。此方法的优点是操作简单，但在高温下对铝灰进行搅拌的作业会产生大量的烟尘，对环境造成污染。并且通过此方法处理后的二次铝灰含有大量的可溶性盐，后续处理困难很大，容易引起二次污染[4-7]。新疆阜康五彩湾某铝材厂炒灰的现场图片如图 2-1 所示。

(a)　　　　　　　　　　　　　　　(b)

图 2-1　炒灰机现场（a）和经过炒灰机处理过的铝灰（b）

该工艺方法被小型再生铝厂普遍采用，鉴于目前环保要求的提升，该工艺方法已经被列为禁止类工艺。

2.1.1.2　倾动回转窑（炉）处理法

倾动回转窑是目前大型铝厂从铝灰中回收金属铝的首选设备之一。其处理原理和炒灰法一致，处理能力大、机械化程度高、环保性强。处理铝灰的过程中，铝灰和熔盐（通常是氯化钠、氯化钾以及少量氟化钙的混合物）在回转窑中充分混合，通过高温加热和回转使铝灰中金属铝熔化，沉入炉底从而实现金属铝的分离[7-10]。

倾动回转炉工艺同时可用于铝屑和回收再生铝的重熔，可实现少用或不用盐熔剂。这种工艺已有 50 余年历史。目前较为先进的改进工艺，不仅有回转炉的工艺基础，还兼具了反射炉和干式平炉的优点，采用圆柱形钢结构容器，内有耐火材料的内衬，水平安装在一个耳轴上。倾动回转炉按周期运行，每一个工作周期包括：装入熔剂并熔化熔剂、装入铝灰并熔化铝灰、放出铝水并运走用过的熔剂或盐饼。与固定轴回转窑（炉）相比，倾动回转炉的炉体有一个单一的入口和卸料口，烧嘴和烟道集中在炉门上，避免了炉外空气的吸入，保证了炉内的还原性气氛,从而降低了熔盐使用的必要性。另外,炉子运行时与水平面有一个夹角,提高了物料的均匀度和热传导效率,与同类的高温炉相比,倾动回转炉的热效率较高。其工艺如图 2-2 所示。

图 2-2 倾动回转炉和配套的进料装置

2.1.1.3 ALUREC(Aluminium Recycling)工艺

ALUREC 工艺[8,9]由丹麦阿加公司(AGA)、霍戈文铝业公司(Hoogovens Aluminium)、德国曼公司(Maschinenfabrik Augsburg Nürnberg,MAN)联合开发。熔化炉为回转式的,采用富氧天然气为燃料,可在短时间内达到很高温度,铝熔化聚集于炉底,而非金属渣则浮于熔体上面。此方法热效率高,耗能少,操作环境好。该法利用炉体的不停旋转代替了工人的翻炒,是目前大型企业处理铝灰最常见的方法。

该法还使用纯氧作助燃剂,有效减少了燃烧过程中产生的有机气体(C_nH_m),烟罩可以有效地回收其他烟尘,所以具有效率高、机械化程度高和运行环境好的优点,但金属回收率(可达93%~94%)比炒灰低,且产生的残余铝灰还需进一步处理。

与历史更久的回转窑处理法相比,ALUREC 法改变了前者烧嘴和烟道分别位于炉体两端的设计。按照设计,ALUREC 法在负压下运行,但是由于实际操作中会吸入炉外冷空气,导致运转过程炉内为氧化性气氛。所以 ALUREC 法也必须使用 NaCl/KCl 熔盐覆盖以减少金属损失。

2.1.1.4 等离子电弧法

用等离子电弧、石墨电弧等作为外加热源是目前技术含铝较高的金属铝回收技术[8-10]。等离子电弧的电极被安装在回转炉的加料门上,以精确控制气体组成。等离子电弧含有两个内部电极,两电极之间存在一定的间隙,装料结束完毕、关闭炉门、送电后电极短路产生电弧,电弧把气体加热到较高温度后使其部分离子化，通过热辐射和热传递把物料加热到 700~800℃。灰渣中的铝被分离并包裹在氧化膜中。金属与炉内活跃的化石燃料气氛接触发生反应导致氧化膜的产生。在等离子电弧加热灰渣的过程中，其工艺气氛为空气或氮气，灰渣中的部分金属铝与等离子气体接触会发生氧化和氮化反应，产生氧化铝和氮化铝，其工艺示意图如图 2-3 所示。

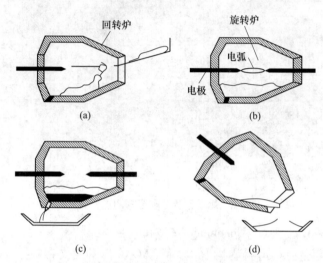

图 2-3   等离子电弧工艺示意图

（a）装料；（b）加热；（c）收铝；（d）倒出浮渣

2.1.1.5   石墨电弧法

石墨电弧工艺，是利用两石墨电极间短路，产生的直流电弧对回转炉进行加热的工艺，其能量传递主要是通过电弧辐射以及高温耐火材料与填料之间的热传导。加热过程中回转炉的旋转为其提供了机械搅拌，同时也消除了填料和耐火材料热点的出现，提高了热量的传递效率。加热完后，金属从炉侧边出料口出料。留在炉中非金属产物通过旋转回转炉的方式从残渣出料口出料。为防止回收的金属铝被氧化，操作全程在氩气环境下进行。

这种工艺见于文献介绍[8,9]，工业化的应用实践介绍较少。

2.1.1.6   铝灰冷态加工回收金属铝

冷态加工回收工艺，是指不将铝灰加热，利用铝灰中金属铝与氧化铝的特性，采用机械加工的工艺方法分离金属铝的工艺[6,10]。常见的有球磨工艺和立磨工艺两种。

铝灰中的主要物质是氧化铝、金属铝和各种盐，金属铝具有一定的硬度和延展性，只能够变形，不能够被磨机加工得更小。利用这一特点，将铝灰采用破碎加球磨或者立磨的工艺，将氧化铝加工到一定的粒度，采用筛分的工艺，将细粉的氧化铝筛除，剩余的颗粒料大多数是金属铝，进行回收，这是铝灰冷态加工回收金属铝的工艺。球磨筛分铝灰的照片如图 2-4 所示。

图 2-4   球磨机分选金属铝的实体照片

立磨是一种理想的大型粉磨设备,广泛应用于水泥、电力、冶金、化工、非金属矿等行业。它集破碎、干燥、粉磨、分级输送于一体,生产效率高,可将块状、颗粒状及粉状原料磨成所要求的粉状物料。

立磨的成品细度可以控制,根据细度要求不同,来改变转子的转数,而转子转数是通过变频电机作无级调速来实现的。转子的转数越高,成品的细度就越细;反之,降低转子的转数,成品的细度将会变粗。

分离器又称选粉机,其作用是将气体混合物中的粗细颗粒分选。调整立磨的工艺参数,待氧化铝磨细到一定的粒度,通过分离器的气流,将氧化铝吹出磨机,剩余的颗粒料,也就是金属铝,并通过排料阀排出磨外加以回收。立磨工艺示意图如图 2-5 所示。

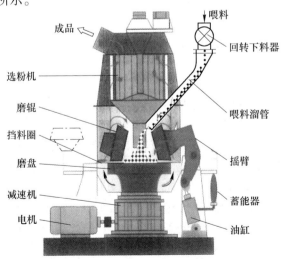

图 2-5   立磨工艺示意图

2.1.2　铝灰中氧化铝的利用工艺

传统的铝灰资源化利用工艺，在选取其中的金属铝以后，剩余的主要成分是氧化铝和氟化物、各种盐和复杂化合物。为了有效地利用铝灰，业界做了诸多的努力，先后开发了以合成净水剂等工艺为代表的资源化利用方法，以下做简要介绍。

2.1.2.1　利用铝灰合成净水剂

以铝灰为原料合成的净水剂主要有硫酸铝、碱式氯化铝和聚合氯化铝[2,11]。

硫酸铝是去除水中的磷酸盐、锌、铬等杂质的净化剂，并可除菌、控制水质的颜色和气味。

铝灰生产硫酸铝的工艺，首先是在铝灰和硫酸反应前去除铝灰中的可溶性盐，然后加入硫酸，硫酸的浓度控制在50%，在90℃的温度条件下搅拌溶解1h，然后过滤去除杂质，将铝灰中95%的Al_2O_3溶出为硫酸铝。其工艺流程如图2-6所示。

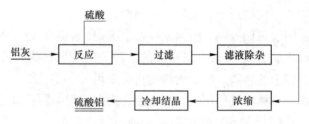

图2-6　铝灰生产硫酸铝的工艺流程图

碱式氯化铝也是一种常见的净水剂，用铝灰合成碱式氯化铝的工艺流程如图2-7所示。

聚合氯化铝（PAC）是水处理中常用的一种无机高分子絮凝剂，具有混凝能力强、用量少、净水效能高、适应力强等特点，广泛用于工业废水和生活废水的处理，在铸造、医药、制革、造纸等方面也有广泛的用途。

用铝灰合成聚合氯化铝的方法不尽相同，其共同点是将去除可溶性盐后的铝灰与浓盐酸反应，然后聚合，最终得到产物。

用铝灰（主要指二次铝灰）制备净水剂硫酸铝、碱式氯化铝和聚合氯化铝有一个共同的缺点，就是铝灰在与酸或碱反应时会产生氨气、氢气、甲烷等有害气体。

2018年5月，中国的净水剂之都河南巩义明文禁止利用铝灰生产净水剂，主要原因除了生产过程中产生的氨气污染外，铝灰中含有氟化物，使生产的净水剂中氟浓度超标，不适合应用于生活用净水剂，只能够应用于工业净水剂。

2.1.2.2　合成耐火材料

回收金属铝后的二次铝灰的主要成分是Al_2O_3，其次是SiO_2、MgO、CaO等，

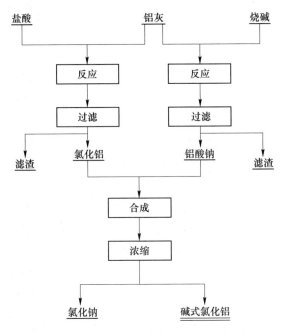

图 2-7 铝灰生产碱式氯化铝的工艺流程图

与我国优质铝土矿的成分接近。因此人们在用二次铝灰合成耐火材料方面做了大量的工作[12,13]，但是难以生成优质高档的耐火材料，主要原因是在铝灰中 F⁻ 的存在、Na⁺ 的分布特点，是影响耐火材料品质的限制因素，也是铝灰不能够规模化生产耐火材料的主要原因。

A 生产棕刚玉

这种工艺以预处理后的二次铝灰为原料，以无烟煤作还原剂、铁屑作沉淀剂，生产棕刚玉[14,15]的工艺流程如图 2-8 所示。

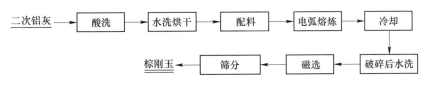

图 2-8 二次铝灰生产棕刚玉的工艺流程图

熔炼过程中铝灰中的 SiO_2、Fe_2O_3 和 TiO_2 被碳还原为金属。

$$SiO_2 + 2C = Si + 2CO$$

$$Fe_2O_3 + 3C = 2Fe + 3CO$$

$$TiO_2 + 2C = Ti + 2CO$$

熔炼生成的金属进入熔融铁屑中，形成硅铁合金。硅铁合金因密度较大下沉至炉底，使残留在熔体中的少量 Si、Ca 和 Ti 的氧化物熔解进入铁液，达到纯净氧化铝的目的。剩余纯净的氧化铝,在熔炼中经过一系列的相变过程,最后获得棕刚玉。

此方法存在着局限性,需要铝灰中的 Al_2O_3 含量高;水洗后铝灰中大量金属铝水化,导致金属铝减少,不利于还原反应;与铝热还原相比,碳热还原 SiO_2、Fe_2O_3、TiO_2 等氧化物,容易引入过多的碳生成碳化物,影响最终产品的性能。

B　制备电熔刚玉或镁铝尖晶石复合材料

采用水洗去除可溶性盐后的铝灰(二次铝灰),与铝土矿熟料细粉或菱镁矿粉(或轻烧氧化镁粉)混匀后压制成型,通过电熔的方法制备电熔刚玉或镁铝尖晶石复合材料,是生产耐火材料的一种工艺[15,16]。

这种工艺的具体方法是:将 20%~90% 的铝灰与 10%~80% 的铝土矿或含镁化合物混合,压制成坯料,在 1800~3000℃ 条件下电熔,冷却后取出,然后破碎、分离,得到电熔刚玉或电熔镁铝尖晶石复合材料。其中,含镁化合物为碳酸镁、氧化镁中的一种或两种。此方法主要是利用铝灰中的金属铝、氮化铝等非氧化物为主要还原剂,熔融还原铝土矿或铝灰中的 SiO_2、Fe_2O_3、TiO_2 等氧化物,因此电耗低,环境污染减小,所制备的电熔刚玉或镁铝尖晶石复合材料具有碳含量低的特点。但是该方法存在对铝灰成分的利用不完全,浪费大,生产镁铝尖晶石只利用了铝灰中的金属铝、氧化铝或金属铝、氧化铝和氧化镁,但铝灰中含有的一定量的有用成分 SiO_2 和 AlN 被浪费掉。

C　合成尖晶石

用水洗后的铝灰合成 $(Mg,Si)Al_2O_4$ 尖晶石,也是为了资源化利用铝灰中的氧化铝进行的一项研究工艺[17],工业化应用没有成功的案例介绍。这种工艺的过程是,工业铝灰首先除去可溶于水的碱金属的卤化物(将水加入铝灰中并在 100℃ 下放置 72h),再将残留的铝灰粉在 100℃ 下干燥 24h,然后制成试样放入感应加热容器中加热至 1814℃ 使其生成 $(Mg,Si)Al_2O_4$ 尖晶石。

D　生产耐火浇注料和预制块

不含可溶性盐的二次铝灰可用于耐火浇注料和预制块,用铝灰替代一部分的煅烧氧化铝使用[18,19],但是铝灰的掺入量最好不超过 5%。影响大量使用的原因也是氟离子和钠盐的危害,影响了耐火材料的耐火度和综合性能指标。

2.1.2.3　合成 Sialon 复合陶瓷

氧化铝陶瓷是陶瓷产品中最常见的[2]。将水洗后的铝灰合成复合陶瓷,也是探索铝灰资源化利用的工艺方法之一。这种工艺是将水洗去除可溶性盐后的铝灰、单质硅细粉、金属铝细粉、SiO_2 细粉混合均匀,压制成型,成型后的试样在氮气反应炉中于 1400℃ 左右氮化,最终生成 Sialon 复合陶瓷。

这种工艺方法采用废弃物铝灰为原材料,利用铝灰中的金属铝、氮化铝作为还原剂,可以变废为宝、减小环境污染,并且由于铝灰中有一定量的含 Ca、Mg

及 Fe 的物质，合成 Sialon 时可以起到烧结助剂的作用，因此可以降低 Sialon 复合陶瓷的合成温度，降低其成本，具有广泛的社会和经济价值。

2.1.2.4 生产多品种氧化铝

氧化铝分为两大类：一类是用作电解铝生产的冶金氧化铝，占氧化铝产量的大多数；另一类为非冶金氧化铝，包括非冶金用的氢氧化铝和氧化铝，也称之为特种氧化铝，因其作用不同而与冶金氧化铝有较大的区别。

多品种氧化铝由于晶型结构等方面的不同，可存在 α-Al_2O_3、κ-Al_2O_3、δ-Al_2O_3、ε-Al_2O_3 和 β-Al_2O_3 等 10 多种晶型的 Al_2O_3，被广泛应用于航天、电子、化学化工、医药、催化剂及其载体、橡胶、颜料、造纸、耐火材料、绝缘材料、填充剂、半导体加工、陶瓷、机械、冶金等各个领域，成为炼铝以外许多行业不可缺少的材料，需求量出现连续增长的势头。

多品种氧化铝（特种氧化铝）因其在粒度、纯度、形状和比表面积等方面与冶金用氧化铝有很大的不同，而且种类繁多，因此特种氧化铝的制法因其要求的不同会有多种，主要有两类方法：一是物理方法，用机械粉碎法制备，采用球磨机、振动磨、搅拌磨、分级机等，该类方法能耗大，且只能使粒径细化到一定程度，制备的产品仅物理性质发生变化；另一种方法是化学方法，该类方法能够满足纯度、粒度及形貌等方面的要求，但也存在着操作过程复杂、难以实现等缺点，所以工艺方法难以规模化推广。

采用铝灰生产氧化铝的技术难度偏大，目前处于研究和中试阶段[20,21]，在资源化利用方面还没有提及能够规模化应用的工艺实例。

2.1.2.5 合成油墨用氧化铝

油墨用氧化铝又称沉淀氢氧化铝、轻氢氧化铝、透明白、色淀白等，由于密度小、透明、结构软、印刷良好，故长期以来用作油墨工业优良的填料。

我国的科学技术人员研究了以铝灰、含铝废硫酸为原料生产油墨用氧化铝的工艺方法[2]。其中废硫酸来自铝型材阳极化工艺排放的废槽液，采用的合成工艺包括液体硫酸铝的制备、偏铝酸钠的制备、氧化铝合成 3 个工序。

2.1.2.6 铝灰直接返回铝电解槽的利用

铝灰是电解过程中的副产品，主成分也是以氟化盐和氧化铝为主，能否将铝灰以最直接、低成本的方式返回铝冶炼系统，目前主要有使用铝灰制作成阳极保护环、以铝灰作为阳极覆盖料及在换极或出铝后直接加入电解槽中参与电解反应等方法，但这些方法目前未得到广泛应用。已有的文献表明[22,23]，铝灰返回电解槽作为电解原料是不理智的。

在电解槽加入铝灰，能够使电解过程能耗增大、槽电压增大、炉底沉淀增多、影响电流效率、影响电解槽寿命等问题。

2.1.2.7 水泥生产协同铝灰处置工艺

将铝灰作为生产铝酸盐水泥的原料加以资源化利用，是目前见于介绍最有代表性的规模化利用工艺[24,25]，也是湖南和吉林等地创新技术的集成应用，是铝灰资源化有前景的工艺方法之一。

2.1.2.8 作为炼钢脱硫剂

关于使用铝灰作为脱氧剂的试验工作，在日本已有成熟的技术，我国冶金工作者的试验在1997年进行。北京科技大学的傅杰和王平教授将铝灰和石灰搭配，作为脱氧剂使用，此后使用铝灰作为脱氧剂、脱硫剂、钢水净化剂的工作开展得很快，在河北、山东等冶金大省使用铝灰作为冶金熔剂已经成为常态。但是在铝灰应用过程中，系统性的机理研究较少。

根据以上的介绍可知，虽然铝灰资源化研究开发的工艺较多，但是真正能够全量应用的工艺方法，目前还没有工艺介绍。根据最近的环保要求和行业的发展来看，铝灰中存在的氟离子、钠盐限制了利用铝灰生产耐火材料和净水剂的工艺，并且钠盐和氟离子的存在，造成水泥生产过程炉窑寿命下降，水泥强度降低。目前最具竞争力的是将铝灰应用于钢铁冶炼，能够将各种有害元素的价值潜力挖掘，并且实现资源化利用，有害物质实现无害化转化。

2.1.3 铝灰无害化的基本原理

铝灰中存在多种有害的物质，其中主要的有害物质是氟化物、碱金属氯盐、砷化物、碳化物等。

在铝灰的无害化处理工艺中，主要是针对铝灰的固氟除氨，即将铝灰中的易溶性氟化物转化为氟化钙，将其中的氮化铝分解，消除堆存和使用过程中遇水反应释放出的 NH_3。铝灰中含有碳化物、硫化物、砷化物、氰化物，量虽然小，但是在特定的环境中，其危害性前面的章节部分已有介绍。铝灰中的金属铝能够与强酸和强碱均能够发生反应，产生可燃性的 H_2，有导致爆炸的风险。其中，金属铝与水的反应如下[10]：

$$2Al + 6H_3O^+ + 6H_2O \longrightarrow 2[Al(OH)_6]^{3+} + 9H_2$$

$$2Al + 2OH^- + 6H_2O \longrightarrow 2[Al(OH)_4]^- + 3H_2$$

氮化铝与水可发生以下的化学反应：

$$pH < 8：AlN + 4H_2O \longrightarrow Al(OH)_3 + NH_4OH$$

$$pH > 8：AlN + 4H_2O \longrightarrow Al(OH)_3 + NH_3$$

铝灰中还存在 Al_5O_6N 和 Al_4C_3 等物质，遇水能够发生以下的反应，尤其是 AlP 和 Al_2S_3 在常温下就能够迅速发生反应生成 PH_3 和 H_2S，对动物造成致命性的伤害：

$$2Al_5O_6N + 3H_2O \longrightarrow Al_2O_3 + 2NH_3$$

$$Al_4C_3 + 6H_2O \longrightarrow 2Al_2O_3 + 3CH_4$$

$$AlP + 3H_2O \longrightarrow Al(OH)_3 + PH_3$$

$$Al_2S_3 + 6H_2O \longrightarrow 2Al(OH)_3 + 3H_2S$$

铝灰提取金属铝以后，加酸加碱固氟除氨，达到铝灰无害化后，作为水泥厂等企业的原料使用，或者填埋。也有的将提取金属铝后的铝灰，免费提供给水泥厂等企业资源化利用。铝灰的无害化主要有湿法工艺和火法工艺两种。

（1）湿法工艺。采用酸碱处理的工艺，即酸浸搅拌除氨后，加碱（石灰）固氟。反应在反应釜中进行，加酸加碱的固氟反应如下：

$$2AlN + 3H_2SO_4 === Al_2(SO_4)_3 + 2NH_3$$

$$2NaF + H_2SO_4 === Na_2SO_4 + 2HF$$

$$2Na_3AlF_6 + 6H_2SO_4 === Na_2SO_4 + Al_2(SO_4)_3 + 12HF$$

$$AlN + 3HCl === AlCl_3 + NH_3$$

$$NaF + HCl === NaCl + HF$$

$$Na_3AlF_6 + 6HCl === 3NaCl + AlCl_3 + 6HF$$

加碱固氟的反应为：

$$CaO + 2HF === CaF_2 + H_2O$$

$$2NaF + CaO === Na_2O + CaF_2$$

$$2Na_3AlF_6 + 6CaO === Al_2O_3 + 3Na_2O + 6CaF_2$$

也就是说，铝灰固氟就是将易溶性的氟化物向难溶性的氟化钙转化。

（2）火法工艺。火法工艺是在旋转窑或者竖窑，生产水泥工艺中协同处理，也有的采用焚烧处理后，作为建材原料使用，或者填埋。火法工艺除氟脱氨的原理简介如下：

1）铝灰中的氮化铝与水分反应，这些水分来源于原料的附着水、结晶水、燃料燃烧产生的水反应。反应的方程式如下：

$$2C_nH_mO_x + O_2 \longrightarrow H_2O + CO_2$$

2）温度超过氟化物的分解温度后，发生分解反应，其中部分的氟解离为离子状态，与 SiO_2 反应，生成气态的 SiF_4，部分的氟化盐与碱发生矿物反应形成新相，氟转化为氟化钙难溶物。无害化反应的主要化学反应如下：

$$NaF === Na^+ + F^-$$

$$2Na^+ + O^{2-} === Na_2O$$

$$4F^- + SiO_2 === SiF_4 + 2O^{2-}$$

$$SiF_4 + 2H_2O === 4HF + SiO_2$$

$$2HF + CaO === CaF_2 + H_2O$$

$$2HF + MgO === MgF_2 + H_2O$$

$$2F^- + Mg^{2+} \longrightarrow MgF_2$$

$$2F^- + Ca^{2+} === CaF_2$$

$$mCaO + nAl_2O_3 === mCaO \cdot nAl_2O_3$$

$$xCaO + yAl_2O_3 + zNa_2O \longrightarrow xCaO \cdot zNa_2O \cdot yAl_2O_3$$

$$xCaO + ySiO_2 + zNa_2O \longrightarrow zNa_2O \cdot xCaO \cdot ySiO_2$$

$$2F^- + 2CaO \cdot SiO_2 \longrightarrow (3CaO \cdot SiO_2)_3 \cdot CaF_2$$

2.2 大修渣的无害化处理方法

大修渣的危害环境的事件，多年以来均有不同地区的报道。其中，2017 年中铝兰州公司倾倒大修渣污染环境的事故，从地方到政府均意识到，大修渣的危害是一件事关子孙后代生存环境安危的大事。

大修渣的无害化是环境保护的要求，回收资源是降低冶炼成本的需要。处理工艺的主要原则一是无害化，二是回收利用。归纳起来主要有三个方面：碳的回收应用、电解质的回收和氰化物的处理。耐火材料的回收利用，所采取的技术原理大致为：

（1）根据物质的物理性质差异，比如表面性质、溶解性、吸水性、密度等把炭与其他物质分离，然后加以回收。这种工艺适合于钢铁工业的资源化利用，也是本书的重点。

（2）利用化学方法处理氟化物、氧化铝、氰化物等，实现其中有害物质的无害化转化，即湿法处理。

（3）采用热处理法，如高温燃烧等工艺方法处理氰化物、碳化物等，降低危害级别，这种工艺也被称为火法工艺。

2.2.1 国外大修渣的处理工艺研究

国外对大修渣的研究始于 1946 年，先后实施了多种的工艺方法处理大修渣，而且一些方法已进行了不同规模的工业应用[26-29]。

大修渣经无害化处理后，回收的含氟化钙物料可用于钢铁工业生产铸铁的添加剂，或拜耳法生产氧化铝的矿化剂或水泥烧结的添加剂；火法处理回收的残渣可用于生产水泥、耐火材料或填土材料，回收的氟化铝可返回电解槽循环使用。

2.2.1.1 国外湿法处理大修渣的方法

美国凯撒铝业公司（Kaiser）开发了焚烧水解的工艺处理大修渣。该工艺是把电解铝大修渣收集后，加入焚烧炉处理。操作过程包括：将大修渣、地面清扫料、沟槽清扫料、干式净化器结疤料混合后加入焚烧炉，在 1100~1350℃下燃烧废旧阴极内衬材料，同时通入水蒸气，使之与氟盐反应，生成 HF 气体，此时废旧阴极内衬材料中所含的氰化物也被分解。HF 用水吸收后，得到 25% 的水溶液，可用来制造工业氟化铝。高温水解法所发生的主要反应为：

$$NaF + H_2O \longrightarrow NaOH + HF(g)$$

$$2NaF + Al_2O_3 + H_2O \longrightarrow 2NaAlO_2 + 2HF(g)$$

原料中含有碳、铝的化合物、氟盐等有用物质，经处理后得到铝酸钠和氢氟酸溶液，其中前者可以合并到拜耳法流程中去制造氧化铝。

大西洋沃土公司（Ford）开发了焚烧和碱液处理大修渣中氟化物的工艺方法。该其工艺是将大修渣破碎后焚烧，用稀碱液浸出灰渣，浸出液加入钙化合物沉积氟化钙；干燥氟化钙至含水量小于 0.1%，加入 93%~99% 的浓硫酸生成 HF 气体和金属硫酸盐，HF 气体进入干式净化器回收生成氟化铝，金属硫酸盐用石灰处理、调整成分后用于填埋。

美国铝业公司（Alcoa）开发了破碎酸浸处理回收大修渣的方法。其具体工艺是将大修渣破碎至 150μm 以下，用碱液浸出生成富含氟化物的碱液和含碳的固体残渣；过滤，回收滤饼细磨、加入酸解槽进行酸浸，使耐火材料成分溶解进入溶液，分离出不溶的碳。

加拿大铝业公司（Alcan）开发了回收利用大修渣的方法。将大修渣破碎到 0.6mm 以下，加入 10~60g/L 的 NaOH 溶液，在 60~90℃ 形成含氟化物、铝酸钠的溶液和残渣，固液分离；将溶液加热到 160~220℃ 分解氰化物、蒸发水、结晶析出氟化物；溶液再结晶或加入石灰水反应沉淀出氟化钙，NaOH 溶液循环利用。

澳大利亚科尔马克铝业公司（Comalco）开发了用碱液和石灰处理大修渣的方法。将大修渣与碱液和石灰一起加入分解槽，反应后固液分离，从液相回收浓缩碱液，产品是固体渣和浓缩碱液，固体渣含较低的可浸氟。

Barnett R J 和 Mezner M B 研究了大修渣制备耐火材料的方法。将大修渣加入硫酸分解槽中进行分解，得到含 HF、HCN 的气相和含 C、SiO_2、Al_2O_3、Na_2SO_4、Fe、Ca、Mg 的浆液；将气相加热到有效温度使 HCN 分解得到不含 CN^- 的气体，直接通过湿式捕集器回收 HF 生成氢氟酸，或进一步反应生成 AlF_3；浆液经过漂洗，逐步分离出 C、SiO_2、Al_2O_3、Na_2SO_4、$Al(OH)_3$，最后将固体物与 SiO_2/Al_2O_3 混合，在高温富氧气氛中氧化 C 并与 SiO_2、Al_2O_3 反应生成耐火材料。

Goldendale 铝业公司开发了一系列处理大修渣的方法。将大修渣破碎，加入硫酸分解槽中，通过化学反应产生含 HF、HCN、SiF_4 的气体和含碳、氧化铝、二氧化硅、硫酸盐的浆液。回收气体并加热破坏 HCN 后，用水吸收 HF 生成氢氟酸，再与氢氧化铝反应生成氟化铝；可通过调整 pH 值、温度、加入氯化铵等方式从浆液中回收碳、二氧化硅、氧化铝、氟化物、硫酸盐等成分。

Fisher Gary 研究了破坏含氰废物中氰化物的方法。该法在常温常压下进行，通过向大修渣中加入氧化性强的溶液有效破坏氰化物和络合氰化物，氧化剂为金属氯化物。

Cashman J B 研究了大修渣无害化处理方法，将破碎后的大修渣与 $CaCl_2/HCl$ 溶液置于 Fe 存在的磨机中反应，目的是去除危险氰化物、氟化物，通过反应可有效破坏氰化物，并使氟化物转化为氟石。产出的固体渣适于填埋处理，并可回收反应后溶液。

Divine J R 报道了一种大修渣的处理方法。将大修渣制成约 1mm 的粒子，进行加热处理，当大修渣的温度达到 1100℃ 时，通入水蒸气开始反应，生成 CO、HF、H_2 和 CO_2 的混合气体，从混合气体中回收 HF 转化为 AlF_3，不含 HF 的气体可作为其他工艺的燃料。

Vick S C 和 von Steiger 开发了大修渣的热分解工艺。通过气化技术分解大修渣，生成惰性渣和有用的气体包括 HF、H_2 和 CO。工艺分为三段：一段渣相气化，二段分离，三段高温水解。

Adrien R J 和 Besida J 报道了在室温下处理大修渣的新工艺。将大修渣进行预处理，除去 90% 的氰化物和大部分氟化物，在其后的工序中通过选择合适的化学相和洗涤条件可有效回收 AlF_3 和其他氟化物。在一系列化学洗涤后，产出的残渣是仅含 C 和高熔点铝化合物的材料。

前南斯拉夫的 Cencic M、Kobal I 和 Golob J 报道了大修渣的热水解工艺。将大修渣与水混合浸出，含氰化物和氟化物的浸出液通过热交换器进入反应器，在 453K 的温度下对氰化物热水解 200min，水解后滤液中的氟化物用 $Ca(OH)_2$ 沉积，从电解铝大修渣中除去氟化物和氰化物，使大修渣无害。

法国彼施涅铝业公司开发了加硅高温水解处理电解槽大修渣的方法，该法在至少 1000℃ 条件下用氧化气体、水蒸气和二氧化硅处理大修渣，将一部分大修渣转化成气相，主要成分是 HF、CO_2 和 CO；另一部分大修渣转化进入液相，主要是铝、钙、钠的氧化物和硅酸盐，少量其他杂质。该法在中国申报了发明专利。

2.2.1.2　国外火法处理大修渣的方法

Comalco 铝业公司开发了利用大修渣中氟化物的热分解工艺。该工艺通过燃烧 C、分解氰化物、通过硫化反应析出气态氟化物并与氧化铝反应生成氟化铝。

Tabery Ronald S 和 DangtranKy 研究了大修渣的流化床焚烧工艺。将褐煤、石灰石与大修渣按比例混合均匀，在流化床内进行焚烧处理。与以往的流化床技术相比，该法克服了灰分结块的难题，改善了灰分的浸出特性，并可以控制排放气体的浓度。

美国铝业公司（Alcoa）开发了处理大修渣的化学弥散工艺。先将大修渣焚烧形成灰渣，同时燃烧 C；而后将灰渣与含二氧化硅等物料混合，加热混合物形成玻璃态残渣，残渣中氟化物具有低的浸出性，适于填埋。

美国雷诺金属公司（Reynolds）开发了大修渣无害化的方法，包括加热处理、石灰浆液急冷、窑后处理。在大修渣中混入石灰石和金属硅酸盐，采用回转窑加热处理，破坏氰化物并将可溶 F⁻ 转化为相对不溶的 CaF_2 和含氟矿物；用石灰浆快速冷却热的回转窑排出料，将粒子表面残留的可溶 F⁻ 转化为不溶形式，并用石灰或石灰石处理溢流，工艺水回收利用，处理后料适于填埋或作为原料出售。

美国雷诺金属公司公开报道了其开发的大修渣无害化处理的闭路循环工艺。该工艺将大修渣与石灰石、抗结块剂混合，在回转窑中进行加热处理，可有效破坏 CN^- 并明显减少回转窑固体渣中可溶 F^- 的浓度，该工艺有四个优点：（1）无需细磨大修渣；（2）所有大修渣材料可通过相同工艺进行处理；（3）不含湿法工序；（4）工艺和设备可行，已成功处理了不同产地的大修渣 30 多万吨。处理后的固体料含有大量有用的组分，如氟石、C、氟化物，可被水泥、钢铁等多个工业利用。

哥伦比亚铝业公司（Columbia）开发了处理大修渣的等离子焚烧工艺。该法将大修渣中的 C 汽化为 CO_2/CO、无机物熔炼入渣、氟化物挥发出 HF、氰化物氧化分解，可回收气体氟化物并利用固体残渣。

法国彼施涅铝业公司（Pechiney）开发了处理大修渣的热解工艺。该法将大修渣破碎，加入矿物添加剂，将氟化物转化为氟化钙并回收含氟化钙、硫酸钙和霞石的残渣。

Lindkvist Jon 和 Johnsen Terje 开发了处理大修渣的方法。将大修渣破碎，与含二氧化硅的物料一起加入密闭的电热熔炼炉，在 $1300 \sim 1750℃$ 通入氧化剂氧化 C、金属、碳化物和氮化物，加入含氧化钙物料生成氟化钙、铝酸钙和铝硅酸钙残渣，渣为块状或粒状。

艾肯铝业公司（Elkem）开发了一种处理大修渣的工艺。将大修渣破碎至小于 15mm 的颗粒，用大修渣的中 C 作为铁矿的还原剂生产生铁，用蒸汽吹渣挥发 HF，用 $Al(OH)_3$ 吸收 HF 生产 AlF_3。熔炼工艺产出的渣可与石英一起玻璃化，生成对环境无害的渣，适用于玻璃原料。

Jeppe C P 和 Matusewicz R W 报道了美国铝业公司开发的从大修渣中回收有价元素的 Ausmelt 技术。该技术将大修渣以熔渣形式反应生成有用的或安全的产品，反应过程中氰化物被破坏，氟化物以 HF 形式逸出，C 被氧化，耐火材料分解为满足环保要求的惰性渣。开发 Ausmelt 工艺的目的是以 AlF_3 形式回收氟化物并返回电解槽循环利用。该工艺在其 Portland 电解铝厂工业应用。

美国能源部（US-DOE）开发了在石墨电弧炉中处理大修渣的方法。该法将大修渣破碎、加入铁氧化物制成团块料；将团块料在电弧炉中熔炼，氧化分解大修渣、还原铁氧化物，得到金属铁和不含氟、氰的残渣；含氟化物、CO 和 CO_2 的气体先进入后燃烧器除去 CO，再通过净化器回收氟化钠、HF 后排空。

美国气体技术研究所（Institute of Gas Technology，IGT）开发了采用天然气加热式旋风燃烧炉处理大修渣的技术。该法在 $875kW \cdot h$ 的小型试验设备中处理大修渣并取得成功，大修渣转变为渣，渣中可溶氟低于 20mg/L，比 US-EPA 限制含量48mg/L低得多，渣中未测到氰化物。

Grieshaber K W 和 Philipp C T 报道了富氧工艺回收大修渣和电弧炉渣的方法，讨论了通过焚烧工艺回收危险废物并使不可缩减金属氧化物玻璃化的方法。工艺要点是：挥发物质和可缩减金属分别以其氧化物和元素形式回收，不可缩减金属氧化物转变成玻璃纤维，其化学组成类同于岩石或矿渣棉，实验结果表明：可使氰化物减少96.89%~99.55%，氟化物利用率达69.2%~89.5%。

2.2.1.3　国外大修渣处理的其他研究

Brown S 和 Reddy R G 研究了大修渣的高温热解性能，采用高温炉煅烧处理大修渣，用气体色谱法分析 C 和 S。试验结果表明：随大修渣粒子尺寸的下降，C 燃烧加强，而大修渣的重量损失增加；随大修渣中 C 含量的下降，大修渣在1273K 煅烧时的 F 挥发量增加，挥发的 F 化合物包括 SiF_4、$NaAlF_4$、$AlOF_2$、NaF 和 AlF_3。

Bourcier Gil 等报道了大修渣处理产物的工业应用。将大修渣与石灰石、抗结块剂混合，在回转窑中进行加热处理使大修渣无害化，处理后的产物无毒的工业化原料，能够应用于水泥、钢铁、陶瓷等多个工业领域。

Courbariaux Y 等报道了加拿大 Ecole 技术公司处理大修渣的天然气燃烧内循环流化床工艺。该工艺在半工业试验规模下测定了氰化物分解所需的最小停留时间，研究了三种添加剂砂子、石棉尾矿和石灰石的抗结块性能，并测定了大修渣中氟化物的变化。

Leber B P Jr 报道了大修渣处置点地下水的改良治理方法。美国某电解厂对大修渣处置点被 CN^-、F^- 污染的地下水进行了改良治理，治理措施包括：加固并覆盖大修渣料堆，改变工厂大修渣的处理方式，重新改造废水贮留池，通过固化大修渣料堆控制过量雨水的渗透。

美国 Vortec 公司 Bartone L M 等研究了旋风熔炼系统回收大修渣过程中 HF 的高温测定，用开发的旋风熔炼工艺（Cyclone Melting System，CMS）处理大修渣时，产生的气体可转变为有用产品。在大修渣热分解过程中产生的含氟气体为 HF，HF 用可调二极管分光光谱法测量。在 CMS 半工业试验中，对蒸汽冷凝器前后的 HF 进行了同步连续模拟。

Reddy R G 等研究了大修渣加入添加剂后的黏度测量。含氟化物的大修渣可替代 CaF_2 用作钢铁工业和玻璃工业的强化流动剂，此项应用要求大修渣应低黏度、低熔点。对大修渣进行了黏度测量，研究了各类添加剂诸如沙子、石灰石、硅酸钙和 MgO 对混合物黏度的影响。结果表明，在较低的温度下，添加剂沙子和石灰石可产生高流动性熔体，加入添加剂的大修渣可用作强化流态剂。

Rustad I 等报道了挪威大修渣的处理方法。为寻找经济可行、满足环保要求的大修渣处理方法，挪威铝业公司支持了多项研究课题，包括大修渣浸出特性研究、大修渣的化学性能分析和水泥工业利用大修渣的可能性，研究持续进行了多年，研究结果认为大修渣可用于水泥工业的原料和燃料。

俄罗斯 Dyachok N G 等研究了大修渣粒状团块中元素和化合物的分布，重点研究了大修渣用于钢铁冶炼时，在造粒和烧结过程中，不同物化因素对铁矿组成和粒子尺寸分布的影响。

2.2.2 国外大修渣技术现状[27-30]

历经 70 年时间，国外先后研究了包括湿法处理和火法处理在内的很多处理方法。湿法技术主要包括硫酸分解、碱液浸出、高温水解、碱液加石灰分解、$CaCl_2/HCl$ 溶液分解、碱液浸出+硫酸分解；其优点是可以回收 HF 生成氟化铝，回收固体残渣和碱液；其不足是存在 HCN、HF 泄漏的危险，未利用碳的热值，固体残渣中可溶 F^- 浓度高（不达标），废水碱性强（不合格废水）。

火法技术主要包括 Vortec-CMS 旋风熔炼工艺、Columbia 等离子焚烧工艺、Elkem 玻璃熔渣工艺、Elkem 密闭电炉熔炼工艺、Alcoa Ausmeeelt 熔渣工艺、Reynolds 回转窑处理工艺、Comalco 热硫解工艺、Pechiney SPLIT 热解工艺、US-DOE 石墨电弧炉工艺和循环流化床焚烧工艺；其优点是回收 HF 生成氟化铝，回收含氟化钙的固体渣，工艺流程短，处理有害物质彻底；其不足是需要精细化的工艺配方和温度控制。

挪威科技大学的 HaraldA. Oye 教授也对国外大修渣的处理技术进行了总结，见表 2-1。从其总结中可以看出国外铝业公司的大修渣处理技术大多数为火法处理技术。

表 2-1 国外代表性大修渣处理技术

序号	产权人	工艺特点及参数	技术状态
1	Reynolds	添加剂为 $CaCO_3$ 和 Ca_2SiO_4，工艺成本 400 美元/tSPL	在 Gun Springs 操作
2	Pechiney	处理 1t SPL 产出 1.65t 固体残渣，工艺成本 1000FF/tSPL	10000t/a，在 Clichy 操作
3	Alcan	作为水泥生产的燃料和原料，工艺温度通常为 1500℃	在操作
4	Pig Iron	作为炼铁的渣或金属添加剂，工艺温度 1660℃	试验工厂
5	Elkem	加入 600kW 炼钢电炉作添加剂	停止
6	Ormet	作为生产玻璃纤维的原料，干式净化回收 HF	25t/d
7	Alcoa Portland	工艺温度 1300℃，回收 HF 生成 AlF_3，并且回收利用 NaF	12000t/a
8	Comalco	工艺温度 550℃，产品为 CaF_2+C+固体残渣+NaOH 溶液（返回拜耳工艺）	在 Boyne Smelter 操作
9	Alcan	高温加压、回收 NaF，1t SPL 产出 1.3t 产品：0.8t 碳+0.2t 拜耳碱液+0.3t 萤石	80000t/a，在 Saguenay 操作

2.2.3　国内大修渣资源化利用的研究和试验历程

2.2.3.1　国内大修渣资源化利用的研究情况

国内对大修渣的处理技术研究起步较晚，大修渣的处理方法包括火法处理、湿法处理和直接利用。

国内的研究分支较多[27-30]，具体的某一种工艺的系统化研究结果鲜见于文献介绍，以下的工艺方法，是文献披露介绍的内容，代表了国内对大修渣资源化利用所做的研究，以及引进的技术所做的实践内容。

李楠等研究了废槽衬真空蒸馏脱氟的方法。将废槽衬破碎成 10mm 以下的颗粒，用孔径为 3mm 的标准筛进行筛分，筛下物进行压片处理得到粒径为 10mm 的颗粒，将筛上物和压片颗粒装入真空蒸馏炉内坩埚中，坩埚上设有氟化物收集器，在 500~1000℃条件下密闭加热，真空炉内压力保持在 100Pa 以下，然后停止加热，真空炉自然冷却，冷却后在坩埚内得到脱氟废槽衬，在氟化物收集器中得到氟化物。

桑义敏报道了从废槽衬回收冰晶石的方法。将废槽衬进行破碎处理，然后加到回转窑中进行热处理，燃烧的同时对其产生的尾气进行脱硫和静电除尘处理；经回转窑一次燃烧处理后的废槽衬颗粒送入多炉膛焚烧炉进行二次燃烧处理，产生的气态 HF 经布袋除尘后回收，作为工业生产冰晶石的原料。

桑义敏还报道了处理废槽衬的玻璃固化方法。将废槽衬破碎成粒径小于 15mm 的颗粒、置入金属固化罐中在 750~850℃条件下进行中温煅烧；煅烧后料配入其质量 0.8~2.0 倍的玻璃类物质作为固化剂，升温至 1050~1200℃继续煅烧；熔融的玻璃态混合物流入接收容器，经淬火后得到含有氟化物的玻璃固化体。

云铝润鑫铝业研究了利用废槽衬生产防渗料的方法。将废槽衬中的废旧阴极炭块、耐火材料及废旧阴极钢棒按类进行分拣；将分拣出来的耐火材料破碎至粒径为 0.9~3mm 的粉末，在 400~450℃温度下加热处理，之后与氧化铝、氧化钙、氧化镁按比例混合，即得再生防渗料。

陈喜平等研究了以煤为催化剂和以镁还原渣为添加剂处理废槽衬的方法。将包括废阴极炭块、废耐火材料在内的废槽衬破碎成一定粒度的颗粒料，配入相同粒度的煤、镁还原渣、石灰石和粉煤灰，混合均匀；混合料在 850~1200℃温度下焙烧，焙烧烟气干法净化回收 HF，焙烧后的固体料用作水泥原料或填土材料。

申士富等研究了废阴极的高温连续煅烧处理方法。将废阴极炭块破碎成颗粒料，与沥青捏合得到混合料；混合料进行高温煅烧，得到高温烟气及废阴极炭粒；高温烟气处理后获取氟化盐；废阴极炭粒冷却，得到炭素制品。

申士富等还研究了废阴极的超高温焙烧处置方法。将废阴极炭块破碎到 3~

15mm，然后采用超高温炉焙烧，挥发出氟化物、分解氰化物，焙烧产生的烟气采用水雾吸收的方式吸收，吸收液经过过滤、烘干等工序回收氟化物返回电解槽，而阴极炭素材料经过冷却后卸出超高温炉。

王旭东等报道了废阴极生产全石墨化炭素制品的方法。采用高温煅烧对废阴极进行高温煅烧，使其氰化物得以分解挥发，氟化物以蒸气形态进入尾气，有效降低了废阴极中的灰分，提高其石墨化度，石墨化度达到99%以上，可直接作为全石墨化炭素制品销售。

罗钟生等报道了废阴极炭块的利用方法。将废阴极炭块破碎、筛分，利用色选机采用光电技术，根据物料颜色的差异将废阴极颗粒物料中的异色颗粒自动分拣出来，得到炭质颗粒和电解质颗粒，炭质颗粒用于阴极炭块生产原料，电解质颗粒返回铝电解生产过程。

邹建明报道了废阴极的高温煅烧方法。将电解铝废阴极炭块破碎、球磨、浮选，分离出炭粉，再经过磁选去除其中的含铁杂质，将炭粉通过煅烧炉进行高温煅烧，除去炭粉中的氟化盐和硫分，得到高纯度炭粉。

李勇等报道了回收废阴极的方法。清理废阴极炭块表面粘连的耐火保温材料、破碎成1~6mm的颗粒，替代焦粒用于电解槽的焙烧启动；焙烧加热过程中碳氧化、氰化物分解，回收的残留颗粒电解质含量大于80%，残留颗粒作为氟化盐返回电解槽使用。

柳健康等报道了废阴极炭块的处置方法。将废阴极炭块破碎成粉料后，加入氧化铝厂烧结法系统中进行配料，然后与生料浆一起进入回转窑中进行熟料烧结；废阴极炭块中所含的有害氟生成氟化钙进入赤泥，所含的少量氰化物在高温下分解成 N 和 C 无害排放。

陈喜平等研究了提取废阴极炭块中电解质的方法。将废阴极炭块表面黏结的耐火材料以及钢棒连接部位清理干净、破碎磨粉，加入1%~40%的有机增黏剂、搅拌均匀、压制成一定形状的团块；将废阴极团块加入高温炉中，在750~900℃的温度下进行焙烧处理，焙烧后熟料97.5%以上为电解质成分，极少量 Fe_2O_3，磨粉后可直接返回电解槽使用。

2.2.3.2　国内湿法处理大修渣的研究

中南大学的肖劲等研究了超声波辅助加压碱浸回收废槽衬中电解质的方法。将废槽衬破碎磨粉，将废槽衬粉体与水配成浆体后采用超声波预处理，处理后的浆体通过碱液加压浸出，过滤分离；滤渣填埋，滤液通入 CO_2 析出电解质沉淀。

肖劲等还研究了废槽衬的盐浸处理方法。将废槽衬破碎至粒径小于等于15mm，在马弗炉中200~400℃恒温一定时间加热除氰，除氰废槽衬加入可溶无机钙盐水溶液中进行盐浸处理，搅拌浸出后过滤，滤渣填埋或贮存处理，滤液作为盐浸液回用。

桑义敏报道了废槽衬的烧砖窑协同处置方法。将废槽衬、$CaSO_4$ 等能与可溶性氟化物反应的钙化物料以及烟煤分别粉碎后混合在黏土中；将上述混合物加水并充分混合，然后挤压成砖坯，砖坯干燥脱水；将干燥后的砖坯送入焙烧窑中，在 900~1050℃ 的温度下焙烧，尾气经净化处理后排放。

桑义敏同样报道了废槽衬湿法强化除氟的方法。将废槽衬粉碎并与粉碎的钙化反应剂搅拌混合，混合物置于热反应器中加热处理，产生的尾气净化处理；残渣及尾气净化收集的灰尘置于钙化反应池中；用石灰乳对残渣和灰尘进行淋洗和浸泡，残渣中未被加热固化的可溶氟化钠继续与石灰乳反应生成氟化钙；反应后过滤处理，得到无害的残渣，可用于冶金、建筑材料。

桑义敏还报道了基于化学沉淀和氧化还原的废槽衬处理方法。将废槽衬破碎磨细至粒度 1~10mm 后，置于氧化反应池中，加入次氯酸钠溶液，发生氧化还原反应除去氰化物；氧化反应后过滤、残渣置于沉淀反应池中，加入饱和浓度石灰水浸泡残渣、生成难溶的 CaF_2；沉淀反应后过滤，所得滤液可作为纯碱工业和氧化铝工业的原料，最终残渣无害。

曹国法、吴正建和河南中孚实业的刘新锋等报道了废槽衬的处理方法。技术原理与桑义敏报道的方法类似，加漂白粉除氰，加氢氧化钙固氟，氰化物分解，最终残渣无害。

陈喜平等研究了废槽衬的无害化处理方法。将包括废阴极炭块、废耐火材料在内的废槽衬破碎，以含氧化钙的矿物为反应剂，以含二氧化硅的物料为添加剂，以烟煤为外加燃料，采用回转窑等类似设备进行热处理，尾气用氧化铝吸附，处理后物料用石灰水淋洗进行二次反应，石灰水循环利用，处理后固体渣可用作水泥、耐火材料的原料或填土材料。

昆明理工大学的宁平等研究了利用煤矸石处理废槽衬的方法。技术原理与陈喜平研究的方法类似，将废槽衬破碎磨细，添加煤矸石、生石灰，混合均匀，焙烧处理，回收残渣。

常醒等报道了大修渣中回收氟化钙的方法。将大修渣粉料与水混合，浸出得浸出液；在浸出液中加入酸，调节浸出液呈中性，再加入氟化钙回收剂反应、固液分离，得氟化钙固体。

大唐国际的洪景南等研究了废阴极炭块的处理方法。将大修渣进行分类，得到粉状废阴极炭块，进行多次水浸出，得到浸出后的阴极炭块和浸出液；将浸出液与除氟剂进行固化反应、液固分离，滤液返回浸出工序循环使用，滤饼进行堆放或作为制备氟化钙的原料，浸出后的阴极炭块还可作为生产氧化铝的燃料。

邹建明报道了废阴极炭块的回收利用方法。将阴极炭块块料进行多次水浸、去除氟化盐，选出的块料进行回收，剩余的粉料磨粉、浮选，选出其中的炭粉。

申士富报道了从废阴极炭块中回收石墨和氟化钠的方法。该法包括破碎、粉磨、水浸、浮选、酸浸、蒸发等步骤，最终得到的石墨粉碳含量达80%以上，可作为生产铝用炭素材料的原料、氧化铝脱硫剂等；氟化钠纯度达到95%以上，氟回收率达到40%以上；蒸发得到的蒸馏水可循环利用。

陈喜平等还研究了废阴极炭块的两段处理方法。将包括废底部炭块、废侧部炭块和废阴极糊在内的废阴极炭块进行焙烧处理后，再进行湿法分解处理；以废阴极炭块为原料，以富含 SiO_2 和 Al_2O_3 的工业废料粉煤灰为反应分散剂，进行焙烧处理后再用硫酸和石灰常温分解处理，最终产品为 AlF_3、含 CaF_2 的残渣。

舒大平等报道了阳极炭渣和废旧阴极材料的处理方法。将上述两种固体废渣破碎，磨粉后进行浮选分离，所得的炭粉可作为粉料生产炭素制品，所得电解质返回电解铝槽使用，一般用于新槽启动，每槽每日用量 1~5kg。

赵隆昌等报道了大修渣的综合回收方法。将大修渣粉碎后投入注入水和浓硫酸的酸解罐中进行酸解，产生的气体用水反复淋洗，回收氢氟酸；酸解后产生的滤渣和滤液进一步处理，其滤渣可制取石墨粉、氢氧化铝和氧化铝；其滤液可生产氟化盐和硫酸盐。

2.2.3.3 国内资源化利用大修渣的研究

国内对大修渣的直接利用，主要聚焦在阴极炭块的资源化利用，对大修渣中的耐火材料的利用研究，目前鲜见于文献。

已有的文献[28,29,32]介绍资源化利用情况简述如下：

（1）废阴极炭块作为燃料在氧化铝烧结过程中应用的工艺。将大修渣分拣，碳质材料替代无烟煤用做氧化铝烧结过程中的燃料。利用了废阴极炭块的热值，但氟化物对氧化铝产品质量和生产设备的影响不清楚。

（2）废阴极炭块生产侧壁内衬炭块的工艺方法。其特点是在砌筑面的纵向设有通长的凹槽，其改进材料的组分为废阴极炭块和无烟煤占30%~70%。

（3）废阴极炭块制作阳极钢爪用保护环的工艺方法。废阴极炭块破碎细磨后与黏结剂混匀即成保护料，保护料通过模具直接捣固安装在阳极钢爪上，保护料在使用时进行自焙形成一个牢固的保护环。

（4）废阴极炭块生产炭粉的工艺。以废阴极炭块为主原料，浮选分离回收电解质和炭粉，然后分别加以资源化利用。

（5）焚烧废阴极、炭渣回收电解质的工艺。利用火法，将阴极炭块和炭渣中的碳氧化去除，得到的电解质回收利用。

（6）水泥生成过程中，将炭渣和阴极炭块磨粉后，作为燃料配加，在水泥的生产中实现无害化，这种工艺能够节约水泥生产中所需的燃料煤粉。

到目前为止，中国铝业、包头希望、大唐国际等率先进行了大修渣无害化处理的工业应用，遇到的技术问题主要有以下几方面：

（1）湿法处理过程的气爆现象。由于大修渣含有一定量的碳化铝、氮化铝、铝和钠，遇水极易反应生成 CH_4、NH_3 和 H_2，这些气体在反应槽/浸出槽顶部积累，如果不及时排出，就会发生气爆带来安全隐患。

（2）湿法处理过程除氟不彻底现象。氟化物的浸出速度慢，是除氟反应的控制环节；受磨粉设备限制，粉料纯度（粒度小于 0.074mm 粉子所占比例）低，进一步影响了氟化物的浸出；采用单级浸出槽时氟化物浸出不彻底，导致浸出后的固体残渣不达标。

（3）火法处理在焙烧除氟过程存在结球现象。大修渣的氟化物包括氟化钠和冰晶石，其熔点分别是 993℃ 和 1009℃。如果火法处理温度过高，氟化物熔化，与其他物料黏结成球，导致生成氟化钙的反应不彻底，出现不合格料；在水泥生产中，需要控制添加量，避免钠盐增加，影响了水泥的质量，但旋转窑协同处理，是目前最为经济和现实的工艺方法。

对比国内外火法技术和湿法技术可以看出，火法处理技术具有更大的优势，将成为今后国内外大修渣处理的主导技术，国外几十年的发展历程也证明了这一点。国外的多数火法处理技术已经得到了工业应用，典型代表是 Alcoa、Comalco 和 Pechiney 的处理技术。

湿法处理技术在有氧化铝生产的企业具有工业应用优势，大修渣处理系统产生的含 NaOH 的碱液可以输送到拜耳系统。

2.2.4　国内资源化利用大修渣工艺

2.2.4.1　浮选资源化利用大修渣的工艺

浮选也叫泡沫浮选，是根据各种物料表面物理化学性质的不同，来分选物料的方法。也就是利用物料的可浮性差异来分选物料。可浮性是指物料易浮或难浮的程度。浮选有正浮选和反浮选。正浮选是指浮选作业中浮起的物料是有用的物料，即泡沫产品为有用物。反之，浮起的物料是废弃物，则称之为反浮选。炭渣浮选采用的是反浮选工艺[33,34]。

浮选法是以一定的浮选制度从料浆中选取相应物质的一种分离方法。其工艺流程可以综合回收废旧阴极中的碳和冰晶石等有用成分，并在处理过程中将氰化物分解[33]。

由于废阴极中的碳已经高度石墨化，因此与电解质有很大的疏水差异性，这些是浮选工艺的基础。目前对碳的浮选大多选用煤油作为捕收剂，煤油不仅对浮选不会造成二次污染，而且现在已有较成熟的工艺，浮选效果良好。

氰化物是百毒之首。浮选初期，首先要把废旧阴极材料经过粗碎、中碎、然后细碎至要求的粒度等级。将其放入调浆机，一般调浆 3~5min 再进行浮选，浮选过程中视情况可以采取粗选与精选联合的方法，并确定精选的次数，最后再扫选一次，保证浮选的安全。浮选的最终产品为泡沫（产品炭）和底流（电解质），分别加工后碳质材料可用于制造石墨电极或者高强砖，也可用作底糊原料。电解质主要含冰晶石和氧化铝，作为电解槽的启动料。浮选废水可以循环使用。当废水中杂质达到一定含量时需添加漂白粉使其沉淀，其中的氟化钙沉淀是有用的，可以作为电解铝的添加剂。

浮选过程中，随着洗水的不断循环，氰化物不断富集，必须采用漂白粉定期分解除去氰化物。

用漂白粉处理含氰污水的原理（碱氯化法）：漂白粉的主要成分是氯化钙（$CaCl_2$）和次氯酸钙［$Ca(ClO)_2$］，因其良好的消毒、漂白和除臭性能在日常生活中得到广泛应用，在 pH>9.5 的溶液中，漂白粉几乎完全水解为具有强烈氧化作用的次氯酸根（ClO^-），从而氧化分解氰化物，消除氰化物的毒性。氧化物氯化过程中的化学反应如下：

漂白粉的水解反应：

$$2Ca(ClO)_2 + 2H_2O \longrightarrow 2HClO + Ca(OH)_2 + CaCl_2$$

$$CaCl_2 + H_2O \longrightarrow 2HClO + Ca(OH)_2$$

$$HClO \longrightarrow H^+ + ClO^-$$

局部氧化阶段（次氯酸根氧化氰根的化学反应）：

$$CN^- + ClO^- + H_2O \longrightarrow CNCl + OH^-$$

$$CNCl + 2OH^- \longrightarrow CNO^- + Cl^- + H_2O$$

在该阶段氧化过程中，pH 值应在 10 以上，因为反应中间产物 CNCl 是易挥发物，其毒性与 HCN 相当，在碱性较大的溶液中，CNCl 才能与 OH^- 反应生成 CNO^-，故应保持较高的碱性。如果溶液为酸性，则因 CNCl 很稳定，随污水排放会造成二次污染。当 pH<9.5 时，CNCl 与 OH^- 的化学反应不完全，速度又很慢，有时长达数小时以上。只有 pH>10 时，反应速度才快，只需 10~15min，反应即可完成。

完全反应阶段：尽管氰酸根的毒性仅为氰根的 0.1%，但只有在本阶段的完全氧化，才能彻底除去毒性。这一阶段可以通过增加氧化剂（漂白粉或液氨）的用量来实现。化学反应式如下：

$$2CNO^- + 3ClO^- \longrightarrow CO_2\uparrow + N_2\uparrow + 3Cl^- + CO_3^{2-}$$

在本反应中，氰酸根中的碳与氮之间结合键彻底破坏。此反应 pH 值应控制在 7.5~8.5 之间最为有效，完全氧化只需 30min。浮选资源化利用大修渣工艺流程如图 2-9 所示。

2.2.4.2 阴极炭块再生制作铝电解槽侧部异形炭块

铝电解槽在生产运行过程中，槽侧部及槽周边要求比电阻大（减少水平电流，增加阴极电流密度）、耐磨性好（能承受酸性电解质的洗刷冲击）、导热性适中（既能保温又能散热，便于保持热量平衡）、膨胀率低（以降低侧部炭块因

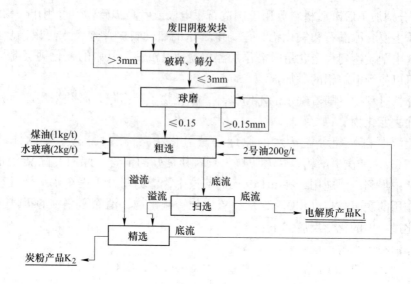

图 2-9　浮选资源化利用大修渣工艺流程

吸钠而导致的早期破损率）。废旧阴极炭块因其高度石墨化及吸钠饱和化及较高的灰分含量。因此，渗入一定量的废旧阴极（30%～50%）所产出的侧部异形炭块具半石墨质炭块的特性，即具有比电阻大、耐磨性好及钠膨胀率低等特性。德福再生资源有限公司经过长期研究、厂家试验，发明了采用铝电解槽废旧阴极炭块制作铝电解槽侧部异形炭块及铝电解槽焙烧用炭粒，工艺流程如图 2-10 所示[35]。

　　以上工艺目前已在四川、河南等多家公司使用，其效果较原生料制作的产品更好，既节省了成本、节省了原料，又净化了环境。

　　使用时先将夹杂于阴极炭块间的氟化盐杂物等进行人工剥离。分离出的含氟化盐等杂物的废旧炭块采用浮选法进一步分离其中的炭和氟化盐，此氟化盐可返回电解槽使用；分离出的干净阴极炭块经粗破、细破、配料等工序，作为制作铝电解槽侧部炭块的部分骨料。制作出的侧部异形炭块的理化指标均达到甚至优于采用原生料制作成的侧部异形炭块（见表 2-2）。

表 2-2　采用废旧阴极炭块制作出的侧部异形炭块的主要理化指标

真密度/g·cm^{-3}	≥1.92
表观密度/g·cm^{-3}	≥1.61
耐压强度/MPa	≥35
灰分/%	≤15
电阻率/μΩ·m	≥80

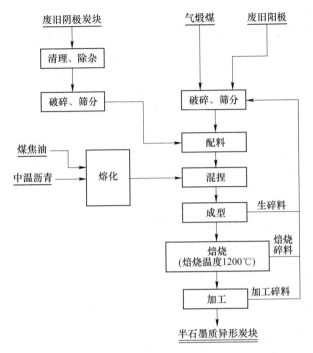

图 2-10　铝电解槽侧部异形炭块生产工艺流程图

2.2.4.3　废旧炭块生产电解槽阴极周边糊

国内规模化利用大修渣的工艺，最早是把废旧阴极制作铝电解槽阴极周边糊加以利用[28,34]。即将废旧阴极炭块清理干净，破碎至一定粒度，掺入（15%～30%）到煅煤或煅后焦中可作为制铝电解槽阴极周边糊的骨料，其中的氰化物在电解槽启动时的高温作用下可完全分解而无害化。全国每年需周边糊约 28000t，可直接消耗废旧阴极 8400t（按 30% 渗入量）。其理化指标可达到国家对铝电解炭素阴极周边糊Ⅰ类标准要求，见表 2-3。

表 2-3　采用废旧阴极炭块制作出的铝电解槽阴极周边糊的主要理化指标

牌号	性　　能					
	电阻率/μΩ·m	挥发分/%	耐压强度/MPa	表观密度/g·cm⁻³	真密度/g·cm⁻³	灰分含量/%
	不大于	不小于				
BSZH	73	7~11	17	1.44	1.87	7

2.2.4.4　水泥生产协同大修渣无害化处理

研究证明，当加热到 700℃ 时，其中的氰化物可 100% 分解。而制作出的侧部异形阴极在焙烧时温度高达 1200℃，其中的氰化物完全可以分解而达到无害化。

燃烧法是将废旧炭块破碎后，添加粉煤灰、石灰石等添加剂，控制有害物质的燃烧分解条件，进行燃烧反应，既保证达到无害化，同时利用其中炭素材料的热能。其中的氰化物在300℃时约99.5%可以分解，当加热到400℃时约99.8%可以分解，当加热到700℃时达到100%分解，常见的有水泥生产协同处理工艺。

水泥的组成为$CaO\text{-}SiO_2\text{-}Al_2O_3\text{-}Fe_2O_3$系，将大修渣按照一定的比例添加，作为水泥的生产原料加以利用[35]。其中，废旧阴极内衬炭块磨细后可作为燃料，耐火材料硅酸钙和氧化铝作原料的代用品。废旧阴极中的炭可作为水泥制造中的补充燃料，碱金属氟化物在炉料烧结反应中作为催化剂，因此废旧阴极的加入可以降低熟料的烧结温度，并减少燃料的用量，废旧阴极内衬中的Al_2O_3和碳化硅可作为部分原料，进入生产流程中。

由于钠盐的存在，会降低水泥的后期强度，加上氟化物对水泥窑的侵蚀，并不是所有的水泥厂都可利用废旧阴极炭块。

但是基于目前的环保政策和经济性考虑，旋转窑水泥生产和旋转窑垃圾焚烧处理大修渣，是一种能够取得规模化效益的工艺方法。

2.2.4.5　大修渣采用填埋处理

卫生填埋是大修渣处理的一种方法[36]，从2017年起，填埋工艺的危废处理项目已经不被批准建设。

卫生填埋要求堆场底层采取防渗处理，固体废物分层作无害化填埋，压实后顶层覆盖土层，实现还林（耕）的方法。卫生填埋的具体操作要求如下：

（1）堆场的防渗处理。电解大修渣堆场防渗系数$K \leqslant 1 \times 10^{-7}$cm/s。为了进一步防止氟离子向下渗透，渣场底部可铺一层石灰渣或者钢渣等，为了防雨水浸泡，应在渣场周围开挖雨水导流明渠。

（2）大修渣的分层堆放。将石灰渣与电解大修渣混合堆存，大修渣中的可溶氟与石灰渣（电石渣等）中的钙发生如下反应：$2F^- + Ca^{2+} = CaF_2 \downarrow$能够起到固氟的目的，实现电解渣堆存的无害化。

为了充分利用土地资源，在堆场堆存管理中，应采用分格填埋的方法，即将整个堆场分成若干部分，分别堆放，每分格堆满后分别覆土、种草、种树或还耕。

无论采用何种技术，今后几年大修渣的无害化处理将成为铝工业的常态。但是价值最大化的应用工艺，一直是业界探索的话题。

2.2.5　大修渣无害化处理技术的工艺原理

2.2.5.1　火法处理过程大修渣的化学反应

火法工艺是指高温煅烧或者焙烧工艺，火法处理是极其复杂的化学反应过程，为便于进行热力学计算和理解，其无害化过程转化简化为以下 3 步：

第 1 步：炭质材料的燃烧，通过炭质材料的燃烧使被包裹的氟化物处于活性状态；

第 2 步：氰化物的氧化分解，通过氧化分解 CN⁻，去除氰化物的浸出毒性；

第 3 步：氟化物的转化，将氟化钠转化为稳定难溶的氟化钙，目的是减少可溶氟化物含量，去除氟化物的浸出毒性。

常见的火法工艺有旋转窑煅烧（包括专门的无害化煅烧和水泥生产协同处理）和铝土矿烧结。

（1）石灰+粉煤灰+大修渣的焙烧工艺。郑州研究院经多年研究[28,29]，开发了国际首创的"铝电解废槽衬无害化技术研发及产业化应用"技术。该技术以石灰石为反应剂、粉煤灰为添加剂处理废槽衬，充分利用了粉煤灰中的 Al_2O_3 和 SiO_2，达到了以废治废的目的，降低了处理成本。其中粉煤灰的作用为：

1）与活性氧化钙反应生成硅酸钙使物料不结块、流动性好。

$$2CaO + SiO_2 === 2CaO \cdot SiO_2$$

2）与氟化钠反应生成氟硅酸钙起到固定可溶氟化物的作用。

$$2NaF + CaO + 4SiO_2 + Al_2O_3 \longrightarrow CaSi_2O_7F_2 + 2NaAlSiO_4$$

该工艺的特点是：将一定量的石灰石和粉煤灰加入废槽衬中，充分混合均匀，混合料破碎至一定粒度，加入回转窑中进行焙烧处理，工艺温度 900～1100℃，氟化物与石灰石反应生成氟化钙或氟硅酸钙，氰化物氧化分解。这种工艺的示意图如图 2-11 所示。

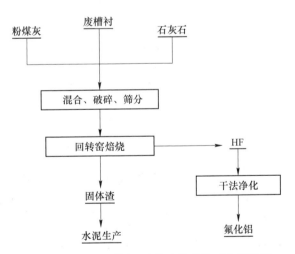

图 2-11 石灰+粉煤灰+大修渣的焙烧工艺示意图

工艺中无害化过程能够发生的化学反应如下[27,29]：

$$C + O_2 === CO_2$$

$$Na_3AlF_6 \longrightarrow AlF_3+3NaF$$

$$CaCO_3 \longrightarrow CaO+CO_2$$

$$2NaF+3CaO+2SiO_2 \longrightarrow CaF_2+Na_2O \cdot SiO_2+2CaO \cdot SiO_2$$

$$2NaF+3CaO+4SiO_2+3Al_2O_3 \longrightarrow CaF_2+Na_2O \cdot Al_2O_3 \cdot 2SiO_2+2CaO \cdot Al_2O_3 \cdot SiO_2$$

$$2AlF_3+3H_2O \longrightarrow Al_2O_3+6HF$$

$$2AlF_3+3CaO \longrightarrow 3CaF_2+Al_2O_3$$

$$2NaCN+2.5O_2 \longrightarrow 2CO_2+N_2+Na_2O$$

$$2Na_4[Fe(CN)_6]+15.5O_2 \longrightarrow Fe_2O_3+12CO_2+6N_2+4Na_2O$$

（2）废槽衬-铝土矿烧结工艺。该工艺的操作过程是：首先将炭质材料从废槽衬中分离，破碎细磨后与无烟煤混合，作为燃料加入铝土矿烧结窑中。在烧结过程中，氰化物分解，氟化物转变为氟化钙。该工艺的示意图如图 2-12 所示。

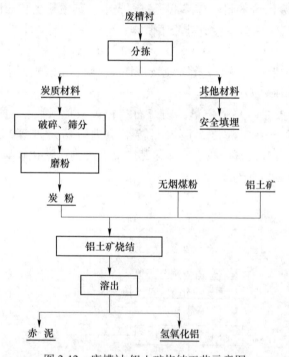

图 2-12　废槽衬-铝土矿烧结工艺示意图

$$C + O_2 \longrightarrow CO_2$$

$$2NaCN + 2.5O_2 \longrightarrow 2CO_2 + N_2 + Na_2O$$

$$2Na_4[Fe(CN)_6] + 15.5O_2 \longrightarrow Fe_2O_3 + 12CO_2 + 6N_2 + 4Na_2O$$

$$Na_3AlF_6 \longrightarrow AlF_3 + 3NaF$$

$$2NaF + CaO \longrightarrow CaF_2 + Na_2O$$

$$2AlF_3 + 3H_2O \longrightarrow Al_2O_3 + 6HF$$

$$2AlF_3 + 3CaO \Longrightarrow 3CaF_2 + Al_2O_3$$

$$Na_2O + Al_2O_3 \Longrightarrow 2NaAlO_2$$

火法处理工艺中，最重要的几个化学反应的热力学数据如下[27]：

$$2NaCN + 4.5O_2 \Longrightarrow Na_2O + 2NO_2 + 2CO_2$$

$$\Delta G^{\ominus} = -957380 + 183.07T(适用温度范围 298 \sim 830K)$$

$$2NaCN + 4O_2 \Longrightarrow Na_2O + N_2O_3 + 2CO_2$$

$$\Delta G^{\ominus} = -940730 + 250.08T(适用温度范围 298 \sim 830K)$$

$$2NaF + CaO + SiO_2 \Longrightarrow CaF_2 + Na_2O \cdot SiO_2$$

$$\Delta G^{\ominus} = -90330 + 0.056T(适用温度范围 298 \sim 1269K)$$

$$2NaF + 3CaO + 2SiO_2 \Longrightarrow CaF_2 + Na_2O \cdot SiO_2 + 2CaO \cdot SiO_2$$

$$\Delta G^{\ominus} = -166060 + 0.42T(适用温度范围 298 \sim 1269K)$$

2.2.5.2 湿法处理工艺的无害化技术原理

湿法处理工艺主要是采用破碎，然后加水浮选。浮选工艺首先将炭质材料从废槽衬中分离，破碎磨粉后加入浮选槽中，添加不同的浮选药剂分离炭粉和电解质，浮选过程中，浮选药剂与炭质废槽衬之间不发生化学反应，但废槽衬与水的反应非常激烈。湿法处理废槽衬工艺示意图如图 2-13 所示。

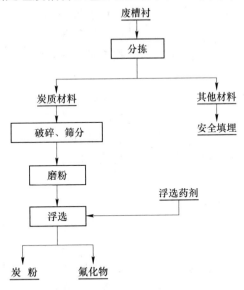

图 2-13 湿法处理废槽衬工艺示意图

这种工艺中能够发生的化学反应如下：

$$NaCN + 2H_2O \Longrightarrow NH_3 + HCOONa$$

$$Na_4[Fe(CN)_6] + 6H_2O \Longrightarrow 6HCN + Fe(OH)_2 + 4NaOH$$

$$2Na + 2H_2O \Longrightarrow 2NaOH + H_2$$

$$2Al + 3H_2O \rlap{=}= Al_2O_3 + 3H_2$$

$$Al_4C_3 + 6H_2O \rlap{=}= 2Al_2O_3 + 3CH_4$$

$$2AlN + 3H_2O \rlap{=}= Al_2O_3 + 2NH_3$$

$$NaCN + 2H_2O \rlap{=}= NH_3 + HCOONa$$

$$2NaF + Ca(OH)_2 \rlap{=}= CaF_2 + 2NaOH$$

采用漂白粉无害化处理浮选废水的化学反应如下：

$$Ca^{2+} + 2F^- \rlap{=}= CaF_2$$

$$CN^- + HOCl \rlap{=}= CNCl + OH^-$$

$$CNCl + 2OH^- \rlap{=}= CNO^- + Cl^- + H_2O$$

$$2CNO^- + 3OCl^- + H_2O \rlap{=}= 2CO_2 + N_2 + 3Cl^- + 2OH^-$$

2.3　炭渣的资源化利用工艺

电解铝危废中，炭渣是最具资源化利用的物质，炭渣的资源化利用按照处理的工艺，分为湿法和火法两种工艺[38,39]。

2.3.1　炭渣的火法处理工艺

炭渣焙烧法的基本原理是：炭渣在一定温度下焙烧，使炭渣中的碳、氢等可燃物充分燃烧，所得焙烧产物即为电解质，从而实现炭渣中电解质与碳分离的目的。

炭渣焙烧法的优点是回收电解质纯度高，可直接返回电解槽循环利用。缺点是高温焙烧会产生二次环保问题，并且焙烧时间长，生产效率低下，不利于大规模处理炭渣；工人劳动强度大，劳动环境恶劣。

炭渣焙烧过程主要包括磨料、焙烧、冷却等工序。炭渣焙烧工艺流程如图 2-14 所示。

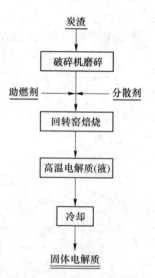

图 2-14　炭渣焙烧工艺流程

2.3.2　炭渣的浮选工艺

炭渣的浮选工艺，与阴极炭块的浮选有相似之处，利用炭渣浮选回收电解质和碳质材料，也是规模化应用的一种工艺[37,38]。常见的工艺方法如图 2-15 所示。

炭渣浮选的原理是：将炭渣加水磨细达到符合要求的浓度和粒度后，加入浮选药剂（煤油等）搅拌处理，然后进入浮选机并导入空气形成气泡。此时，可浮的物料就粘在气泡上浮至矿浆上面形成泡沫（溢流炭粉）刮出弃之，不浮游的物料从浮选槽底流排出（底流电解质），从而达到分选的目的。炭渣浮选过程主要包括磨料与分级、浮选、脱水等工序。

（1）磨料与分级。炭渣经过给料机给入球磨机同时给入水，经过磨碎由磨料机排矿端排入分级机。通过分级机及时将那些已经符合细度要求的炭渣分出，进入浮选作业，而不符合细度要求的粗粒炭渣经过分级机螺旋返回球磨机。

（2）浮选作业。炭渣浮选作业包括两次粗选、三次扫选、三次精选。炭渣经过磨料与分级后，符合浮选要求的分级溢流进入搅拌槽，加入煤油和2号油搅拌后进行浮选作业，两次粗选的泡沫产品进入精选作业，经过三次精选最终浮出溢流炭粉，两次粗选的尾矿经三次扫选作业，最终底流成为电解质。

（3）脱水作业。脱水作业包括浓缩与过滤两部分。浮选作业选得的合格底流电解质经沙泵送入浓缩机浓缩，澄清的溢流水作为回水返回浮选作业，浓缩到一定浓度的底流电解质进入过滤机过滤，水分合格的底流电解质即为最终选别产品。

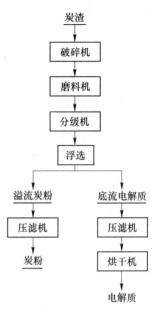

图 2-15　常见的炭渣浮选工艺方法

炭渣浮选法的优点是处理成本低，劳动用工少，工人劳动强度小，生产环境好。其缺点是电解质回收率低，回收电解质碳含量高（约5%），不利于返回铝电解生产用；浮选废水中含有氟离子，需进行废水处理，增加了回收成本。

2.4　钢铁生产协同电解铝危废资源化利用

电解铝危废中的主要成分是氧化铝、氮化铝、氟化物、碳化物、钠盐、冰晶石，以及少量的氰化物和砷化物。电解铝危废中数量最多的氧化铝、氟化物、含碳材料，均是炼钢生产中不可或缺的熔剂材料和脱氧合金化材料[40-44]。这种不可或缺的重要性，为电解铝危废在炼钢工艺过程中的资源化利用创造了条件。

电解铝危险废弃物各种组分在炼钢生产过程中的作用简述如下[45-57]：

（1）Al_2O_3 在铁水脱硫和炼钢各个工艺中的作用。在炼钢的工艺流程中，Al_2O_3 是铁水脱硫工艺和炼钢工艺中的造渣材料，也是炼钢脱氧工艺环节中的核心材料组分。

（2）Al 在铁水脱硫和炼钢各个工艺中的作用。Al 是铁水脱硫和炼钢生产过程中的主要脱氧合金元素，也是提高钢材性能、细化钢材晶粒的核心元素之一，是炼钢的合金化元素，在炼钢的生产过程中不可或缺。

（3）F 在铁水脱硫和炼钢各个工艺中的作用。F 是铁水脱硫和炼钢造渣过程中最为经济的化渣元素，也是连铸机保护渣、覆盖剂生产过程中用于降低熔渣熔点的主要元素。

（4）AlN 在铁水脱硫和炼钢各个工艺中的作用。AlN 是一种具有两面性的物质，钢中的氮化铝属于酸熔铝的内容，能够细化晶粒，是炼钢过程中的脱氧剂；但是脱氧的同时，能够对钢液造成增氮，影响部分低氮特种钢的产品性能。对产量最大的建筑用钢 HRB400 以上牌号的高强度螺纹钢来讲，氮化铝的增氮，能够节约钒氮合金的用量，降低成本。所以在不同的工艺和不同的钢种生产过程中，区别应用，扬长避短，是挖掘氮化铝潜在价值的工艺方法。

（5）Na 在铁水脱硫和炼钢各个工艺中的作用。Na 在钢铁生产发展的历史中，发挥过关键作用的元素[41-43]。

在 20 世纪 70 年代以前，钠冶金是钢铁生产的核心内容，利用碳酸钠对铁水进行脱硫和脱磷，是钢铁生产常见的工艺。此工艺的特点是，碳酸钠分解后的氧化钠是强碱性物质，能够与硫和磷形成化合物，实现脱硫脱磷。但是由于氧化钠的分解产生粉尘污染、反应产生 CO 气体，氧化钠能够与高铝质耐火材料和二氧化硅的耐火材料反应侵蚀耐火材料，加上碳酸钠的成本高，资源短缺，钠冶金逐渐退出了炼钢的历史舞台。但是使用含有钠盐的材料，有助于炼钢的工艺，这些将在后面的章节详细介绍。

（6）C 在铁水脱硫和炼钢各个工艺中的作用。C 是几乎绝大多数钢铁材料的功能性合金元素，也是成本最经济的合金元素，同时碳也是炼钢生产过程中的脱氧元素，造渣过程中促进炉渣发泡的元素。碳在炼钢的生产过程中举足轻重，不可或缺。

2.4.1   钢铁生产资源化利用电解铝危废工艺分析

钢铁生产协同电解铝危废资源化利用，最早的文献介绍始于 1972 年，规模化应用于钢铁工业开始于 20 世纪 80 年代。数十年的实践和研究表明，电解铝危废适合于在钢铁制造流程中的炼钢工艺环节资源化利用[45-59]，不适合在炼铁工艺过程中资源化利用。

国内的研究开始于 90 年代，北京科技大学做了利用铝灰和石灰对钢液脱氧的研究试验。国外从 90 年代开始，将电解铝的危废生产的 AD 粉脱氧剂向中国出口，利用炭渣生产的连铸机保护渣等产品也向中国出口。河南、东北、山东、上海、江苏等地的民营企业，利用电解铝危废生产钢铁制造的熔剂已有二十余年的历史，产品覆盖了包括宝钢股份在内的诸多现代化钢厂，为电解铝危废的资源化利用开启了实践应用之路，积累了大量的技术经验，为钢铁生产协同电解铝危废资源化利用奠定了基础。

国内外大量生产证明，贯彻精料方针是实现转炉炼钢过程自动化的和提高各项技术经济指标的重要途径。原材料主要有铁水、废钢、造渣材料、铁合金和氧气等。合理地选用原材料，是根据冶炼钢种、操作工艺及装备水平使之达到低的投入、高质量的产出。采用铝灰和大修渣生产和制造冶金原料，在业界已有 50余年的历史，其工艺应用的说明如图 2-16 所示。

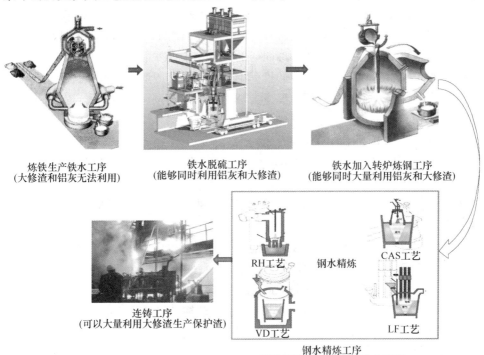

图 2-16　铝灰和大修渣的冶金应用

通过作者团队近 8 年的研究和实践，我们认为，铝灰和大修渣应用于炼钢生产过程，实现无害化和资源化，是钢铁工业助力电解铝行业的清洁化生产。以下从冶金原理和工艺环节说明铝灰和大修渣在炼钢应用的科学性和经济性。

2.4.1.1　电解铝危废在焦化、烧结、炼铁不适合资源化利用

根据前面的论述可知，电解铝气废中，Al_2O_3、Al、F、AlN、Na、C 占 95%以上，其余的组分 Ca、Mg、Si、K 含量不足 5%，为痕量元素。由于含有较高的钠和少量的钾，所以，电解铝危废不适合在炼铁、烧结和焦化工序资源化利用，但是能够在铁水预脱硫和脱磷、转炉和电炉炼钢、LF、VD、连铸等炼钢工艺环节加以利用。电解铝危废不适合在炼铁、烧结和焦化工序资源化利用的主要原因如下[58,59]：

（1）钾和钠对焦化、烧结、炼铁的影响。碱金属元素锂、钠、钾、铷、铯、钫的氢氧化物都是易溶于水的强碱，故称这些元素为碱金属。目前，对高炉冶炼有重要影响的碱金属元素是钾、钠和钾、钠的化合物。钾、钠的密度小，属于轻

金属，硬度很低。钾的熔点 63℃，沸点 758℃；钠的熔点 97℃，沸点 883℃。

电解铝危废中含有钾和钠，对钢铁企业的焦化、烧结、炼铁工序的工艺有显著负面影响，故不能够在这些工序加以利用。

1) 对原料的危害。碱金属会促使烧结矿和球团矿的低温还原粉化指数（$RDI_{-3.15}$）升高，升高的幅度随铁矿石种类的不同而不同。当烧结矿和球团矿中的碱金属含量增加后，烧结矿和球团矿的 $RDI_{-0.5}$、$RDI_{-3.15}$ 升高，而 $RDI_{+6.3}$ 降低。从微观结构来看，在铁矿石还原的过程中，碱金属会逐渐进入氧化铁的晶格，造成体积膨胀，由于碱金属对还原反应的催化作用，使该区域的金属铁晶体生长比较快，在相界面上产生应力，当应力积累到一定程度，便产生大量的裂纹，导致烧结矿和球团矿低温还原粉化率升高。

2) 对焦炭的危害。碱金属对焦炭冷态强度的影响不大，但碱金属会使焦炭反应性（CRI）明显增加，焦炭反应后强度明显降低。其原因如下：碱金属的吸附首先从焦炭的气孔开始，而后逐渐向焦炭内部的基质扩散，随着焦炭在碱蒸气内暴露时间的延长，碱金属的吸附量逐渐增多。向焦炭基质部分扩散的碱金属会侵蚀到石墨晶体内部，破坏了原有的层状结构，产生层间化合物。当生成层间化合物时，会产生比较大的体积膨胀。例如，生成 KC 时，体积膨胀 61%；生成 KC_6 时，体积膨胀 12%。体积膨胀的结果是焦炭产生裂纹进而使焦炭崩裂。

3) 对高炉的危害。碱金属以硅铝酸盐和硅酸盐形式存在，这些碱金属熔点很低，在 800~1000℃ 之间就都能熔化，进入高温区时，一部分进入炉渣，一部分则被 C 还原成 K、Na 元素，由于 K、Na 元素沸点只有 799℃ 和 822℃，因此还原出来后气化混入煤气，大部分被 CO_2 氧化为碳酸盐。在高炉上部的中低温区，K、Na 以金属和碳酸盐形式进行循环和富集，部分以氰化物形式循环和富集。

碱金属在高炉中能降低矿石的软化温度，使矿石尚未充分还原就已经熔化滴落，增加了高炉下部的直接还原热量消耗；能引起球团矿的异常膨胀而严重粉化；能强化焦炭的气化反应能力，使反应后强度急剧降低而粉化，造成料柱透气性严重恶化，危及生产冶炼过程进行；液态或固态碱金属黏附于炉衬上，既能使炉墙严重结瘤，又能直接破坏砖衬，碱金属氧化物与耐火砖衬发生反应，形成低熔点化合物，并与砖中 Al_2O_3 形成钾霞石、白榴石，造成耐火材料体积膨胀，使砖衬剥落，研究表明，炉腹、炉腰和炉身中下部的砖衬破损，碱金属和锌的破坏作用约占 40%。

（2）F 对炼铁的危害。在炼铁的过程中，氟能够降低炉渣的流动性，当矿石中的氟含量较高时，炉渣在高炉内过早的形成，不利于矿石的还原，并且氟挥发对耐火材料和高炉钢铁材料的设备有侵蚀作用，所以氟也是高炉原料限制的有害元素，高炉只有在洗炉作业时，使用萤石。

由于电解铝的固废中，F 和 Na 是以化合物存在的，所以炼铁、烧结、焦化工序不适合利用电解铝危废。

2.4.1.2 电解铝危废作为炼钢原料资源化利用

电解铝危废在炼钢生产过程中能够应用的工艺环节和作为冶金原料应用的产品介绍如下：

(1) 铁水脱硫工序：

1) 一次铝灰和二次铝灰是生产铁水脱硫剂的良好原料，能够应用于喷吹工艺或者 KR 搅拌脱硫工艺；配加部分的大修渣能够提高脱硫剂的脱硫效果，吨钢用量 1.5~4.5kg。

2) 利用铝灰和大修渣、蛭石能够生产铁水运输过程中的铁水保温剂，吨钢用量 1.0kg 左右。

(2) 转炉和电炉炼钢工序。铝灰和大修渣能够在转炉和电炉炼钢工序大量应用的工艺环节和产品如下：

1) 转炉冶炼过程中的化渣剂。利用铝灰和大修渣生产铝矾土基的化渣剂，铝灰和大修渣中的有害物质能够轻松实现无害化转化，并且对冶炼工艺没有负面影响；吨钢用量 2.0~4.5kg，化渣效果优于炼钢传统的化渣剂萤石。化渣剂是炼钢工序不可或缺的冶金熔剂。目前炼钢领域在积极提倡无氟化渣剂的工艺，我国的炼钢产能是 7.5 亿~9.2 亿吨，按照年产 8 亿吨钢，吨钢使用 3kg 的化渣剂，我国钢铁产能在转炉炼钢工序，就能够利用大修渣和铝矾土 240 万吨。

2) 转炉冶炼过程中使用的压渣剂。利用大修渣和铝灰能够生产转炉冶炼过程中使用的压渣剂，吨钢用量 1.0~1.5kg，对冶炼工艺有优化的功能。

3) 转炉溅渣护炉用的溅渣护炉改性剂。利用大修渣和铝灰能够生产转炉溅渣护炉用的溅渣护炉改性剂，用于降低炉渣中氧化铁的含量，提高溅渣护炉的工艺效果，吨钢用量 1.5~4kg。

4) 电炉冶炼过程中的配碳材料。利用大修渣能够生产电炉冶炼过程中的配碳材料，吨钢用量 10~20kg，即用大修渣的炭块作为电炉炼钢过程中的配碳材料应用，用于替代传统的焦炭和生铁的配碳工艺，对电炉炼钢工艺基本没有影响。

5) 转炉出钢过程中的脱氧剂。铝灰和大修渣能够生产转炉出钢过程中的脱氧剂（以 Al_2O_3 为主要成分的预熔渣、合成渣、脱氧剂、脱硫剂），吨钢用量 1.0~4.5kg。

(3) LF 等炉外精炼工序。在 LF 精炼工序，利用铝灰炭渣和大修渣能够生产 LF 精炼过程中的脱氧剂、化渣剂、精炼埋弧剂，吨钢用量 1.5~5kg，采用配加碳酸盐作为辅助成分，能够优化应用效果。

(4) 钢渣改质工序。目前铝灰最大的规模化应用工艺是利用铝灰生产水泥，也就是水泥生产协同电解铝铝灰处置工艺。钢渣也是一种过烧的硅酸盐水泥熟料，钢渣中的游离氧化钙含量是钢渣作为水泥应用的一个影响因素，利用铝灰改质处理钢渣，也就是钢渣改质工艺处理铝灰（包括一次铝灰和二次铝灰），每吨钢渣用量 100kg，炼钢产生的钢渣为吨钢 80~160kg，按照理论计算，钢渣协同铝灰处置工艺，可以将铝灰实现无害化转化。我国的钢铁产能在钢渣改质工艺环节，每年能够利用铝灰 800 万吨，能够全量资源化利用，而无需采用填埋处理。

根据前面的介绍可知，目前电解铝危废的资源化利用模式，有火法和湿法两种工艺：火法工艺，通过焚烧结合浮选、碱液处理等工艺，实现无害化；湿法工艺需要使用酸碱等工艺来处理，工艺环节较多，处理工艺过程中，部分功能性材料被浪费。填埋工艺则是无奈之举。

电解铝危废在钢铁制造流程资源化利用，关键是电解铝危废的各种主要组分物质是钢铁生产过程中不可或缺的原料，危废中的有毒物质在钢铁生产过程中的高温工艺条件下，能够轻易地得到无害化转化。电解铝危废在钢铁生产流程能够资源化利用，不是为了利用而利用，而是在危废资源化利用的同时，能够优化炼钢的工艺、推动炼钢降本增效。

2.4.2 炼钢各工序资源化利用电解铝危废分析

钢铁生产一般分为长流程和短流程两种工艺模式。长流程是指高炉炼铁到转炉炼钢的工艺模式，其工艺环节为：采矿→选矿→烧结+焦化→炼铁→炼钢→轧钢→产品销售；短流程为：废钢→炼钢→轧钢→产品销售。

钢铁的生产分为炼铁和炼钢两个阶段，两个阶段又有诸多的工艺环节，如图 2-17 所示。

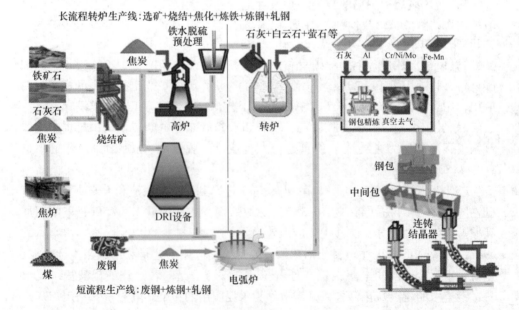

图 2-17　炼铁和炼钢的各个工艺组成部分

2.4.2.1　炼钢生产工艺简介

炼钢过程，是将铁水、废钢等主原料通过化学反应提供化学热升温（转炉长流程），或者采用电能加热（电炉短流程），将含铁的原料加热到能够满足炼钢物理化学反应的范围，首先通过氧化反应，脱除炼钢液态金属料中的有害元素，并且调整好工序温度，这一过程称为粗炼。对粗炼钢水进行脱氧、合金化，调整好钢液的温度精炼，达到满足浇铸（连铸或者模铸）的条件，将钢水浇铸成为钢坯。再通过不同的轧钢工艺，生产出不同形状、不同性能、不同需求的钢铁产品。

在转炉、电炉两种炼钢工艺中，炼钢的任务基本上相同。只是炼钢的主原料不同，长流程转炉炼钢的主要原料是铁水+废钢为主，短流程炼钢是以废钢+铁水、直接还原铁、生铁等为主。转炉炼钢所需要的热能主要来源于铁水的物理热和化学热，而电炉炼钢所需要的热能主要来源于电能和化学热。

两种炼钢的工艺，都是通过造渣和吹氧两种辅助工艺方法，通过氧化的工艺方法，去除或者调整钢铁料中的元素成分，使之达到钢铁材料需要的成分范围。在这一氧化气氛下的冶炼过程中，钢铁料中的 Si、Mn、P、S、C 等被氧化，进入炉渣或者炉气中，钢液中不可避免地溶解了氧。这一氧化过程，钢液中的氧超过了一定的含量对钢材来讲是有危害的，必须将钢液中的氧脱除，并且钢液中还需要添加冶炼钢种所必须的合金，以满足钢种的组织成分要求。所以在转炉和电炉里，通过氧化过程去除了钢液中部分 Si、Mn、P、S、C 有害元素的钢水，被称为粗炼钢水，还需要脱氧和合金化，才能够使得钢水成分满足钢材的性能要求，才能够保证浇铸和轧制后钢铁产品的性能达标。冶炼性能要求不高的钢种时，电炉和转炉的粗炼钢水，需要在出钢过程中首先进行脱氧合金化处理，然后再调整钢液的成分和温度，才能够浇铸成为合格的钢坯，这一过程，称为钢液的脱氧合金化。

在生产一些性能要求特殊的钢种时，除了脱氧的要求很高，对钢水中的 O、P、S、N、H 总含量要求很低，大多数的优钢要求其总量不超过 0.01%。由于电炉或者转炉炼钢的氧化性气氛下，O、P、S、N、H 总含量很难控制在 0.01% 以下，加上粗炼钢水合金化工艺会增加钢液中有害物质的含量，并且钢液中 S、As 等元素在炼钢的氧化过程中的去除难度较大，只有在还原的冶炼气氛中才能够提高脱除的效率。所以，粗炼钢水仅仅在出钢过程中的脱氧和合金化是无法满足冶炼优钢要求的，钢水还需要在 LF、VD、RH 等精炼工序进行精炼才能够满足要求，这一过程称为钢水的炉外精炼（脱硫大多数采用铁水脱硫工艺，不属于钢水的精炼工艺）。

在高炉冶炼出的铁水之后的后续工艺环节为：铁水脱硫预处理→转炉钢水粗炼→粗炼钢水倒出转炉的脱氧合金化→精炼（CAS、CAS-OB、LF、LFV、VD、VOD、RH、RH-TB、RH-OB、RH-MFB 等精炼手段）→连铸（板坯、方坯、圆坯、异形坯、矩形坯）。转炉生产线的常见工艺配置有优钢的生产和普钢的生产，工艺简图如图 2-18 和图 2-19 所示。

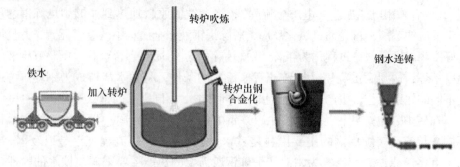

图 2-18　转炉普钢生产工艺流程

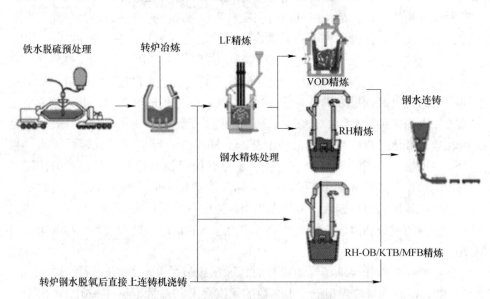

图 2-19　典型的转炉优钢生产工艺流程配置

电炉炼钢工艺包括：废钢配料→废钢熔化+造渣冶炼→出钢→钢水精炼（LF+VD）→连铸机。

炼钢工艺的目的包括：（1）脱碳；（2）升温；（3）脱磷；（4）脱硫；（5）脱氧、脱氮、脱氢等；（6）调整钢水中的合金元素成分。

其中，大部分脱碳、脱磷、脱氮、脱氢、升温的功能，主要在氧化性的转炉炼钢和电炉炼钢工艺环节进行。

脱氧、脱硫、脱砷主要在还原性条件下进行，钢水的合金化也需要还原性条件，以确保合金的收得率。真空，是钢水脱氢脱氮的必要条件。

所以，炼钢主要划分为以下阶段：

铁水脱硫预处理——在铁水包（铁水罐）内完成脱硫。

转炉（电炉）炼钢——在转炉和电炉炉内氧化性气氛下完成脱碳、脱磷、脱氮、脱氢任务。

转炉出钢——完成钢水的大部分合金化、脱氧、脱硫任务。

精炼——包括 CAS、LF、VD、RH 等工艺，主要完成脱氧、脱硫、调整温度的任务。

两种不同流程的炼钢工艺，每种工艺有四个工艺环节，有十余种原材料，能够利用不同的电解铝危废生产的冶金原料，将铝灰和大修渣资源化利用，电解铝危废不同组分的利用工艺环节如图 2-20 所示。

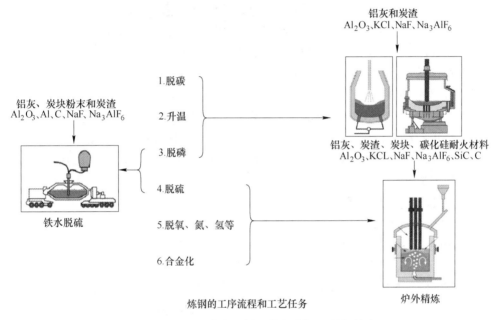

图 2-20 电解铝危废不同组分在炼钢工序的利用

2.4.2.2 转炉炼钢工艺简介

氧气顶吹转炉炼钢由转炉顶部垂直插入的氧枪将工业纯氧吹入熔池，以氧化铁水中的碳、硅、锰、磷等元素，并发热提高熔池温度而冶炼成为钢水的炼钢方法[60]。它所用的原料是铁水加部分废钢，为了脱除磷和硫，要加入石灰和萤石等造渣材料。炉衬用镁砂或白云石等碱性耐火材料制作。转炉的外形就像个梨，内壁有耐火砖，炉体可以向前后倾动。顶底复吹转炉是在氧气顶吹转炉的基础上增加底部吹气，以强化搅拌、促进反应的进行。顶底复吹转炉的示意图如图 2-21 所示。

冶炼开始前，向转炉首先加入 0%～30% 的废钢，再向转炉内加入 70%～100% 的铁水，铁水温度在 1110～1450℃ 的范围。然后将转炉转动到垂直位置，

开始下降氧枪吹氧，吹氧的同时加入冶炼
所需要的 1/3 ~ 2/3 的石灰和助熔材
料（铝矾土化渣剂、锰基化渣剂），并且
加入白云石或者镁球，在开吹 5min 左右，
加入剩余的渣辅料石灰、白云石，进行脱
磷、脱硅、脱锰、脱碳的反应。在脱碳反
应开始后，根据脱碳反应的进程，必要时
加入铁矿石或者萤石化渣和调整温度。在
脱磷、脱硅、脱锰、脱碳的反应结束以
后，倒炉倒出部分的炉渣，进行测温取
样（自动化程度较好的企业采用副枪定氧、
测温、取样），然后将转炉向出钢一侧倾
动，将转炉的粗炼钢水倒出转炉。在出钢
过程中，对粗炼钢水进行脱氧合金化。

图 2-21　转炉冶炼示意图

待以上的作业结束后，将转炉倾动到垂直位置，降下氧枪，通过氧枪吹入氮
气（渣中氧化铁较高、氧化镁不足时需要加入含碳材料和镁质熔剂，对炉渣改
质），将剩余的钢渣冲击到炉墙上，实施溅渣护炉工艺，然后再进行加废钢、兑
铁水的循环冶炼。

转炉炼钢的能量主要是以铁水的物理热为基础，氧化铁液中的 Si、Mn、P、
C、Fe 等元素，释放出化学热，能够加热铁液升温 200~600℃。转炉加入废钢的
目的是平衡富裕热。在铁水物理热不足，或者铁水中 Si 等元素含量较低、提供
的化学热不足时，采用向转炉加入焦炭等含碳材料增加化学热的工艺。

在以上的转炉冶炼工序，造渣、倒渣、出钢和溅渣护炉和出钢脱氧，能够大
量地使用铝灰和大修渣生产的熔剂，其中常见的有化渣剂、压渣剂、增碳剂、溅
渣护炉改性剂、压喷剂，这在后面章节有详细介绍。

2.4.2.3　电炉炼钢工艺简介

电炉炼钢以废钢为主要原料，同时配入焦炭、生铁或者兑加部分的铁水，对
炉料配碳，使废钢全部熔化以后，熔池中有一定的碳含量，通过脱碳反应，达到
完成脱气、脱磷和去除炼钢原料中夹杂物的工艺目的。

电炉炼钢的电能是通过石墨电极和废钢之间的短路产生电弧来实现电能转
化，电炉炼钢的电弧区温度高达 3000~6000℃[61]，电炉炼钢工艺示意图如图 2-22
所示。

冶炼开始，电炉利用电能熔化废钢的同时，采用吹氧助熔的工艺加速冶炼进
程。当废钢原料 70% 左右熔化后，开始造泡沫渣，主要用于覆盖电弧、减少电弧
的热量损失。

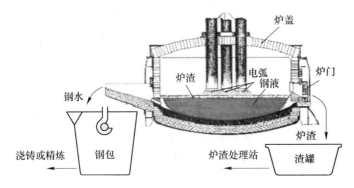

图 2-22 电炉炼钢工艺示意图

电炉通过吹氧的工艺，脱除废钢铁料中大部分的 Si、Mn、P、H、N、C，这些反应依靠脱碳反应提供炼钢生产过程中必要的热力学条件和动力学条件。

当完成成分的控制后，将电炉内的钢水加热到出钢的温度范围，就完成了电炉钢水的冶炼。将粗炼钢水通过出钢口出到钢包，在这一过程对钢水进行脱氧合金化。然后再在 LF 工艺精炼，微调成分和调整钢水温度，进一步深脱氧、脱硫，然后浇铸。

与转炉相比，电炉的配碳工艺，可以使用阴极炭块配碳；在造渣时，可以使用铝灰或大修渣做化渣剂；在造泡沫渣的工艺过程中，可以喷吹阴极炭块粉末，替代传统的喷吹炭粉；在电炉出钢的时候，可以应用铝灰、炭渣和大修渣对钢水进行脱氧。

2.4.2.4 转炉和电炉出钢工艺简介

A 转炉的出钢

转炉在吹炼过程中，完成脱碳（脱碳产生的气泡同时将铁液中大部分的气体氢和氮携带出钢液，实现脱气）、脱磷和温度调整后，将钢水倒出转炉，去进行炼钢下一步脱氧、脱硫、合金化的任务。转炉出钢示意图如图 2-23 所示。

转炉将炉内钢水倒入钢包时，一般有 1.5～3.5m 左右的距离。钢水倒入钢包的过程，有高温液态钢水产生的冲击动能，是实现合金化的最佳时机，同时便于进行脱氧操作，效率最高。所以转炉出钢过程中，有以下的工艺内容：

（1）合金化操作。在出钢过程中，加入合金化的铁合金以及增碳材料。合金化材料包括各种铁合金、增碳剂等。

（2）对钢液进行脱氧。出钢过程是脱氧的最佳

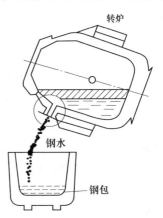

图 2-23 转炉出钢示意图

时机，脱氧的同时能够完成脱硫。对钢液脱氧的材料有金属铝块、铝铁合金、碳化硅、预熔渣、合成渣、铝渣球、脱硫剂、石灰、电石、萤石等。

铝灰、炭渣和大修渣可以作为转炉出钢过程中的增碳剂、脱氧剂、脱硫剂等材料的主要原料来源。

B　电炉的出钢

电炉炼钢主要是依靠电能，将废钢熔化后，采用吹氧的方式完成脱碳、脱磷等工艺。只是电炉炼钢的脱碳量没有转炉的大，所以电炉钢水的气体含量比转炉钢水的要高。电炉大多数采用偏心底出钢（EBT）的方式，如图 2-24 所示。

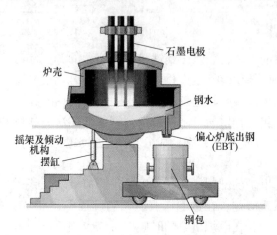

图 2-24　电炉出钢示意图

电炉出钢过程中的合金化和脱氧工艺基本上与转炉相似，也能够大量应用电解铝危废。

2.4.2.5　炉外精炼工艺简介[62]

钢材是工业领域最主要和最重要的金属材料，引领着工业的发展。随着工业领域的技术进步和发展，人们生活水平日益提高，对钢材质量需求和功能多样化要求越来越高，对钢材中有害物质 O、S、P、H、N 含量要求越来越低，加上低碳钢和超低碳钢的需求越来越多，仅靠转炉和电炉炼钢的过程满足不了对钢铁材料的需要。钢水脱除有害物质，还需采用不同的工艺方法处理，满足钢材性能的需要。这些工艺方法就是钢水的炉外精炼工艺[54]。

钢水炉外精炼工艺目前已经发展成为具有重要作用的炼钢方法，具有以下的重要地位：

（1）提高钢铁产品质量，扩大钢铁生产品种。

（2）优化钢铁生产工艺流程，进一步提高生产效率、节能降耗、降低生产成本。

（3）保证了炼钢—连铸—连铸坯热送热装和直接轧制工艺的实施。

炉外精炼工艺常用的方法如下：

（1）渣洗。在出钢过程中加入预熔渣、合成渣等，对钢水脱氧产生的夹杂物进行吸附去除，兼具脱硫等功能。渣洗是最早应用，也是最简单的精炼手段。

（2）搅拌。将氩气吹入钢水搅拌钢液，用于均匀温度和合金成分，是促使夹杂物上浮的重要手段，也是最基本的精炼手段。

（3）真空处理。常用于生产要求 H、N 含量低的高质量钢和低碳钢的生产。

（4）喷粉。将脱硫剂、脱氧剂或者渣辅料等冶金熔剂，通过喷枪喷入钢水或者铁水，完成脱硫、脱氧、脱磷。

（5）化学加热或者电能加热调整温度。通过电加热或者化学加热的方法，将钢液温度调整到适合连铸或者模铸的最佳温度。

常见的主要炉外精炼工艺名称如下：

（1）LF（Ladle Furnace process）；

（2）AOD（Argon-Oxygen Decaburization process）；

（3）VOD（Vacuum Oxygen Decrease process）；

（4）RH（Ruhrstahl-Heraeus process）；

（5）CAS-OB（Composition Adjustments by Sealed argon-Oxygen Blowing process）；

（6）喂线（insert thread）；

（7）钢包吹氩搅拌（ladle argon stirring）；

（8）喷粉（powder injection）。

A CAS、CAS-OB 精炼工艺

CAS 工艺就是在转炉或电炉出钢后，钢水在处理工位加盖后测温取样，根据温度和成分，添加合金调整成分、对钢水进行吹氩，或者加入冷材（冷却钢液的废钢）降温，对铝镇静钢或者硅铝镇静钢加入顶渣改质剂改质，待温度和成分满足连铸机的浇铸要求后，将钢水吊运到连铸机浇铸的工艺。其工艺优点如下：

（1）能够精确控制钢水温度。

（2）吹氩可促进夹杂物上浮，提高钢水纯净度，钢水 T[O] 降低10%~40%。

（3）精确控制钢液成分，实现窄成分控制，高合金收得率 20%~50%。

（4）均匀钢水成分和温度。

（5）在处理的同时，通过喂线工艺，可对钢液进行夹杂物的变性处理，提高钢材的质量。

（6）精炼处理的节奏快，能够适合转炉的冶炼节奏。

CAS-OB 是指在 CAS 站增设吹氧升温工艺（增设自耗型氧枪），向钢水上部加入铝及其他放热合金，通过氧化铝或者合金释放的化学热，达到对钢水升温的目的。与 CAS 相比，只是增加了升温的功能。CAS 和 CAS-OB 的工艺简图如图 2-25 和图 2-26 所示。

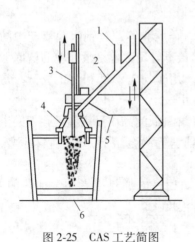 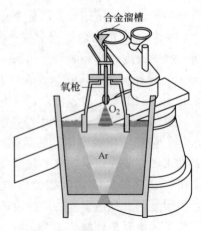

图 2-25 CAS 工艺简图   图 2-26 CAS-OB 工艺简图

1—除尘罩；2—合金溜槽；3—氧气喷枪；
4—浸渍罩；5—浸渍罩升、降系统；6—透气塞

在 CAS 和 CAS-OB 精炼工艺过程，大修渣、炭渣和铝灰生产的顶渣改质剂或者脱硫剂、脱氧剂均能够应用。

B LF 精炼工艺

LF 精炼工艺是指将钢包内的钢水，在 LF 精炼工位，在大气压力（Ar 气氛）下进行电弧加热调整钢液的温度，同时进行脱氧等操作，兼具合金化、钙处理等功能。

LF 精炼工艺是日本大同特钢公司于 1971 年在 ASEA-SKF 精炼技术的基础上开发的，其工艺示意图如图 2-27 所示。增设真空手段的 LF 炉称为 LFV。

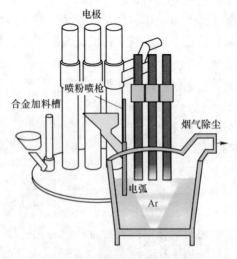

图 2-27 LF 精炼炉工艺示意图

LF 精炼工艺的特点如下：

（1）采用钢包底吹氩气的方法使钢液获得搅拌动能，增大钢液与钢渣的反应界面，具有良好的脱硫、脱氧效果，更有利于钢中夹杂物上浮。

（2）采用对钢渣进行扩散脱氧，调整炉渣的黏度和流动性，进而实现夹杂物控制，同时电弧加热熔化铁合金、调整成分，能够提高合金的收得率，准确地调整钢液的温度。

（3）LF 采用电弧加热，可以调整钢水的温度，能够生产高合金钢，易于实现窄成分控制。

LF 炉精炼的主要工艺内容如下：

（1）加热与温度控制。LF 炉采用电弧加热，加热效率一般不低于60%。升温速度决定于供电比功率，供电比功率的大小又决定于钢包耐火材料的熔损指数。通常 LF 炉的供电比功率为 $150 \sim 200 kV \cdot A/t$，升温速度可达 $3 \sim 5 ℃/min$，采用埋弧泡沫技术可提高加热效率 $10\% \sim 15\%$。

LF 精炼在加热过程中，增大送电电压，能够提高加热的效率；而电压越大，电弧越长。如果不采用埋弧冶炼的工艺，电弧加热的效率降低，电弧对钢包耐火材料和 LF 精炼设备有损害，钢液也容易增氮，容易造成二次氧化。采用泡沫渣冶炼，需要发泡剂和精炼剂等造渣材料，大修渣和铝灰可以应用。

（2）白渣精炼工艺。LF 利用白渣进行精炼，是实现脱硫、脱氧、生产超低硫和低氧钢的保证。白渣精炼是 LF 炉工艺操作的核心。LF 白渣精炼一般采用 Al_2O_3-CaO-SiO_2 系炉渣，控制 $R \geqslant 4$，渣中 $TFe + MnO \leqslant 1.0\%$。在这一过程中，铝灰和大修渣是合适的造渣原料之一。

C VD 精炼工艺

VD 是将需要处理的钢水，吊运到一个由钢结构封闭的罐状的容器内，然后通过真空泵，将罐内的空气抽出，使得罐内气氛处于真空状态，通过对钢水吹氩，能够将钢液中的 H、N 脱除一部分，从而提升钢液的质量。

VD 炉作为真空脱气设备通常与钢包 LF 精炼炉联合，生产各种合金结构钢、优质碳钢和低合金高强度钢。在 VD 处理后，温度较低时，也可以将 VD 处理后的钢水返回 LF 升温。VD 的工艺简图如图 2-28 所示。

VD 冶炼过程中，调整炉渣黏度和化渣、脱氧操作，需要含有氟化物和氧化铝材

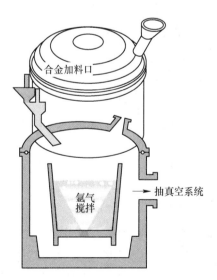

图 2-28 VD 精炼的工艺简图

料，电解铝的炭渣和铝灰能够在 VD 工艺过程中应用。

D　VOD 精炼工艺

VOD 精炼工艺就是在 VD 炉上增加了顶吹供氧系统。在真空状态下，气相中的 CO 分压降低，能够实现钢液吹氧脱碳的功能，适宜冶炼低碳不锈钢。VOD 工艺的示意图如图 2-29 所示。

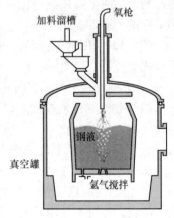

在真空条件下顶吹氧气脱碳，并通过钢包底吹氩促进钢液循环，在冶炼不锈钢时能容易地把钢中碳降到 $0.02\% \sim 0.08\%$ 的范围内，但是对铬的氧化量较少。加上氩气的搅拌作用，反应的动力学条件很有利，能获得良好的去除有害气体、去除夹杂物的效果。

VOD 精炼工艺，首先由初炼炉（电炉或转炉）出钢的钢水除渣后将 VOD 钢包吊入真空室，接通底吹氩开始合盖抽真空，此时熔池温度为 $1550 \sim 1580℃$。当真空度达到 $13 \sim 20$kPa 时，开始吹氧脱碳。

图 2-29　VOD 精炼工艺示意图

为保证钢中的碳始终优先于铬氧化，随着碳含量的降低相应提高真空度。当碳降到规定值停止吹氧，提高真空度为 100Pa 以下，并加大搅拌，以促进钢液和渣中的氧进一步脱碳。然后在真空条件下加铝、硅、CaO、CaF_2 等脱氧剂脱氧、脱硫并微调成分，再经吹氩搅拌几分钟后，即可破真空，吊出钢包进行浇铸。

VOD 精炼工艺在造渣和脱氧时能够大量应用铝灰、炭渣和大修渣。

E　AOD 精炼工艺

AOD 主要应用于不锈钢的生产。首先由初炼炉提供熔化的含铬较高的钢水，或者将铁水或高碳铬铁加入后吹氧冶炼，利用氩氧混吹实现脱碳保铬的目的。AOD 工艺简图如图 2-30 所示。

在精炼不锈钢时，在标准大气压力下向钢水吹氧的同时吹入惰性气体（Ar、N_2），通过降低 CO 分压，达到假真空的效果，从而使碳含量降到很低的水平，并且抑制钢中铬的氧化。

在初炼钢水兑入 AOD 炉后通常分为三个或四个阶段，按照炉内的碳含量和温度调整氧氩比。在吹炼初期钢水碳含量较高，可用 $O_2 : Ar = 4 : 1$（或 $3 : 1$）供气，此为第一个阶段。当碳含量降到 0.2% 左右，可用 $O_2 : Ar = 2 : 1$ 的比例供气，此时熔池温度为 $1690 \sim 1720℃$，此为第二个阶段。当碳含量降到 0.1% 左右时，改 $O_2 : Ar = 1 : 2$ 供气，将碳含量降到 0.02%，此时熔池温度大约为 $1730℃$，此为第三个阶段。当吹炼碳含量小于 0.01% 的超低碳钢种时，可增设第四个阶段，以 $O_2 : Ar = 1 : 3$（或 $1 : 4$）继续脱碳，此时熔池温度大约为 $1750℃$。此后

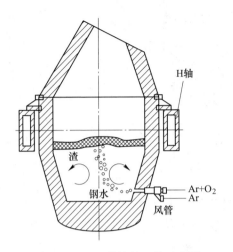

图 2-30 AOD 精炼的工艺示意图

用纯氩吹炼几分钟,使溶解氧继续脱碳。最后加入一定数量的硅铁、铝和石灰,将炉渣中的 Cr_2O_3 进行还原为 Cr 进入钢液,同时进一步降低钢中的溶解氧,并继续吹氩搅拌,然后扒渣。进行少量合金微调,继续吹氩搅拌,在钢水温度达到 1580~1630℃时出钢。

AOD 精炼法的冶炼周期一般在 70~100min。在 AOD 精炼工艺过程中,能够大量地应用炭渣和铝灰进行化渣和脱氧。

F RH 精炼工艺

以上 VD、VOD、LFV 均是真空精炼工艺,是将钢包放置在真空罐内对钢水进行精炼。RH 是将钢包内的钢水,抽到真空室循环处理。RH 是 Ruhrstahl 公司和 Heraeus 公司于 1957 年开发的,也称钢液循环脱气法。与 VD 和 VOD 相比,RH 工艺不要求特定的钢包净空高度,反应速度也不受钢包净空高度的限制,主要用于冶炼高质量产品,如轴承钢、IF 钢、硅钢、不锈钢、齿轮钢等。

RH 具有以下的优点:

(1) 脱气反应速度快,脱碳速度快,处理周期短,生产效率高。

(2) 反应效率高,钢水直接在真空室内进行反应,可生产 H≤0.5ppm、N≤25ppm、C≤0.001% 的超纯净钢。

(3) 可进行吹氧脱碳和二次燃烧进行热补偿,减少处理温降。

(4) 可进行喷粉脱硫,生产 [S]≤5ppm 的超低硫钢。

(5) 实现真空条件下的碳脱氧工艺,脱氧工艺较为灵活。

典型的 RH 工艺简图如图 2-31 所示,不同的 RH 工艺简图如图 2-32 所示。

由于 RH 独特的精炼工艺方法,电解铝危废中的阴极炭块和炭渣能够在 RH 工艺的碳脱氧和脱硫工艺中应用,铝灰不适宜在 RH 大规模应用。

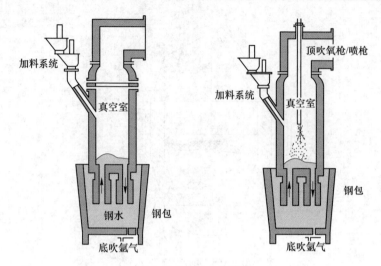

图 2-31　RH 工艺简图

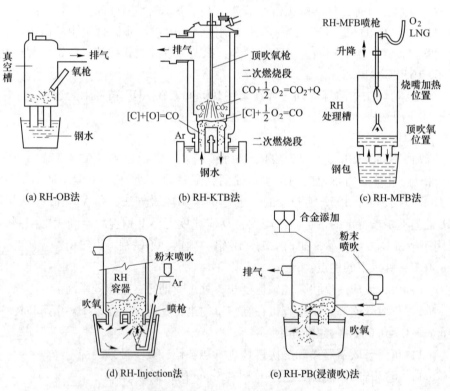

(a) RH-OB法　　　　　(b) RH-KTB法　　　　　(c) RH-MFB法

(d) RH-Injection法　　　　　(e) RH-PB(浸渍吹)法

图 2-32　不同的 RH 工艺简图

G　喷粉精炼工艺

喷粉精炼工艺是将脱氧剂、脱硫剂、脱磷剂、钢液钙处理粉剂喷入钢液的方法。其工艺简图如图 2-33 所示。

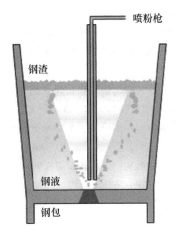

图 2-33 喷粉精炼工艺

铝灰和大修渣在磨粉以后，能够作为生产脱氧剂、脱硫剂的原料使用，在冶炼对氮含量要求不高的钢种时可以大量的应用。

参 考 文 献

[1] 李远兵，孙莉，赵雷，等.铝灰的综合利用 [J].中国有色冶金，2008 (6)：63-67.

[2] 王宝庆，王丹，廖耀华，等.铝灰回收工艺研究进展 [J].河南化工，2015，32 (3)：12-15.

[3] 张含博.电解铝厂铝灰处理工艺现状及发展趋势 [J].有色冶金节能，2019 (2)：11-15.

[4] 马英，杜建伟，项赟，等.铝灰渣中回收氧化铝的研究现状和进展 [J].轻金属，2017 (2)：29-33.

[5] 蔡艳秀.铝灰的回收利用现状及发展趋势 [J].资源再生，2007 (10)：27-29.

[6] 钟华萍，李坊平.从热铝灰中回收铝 [J].铝加工，2001，24 (1)：54-55.

[7] 耿培久，白斌.从铝灰中回收金属铝的生产工艺浅析 [J].有色冶金节能，2013，29 (4)：4-7.

[8] 刁微之，杨大锦，刘俊场.铝灰资源化综合利用研究进展 [J].云南冶金，2018 (4)：32-35.

[9] 杨群，李祺，张国范，等.铝灰综合利用现状研究与展望 [J].轻金属，2019 (6)：1-5.

[10] 张宁燕，宁平，谢天鉴，等.铝灰有价组分回收及综合利用研究进展 [J].硅酸盐通报，2017 (6)：1953.

[11] 于军.铝灰制取聚合氯化铝工艺探讨 [J].青海师专学报，2003 (3)：79-80.

[12] 刘细祥，吴启琳，史兵方，等.利用铝型材厂废铝渣制备聚合氯化铝的研究 [J].无机盐工业，2014，46 (4)：53-55.

[13] 康文通，李小云，李建军，等.以铝灰为原料生产硫酸铝新工艺 [J].四川化工与腐蚀控制，2000 (5)：17-19.

[14] 康文通，李小云，李建军，等.以铝灰为原料生产硫酸铝新工艺 [J].四川化工与腐蚀

控制，2000，3（5）：17-19.

[15] 徐平坤. 铝灰在耐火材料中的应用 [J]. 再生资源与循环经济，2019（4）：21-25.

[16] 刘瑞琼，智利彪，智国彪. 利用铝灰低温冶炼棕刚玉 [J]. 耐火材料，2014，48（2）：71-72.

[17] 黄军同，黄朝晖，吴小贤，等. 利用铝灰和粉煤灰铝热还原氮化制备镁铝尖晶石-刚玉-Sialon 复相材料 [J]. 稀有金属材料与工程，2009（s2）：1255-1258.

[18] 王立旺. 铝灰在铁沟浇注料中的应用研究 [A]. 第五届全国耐火材料青年学术报告会文集 [C]. 2016：187.

[19] 蔡鄂汉，李远兵，孙莉，等. 铝灰合成 Sialon 复合粉对铁沟浇注料性能的影响 [J]. 武汉科技大学学报，2010（2）：164-167.

[20] 刘瑞琼，智利彪，王利君. 铝灰的浮选提纯试验研究 [J]. 耐火材料，2016，50（4）：60-62.

[21] 刘晓红，刘守信，邹美琪，等. 浸取铝灰制取纳米氧化铝新工艺 [J]. 无机盐工业，2009，41（8）：58-60.

[22] 陈伟. 铝灰在铝电解质中溶解行为的研究 [J]. 有色矿冶，2010，26（3）：38-40.

[23] 周扬民，谢刚，姚云，等. 铝灰中氧化铝的活性研究 [J]. 矿冶，2015（6）：45-48.

[24] 王泽天. 铝灰在水泥生产中的应用 [J]. 水泥，2018（3）：15-16.

[25] 程海平，李昌清，覃爱平，等. 电解铝工业固体废弃物在白水泥生产中的应用 [J]. 新世纪水泥导报，2018（2）：41-44.

[26] 王耀武，恒书星，狄跃终，等. 铝电解槽废耐火材料的危害与处理方法的研究现状 [J]. 矿产保护与利用，2019（3）：42-45.

[27] 陈喜平. 电解铝废槽衬处理技术的最新研究 [J]. 轻金属，2011（12）：21-25.

[28] 黄尚展. 电解槽废槽衬现状处理及技术分析 [J]. 轻金属，2009（4）：29-31.

[29] 李旺兴，陈喜平，刘凤琴. 废槽内衬材料综合利用技术研究报告 [R]. 中国铝业郑州研究院，2003：1-26.

[30] 马建立，商晓甫，马云鹏，等. 电解铝工业危险废物处理技术的发展方向 [J]. 化工环保，2016（1）：11-16.

[31] 杨学春. 浅析电解铝厂大修废渣的处理方式 [J]. 有色冶金设计与研究，2007，28（2-3）：111.

[32] 李鸿. 铝电解槽大修渣的污染防治及综合利用 [J]. 有色金属，2003（3）：93-94.

[33] 朱旺喜，邱竹贤，姚广春，等. 半石墨化阴极炭块在铝电解槽上的应用 [J]. 有色金属，1993（1）：10-13.

[34] 梁文强. 铝灰、炭渣、大修渣的处置及再利用方案 [J]. 甘肃冶金，2017（4）：86-88.

[35] 杨会宾，田金承，曹继利. 废阴极炭块在水泥生产中的应用研究 [J]. 轻金属，2008（2）：59-64.

[36] 赵虹. 铝电解槽大修渣场污染防范措施 [J]. 有色金属设计，2002（29）：45.

[37] 吴巧玉. 铝电解废阴极炭块无害化与资源化利用 [J]. 环保科技，2012（3）：46-50.

[38] 康宁. 铝电解炭渣的浮选 [J]. 轻金属，2002（6）：42.

[39] 卢惠民，邱竹贤. 铝电解槽炭渣的综合利用研究 [J]. 矿产综合利用，1997（2）：

45-47.

[40] 陈家祥. 钢铁冶金学（炼钢部分）[M]. 北京：冶金工业出版社，1990.

[41] 万爱珍，梁福彬. 铁水炉外脱磷脱硫的实验研究 [J]. 钢铁研究，1998（1）：16-19.

[42] 王庆祥，陈丹峰. 用苏打作熔剂添加剂对铁水同时进行脱磷脱硫的研究 [J]. 炼钢，1998（6）：31-33.

[43] 刘会林，朱荣. 电弧炉短流程炼钢设备与技术 [M]. 北京：冶金工业出版社，2012.

[44] 俞海明. 电炉钢水的炉外精炼技术 [M]. 北京：冶金工业出版社，2010.

[45] 俞海明，黄星武，徐栋，等. 转炉钢水的炉外精炼技术 [M]. 北京：冶金工业出版社，2011.

[46] 程正东，沙永志. 铁水沟喷连续脱硫工业试验 [J]. 钢铁，1991（2）：12-16.

[47] 戴栋，戴新婴，宋春婴. 电弧炉炼钢应用铝灰升温的试验研究 [J]. 工业加热，1994（1）：11-15.

[48] 王德永，刘承军，闵义，等. 铝灰在管线钢脱硫中的作用 [J]. 中国冶金，2007（2）：14-16.

[49] 李燕龙，张立峰，杨文，等. 铝灰用于钢包渣改质剂试验 [J]. 钢铁，2014（3）：17-20.

[50] 王世俊，张峰，刘晓晨，等. 钢包渣改质剂在 LF 上生产 Q345C 钢的应用 [J]. 炼钢，2008（2）：7-10.

[51] 刘纯厚，曹洪文，牛求彬. 中磷生铁用碳酸钠炉外脱磷实验研究 [J]. 化工冶金，1992（2）：95-98.

[52] 杨世山，董一诚. 铁水同时脱磷脱硫和深度脱磷实验研究 [J]. 钢铁，1990（7）：6-9.

[53] 李杰，乐可襄. 用 $CaO-Fe_2O_3-CaF_2-Al_2O_3-Na_2CO_3$ 熔剂进行铁水预处理脱磷的实验研究 [J]. 安徽工业大学学报，2003（3）：177-179.

[54] 杨吉春，李宏鸣，李桂荣. Li_2O、Na_2O、K_2O、BaO 对 CaO 基钢包渣系性能影响的实验研究 [J]. 炼钢，2002（2）：35-38.

[55] 曲英. 炼钢原理 [M]. 北京：冶金工业出版社，1980.

[56] 张建良，姜喆，代兵，等. 苏打脱磷剂冲罐法铁水脱磷 [J]. 钢铁研究学报，2012（10）：6-9.

[57] 轩心宇，施哲，漆鑫，等. 基于 $CaO-SiO_2-FeO-Na_2O-Al_2O_3$ 渣系的中高磷铁水脱磷试验研究 [J]. 矿冶，2015（2）：51-55.

[58] 郑修悦. 高炉高碱原料冶炼工艺研究 [J]. 武钢技术，1993（3）：2-8.

[59] 曹万江，孙宝银，谭余福. 小高炉控制碱害的生产实践 [J]. 炼铁技术通讯，1999（4）：11-12.

[60] Wallner F, Fritz E. 氧气转炉炼钢的发展 [J]. 中国冶金，2002（6）：37-40.

[61] 俞海明，秦军. 现代电炉炼钢操作 [M]. 北京：冶金工业出版社，2009.

[62] 高泽平，贺道中. 炉外精炼 [M]. 北京：冶金工业出版社，2005.

3 炼钢过程中电解铝危险废物的无害化转化

铝灰一般应用于生产转炉化渣剂、铁水脱硫剂、精炼炉脱氧剂、转炉出钢过程中加入钢水中的脱氧剂、钢水覆盖剂等产品。

炭渣主要生产铁水脱硫剂、转炉化渣剂、钢渣改质剂、转炉钢水出钢过程中加入钢水中的脱氧剂以及精炼炉的化渣剂、扩散脱氧剂、埋弧剂、钢水顶渣改质剂。

碳化硅主要应用于精炼炉的扩散脱氧剂、转炉和电炉出钢过程中的合金化材料或者转炉冶炼过程中的发热材料或者压渣剂。

不同的产品，在不同的冶炼工序使用，其中的危险物无害化过程的原理各不相同，但都有异曲同工之处，即高温条件下的冶金物理化学反应中的离子交换反应和分解反应是无害化转化的关键。

电解铝危废中的氰化物、硫化物、铁氰化物和碳化物等熔点较低的特殊化合物，在炼钢生产过程中1300~1750℃[1]的温度条件下，绝大部分能够迅速发生分解反应，形成 CO、CO_2、N_2、H_2O、SO_2 等气体，实现无害化转化；没有完成分解反应的，在充满氧气和碱性物质的环境体系里，根据各种物质反应的自由能条件和不同的热力学条件，在条件满足后，发生不同的氧化反应，完成有害物质的分解反应或者氧化反应，实现无害化转化。

电解铝危废中的氟化物和砷化物，在炼钢工艺过程中的冶金动力学条件和热力学条件下，在液态炉渣和钢液并存的反应环境里，氟化物和砷化物解离为离子状态，与钢渣中的 FeO、MnO、CaO、MgO、SiO_2、Al_2O_3 等物质发生复杂的离子反应，最终实现氟化物和砷化物的重构，由易溶性物质向难溶性物质转化，实现氟化物的无害化转化。在目前的工业窑炉中，炼钢炉处理电解铝危废中的氟化物具有无可比拟的优势。这种优势体现在两个方面：

（1）电解铝危废中最主要的有毒物质——易溶型的氟化物，在炼钢的工艺条件下，从易溶性的氟化物向难溶性氟化物转化，转化后成为钢渣的组成部分，钢渣是一种和水泥一样具有胶凝性质的材料，能够被资源化利用。目前电解铝危废规模化应用的处理工艺是水泥生产协同电解铝危废的资源化利用技术，电解铝危废中的氟化物等物质没有资源化利用就进入了水泥；而炼钢协同电解铝危废，资源化利用了电解铝危废中的氟化物等有价值物质后，最后成为和水泥一样具有胶凝性质的材料，既节约了炼钢所需要的萤石等材料，又完成了无害化转化，对节约萤石矿产和减少固体废弃物的处理量、节约危废处理成本和炼钢成本，均将有巨大的贡献。

（2）转炉炼钢工艺过程中，萤石（CaF_2 > 60%，F 含量为 29%）的使用量为吨钢 1.0~3.5kg，吨钢产生的钢渣量（转炉渣、脱硫渣、精炼渣总和）为 95~350kg。电解铝危废使用量按照等量替代的原则，根据物料平衡原理，氟化物进入钢渣后，浓度从 29% 下降到 0.31%，实现了氟浓度由高向低转化。

从另一个工艺角度来看，目前电解铝行业危险废物的无害化，是将铝灰、炭渣、大修渣中的氟化物转化为氟化钙为技术核心的。水泥行业也采用萤石作为矿化剂和特种水泥生产的主原料之一[2,3]，水泥厂的烟气除氟工艺，是采用烟气喷淋消石灰除氟的工艺方法[4]。电解铝行业传统的除氟工艺，是加酸加碱后的湿法工艺实现易溶型的氟化物向氟化钙的转化。在炼钢过程中，电解铝危废中的氟化物转化为氟化钙的化学反应是熔融状态下的离子交换反应。在炼钢高温条件下，部分氟化物生成氟化硅气体，在转炉的烟气水冷阶段生成氟化氢，在碱性的水溶液里再转化为氟化钙，包含了电解铝危废处理行业和水泥行业除氟的两个工艺阶段。

最为重要的是，电解铝危废中的绝大部分有害物质，经过炼钢过程中的无害化转化后形成的最终产物，与钢渣中的其他组分一起凝固后，成为钢渣的组成部分，形成稳定的硅酸盐水泥熟料[5-8]，并且钢渣资源化利用后，形成的胶凝材料结构，保证了氟化物对环境不产生危害，安全性得到了极大的保证。

固化技术是用物理、化学方法将有害固体废物固定或包容在惰性固体基质内，使之呈现化学稳定性或密封性的一种无害化处理方法。按固化剂可分为包胶固化、自胶结固化和熔融固化（玻璃固化），根据包胶材料包胶固化分为水泥固化、石灰固化、塑性材料固化、有机聚合物固化和陶瓷固化。炼钢过程属于水泥固化和石灰固化两个方面。

转炉炼钢和钢水精炼是铝灰用量最大的工序，以下从不同工序的冶炼过程论述不同危险组分的无害化过程。

3.1　电解铝危险废物在转炉炼钢过程中的无害化转化

转炉炼钢采用的主要原料是 78%~100% 的铁水和 0%~22% 的废钢，利用铁水的物理热，采用较大的供氧强度供氧，采用超音速氧枪或者超音速集束氧枪的射流冲击熔池，氧化钢液中的硅、锰、磷、硫、碳和铁等元素放热，提高钢水的温度，满足炼钢所需的热力学条件和动力学条件，完成炼钢任务。为了脱除磷和硫，要加入石灰和萤石等造渣材料。转炉炉衬用镁砂或白云石等碱性耐火材料制作。

　　转炉炼钢所用氧气纯度在 99% 以上，压力为 0.81~1.22MPa，吹氧用水冷氧枪，氧气出口的喷头为铜质材料的拉瓦尔喷头，氧气出口马赫数达到 1.8~2.5，供氧强度为 $3.0~5.0m^3/(t \cdot min)$[9]，即一座 200t 转炉吹氧的氧气流量为 $36000~60000m^3/h$。

　　转炉炼钢过程中吹入高速氧气发生的氧化反应，能够迅速将铁液中的碳氧化为 CO 和 CO_2 气体，进入转炉除尘系统被回收利用或者点火燃烧后放散到大气中；而铁液中的杂质元素 Si、Mn、P、S 等大部分被氧化为氧化物，与炼钢造渣材料 CaO、MgO、CaF_2 等反应形成复杂的硅酸盐、铝酸盐、RO 相等多种物相共存的钢渣，在炼钢任务结束后倒出转炉，成为转炉钢渣。

　　电解铝危废生产的产品，在转炉中主要的使用工艺途径如图 3-1 所示。

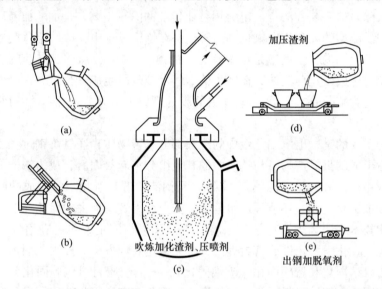

图 3-1　电解铝危废生产的产品在转炉中的主要使用工艺途径
(a) 兑铁水；(b) 加废钢；(c) 吹炼；(d) 倒渣；(e) 出钢

　　电解铝危废生产的化渣剂和其他的各种产品以球团的形式，从转炉的炉顶高位料仓加入转炉。

　　转炉开始吹氧时，加入第一批渣料（铝灰生产的化渣剂在这一阶段加入）。转炉开吹 3min 左右，炉内呈现钢渣与小颗粒铁液相互乳化的状态，金属熔池脱碳产生的大量气体逸出，造成炉渣泡沫化，弥漫转炉炉内，如图 3-2 所示。萤石和电解铝炭渣、电解质生产的化渣剂，在转炉脱碳最激烈、炉渣出现返干的时候加入，即转炉吹炼 7~15min 加入。

　　炼转炉吹炼过程中，冶炼的热量来源于铁水的物理热、铁水和废钢中的 C、Si、Mn、P、Fe 等元素氧化后释放出的化学热，所以转炉氧气射流区（化学反应

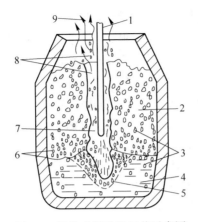

图 3-2 转炉吹氧造渣工艺示意图

1—氧枪；2—气-钢-渣乳化相；3—CO 气泡；4—金属熔池；5—火点；
6—金属液滴；7—CO 气流；8—飞溅出的金属液滴；9—烟尘

的集中区）的温度在 2500℃以上。转炉出钢温度在 1580~1750℃[10]，转炉的炉渣温度比钢水的温度高 50~150℃[11]，转炉在开吹 13min 左右，熔池的温度可以达到 1550℃，此时铁水原料中的 Si、Mn、P、Ti、V、Fe 被氧化，以氧化物的形式进入炉渣，炉渣中充满了高浓度的 FeO、MnO、SiO_2、TiO_2。某厂 120t 转炉吹炼 13min 的渣样成分见表 3-1。

表 3-1 某厂 120t 转炉吹炼 13min 的渣样成分 （%）

CaO	SiO_2	P_2O_5	TFe	S	Al_2O_3	MgO	MnO	CaF_2	TiO_2
38.102	9.2076	1.769	12.3738	0.0017	0.2908	13.6429	2.3267	0.7666	1.2197

在以上工艺条件下，电解铝危废生产的熔剂，在转炉内发生各种复杂的冶金物理化学反应，实现无害化转化。

3.1.1 氟化物的无害化转化

3.1.1.1 氟化物无害化转化机理

转炉炼钢用萤石量为吨钢 1.5~3kg，转炉渣量[11]是吨钢 95~250kg（转炉渣量大小与铁水中的 Si 含量有关）。

纯铁的熔点是 1536℃，铁水中固溶了许多降低铁水熔点的元素，故炼钢铁水的正常温度在 1250~1450℃[12]。转炉冶炼过程的温度在 1300~1750℃[1]。

氟化钙的熔点是 1418℃。炼钢利用萤石化渣，主要有以下几个方面的作用：

（1）萤石溶解后，CaF_2 和 CaO 在高温下可以形成熔点为 1362~1419℃的（β-CaF_2+CaO）的共晶体，直接促进石灰熔化。

（2）石灰在熔解过程中，CaO 与熔渣中的 SiO_2 反应生成熔点为 2130℃的 $2CaO \cdot SiO_2$，覆盖在石灰的外表，阻碍了石灰的进一步溶解。萤石中的 F^-，能够与 $2CaO \cdot SiO_2$ 中的反应，促进 $2CaO \cdot SiO_2$ 转变为低熔点的新相，从石灰表面剥落，从而促进石灰与炉渣中的各种物质继续反应，促进石灰的熔解。

（3）萤石同样与 MgO 反应，形成 MgF_2，熔点为 1536℃。

萤石化渣过程中，能够发生的化学反应如下[13-17]：

$$2CaF_2 + 2H_2O \longrightarrow 2CaO + 4HF\uparrow$$
$$4HF + SiO_2 \longrightarrow SiF_4\uparrow + 2H_2O$$
$$2CaF_2 + SiO_2 \longrightarrow SiF_4\uparrow + 2CaO$$

离子反应的方程式表示为：

$$4F^- + Si^{4+} \longrightarrow SiF_4\uparrow$$

氟化物在电解铝危废中，氟离子的最高浓度可以达到 45%，相当于氟化钙含量为 92%的萤石。电解铝危废中的氟化物，氟化钠熔点为 992℃，冰晶石熔点为 1009℃[13]，在转炉炼钢的条件下，其熔融分解温度低于萤石。电解铝危废中的氟化物在炼钢的工艺条件下，能够发生以下的助熔反应[13-18]：

$$2Na_3AlF_6 + 6(O) \longrightarrow 3Na_2O + Al_2O_3 + 12F^-$$
$$2NaF + (O) \longrightarrow Na_2O + 2F^-$$
$$F^- + Si^{4+} \longrightarrow SiF_4\uparrow$$
$$Na_2O + SiO_2 =\!=\!= Na_2O \cdot SiO_2(熔点 1088℃)$$
$$Na_2O + Al_2O_3 + SiO_2 =\!=\!= Na_2O \cdot Al_2O_3 \cdot SiO_2(熔点 1560℃)$$
$$Na_2O + Al_2O_3 + 8CaO =\!=\!= 8CaO \cdot Na_2O \cdot Al_2O_3$$
$$2Na_2O + 5Al_2O_3 + 3CaO =\!=\!= 3CaO \cdot 2Na_2O \cdot 5Al_2O_3$$
$$Na_2O + 3CaO + 6SiO_2 =\!=\!= Na_2O \cdot 3CaO \cdot 6SiO_2$$
$$2Na_2O + CaO + 3SiO_2 =\!=\!= 2Na_2O \cdot CaO \cdot 3SiO_2$$

其中，$8CaO \cdot Na_2O \cdot Al_2O_3$、$3CaO \cdot 2Na_2O \cdot 5Al_2O_3$、$2Na_2O \cdot CaO \cdot 3SiO_2$、$Na_2O \cdot 3CaO \cdot 6SiO_2$、$2Na_2O \cdot CaO \cdot 3SiO_2$ 熔点均低于 1540℃[12]。

由以上的反应可知，电解铝的氟化物在加入炼钢过程中，与萤石的化渣原理基本一致，即大部分在渣中与炉渣共存，部分成为气体进入除尘系统，成为除尘系统的污泥或者进入冷却水中。

氟化物在钢渣中的最终形成物，取决于钢渣的凝固结晶。文献研究结果证明[11]，转炉造渣过程中，炉渣的熔化首先是从熔点最低的组分物质开始熔化，出现液相，形成基础渣；转炉渣凝固过程中，首先是高熔点的物质结晶凝固，最后是低熔点的物质凝固。按照这一原理，转炉渣中的物质，氟化钙和氟化镁的熔点，均高于 $3CaO \cdot 2Na_2O \cdot 5Al_2O_3$、$2Na_2O \cdot CaO \cdot 3SiO_2$、$Na_2O \cdot 3CaO \cdot 6SiO_2$、$Na_2O \cdot 2CaO \cdot 3SiO_2$ 这些物相，故转炉渣中的氟化物最终是形成 CaF_2 和 MgF_2，不再以氟化钠与氟铝酸钠的形式存在，故实现了电解铝危废中易溶型的 NaF、KF 等向 CaF_2 和 MgF_2 转化。按照炉渣的离子理论[14]，转炉渣凝固过程中，氟离子形成氟化钙和氟化镁的反应方程式如下：

$$Ca^{2+} + 2F^- \Longrightarrow CaF_2$$

$$Mg^{2+} + 2F^- \Longrightarrow MgF_2$$

它们与钢渣中的其他物相，形成具有水化反应性质的胶凝材料，在资源化利用后，和水泥一样，成为难以与水再次反应的物质，实现氟离子的封固，达到无害化的目的。

这种利用方式，不仅实现了氟离子由高浓度向低浓度转化，并且氟离子转化为难溶性的氟化钙和氟化镁等进入胶凝材料，实现最安全的无害化转化。

炼钢工艺过程中使用萤石，但是炼钢渣是可以资源化利用的工业废弃物，不属于危废，所以炼钢资源化利用电解铝危废中的氟化物，是实现氟化物无害化转化的一种理想的工艺平台。

3.1.1.2　进入炉气中的氟化物

氟化硅和氟化氢是气体，转炉炼钢过程中的氟化物有一部分，生成气相氟化物，随着烟尘进入除尘系统。转炉烟尘中含转炉造渣的 CaO、MgO、FeO、Fe 等多种复杂的细小颗粒物。

氧气转炉在吹炼期间产生大量含尘炉气。转炉炉内的气体称为炉气，炉气离开炉口进入烟罩后称为烟气。某厂典型的转炉烟气成分见表 3-2。

表 3-2　某厂典型的转炉烟气成分　　　　　　　　　　（%）

FeO	Fe$_2$O$_3$	TFe	MFe	CaO	SiO$_2$	MgO	MnO	P$_2$O$_5$	C
67.16	16.2	63.4	0.58	9.04	3.64	0.39	0.74	0.57	1.6

转炉烟气的温度高达 1400~1600℃。转炉高温烟气已经被钢铁企业用来分解焦化厂的含氨废水。

山钢莱芜钢铁分公司的李志峰等在 2017 年第 3 期《山东冶金》杂志介绍了采用转炉高温烟气高温催化闪速热裂解焦化工序产生的废水的工艺。焦化厂产出的废水经过回收、絮凝处理后，用泵送至炼钢厂储蓄井，从储蓄井打入转炉除尘蒸发冷却器进行雾化冷却转炉烟气，利用转炉高温烟气进行催化热解，是利用转炉高温烟气处理危废的一种工艺。

转炉除尘系统有干法（LT）和湿法（OG）两种。不论是 OG 系统还是 LT 系统，转炉高温烟气都需要先喷水降温[18-20]，才能够进入除尘器。干式除尘的工艺流程如图 3-3 所示。烟气中的粗颗粒物料首先收集，降温后烟气不采用水冷却，转炉的烟尘中的小颗粒物料，成为干燥状态的除尘灰。

湿法除尘是转炉的烟气在转炉的烟道内，采用文氏管（一文）喷淋急冷，

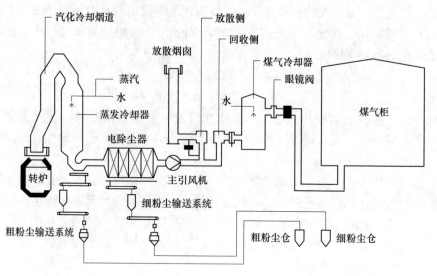

图 3-3　LT 干式除尘系统工艺流程

将转炉烟气急速冷却，还需要进一步的喷水（二文）冷却，转炉的烟尘变为污泥进入炼钢循环水系统。在沉淀池，冷却水中的颗粒物被沉淀为污泥，净化后的冷却水循环利用。湿法除尘工艺示意图如图 3-4 所示。

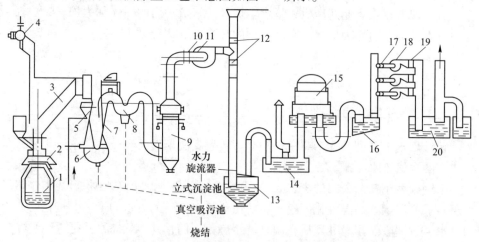

图 3-4　湿法除尘工艺示意图

1—转炉；2—活动烟罩；3—汽化冷却烟道；4—汽包；5—溢流文氏管；6—弯头脱水器；
7—可调喉口文氏管；8—弯头脱水器；9—喷淋塔；10—风机启动闸；11—风机；
12—放空回收三通切换阀；13—大水封；14—煤气柜进口水封；15—煤气柜；16—煤气柜出口水封；17—煤气截止阀；18—加压风机；19—煤气截止阀；20—水封式回火防止器

进入转炉烟气系统的氟化物是氟化硅为主。氟化硅性质为：熔点-92.2℃，沸点-86℃，溶于无水乙醇、氢氟酸和硝酸，在潮湿空气中水解，生成氟化氢和原硅酸。

根据以上的氟化硅的性质可知，氟化硅进入烟气后，在喷淋水的雾化降温条件下，氟化硅分解，发生以下的化学反应：

$$SiF_4 + 4H_2O \Longrightarrow 4HF + H_4SiO_4$$

$$2HF + CaO \Longrightarrow CaF_2 + H_2O$$

$$H_4SiO_4 + CaO \Longrightarrow CaSiO_3 + 2H_2O$$

$$2HF + MgO \Longrightarrow MgF_2 + H_2O$$

进入除尘系统的氟化硅，在除尘系统实现了二次反应，生成难熔性的氟化钙、氟化镁等物质。部分没有反应的氟化硅，残留在水系统的冷却水中[21,22]。

炼钢工业用水是循环使用的。含有氟的炼钢冷却水，循环应用于炼钢除尘系统，最终形成的氟化钙和氟化镁颗粒，在水系统的沉淀处理环节，成为污泥颗粒存在于转炉的除尘尘泥里。

转炉尘泥含铁高，干式除尘和湿法除尘的烟尘均作为烧结[23-25]或者炼钢的原料[26,27]，在钢铁企业内部循环利用。

钢铁厂将含铁尘泥循环应用于钢铁企业的炼铁或炼钢工序，故进入气相的氟化物形成稳定的氟化物后，最终的流向是存在于钢铁生产流程形成的炉渣中。炼铁渣或者炼钢渣均是一般工业废弃物，也都是胶凝材料[28,29]，也就是说，进入气相的氟化物绝大多数实现了无害化转化。少数进入烟气外排的，在除尘的水封式回火防止器内与水反应，进入水处理系统，余量也能满足环保要求达标排放。

3.1.1.3 进入钢渣中的氟化物

在钢铁企业，每个熔炼工序的工艺环节都产生一定量的冶炼渣，如炼铁渣、炼钢渣。在钢铁行业和企业内部，钢渣是一个工艺名词，即炼钢工序产生的冶炼渣。

钢渣是完成炼钢工艺任务必须产生的副产品。炼钢为了完成去除磷、硫和其他杂质成分，必须借助碱性原料石灰、白云石等，在高温下参与去除钢中有害元素的反应。炼钢过程是在高温下把冶金原料和渣辅料熔化为两个互不溶解的液相，使钢和其他杂质分离。这里的杂质就是钢渣。确切地说，钢渣是由石灰、白云石、镁球、萤石等造渣材料、炉衬的侵蚀以及铁水中硅、锰、磷、硫、铁等物质氧化或者还原产物而形成的复合固溶体。它是炼钢工艺环节产生的副产品[11]。

炼钢过程中，炉渣的熔解是低熔点的物质首先熔解，按照炉渣的离子理论，部分的氟离子与硅酸根离子反应，生成气态物质逸出熔池，进入炉气，没有生成氟化硅的氟，以离子状态存在于液态钢渣中。

炼钢的冶炼任务结束，炉渣倒出转炉/电炉，进入渣罐，成为炼钢的副产物钢渣。进入渣罐的钢渣，最初是高温液态物质，导热性是很低。钢渣凝固的时候，首先是高熔点的物质先凝固，最后是低熔点的物质凝固，游离态的氟离子与液态炉渣中的钙离子、镁离子反应，生成熔点高于氟化钠和冰晶石的物质，其中氟化钙熔点 1418℃，氟化镁 1263℃，均高于氟化钠 992℃、氟化钾 860℃的熔点，所以冷却结晶的最终产物是难溶性的氟化物。

生成的氟化物不是以单纯的氟化钙和氟化镁的形式存在的，而是与炉渣中的其他物质，以复杂的矿物组织的形式存在，相关文献证明了这一点[30]。

目前的钢铁工业中，由于炼钢原料和冶炼工艺不同，所排放的钢渣物化性能是不同的。按照工艺划分，钢渣可以分为转炉钢渣和电炉钢渣。不同厂家的各种钢渣的成分特点见表 3-3。

表 3-3　不同厂家的各种钢渣的成分特点

钢渣来源	成分/%								
	CaO	SiO_2	FeO	Fe_2O_3	Al_2O_3	MgO	MnO	P_2O_5	f-CaO
宝钢转炉	40~49	13~17	11~22	4~10	1~3	4~7	5~6	1~1.4	2~9.6
马钢转炉	45~50	10~11	10~18	7~10	1~4	4~5	0.5~2.5	3~5	11~15
邯钢转炉	42~54	12~20	4~18	2.4~13	2~6	2~8	0.2~2	0.4~1.4	2~4
成钢电炉氧化渣	29~33	15~17	17~22	10~24	3~4	12~14	4~5	0.2~0.4	—

水泥熟料是指以石灰石和黏土、铁质原料等为主要原料，按适当比例配制成生料，烧至部分或全部熔融，并经冷却而获得的半成品。在水泥工业中，最常用的硅酸盐水泥熟料主要化学成分为氧化钙、二氧化硅和少量的氧化铝和氧化铁。主要矿物组成为硅酸三钙、硅酸二钙、铝酸三钙和铁铝酸四钙。硅酸盐水泥熟料加适量石膏共同磨细后，即成硅酸盐水泥。除了硅酸盐水泥，还有铝酸盐水泥。铝酸盐水泥是以铝矾土和石灰石为原料，经煅烧制得的以铝酸钙为主要成分、氧化铝含量约 50%的熟料，再磨制成的水硬性胶凝材料。铝酸盐水泥常为黄色或褐色，也有呈灰色的。铝酸盐水泥的主要矿物成为铝酸一钙（$CaO \cdot Al_2O_3$，简写 CA）及其他的铝酸盐，以及少量的硅酸二钙（$2CaO \cdot SiO_2$）等，颜色多为灰色与白色。所以，水泥熟料是指经过高温烧制或者进行机械力化学处理，具有能够产生水化反应，应用于水泥建筑行业的各种原料，包括旋转窑生产的硅酸盐水泥熟料和铝酸盐水泥熟料等。

从表 3-3 可以看出，钢渣中能够形成水硬性材料的组分在 50%以上。从成分来看，钢渣的化学成分与水泥熟料的化学成分基本相似，主要由 CaO、SiO_2、Al_2O_3、Fe_2O_3、MgO 等组成，但具体各化学成分含量差别较大。转炉钢渣的主要矿物组成是硅酸二钙（C_2S）、硅酸三钙（C_3S）、RO 相（MgO、FeO 和 MnO 的固溶体）及少量游离氧化钙（f-CaO）、铁铝酸钙（C_4AF）。

钢渣因含有硅酸二钙和硅酸三钙水硬性矿物，且二者含量之和在 50%以上，水化过程和水化产物同硅酸盐水泥熟料相似，不同点在于钢渣的生成温度在

1560℃以上，而硅酸盐水泥熟料的烧成温度在1400℃左右，钢渣的形成温度比硅酸盐水泥熟料高200~300℃，致使钢渣中C_2S（硅酸二钙）和C_3S（硅酸三钙）结晶致密，晶体粗大，水化硬化缓慢。我国专家1983年在比利时召开的水泥原料国际会议发表论文称钢渣为过烧硅酸盐水泥熟料[31]。

国外钢渣应用于水泥行业最早在20世纪50年代末期，我国在唐明述院士等的努力推广下，在60年代进行了研究，90年代应用达到一个鼎盛阶段。天津静海军用机场等著名的工程使用了钢渣水泥，2008年北京奥运场馆建设，使用了上百万吨的钢铁渣制品。目前钢渣微粉和矿渣微粉的双掺工艺，在混凝土工程中的应用已经非常普及，尤其是大体积的混凝土建筑，采用钢铁渣粉的双掺工艺，是解决大体积混凝土建设由水化热引起建筑缺陷的重要工艺方法。目前国家和行业出台的钢渣和矿渣（炼铁渣）的水泥标准如下：

（1）中华人民共和国国家标准 钢渣矿渣水泥(GB 13590—92)；

（2）中华人民共和国黑色冶金行业标准 低热钢渣矿渣水泥(YB/T 57—94)；

（3）中华人民共和国黑色冶金行业标准 钢渣道路水泥(YB 4098—1996)；

（4）中华人民共和国国家标准 钢渣硅酸盐水泥(GB 13590—2006)；

（5）中华人民共和国黑色冶金行业标准 用于水泥中的钢渣(YB/T 022—2008)。

转炉的炉渣成分与硅酸盐水泥的成分接近，是一般的工业废弃物，也是最常见的胶凝材料[32]。将钢渣选铁后磨粉，加工到48μm以上，就具有了水泥的性质，能够替代水泥在建筑过程中应用。

硅酸盐胶凝材料的胶凝特性和其中氟化物的存在特点，防止了氟化物遇水分解而释放超过标准浓度氟离子的危险，所以钢渣中含有氟化物，但不是危险废弃物，转炉炼钢工艺能够轻松实现电解铝危废中氟化物的无害化转化。

3.1.2 氮化物的无害化转化

铝灰和大修渣作为转炉的化渣剂使用时，其中的氮化物能够在转炉炼钢工艺过程中完成分解和氧化反应。电解铝危废中有害的氮化物是氮化铝，大修渣中的氮化硅是耐火材料，性质稳定，经过机械力化学反应处理后，在转炉炼钢工艺条件下，能够发生分解反应。

3.1.2.1 氮化铝的无害化转化反应

氮化铝的熔点2230℃，沸点1850℃[12]，在冶金过程中的化学反应方程式如下：

（1）在氧气射流区发生的反应如下：

$$4(AlN) + 3\{O_2\} \Longequal 2(Al_2O_3) + 2N_2 \uparrow$$

由于氧气射流区的温度在 2500℃ 左右，超过了氮化铝的熔点，故在射流区的氮化物很快发生分解反应，转化为氧化铝进入渣中，氮随炉气逸出。

(2) 在转炉炉渣中发生的反应如下[33]：

$$2(AlN) + 3(FeO) \Longequal (Al_2O_3) + N_2 \uparrow + 3[Fe]$$

$$\Delta G^{\ominus} = -206858 - 110.6T$$

$$2(AlN) + 3(MnO) \Longequal (Al_2O_3) + N_2 \uparrow + 3[Mn]$$

$$\Delta G^{\ominus} = 185095 - 167.6T$$

依据以上反应的吉布斯自由能的计算结果可知，在温度大于 831℃ 的条件下，氮化铝能够与氧化锰开始发生氧化还原反应；在温度大于 1597℃ 的条件下，氮化铝能够与氧化铁发生氧化还原反应。

转炉铁水和废钢原料中的锰，在吹炼前期 3min 左右转为 (MnO)，铁水温度在 1250℃ 以上，依据以上的化学反应可知，电解铝危废中的氮化铝，在转炉开吹 3min 左右，就能够全部分解，氮进入炉气逸出。

3.1.2.2　氮化硅的无害化转化反应

在转炉炼钢条件下，氮化硅发生的化学反应如下：

$$Si_3N_4 + 6(FeO) \longrightarrow 3(SiO_2) + 2N_2 \uparrow + 6[Fe]$$

$$Si_3N_4 + 6(MnO) \longrightarrow 3(SiO_2) + 2N_2 \uparrow + 6[Mn]$$

$$Si_3N_4 + 3\{O_2\} \longrightarrow 3(SiO_2) + 2N_2 \uparrow$$

3.1.3　氰化物的无害化转化

氰是碳和氮两种元素的化合物，化学式 $(CN)_2$，结构式 $N \equiv C—C \equiv N$。氰在空气里能燃烧产生二氧化碳和氮气。由此可知，氰在炼钢充满高温氧气的炼钢条件下，氰很快燃烧分解。

氰化物特指带有氰基 (CN) 的化合物，其中的碳原子和氮原子通过三键相连接。这一三键给予氰基以相当高的稳定性，使之在通常的化学反应中都以一个整体存在。因该基团具有和卤素类似的化学性质，常被称为拟卤素。

氰根：是一种剧毒性离子，毒性大于氰气，有还原性，能被空气氧化产生氰。对应的氢氰酸是弱酸，酸性弱于碳酸，故氰化物能被二氧化碳及其他无机酸分解为氢氰酸。氰根离子有很强的络合性，在有氧气存在的情况下能很快溶解金银，故常用于金银的提炼。氰根离子遇大多数重金属离子会产生对应氰化物沉淀（汞离子、铊离子等除外），这些沉淀可以被碱金属氰化物所溶解。

氰化钠：熔点为 563.7℃，沸点为 1496℃；氰化钾熔点为 634.5℃。依据化学反应平衡移动的基本原理，氰化钠和氰化钾在转炉炼钢处理的工艺环节，根据转炉的冶炼热力学条件分析可知，在高浓度氧化性气氛条件下，能够发生以下的反应：

$$2(NaCN) + 5(FeO) \longrightarrow 5Fe + 2CO_2\uparrow + N_2\uparrow + Na_2O$$
$$2(KCN) + 5(FeO) \longrightarrow 5Fe + 2CO_2\uparrow + N_2\uparrow + K_2O$$

二价重金属的氰化物在无空气的情况下，灼热时均被分解为氮及重金属的碳化物，后者往往继续分解，成为金属和碳。在炼钢的条件下，发生以下的反应：

$$3Fe(CN)_2 \longrightarrow Fe_3C + 2(CN)_2\uparrow + N_2\uparrow$$
$$Fe_3C \longrightarrow 3Fe + C$$

三价重金属的氰化物以游离状态存在的很少见，例如三价铁离子并不能与氰化物生成 $Fe(CN)_3$。铁氰酸盐是通过亚铁氰酸盐的氧化得到的。

贵金属的氰化物在灼烧时，均被分解为金属和双氰：

$$2AgCN \longrightarrow 2Ag + (CN)_2\uparrow$$

在转炉吹炼的条件下，氰化物和重金属氰化物能够发生的反应如下：

$$4HCN + 3\{O_2\} == 2H_2O + 4CO\uparrow + 2N_2\uparrow（氧气射流区的反应）$$
$$2HCN + 2(MnO) == 2[Mn] + H_2\uparrow + 2CO\uparrow + N_2\uparrow（转炉钢渣中的反应）$$
$$2HCN + 2(FeO) == 2[Fe] + H_2\uparrow + 2CO\uparrow + N_2\uparrow（转炉钢渣中的反应）$$
$$Fe(CN)_2 + \{O_2\} == [Fe] + 2CO\uparrow + N_2\uparrow（氧气射流区的反应）$$
$$Fe(CN)_2 + 2(MnO) == [Fe] + 2[Mn] + 2CO\uparrow + N_2\uparrow（转炉钢渣中的反应）$$
$$Fe(CN)_2 + 2(FeO) == 3[Fe] + 2CO\uparrow + N_2\uparrow（转炉钢渣中的反应）$$
$$2AgCN + \{O_2\} \longrightarrow 2Ag + 2CO\uparrow + N_2\uparrow（氧气射流区的反应）$$
$$2AgCN + 2(MnO) == 2[Ag] + 2[Mn] + 2CO\uparrow + N_2\uparrow（转炉钢渣中的反应）$$
$$2AgCN + 2(FeO) == 2[Ag] + 2[Fe] + 2CO\uparrow + N_2\uparrow（转炉钢渣中的反应）$$

综上所述，氰化物在转炉吹炼的条件下，转炉吹炼开始 3min 左右，氰化物就彻底分解。

3.1.4 碳化物在转炉炉内的反应

电解铝危废中的碳化物主要有：石墨碳和类石墨、SiC、Al_4C_3 和 Na_2C_2。其中既有高熔点的化合物（碳化硅的熔点大于2700℃、碳化铝的熔点2100℃），也有低熔点的化合物（碳化钠熔点275℃，其中常温下碳化钠和碳化铝遇水就能够发生化学反应）。相关的热力学数据见后续的工艺分析章节。

作为转炉配碳材料，在有氧化铁和氧化锰等物质存在的条件下，碳化物均能够发生还原反应。在炼钢的氧气射流区，射流区的温度均高于碳化物的熔点，化学反应会更快。电解铝危废中各种碳化物在炉渣和铁液中的化学反应如下：

$$(Al_4C_3) + 9(FeO) == 2(Al_2O_3) + 9[Fe] + 3CO\uparrow$$

$$(Al_4C_3) + 7(MnO) === 2(Al_2O_3) + 9[Mn] + 3CO\uparrow$$

$$2(Al_4C_3) + 9\{O_2\} === 4(Al_2O_3) + 6CO\uparrow$$

$$(Na_2C_2) + 3(FeO) === (Na_2O) + 3[Fe] + 2CO\uparrow$$

$$(Na_2C_2) + 3(MnO) === (Na_2O) + 3[Mn] + 2CO\uparrow$$

$$2(Na_2C_2) + 3\{O_2\} === 2(Na_2O) + 4CO\uparrow$$

3.1.5 铝灰中其他物质在转炉冶炼过程中的无害化转化

3.1.5.1 电解铝危废中重金属的无害化转化

密度在 4.5g/cm³ 以上的金属称作重金属。原子序数从 23(V) 至 92(U) 的天然金属元素有 60 种，其中 54 种的密度都大于 4.5g/cm³，因此从密度的意义上讲，这 54 种金属都是重金属。但是，在进行元素分类时，其中有的属于稀土金属，有的划归了难熔金属。最终在工业上真正划入重金属的为 10 种金属元素：铜、铅、锌、锡、镍、钴、锑、汞、镉和铋。这 10 种重金属除了具有金属共性及密度大于 4.5g/cm³，并无其他特别的共性，各种重金属各有各的性质。

大多数铝灰中的重金属氧化物，在电解铝的还原性气氛下，成为重金属单质。重金属物质作为渣料加入转炉，由于 Cr、Cd 的特性，转炉吹氧的过程中，氧化反应按照金属的活动顺序进行，故有一部分填埋在转炉的乳浊液状态中，进入下部的金属熔池，成为钢材的组成部分；一部分被氧化，在转炉脱碳的中后期，被熔池中的 [C] 还原进入铁液；还有一部分留在钢渣中，成为胶凝材料的组分。Pb、Zn、Hg 在转炉冶炼过程中，绝大部分汽化后进入除尘灰，部分沉降在熔池中，成为钢材的组成部分。因此，在转炉冶炼过程中，重金属无害化进行得比较充分。

3.1.5.2 电解铝危废中砷化物的无害化转化

常见的砷化物有氟化物（AsF_3、AsF_5）、硫化物（As_2S、As_2S_3）和氯化物（$AsCl_3$、$AsCl_5$），砷与氢结合生成剧毒的砷化氢（AsH_3），此外文献介绍剧毒的砷化物的还有 As_2H_2 和 As_4H_2。

目前国内外针对含砷废料等剧毒危险化学品治理主要有稳定化、固化（稳定化填埋）和转化提取技术。化学沉淀法又可细分为钙盐沉淀法、铁盐沉淀法、硫化沉淀法等。

有色行业的稳定化是利用添加剂改变废料的工程特性（渗透性、可压缩性和强度等），将有害有毒污染物变成低溶解性、低毒性和低移动性物质，使废物转变成不可流动的固体过程，以减少废弃物危害。

国内外在处理含砷渣和污泥时，利用可溶性砷能够与许多金属离子形成亚砷酸钙、砷酸钙、砷酸铁类化合物这一特性，大多采用化学方法对其进行预处理，生成相对难溶的、自然条件下较稳定的金属砷酸盐和亚砷酸盐,然后对浸出液进行稳定化处理。

由已发生的铝灰遇水产生砷化氢中毒的案例,结合无机化学的资料可知,在电解铝生产过程中,铝灰中有砷化铝生成。

砷化铝的分子式为 AlAs,分子量 101.9031。砷化铝水解反应如下:
$$AlAs + 3H_2O == AsH_3 + Al(OH)_3$$

在转炉炼钢过程中,砷化铝的反应如下:
$$2(AlAs) + 4\{O_2\} == (As_2O_5) + (Al_2O_3)$$
$$2(AlAs) + 3\{O_2\} == (As_2O_3) + (Al_2O_3)$$
$$2(AlAs) + 8(MnO) == (As_2O_5) + (Al_2O_3) + 8[Mn]$$
$$2(AlAs) + 8(FeO) == (As_2O_5) + (Al_2O_3) + 8[Fe]$$
$$2(AlAs) + 6(MnO) == (As_2O_3) + (Al_2O_3) + 6[Mn]$$
$$2(AlAs) + 6(FeO) == (As_2O_3) + (Al_2O_3) + 6[Fe]$$

已有的研究和文献给出的结论[34-36],在炼钢条件下,砷酸钙的形成条件均能够满足砷化物的稳定化处理,并且砷酸钙与硅酸钙等多种矿物共存于复杂矿物组织中,成为钢渣的一部分,实现了砷化物的无害化转化。事实上,95%以上的钢企没有检测或者检测不到钢渣中的砷化物。

3.1.5.3 电解铝危废中硫化物的无害化转化

作者生产铝渣球的过程中,经历过现场臭鸡蛋气味的硫化氢侵害。经过解析可知,电解铝的铝灰中有硫化铝(Al_2S_3)存在的可能,硫化铝水解产生有臭鸡蛋味的硫化氢(H_2S)气体。

转炉冶炼过程中,硫化铝在氧化性气氛下转化为硫化钙与氧化铝,实现无害化。能够发生的化学反应如下:
$$(Al_2S_3) + 3(CaO) + \{O_2\} == 3(CaS) + (Al_2O_3)$$
$$3(Al_2S_3) + 9(CaO) + 3(FeO) == 9(CaS) + 4(Al_2O_3) + 3[Fe]$$
$$3(Al_2S_3) + 9(CaO) + 3(MnO) == 9(CaS) + 4(Al_2O_3) + 3[Mn]$$

硫化钙是炼钢过程中脱硫的常见产物,存在于铝酸盐和硅酸盐之中,对环境和动物没有危害。这样,经过转炉的氧化化合反应,消除了硫化铝的危害性。

3.2　电解铝危险废物在电炉炼钢过程中的无害化转化

电炉炼钢是以废钢为主原料,利用电能加热熔化部分的废钢,然后开始向熔化的铁液吹氧助熔,电能加热和吹氧产生的化学热能够满足炼钢所需的热力学条件和动力学条件,氧化钢液中的硅、锰、磷、硫、碳等有害元素,完成炼钢任务。理论上讲,电炉炼钢可以通过送电控制温度,钢水温度能够满足任意钢种的出钢要求，故电炉多冶炼合金含量较高的优特钢。转炉、电炉炼钢工艺的技术特点比较见表3-4。

表3-4　转炉、电炉炼钢工艺的技术特点

技术指标	转炉	现代电炉
供氧强度/$m^3 \cdot (t \cdot min)^{-1}$	3.0~4.0	0.40~1.5
金属炉料升温范围/℃	300~450	足够大
升温速度/℃·min^{-1}	30~40	15~45
脱碳量占炉料的百分比/%	3.5~4.5	0.8~3.0
脱碳速度/%·min^{-1}	0.2~0.45	0.03~0.15
冶炼周期/min	18~40	35~65
成分的稳定性	较稳定	波动较大

从冶炼时间来看，电炉冶炼一炉钢的时间，大多数比转炉冶炼一炉钢的时间要多10min以上，所以在电炉炼钢的条件下，无机物危废的分解比较有利。

3.2.1　炼钢电炉电弧区的高温特点

炼钢电炉的形式各种各样。从电流频率来讲，分为交流电炉和直流电炉两种。

现代电炉炼钢主要指超高功率电炉炼钢。按照每吨钢占有的变压器额定容量来划分高功率、超高功率的界限。额定功率在400~700kV·A/t为高功率电炉，大于700kV·A/t为超高功率电炉。

电炉炼钢的工艺原理与转炉炼钢相同，不同之处是转炉以铁水的物理热和化学热满足炼钢的热力学条件和工艺条件，电炉是以电能和炉料中各种物质氧化的化学热满足炼钢的热力学条件和工艺条件。所以，电解铝危废在转炉炼钢过程中发生的反应原理与电炉一致。只是电炉炼钢过程中的高温区比转炉多，电炉电弧区的温度是转炉高温区的2倍，电炉吹氧的氧气冲击区也是高温区，更加有利于电解铝危废的无害化转化。电炉的吹氧示意图如图3-5所示。

交流电炉电弧的高温区示意图如图3-6所示。

3.2.2　电炉炼钢过程中进入除尘系统的氟化物

电炉冶炼工艺中，危废中的部分氟化物——钠盐和钾盐组分也进入炉气，成为电炉除尘系统产生的除尘灰。

电炉炼钢厂的除尘灰主要是电炉冶炼过程中的高温烟气经过冷却得到的除尘产物，具有含铁量较高、颗粒较细的特点。不同厂家的除尘系统各不相同，图3-7和图3-8给出了两种不同的除尘系统的示意图。

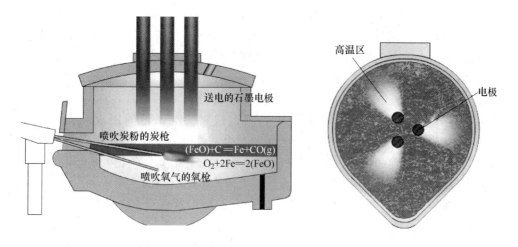

图 3-5 电炉吹氧冶炼的示意图

图 3-6 交流电炉电弧的高温区示意图

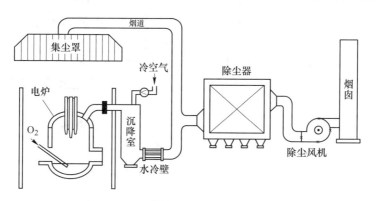

图 3-7 传统的电炉的除尘系统

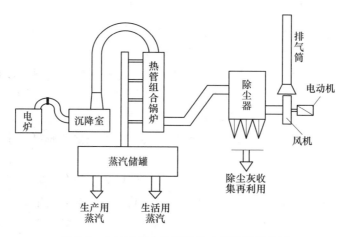

图 3-8 电炉采用余热锅炉除尘系统的示意图

电炉除尘灰的来源主要有以下几个方面：

（1）电炉在氧气射流冲击区和吹氧过程中产生化学热，此时部分极细颗粒物由于粒度小，在电炉除尘烟道风力的抽吸作用下进入除尘系统，这是电炉除尘灰的主要产生部分。这一部分与电弧轰击联合作用，电炉中的炉渣极细颗粒等也被除尘系统抽吸到除尘烟道，成为除尘灰的一部分。

（2）电炉炼钢主要采用电能加热废钢铁料，电弧区的温度高达 3000 ~ 6000℃，在此温度下，几乎所有的金属和非金属都会汽化进入除尘系统的烟道，在烟道的冷却过程中被烟道内的氧气、CO_2 氧化形成金属氧化物，由于电炉炼钢的主原料是废钢，所以金属铁的氧化是电弧区产生除尘灰的主要来源，废钢中的熔点较低的 K、Na、Zn、Pb 等也极易被汽化，所以这些元素及其氧化物也是电弧区产生除尘灰的主要成分。

（3）电炉在加料，包括加废钢、渣料、兑加铁水的过程中，部分细小的颗粒物被除尘系统的风机抽吸到除尘器里面，成为除尘灰的一部分。

电炉的除尘灰的产生量与供氧强度、原料构成、冶炼操作关系密切，产生量为钢产量的 1.5% ~ 3%。

氟化物冷却后进入除尘灰，烟气经过净化后外排，部分氟化物气体排入大气，除氟效果与转炉相比有不足之处。在电炉烟气采用雾化水净化烟羽的工艺条件下，电炉的除氟效果与转炉接近。

电炉除尘灰富含锌和铅，故电炉的除尘灰是危险废物。处理工艺采用转底炉、竖炉工艺，还原回收 Fe、Zn、Pb 等有价元素。也有的企业对除尘灰造球后，在炼钢生产中循环，其中部分氟化物在生产循环中最终进入炉渣，实现无害化转化。

3.2.3　电炉炼钢消化电解铝危险废物的特点

在相同的产能条件下，电炉消化电解铝危废的能力与转炉相比没有优势。电炉生产线资源化利用电解铝危废的工艺示意图如图 3-9 所示。

电炉资源化利用危废，主要以大修渣中的炭块作为配碳材料，以铝灰作为化渣材料，炭渣作为化渣材料。其中，电炉利用阴极炭块配碳，吨钢可消耗数十千克的废弃炭块，消纳大修渣危废的能力很大。电炉炼钢的造渣工艺有别于转炉，使用氟化物化渣的量较少，可以用于电炉出钢过程中的化渣脱氧，用量与转炉出钢脱氧的用量一致或接近。

作为化渣剂和助熔剂、配碳发热材料的电解铝危废组分，从电炉开始吹炼就参与冶金物理化学反应的，无害化转化原理与转炉炼钢的转化原理一致。作为泡沫渣发泡剂、压喷剂等产品，在冶炼中后期使用，此时电炉的炉内温度处于冶炼的中高温阶段，炉渣中的氧化铁和氧化锰含量较高，在电炉中后期加入，可在

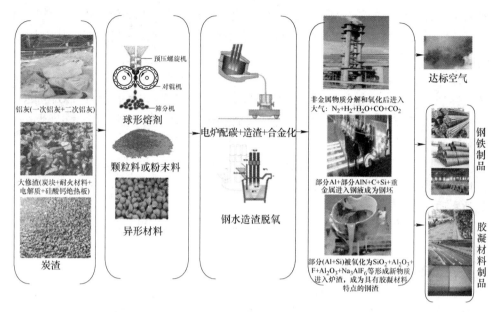

图 3-9 电炉生产线资源化利用电解铝危废的工艺示意图

1~5min 实现有害物质的无害化转化。

电炉炼钢过程中，电解铝危废为主原料生产的熔剂产品，在高温液态钢水、高温高氧化性钢渣、高温炉气、强大的供氧氛围中的转化与分解，具有水泥窑、焚烧炉等无法比拟的工艺优势。

3.3 电解铝危险废物在钢水脱氧工艺中的无害化转化

钢水脱氧有沉淀脱氧和扩散脱氧两种机制：

（1）沉淀脱氧，也叫作直接脱氧，即直接脱除钢水中的氧。

沉淀脱氧的材料有脱氧材料和功能性材料两大类。脱氧材料是将与氧亲和力大于铁的金属或者非金属脱氧材料加入钢水中，脱氧材料直接与钢水中的自由氧（[O]）或者浮氏体（[FeO]）反应，将它们转化氧化物。

功能性材料是在炼钢特定的工艺条件（吹氩、电磁搅拌、出钢、钢水渣洗等）下，具有将钢水中的氧化物（合金化过程中产生的氧化物与脱氧材料脱氧产生的氧化物）从钢液中去除的功能。

功能性材料是依据材料的以下特点实现脱氧的：

1）材料的熔点低，容易形成液态渣相物质，在从钢水中上浮过程中，吸附钢水中脱氧产生的夹杂物颗粒一起上浮，从而净化钢液。这一类的材料有预熔渣、合成渣、烧结精炼渣等，它们基本上全部是铝酸钙为主要成分。

2）材料组分中，主要的组分物质属于极性物质，如 Al_2O_3 分子，相互间容易团聚长大，形成的团簇状物质，密度合适，容易上浮，在上浮过程中，能够与脱氧产物形成低熔点物质，或者吸附其他小颗粒的夹杂物一起上浮，从钢液中去除。

3）材料中含有降低渣辅料熔点或者氧化物夹杂熔点的物质，常见的有氟化盐、钾盐，钠盐、硼化物等。将它们加入钢水中，它们与钢水中的 CaO、MgO、SiO_2 等物质反应生成低熔点物质，完成脱硫脱氧，然后从钢液中上浮，达到去除夹杂物、净化钢液的目的。

4）材料中含有形成微小气泡的物质，微小气泡在上浮的过程中，能够黏附氧化物小颗粒上浮。此类物质如鞍钢的新型脱氧剂。电解铝危废中的碳化物属于此类物质。

（2）扩散脱氧，也叫作间接脱氧，即通过脱除渣中的氧来间接脱除钢中的氧。

扩散脱氧材料也有脱氧材料和功能性材料两类。脱氧材料是将与氧亲和力大于铁和锰的金属或者非金属脱氧材料，加入钢渣上部，脱氧材料与渣中氧化铁、氧化锰反应，降低渣中氧化铁和氧化锰的浓度，促使钢水中的氧化铁或自由氧由钢水中向钢渣扩散，达到降低钢中氧浓度的目的。常见的有硅铁粉、铝粒、铝粉、炭粉、碳化硅粉等。

功能性材料有两大类。一类是调整炉渣的渣系结构，通过改变顶渣的成分，影响和改变残留在钢水中夹杂物性质，如铝质调渣剂（以含 Al_2O_3 为主）、硅灰石等。另一类是降低炉渣的熔点，调整炉渣的黏度和流动性，增强炉渣吸附从钢水中上浮的夹杂物的能力。这类的物质有铝酸盐、氟化盐、碳酸盐等。实际生产中，扩散脱氧剂将以上的功能合并，成为一种材料，能够简化钢水扩散脱氧的操作工艺流程。

3.3.1　电解铝危险废物在沉淀脱氧时的无害化转化

沉淀脱氧，主要工艺过程是在出钢过程中，向钢水中加入脱氧材料。转炉和电炉出钢的温度在 1570~1720℃，电解铝危废为主原料生产的脱氧剂或造渣材料在这一工艺环境中的使用，危废的无害化转化具有一定的优势。

以铝灰和炭渣、碳化硅为主原料生产的应用于钢水沉淀脱氧的脱氧剂，常见的有以下的几类：

（1）以铝灰为主原料生产的脱氧剂，主要有铝渣球（AD 球）、铝酸钙、合成渣等；

（2）以炭渣为主原料生产的主要有脱氧剂、脱硫剂、钢水改性剂等；

（3）以大修渣为主原料生产的主要有增碳剂、脱氧剂、脱硫剂等。

在沉淀脱氧的过程中，各个组分的无害化过程下面做详细的描述。

3.3.1.1 氮化物的分解和熔解

A 氮化铝

在沉淀脱氧过程中，进入钢液中的氮化铝在钢液内部发生的反应如下[35]：

$$2(AlN) + 3[FeO] = (Al_2O_3) + 2[N] + 3[Fe]$$
$$\Delta G^\ominus = -206858 - 110.6T$$
$$2(AlN) + 3[MnO] = (Al_2O_3) + 2[N] + 3[Mn]$$
$$\Delta G^\ominus = 185095 - 167.6T$$

以上的反应产生的氮原子，有部分留在钢液中，造成钢水增氮。这种钢水增氮，对产量最大的建筑用钢 HRB400~HRB800 来讲是有益的；对汽车板、IF 钢等冷轧和冷加工成型的钢来讲是有害的，控制用量，或者对铝灰采取水化预处理是能够解决钢水增氮的工艺方法。

沉淀脱氧过程中，在钢液内部，氮化铝能够发生的分解反应如下：

$$AlN = [Al] + [N]$$
$$\Delta G^\ominus = 247000 - 107.5T$$

由以上的关系可知，氮化铝分解的温度大于2100℃，显然，加入钢水内部的氮化铝大部分固溶在钢水中。氮化铝在绝大多数钢材中，尤其是冶炼建筑用钢时，是对钢材有贡献的有益物质。其固溶反应如下：

$$(AlN) = [AlN]$$

由以上的论述可知，在沉淀脱氧的工艺过程中，氮化铝部分参与脱氧反应，部分固溶在钢水中，钢水凝固后成为钢材的一部分，实现了氮化铝的无害化转化。

B 氮化硅

碳化硅结合氮化硅耐火材料生产的脱氧剂加入钢水中，氮化硅的熔点1810℃，显然钢水的温度低于这一温度。但是在炼钢的多相共存反应条件下，氮化硅的分解反应能够进行。相关反应如下：

$$Si_3N_4 = 3[Si] + 4[N]$$

根据以上的反应温度区间可知，在钢水内部，氮化硅能够发生的化学反应如下：

$$Si_3N_4 + 6[FeO] \longrightarrow 3(SiO_2) + 4[N] + 6[Fe]$$
$$Si_3N_4 + 6[MnO] \longrightarrow 3(SiO_2) + 4[N] + 6[Mn]$$

由以上的论述可知，氮化硅在沉淀脱氧的工艺中，部分反应后参与脱氧，没有反应的成为合金化元素留在钢中，实现了无害化转化。

3.3.1.2 氟化物的无害化转化机理

沉淀脱氧过程中，向钢水中加入石灰和萤石是常见的工艺，主要是利用萤石化渣助熔，原理后面的章节有介绍。

在沉淀脱氧的工艺过程中，钢水的温度远远大于氟化钠熔点 992℃ 和冰晶石熔点 1009℃，电解铝中的氟化物加入钢水内部后，发生分解：

$$Na_3AlF_6 \longrightarrow 3NaF + AlF_3$$

$$2AlF_3 + 3[O] \longrightarrow 6F^- + Al_2O_3$$

$$2NaF + [O] \longrightarrow Na_2O + 2F^-$$

$$F^- + Si^{4+} \longrightarrow \{SiF_4\} \uparrow$$

$$F^- + Mg^{2+} \longrightarrow MgF_2$$

与转炉冶炼过程一样，氟化物或经过循环，进入炉气和冷却水系统，最终形成稳定的氟化钙和氟化镁等，或进入钢渣，实现无害化转化。

3.3.1.3　砷化物的无害化转化

在钢水的沉淀脱氧工艺过程中，砷化铝的反应如下：

$$2[AlAs] + 8[O] =\!=\!= [As_2O_5] + [Al_2O_3]$$

$$2[AlAs] + 6[O] =\!=\!= [As_2O_3] + (Al_2O_3)$$

$$2[AlAs] + 8[MnO] =\!=\!= (As_2O_5) + (Al_2O_3) + 8[Mn]$$

$$2[AlAs] + 8[FeO] =\!=\!= [As_2O_5] + [Al_2O_3] + 8[Fe]$$

$$2[AlAs] + 6[MnO] =\!=\!= [As_2O_3] + [Al_2O_3] + 6[Mn]$$

$$2[AlAs] + 6[FeO] =\!=\!= [As_2O_3] + [Al_2O_3] + 6[Fe]$$

最终，砷化物转化为氧化物，部分存在于钢液中，大部分上浮进入炉渣，成为还原性钢渣，存在于胶凝材料中，实现了砷化物的无害化转化。

3.3.1.4　硫化物的无害化转化

硫化铝的熔点 1000℃，在钢水的沉淀脱氧工艺中，硫化物的无害化转化反应如下：

$$[Al_2S_3] =\!=\!= 2[Al^{3+}] + 3[S^{2-}]$$

$$2[Al^{3+}] + 3[O^{2-}] =\!=\!= [Al_2O_3]$$

$$[S^{2-}] + [Ca^{2+}] =\!=\!= [CaS]$$

$$2[Al^{3+}] + 3[FeO] =\!=\!= [Al_2O_3] + 3[Fe]$$

$$2[Al^{3+}] + 3[MnO] =\!=\!= [Al_2O_3] + 3[Mn]$$

其中，硫化钙和氧化铝大部分上浮进入渣系，硫化钙存在于铝酸盐和硅酸盐之中，部分留在钢水内部成为夹杂物，故消除了硫化铝的危害性。

3.3.1.5　氰化物的分解

在沉淀脱氧工序的钢水温度远远大于氰化物的分解温度，氰化物在钢水中的反应如下：

$$HCN \longrightarrow [H^+] + [C^{4+}] + [N]$$

$$[NaCN] \longrightarrow [Na^+] + [C^{4+}] + [N]$$

$$[KCN] \longrightarrow [K^+] + [C^{4+}] + [N]$$

能够与钢液中的氧发生的反应如下:

$$2[Na^+] + O^{2-} = Na_2O$$

$$[C^{4+}] + O^{2-} \longrightarrow CO\uparrow$$

分解产生的 [H⁺],部分在吹氩条件下,溶入 CO 气泡上浮,部分残留在钢水中,成为间隙固溶体。

综上所述,在钢水沉淀脱氧的工艺环节,氰化物能够完全彻底分解,然后参与冶金反应,实现无害化。

3.3.1.6 碳化物在沉淀脱氧过程中的反应

电解铝危废中的碳化物,在钢水的脱氧过程中,发生的反应如下:

$$[Al_4C_3] + 9[O] = 2[Al_2O_3] + 3CO\uparrow$$

$$[Al_4C_3] + 9[MnO] = 2[Al_2O_3] + 9[Mn] + 3CO\uparrow$$

$$[Na_2C_2] + 3[FeO] = [Na_2O] + 3[Fe] + 2CO\uparrow$$

$$[Na_2C_2] + 3[MnO] = [Na_2O] + 3[Mn] + 2CO\uparrow$$

$$[Na_2C_2] + 3[O] = [Na_2O] + 2CO\uparrow$$

$$[C] + [O] = CO\uparrow$$

$$SiC(s) + 3[O] = SiO_2(s) + CO(g)$$

($\Delta G^\ominus = -132000 + 22.18T$,在 1873K 下,$\Delta G^\ominus < 0$,脱氧反应能够进行)

综上所述,碳化物在钢水脱氧过程中,将还原剂的功能全部发挥,实现了有害物质的无害化转化。

3.3.2 电解铝危险废物在扩散脱氧时的无害化转化

扩散脱氧是利用加在炉渣中的脱氧剂与 FeO 反应,破坏 FeO 在炉渣及钢液中的浓度平衡,使钢中 FeO 向渣中扩散,从而达到降低钢液氧含量目的。由于这一脱氧过程是通过炉渣间接完成的,所以又称为间接脱氧。

间接脱氧的最大优点是脱氧反应在渣中进行,钢液不会被脱氧产物所玷污。但其脱氧过程依靠 FeO 自钢液向渣相的扩散,脱氧速度慢,但是对优特钢来讲,此工艺方法不能缺少。

扩散脱氧最主要的工艺平台是 LF 钢包精炼炉。电解铝危废生产的熔剂加入在炉渣上部,开始参与冶金反应。氮化物、氟化物等在钢水与炉气之间的钢渣中,发生分解与氧化还原反应以及成渣的化合反应。这些物质的无害化,与电炉炼钢过程中的无害化原理接近。

LF 精炼过程中,电弧区的理论温度在 4720~7727℃,实际在 3000~6000℃。钢渣的终点温度一般高于钢水的温度 50~150℃,精炼炉的脱氧是从造渣开始的。电解铝危废生产的扩散脱氧剂加入渣液中,金属铝、碳、碳化硅、氮化硅、氮化铝与渣中的自由氧和氧化铁、氧化锰反应,氟化物、氧化铝等参与助熔造渣。

　　扩散脱氧剂主要有铝灰生产的铝渣球（AD 球、铝灰球等）、碳化硅耐火材料生产的碳化硅脱氧剂、炭渣生产的脱氧化渣剂等。

3.3.2.1　氮化物的无害化转化

　　氮化铝在扩散脱氧过程中，是无害化转化较为有利的工艺环节。在铝灰中配加碳酸盐，碳酸盐分解产生的 CO_2 与碳脱氧产生的 CO 气泡，能够促进炉渣泡沫化，氮化铝反应后产生的氮原子能够在这种工艺条件下，进入炉气，实现无害化。反应如下：

$$2(AlN) + 3(FeO) = (Al_2O_3) + N_2 \uparrow + 3[Fe]$$
$$2(AlN) + 3(MnO) = (Al_2O_3) + N_2 \uparrow + 3[Mn]$$

　　氮化硅的熔点为 1810℃，在不同的分压下的分解温度见表 3-5[12]。

表 3-5　在不同的分压下氮化硅的分解温度

压力 p_{N_2}/Pa	0.133	13.33	133.3	101325
分解温度/℃	1060	1282	1230	1640

　　在炼钢条件下，能够发生以下的反应：

$$Si_3N_4 + 6FeO(l) = 3SiO_2(s) + 2N_2 \uparrow + 3Fe(l)$$

　　实践和理论均证明，在 LF 精炼过程中，氮化物分解彻底，无害化转化的过程时间短。

3.3.2.2　氟化物在扩散脱氧过程中的转化

　　氟化物在 LF 精炼过程中的无害化转化，与在转炉过程中的造渣过程的机理接近，但是也有所不同。

　　铝灰、炭渣、炭块中均有氟化物和钠盐。根据各种物质的特点（熔点、反应的吉布斯自由能）来看，氟化物加入 LF 精炼造渣的反应，反应速度优于萤石，发生的反应如下：

$$(Na_3AlF_6) = (AlF_3) + 3(NaF)$$
$$2(AlF_3) + 2(NaF) + 4[O] = (Na_2O) + (Al_2O_3) + 8(F^-)$$
$$2(AlF_3) + 2(NaF) + 4(FeO) = (Na_2O) + (Al_2O_3) + 4[Fe] + 8(F^-)$$
$$2(AlF_3) + 2(NaF) + 4(MnO) = Na_2O + Al_2O_3 + 4[Mn] + 8F^-$$
$$(Na_2O) + 2(CaO) + 3(SiO_2) = (Na_2O \cdot 2CaO \cdot 3SiO_2)$$
$$(Na_2O) + 3(CaO) + 6(SiO_2) = (Na_2O \cdot 3CaO \cdot 6SiO_2)$$
$$2(Na_2O) + (CaO) + 3(SiO_2) = (2Na_2O \cdot CaO \cdot 3SiO_2)$$
$$3(CaO) + 2(Na_2O) + 5(Al_2O_3) = (3CaO \cdot 2Na_2O \cdot 5Al_2O_3)$$
$$(CaO) + (Na_2O) + (Al_2O_3) = (CaO \cdot Na_2O \cdot Al_2O_3)$$
$$4(F^-) + (Si^{4+}) \longrightarrow SiF_4 \uparrow$$

$$2(F^-) + (Mg^{2+}) \longrightarrow (MgF_2)$$
$$2(F^-) + (Ca^{2+}) \longrightarrow (CaF_2)$$

由此可见，氟化物在扩散脱氧过程中，能够实现无害化转化。

3.3.2.3 碳化物的无害化转化

各种碳化物在扩散脱氧的工艺过程中，能够发生以下反应：

$$(Al_4C_3) + 9(FeO) = 2(Al_2O_3) + 3CO\uparrow + 9[Fe]$$
$$(Al_4C_3) + 9(MnO) = 2(Al_2O_3) + 3CO\uparrow + 9[Mn]$$
$$(Na_2C_2) + 3(FeO) = (Na_2O) + 3[Fe] + 2CO\uparrow$$
$$(Na_2C_2) + 3(MnO) = (Na_2O) + 3[Mn] + 2CO\uparrow$$
$$(Na_2C_2) + 3[O] = (Na_2O) + 2CO\uparrow（钢水和钢渣界面的反应）$$
$$(C) + (FeO) = [Fe] + CO\uparrow$$
$$(C) + (MnO) = [Mn] + CO\uparrow$$
$$SiC(s) + 3(FeO)(l) = (SiO_2)(s) + CO(g) + 3[Fe](l)$$

（$\Delta G^\ominus = -62440 - 12.65T$，在 1873K 下，$\Delta G < 0$，脱氧反应能够进行）

需要说明的是，钠盐和钾盐能够被碳还原，进入除尘系统。由以上的反应原理和热力学数据可知，碳化物在扩散脱氧过程中能够实现无害化转化。

3.3.2.4 氰化物的分解

在扩散脱氧过程中，钢渣和钢水温度均远远大于氰化物的分解温度，氰化物在扩散脱氧过程中的反应如下：

$$(HCN) = (N^+) + (C^{4+}) + (H^+)$$
$$(NaCN) \longrightarrow (Na^+) + (C^{4+}) + (H^+)$$
$$(KCN) \longrightarrow (K^+) + (C^{4+}) + (H^+)$$
$$(C^{4+}) + (FeO) = CO\uparrow + [Fe]$$
$$(C^{4+}) + (MnO) = CO\uparrow + [MnO]$$
$$2(H^+) + (FeO) = H_2O\uparrow + [Fe]$$
$$2(H^+) + (MnO) = H_2O\uparrow + [Mn]$$
$$(H^+) + (F^-) = HF\uparrow$$
$$2(Na^+) + (O^{2-}) \longrightarrow (Na_2O)$$
$$2(K^+) + (O^{2-}) \longrightarrow (K_2O)$$

综上所述，氰化物具有还原钢渣中氧化铁和氧化锰的功能，在钢水扩散脱氧的工艺环节能够完全彻底分解，分解的钠盐或者钾盐参与助熔造渣，实现有害物质无害化转化。

3.3.2.5 砷化物的无害化转化

在钢水的扩散脱氧工艺过程中，砷化铝发生的反应如下：

$$2(AlAs) + 8[O] = (As_2O_5) + (Al_2O_3)$$

$$2(AlAs) + 6[O] =\!=\!= (As_2O_3) + (Al_2O_3)$$
$$2(AlAs) + 8(MnO) =\!=\!= (As_2O_5) + (Al_2O_3) + 8[Mn]$$
$$2(AlAs) + 8(FeO) =\!=\!= (As_2O_5) + (Al_2O_3) + 8[Fe]$$
$$2(AlAs) + 6(MnO) =\!=\!= (As_2O_3) + (Al_2O_3) + 6[Mn]$$
$$2(AlAs) + 6(FeO) =\!=\!= (As_2O_3) + (Al_2O_3) + 6[Fe]$$

砷的氧化物性质与硫化物性质相似，在扩散脱氧反应过程中，砷化物从化学反应活性较强，向化学反应活性较弱的方向转化，最终存在于胶凝材料中，实现了砷化物的无害化转化。砷化物的典型物质 $Ca_3As_2O_8$，熔点 1455℃，性质稳定。

3.3.2.6　硫化物的无害化转化

在钢水的扩散脱氧工艺中，硫化物的无害化转化反应如下：

$$(Al_2S_3) =\!=\!= 2(Al^{3+}) + 3(S^{2-})$$
$$2(Al^{3+}) + 3(O^{2-}) =\!=\!= (Al_2O_3)$$
$$(S^{2-}) + (Ca^{2+}) =\!=\!= (CaS)$$
$$2(Al^{3+}) + 3(FeO) =\!=\!= (Al_2O_3) + 3[Fe]$$
$$2(Al^{3+}) + 3(MnO) =\!=\!= (Al_2O_3) + 3[Mn]$$

硫化钙与 $12CaO \cdot 7Al_2O_3$ 反应，生成 $11CaO \cdot CaS \cdot 7Al_2O_3$，成为炉渣的一部分，消除了硫化铝的危害性。

3.4　含碳危险废物在炼钢过程中的资源化利用和无害化转化

除了电解铝的阴极炭块等含碳危废外，人造钻石等行业也产生大量的含碳危废。碳在冶金行业被称为万能还原剂，只要温度条件和系统的压力条件满足，碳就能够与现有已知的所有金属元素氧化物反应。所以本书内容不仅适合于电解铝的含碳危废，同样适合于其他行业产生的含碳危废的资源化利用工艺。

废弃物的资源化利用需要满足以下条件：

（1）废弃物的理化性能满足特定利用工艺要求的性能指标。含碳危废在炼钢工序资源化利用，作为增碳剂，要满足炼钢对增碳剂的技术要求；作为脱氧用碳质材料，需要加工成为满足国家标准、行业标准、地方标准或者企业标准的要求。

（2）危险废弃物在加工、生产、运输、仓储和使用过程中，不产生新的危险源和隐患，对原有的工艺没有显著的影响，不会影响利用工艺的安全性，不产生新的危险废弃物，不会在利用过程中产生对人员和环境有危害的因素和隐患出现。

（3）危废在资源化利用过程中，符合国家的相关产业政策，满足国家相关的法律法规的要求。

含碳材料是炼钢合金化过程的增碳材料和脱氧工艺过程中的还原剂成分。

碳是炼钢过程中不可或缺的主要元素之一，其所起到的作用如下：

（1）碳能够降低铁液的熔点，故炼钢工艺过程在炉料中加入含碳材料配碳，能够促进尽快形成熔池，缩短冶炼周期。

（2）碳是炼钢过程中化学热来源的最主要发热元素，是转炉炼钢保证热平衡的基础元素，是电炉炼钢降低冶炼电耗的发热元素。

（3）炼钢过程的脱碳反应，为搅动熔池，为冶金物理化学反应（脱磷、脱硫、造渣、去除夹杂物等）提供必要的动力学条件。

（4）炼钢过程脱碳反应产生的气泡，是去除炼钢原料中 [H]、[N] 的工艺保证。

（5）碳是炼钢脱氧的主要还原物质，碳脱氧产生的产物是气体，不污染钢液，是清洁的脱氧反应材料，也是性价比最好的炼钢脱氧材料。

（6）碳是钢铁材料的合金化元素，是改变和优化钢铁材料性能的元素。

因此，含碳物质加入炼钢原料中，是不影响炼钢工艺的资源化利用方式，将含碳的材料生产成为各种炼钢原料，则是含碳物质高附加值利用的工艺方法。

在不同的行业会产生不同的含碳物质，有的因为含有重金属、氟化物、氰化物等，对环境有危害，被定义为危险废物，需要特殊的无害化处理。炼钢工艺条件下，所具备的工艺特点如下：

（1）炼钢过程中，既有氧化性气氛为主的电炉、转炉冶炼工艺，也有以钢水脱氧、脱硫、合金化条件下存在的还原性气氛炼钢工艺，能够调整含碳危废无害化转化的利用模式。比如既能够熔解碳也能够氧化碳，在这一过程中将存在于含碳危废中的有害物质分离后实现无害化转化。

（2）炼钢工艺条件下的温度条件和冶金物理化学的动力学工艺条件，能够满足绝大多数危险废物的分解所需，在炼钢的工艺条件下，碳还能够还原重金属氧化物，使之进入钢液，降低冶炼成本。

（3）炼钢工艺条件下，炼钢反应是在一个相对封闭循环的系统内进行的，炼钢产生的烟气有除尘系统，产品是钢铁制品，副产物钢渣是胶凝材料，有害物质在这一系统中，能够充分地实现无害化转化。

电解铝产生的炭块固溶了氟化物、钠盐等，成分复杂，属于危险废物，其他行业产生的含碳危废危险因素不同，但是均能够（除放射性危险废物）在炼钢工艺过程中实现无害化。

3.4.1　含碳危险废物生产增碳剂

在合金化和脱氧工序，含碳材料通常生产成为增碳剂和脱氧剂。增碳剂的生产方法如下：对含碳的材料进行特殊处理，去除其中部分的灰分、挥发分，使生产的增碳剂满足炼钢行业的要求。

　　对碳含量较低的焦煤、无烟煤等，需要高温干馏、焦化等工序，脱除其中的挥发分和灰分，硫含量等有害物质，实现碳含量提高、有害物质达标的目的，然后将干馏和焦化后的原料破碎，加工成为满足炼钢增碳剂要求的粒度。

　　对碳含量较高的材料，采用直接破碎、浮选等工艺，去除杂质和有害物质，干燥后成为炼钢的增碳剂。或破碎加工，使之满足增碳剂的要求即可。常用增碳剂有电极块、焦炭粉、天然石墨、类石墨等。

　　炼钢增碳剂增碳的相关化学反应和热力学数据见表 3-6[12]。

表 3-6　炼钢增碳剂增碳的相关化学反应和热力学数据

C＝[C](1)	$\Delta G^{\ominus}/J \cdot mol^{-1}$	适用温度/K
[C] 4%	26778−20.25T	1438~2273
[C] 3%	26778−24.89T	1548~2273
[C] 2%	26778−30.42T	1633~2273
[C] 1.5%	26778−34.52T	1682~2273
[C] 1%	26778−40.58T	1718~2273
[C] 0.5%	26778−48.12T	1808~2273
[C] 0.1%	26778−62.38T	1812~2273
[C] 0.01%	26778−19.48T	1812~2273

3.4.2　含碳危险废物生产脱氧剂

　　含碳材料加入钢水内部脱氧，因为碳脱氧的产物是 CO、CO_2，不溶于钢水，并且气泡从钢水逸出时，气泡能够黏附钢水中的氧化物杂质上浮，达到净化钢液的目的，加上碳质材料脱氧成本相对低，所以对钢水进行沉淀脱氧，含碳材料具有其他材料无法比拟的优势。常用的有炭粉、电石、钙碳球、氧化铝碳球、SiC-C 球等。

　　使用含碳材料生产的脱氧剂，目前没有国家标准和行业标准，不同的企业根据不同的工艺装备和生产的工艺路线，有不同的企业标准。宝钢和马钢的企业标准中，含碳脱氧材料的标准见表 3-7 和表 3-8。

表 3-7　某企业含碳脱氧剂的成分要求

TC/%	TCa/%	Si/%（碳化硅中硅）
20.00~28.00	≥30.00	≥13.00

表 3-8　某企业含有碳和硅脱氧剂的技术指标

		TCa/%	TSi/%	TC/%
钙质脱氧剂	主要指标	35.00~45.00	12.00~25.00	10~16.00
	次要指标	0.5~20mm≥80.0%		

碳质材料加入钢水内部后，含碳材料发生的脱氧反应如下：

$$[C] + [O] === CO \qquad \Delta G^{\ominus} = -20482 - 38.94T$$

$$[C] + (FeO) === [Fe] + CO$$

$$[C] + (MnO) === [Mn] + CO$$

3.4.3　含碳危险废物生产直接合金化球团

直接合金化工艺是自从 2013 年以来发展的，利用重金属氧化物和碳质材料、硅质材料、碳化硅质材料、铝质材料等还原剂生产成为球团，在钢水合金化过程中直接加入钢水中，或者在转炉、电炉出钢结束后，将直接合金化球团加入钢包顶部，或者在 LF 冶炼时加入钢包顶部，还原剂将重金属氧化物还原为金属进入钢水，完成合金化任务。这种工艺是将矿热炉生产铁合金的工艺转移到炼钢工序来完成，达到降本增效的目的。

传统的铁合金生产，是将不同的矿物质加入矿热炉或者高炉，将不同的金属氧化物还原为金属进入铁液，然后冷却凝固、浇铸、破碎后作为合金使用。直接合金化工艺和铁合金生产工艺的对比如图 3-10 所示。

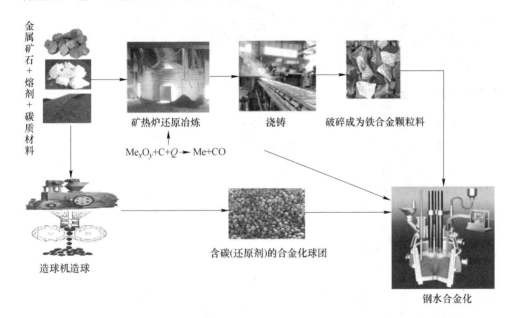

图 3-10　直接合金化工艺和铁合金生产工艺的对比

直接合金化工艺，实质是将合金化的化学反应转移到炼钢工序完成，节约了铁合金生产过程中冶炼+浇铸+破碎的三个工序，降低了炼钢脱氧合金化的成本。

各种常见的直接合金化的化学反应热力学数据如下[12,37,38]：

$$2(MnO) + (Si) === 2[Mn] + (SiO_2) \qquad \Delta G^{\ominus} = -132600 + 28.03T$$

$$6[C] + 2(Cr_2O_3)(s) = 6CO + 4[Cr] \qquad \Delta G^{\ominus} = 499150 - 317.77T$$

$T > 1570K$，(Cr_2O_3) 被还原进入钢液。

$$6[C] + 2(V_2O_3)(s) = 6CO + 4[V] \qquad \Delta G^{\ominus} = 491790 - 295.64T$$

$T > 1663K$，(V_2O_3) 被还原进入钢液。

$$4[C] + (Nb_2O_4)(s) = 4CO + 2[Nb] \qquad \Delta G^{\ominus} = 525090 - 305.01T$$

$T > 1722K$，(Nb_2O_3) 被还原进入钢液。

$$(MnO) + [C] = [Mn] + CO \qquad \Delta G^{\ominus} = 554880 - 408.19T$$

$T > 1359K$，(MnO) 被还原进入钢液。

$$(WO_3) + 3[C] = W + 3CO \qquad \Delta G^{\ominus} = 490300 - 502.74T$$

$T > 975K$，(WO_3) 被碳还原进入钢液。

根据以上的热力学条件可知，将绝大多数重金属氧化物矿石粉末和碳、硅、铝等还原材料造块或者压球，这种块状物或者球团可在电炉、转炉出钢过程或者在精炼炉加入。而对 Ni、Mo、Cu、W 等合金化球团可以直接在转炉、电炉冶炼过程中，随废钢铁料一起加入。

目前广泛使用的有铬矿的熔态还原与直接合金化、铌渣的微合金化、锰矿的直接合金化、钒渣的微合金化、钨矿和三氧化钼的直接合金化等。

鞍钢直接还原性球团的成功应用，在钢铁经济形势不好的 2013～2017 年，为鞍钢贡献了巨大的经济效益。

3.4.4　含碳球团在炼钢条件下的其他应用

3.4.4.1　利用含碳球团在炼钢过程中富集 Pb、Zn、K、Na

在炼钢条件下，Pb、Zn、K、Na 等元素与含碳球团中的碳发生复杂的化学反应，被富集进入除尘系统，成为除尘灰的组成部分，除尘灰被转底炉、竖炉还原富集回收锌铅，或者直接被铅锌冶炼厂作为原料加以利用。

A　碳与含铅物质在炼钢条件下的化学反应及转化

铅的熔点 327.3℃，沸点 1744℃，密度 11.34g/cm³，PbO 熔点 885℃。氧化铅与碳和 CO 发生下列反应[36]：

$$PbO(l) + C = Pb(g) + CO(g) \qquad \Delta G^{\ominus} = 252700 - 247.92T$$

从上式可知开始反应温度为 746℃。

$$PbO(l) + CO = Pb(g) + CO_2(g) \qquad \Delta G^{\ominus} = 86150 - 76.92T$$

由上式计算可知开始反应温度为 847℃。

由上述反应可知，氧化铅非常容易被碳或 CO 还原成铅。但是，铅的沸点较高，可能变成铅气体后，很快变成液体而成凝固相，导致即使氧化铅还原成金属铅，也可能不能从还原粉尘中除去。根据：

$$Pb(l) = Pb(g) \qquad \Delta G^{\ominus} = 182000 - 90.12T + \ln p_{Pb}$$

计算不同温度下铅的分压，结果见表 3-9。

表 3-9 不同温度下金属铅的蒸气压

温度/℃	727	927	1027	1127	1227	1327	1427	1527
分压/Pa	1.59	61	248	826	2340	5830	13040	26700

由以上分析可知，炼钢过程中的含铅物质大部分被还原进入除尘系统，然后被二次氧化，成为除尘灰的组成部分。

B 碳与含锌物质在炼钢过程中的化学反应和转化

锌主要是以氧化锌的形式存在。氧化锌与碳的氧化还原自由能见表 3-10[39,40]。

表 3-10 氧化锌与碳的氧化还原自由能

序号	反应	标准自由能 $\Delta G^{\ominus}/J \cdot mol^{-1}$	开始反应温度/℃
1	$2ZnO(s) + C(s) = 2Zn(g) + CO_2(g)$	$337370 - 407.6T$	555
2	$ZnO(s) + C(s) = Zn(g) + CO(g)$	$352060 - 289.3T$	944
3	$ZnO(s) + CO(g) = Zn(g) + CO_2(g)$	$185510 - 118.3T$	1295

根据表 3-10 中的反应式，令自由能为零，求出气氛和温度的关系，结果如图 3-11 所示。

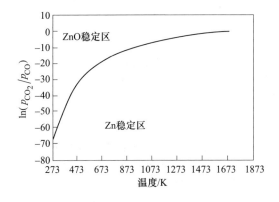

图 3-11 氧化锌与碳的氧化还原反应气氛和温度的关系

根据以上的特点可知，含锌氧化物在炼钢条件下被还原后进入炉气，被炉气中的氧二次氧化成为氧化锌，存在于除尘灰中，形成锌的循环富集。

C 碳与碱金属氧化物在炼钢工艺过程中的反应特点

炼钢粉尘内的碱金属氧化物主要是 Na_2O 和 K_2O，它们被碳或 CO 还原的热力学方程式见表 3-11[41-43]。

表 3-11　Na₂O 和 K₂O 被碳或 CO 还原的热力学方程

序号	反应	标准自由能 $\Delta G^{\ominus}/J \cdot mol^{-1}$	开始反应温度/℃
1	$2K_2O(s)+C(s)=4K(g)+CO_2(g)$	$668930-609.24T$	825
2	$K_2O(s)+C(s)=2K(g)+CO(g)$	$417740-390.12T$	798
3	$K_2O(s)+CO(g)=2K(g)+CO_2(g)$	$251190-219.12T$	873
4	$2Na_2O(s)+C(s)=4Na(g)+CO_2(g)$	$642250-469.94T$	1094
5	$Na_2O(s)+C(s)=2Na(g)+CO(g)$	$404400-320.47T$	989
6	$Na_2O(s)+CO(g)=2Na(g)+CO_2(g)$	$237850-149.47T$	1318
7	$CO(g)+0.5O_2(g)=CO_2(g)$	$-280950+85.23T$	—

反应体系条件对碱金属氧化物还原的影响结果如图 3-12 所示。

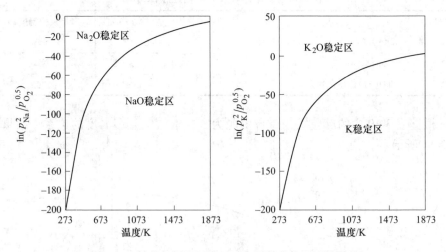

图 3-12　氧化气氛和温度对碱金属氧化物还原的影响

由图可知：

（1）在同样氧分压的条件下，氧化钾比氧化钠更易被还原。

（2）在一定温度下，氧压降低，即还原气氛增强，氧化钾和氧化钠就被还原成钾和钠气体。

（3）在同样氧化气氛下，温度升高，氧化钾和氧化钠向被还原成相应的金属方向移动。

因此，钾和钠的氧化物能被碳质元素还原进入除尘系统。从钾和钠对石灰溶液中的助熔作用和形成的渣的组成来看，不是所有的钾钠氧化物都被还原进入除尘系统。

3.4.4.2　利用含碳含铁球团在炼钢过程中消化含油污泥

含油物质和含氧化铁物质生产的还原性氧化铁球团，在鞍钢和宝钢等企业的应用已有近十年的历史，是炼钢协同处理含碳危废的经典工艺。

采用的含碳危废主要有废弃的沥青、焦油，焦化产生的奈、苯等，将它们和含氧化铁的物料生产为球团，在铁厂出铁过程加入铁水中，或者随废钢加入转炉、电炉中，是利用含铁物料消化含油危废的成熟工艺。

宝武集团新疆八一钢铁股份有限公司开发的含油污泥在转炉和 Corex 中的应用表明，炼钢是含油污泥无害化的合适的工艺平台。

电解铝危废中的含碳材料固溶了氟化物、钠盐和重金属，在炼钢过程中能够实现重金属进入钢液，氟化物形成炉渣，含碳材料部分脱氧生成 CO、CO_2 气体，部分固溶于钢液，成为合金化元素，实现无害化转化。

参 考 文 献

[1] 唐余扬，顾俭，曹兆民．转炉炼钢全流程温度控制及实践 [J]．炼钢，1998 (5)：6-10.

[2] 杨素钦．浅谈氟化钙对熟料煅烧及性能的影响 [J]．江西建材，2017 (1)：7-9.

[3] 陈宏．高效多元素矿化剂在立窑熟料煅烧过程中的应用 [J]．水泥，2004 (5)：13.

[4] 李尚才．水泥厂的氟化物污染 [J]．新世纪水泥导报，2000 (4)：30-32.

[5] 朱桂林，赵群，孙树杉．钢铁渣作水泥和混凝土高效掺合料 [C]．中国金属学会冶金环保学术年会论文集 [C]，2000：134-139.

[6] 韩长菊，杨晓杰，周惠群，等．钢渣及其在水泥行业的应用 [J]．材料导报，2010 (24) 2：441.

[7] 汪智勇，钟卫华，张文生，等．钢渣对硅酸盐水泥熟料形成的影响研究 [J]．水泥，2010 (3)：10-15.

[8] 李文，杨凯敏，严生．钢渣替代铁粉制备硅酸盐水泥熟料 [J]．江苏建材，2012 (4)：5-8.

[9] 杨文远，陈娥，徐维华．国内转炉炼钢供氧操作分析 [J]．炼钢，1992 (3)：37-42.

[10] 房荣波，魏元，杨海峰．转炉钢水出钢温度的预测 [J]．鞍钢技术，2002 (1)：24-26.

[11] 俞海明，王强．钢渣处理与综合利用 [M]．北京：冶金工业出版社，2015.

[12] 陈家祥．炼钢常用数据图表手册 [M]．2 版．北京：冶金工业出版社，2010.

[13] 曲英．炼钢原理 [M]．北京：冶金工业出版社，1980.

[14] 黄希祜．钢铁冶金学原理 [M]．北京：冶金工业出版社，2004：10-42.

[15] 陈家祥．钢铁冶金学 [M]．北京：冶金工业出版社，1990.

[16] 龚尧．转炉炼钢 [M]．北京：冶金工业出版社，1990.

[17] 冯聚和．氧气顶吹转炉炼钢 [M]．北京：冶金工业出版社，1995.

[18] 张东丽，毛艳丽，曲余玲，等．转炉煤气干法除尘技术 [J]．世界钢铁，2012，2 (5)：51-59.

[19] 王宇鹏，王纯，俞非漉．转炉烟气湿法除尘技术发展及改进 [J]．环境工程，2011，29 (5)：102-104.

[20] 巩婉峰．转炉一次除尘新 OG 法与 LT 法选择取向探析 [J]．钢铁技术，2009，38 (4)：46-50.

[21] 华晓燕. 工业含氟废水简介 [J]. 环境科学动态, 1979 (1)：7-11.

[22] 马安远. 混合沉降法降低转炉浊环水中氟含量试验 [J]. 冶金动力, 2015 (2)：50.

[23] 夏耀臻. 转炉 OG 泥回收的新方法 [J]. 烧结球团, 2005 (2)：26.

[24] 邹方敏, 张茂林, 孙金玲, 等. 炼钢炼铁除尘污泥直接应用于烧结配料的实践 [J]. 冶金能源, 1999, 18 (5)：21-26.

[25] 张丽颖, 陈金, 李俊国. 转炉尘泥综合利用技术现状与应用前景 [J]. 河北冶金, 2016 (4)：16-18.

[26] 李朝阳, 章北平. 转炉除尘污泥的回收和利用 [J]. 武钢技术, 2002, 40 (2)：34-37.

[27] 徐兵, 孙立民, 徐永斌, 等. 宝钢转炉尘泥冷固球团生产及返回转炉应用 [J]. 宝钢技术, 2007 (5)：35-38.

[28] 张仁寿, 张晓玲, 曾徽. 高炉矿渣和电炉磷渣配料生产节能型优质硅酸盐水泥熟料 [J]. 云南建材, 1993 (4)：12-17.

[29] 李倩, 曹素改, 王金霞. 利用钢渣、矿渣制备生态型水泥 [J]. 粉煤灰综合利用, 2009 (6)：32-35.

[30] 杜玲, 钟静. 转炉渣中氟化钙的分析方法研究 [J]. 天津冶金, 2009 (4)：52-55.

[31] 闫嵘, 李玉新, 赵旭章, 等. 钢渣是水泥熟料的概念浅议 [J]. 工业加热, 2017 (1)：65-69.

[32] 吴少华. 钢渣白水泥 [J]. 建筑节能, 1993 (5)：42-43.

[33] 李燕龙, 张立峰, 杨文, 等. 铝灰用于钢包渣改质剂试验 [J]. 钢铁, 2014 (3)：17-20.

[34] 朱义年, 张华, 梁延鹏, 等. 砷酸钙化合物的溶解度及其稳定性随 pH 值的变化 [J]. 环境科学学报, 2005 (12)：61-66.

[35] 刘守平, 孙善长. 钢液和铁水硅钙合金脱砷研究 [J]. 特殊钢, 2001 (5)：12-15.

[36] 朱元凯. 钢液中钙砷平衡研究 [J]. 钢铁, 1985, 20 (4)：38.

[37] 周勇, 李正邦. 电弧炉钨钼钒氧化物矿直接合金化冶炼高速钢工业试验 [J]. 特殊钢, 2006 (1)：42-44.

[38] 迪林, 王平. 直接合金化炼钢工艺的研究及应用现状 [J]. 特殊钢, 2000 (3)：26-29.

[39] 庄剑鸣, 宋招权, 姚锐, 等. 钢铁厂高碳高锌含铁粉尘脱锌动力学研究 [J]. 矿冶工程, 1998 (1)：226.

[40] 周渝生, 陈亮, 张美芳. 用转炉红热钢渣处理宝钢高锌含铁尘泥 [J]. 安徽工业大学学报, 2003 (4)：162.

[41] 李一山, 薛正良. 含碳球团直接还原回收二次含铁粉尘试验研究 [J]. 中国稀土学报, 2012, 30：698.

[42] 于淑娟, 侯洪宇, 王向锋. 鞍钢含铁尘泥再资源化研究与实践 [J]. 钢铁, 2012 (7)：70.

[43] 田守信. 炼钢含铁尘泥再生利用的分析研究 [J]. 宝钢技术, 2008 (3)：21-24.

4 铝灰和大修渣应用于炼钢生产前的处理

电解铝危险废物的资源化利用，受其中各种组分的影响，不能与水接触，既要在利用危废生产冶金产品过程中保证生产现场的安全，还要保证产品满足炼钢不同工序的各种工艺要求。电解铝危废的利用有磨粉直接利用（增碳剂、覆盖剂、手投钢渣改质剂等）和破碎后再造球两种，也是最经济最科学的利用方法。将破碎后的粉末料，按照不同的工艺要求调整成分，生产成为 10~50mm 的球体，是行业最受认可的利用工艺模式。

4.1 铝灰的处理和利用

铝灰产生后，既有粉末状的，也有个别的烧结状态的，其中夹杂有金属铝。挑拣出粒度大于 10mm 的金属铝，按照铝灰中的金属铝含量和 Al_2O_3 含量进行分类存放。注意铝灰中不能够混杂其他杂物，以免影响炼钢的工艺效果。

4.1.1 利用铝灰造球的技术和创新点

铝灰的密度较小，并且铝灰不容易压制成型。根据造球基本知识可知，铝灰造球过程中，存在以下的问题：

（1）在现代化炼钢生产中，物料的加入大多数是依靠机械化的加料系统实现的，铝灰造球要满足机械化加料的要求。转炉工艺布置如图 4-1 所示。球体进入传送皮带机系统到入料仓，再从料仓到皮带机，再由皮带机到加料中继站，球体需要有一定的强度。否则球体碎裂产生粉末，会进入除尘系统，降低使用效果。

（2）单纯的铝灰压球，粉料之间需要骨料，缺少成球的条件。必须使用极性物质作为黏结剂，在造球的过程中将铝灰中的氧化铝黏结在一起。

（3）铝灰中含有氮化铝，遇水就会发生化学反应，产生的氨气对环境污染明显，刺激和危害现场的作业人员。

（4）铝灰造球后，加入钢液中要快速反应，所以球体在高温下需要尽快碎裂，以满足炼钢的要求。

我们在经过 6 年的研究攻关后，在利用铝灰和大修渣造球工艺上取得了突破，关键的技术介绍如下：

（1）黏结剂的攻关。先后应用了高分子黏结剂（淀粉为原材料生产）、硅酸

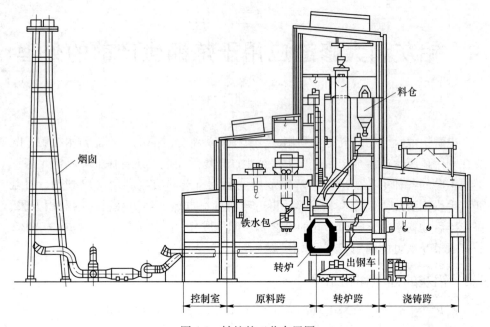

图 4-1　转炉的工艺布置图

(原料经历从地面→料仓→出钢车的位置变化)

盐水泥、膨润土等。试验表明，以上的黏结剂都能够满足造球的需要，但是需要加入 3%~6% 的水，这种作业现场产生的烟雾和水汽大，危害职工健康。采用盐卤（$MgCl_2 \cdot 6H_2O$）能够消除以上的缺陷，成球率也能够满足要求。

（2）在造球过程中，添加碳酸钙（石灰石、重晶石、碳酸镁等），可满足铝灰球加入钢液内部后快速反应的工艺要求。其原理是碳酸盐受热分解，产生的气体逸出时促使球体碎裂，提高了球的反应活性，所以碳酸盐也叫作活性剂。

（3）大修渣中的石墨需要磨细，原因是要提高碳的脱氧反应速度。

（4）碳酸盐要作为造球的骨料利用，铝灰中的金属铝细小颗粒也可以是骨料的一部分。

我们生产铝渣球的生产线和产品实体照片如图 4-2 所示。

图 4-2　铝渣球的生产线和产品实体照片

对辊压球机因其应用物料的特性、用途及压力大小不同，分为低压压球机、中压压球机、高压压球机。至于三者的压力界定目前还没有统一的标准，一般都以线压力（成型压力通常以总压力除以辊皮宽度表示，称之为线压力）的大小进行区分。

对辊压球机主要靠两个相向转动的辊轮，使流入两辊间隙的混合料受压成型。其中一个为定辊，另一个为可以前后水平移动的动辊，压力加在动辊两端的轴承座上。高、中、低压压球机的不同，主要是加压方式和传动机构上的区别。低压压球机一般采用弹簧加压，而中压和高压压球机则采用高压油缸加压。两辊辊面上可开出型槽，型槽数目和大小根据需要设计，其产品可为卵形、枕形或椭圆形。其原理如图4-3所示。

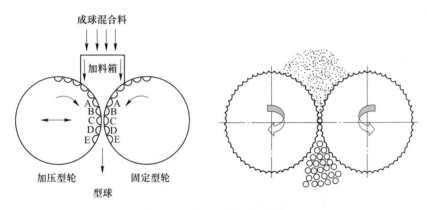

图4-3 对辊压球机造球原理

4.1.2 压制粉料的工艺性质

压制过程中，松散的泥料在压力作用下发生颗粒重新排布、弹性形变和破碎，排出空气，颗粒结合成具有一定形状和尺寸的坯体。泥料是固体粉料、水和空气的三相系统。粉料是固体颗粒的集合体，属于粗分散物系。压制粉料的工艺性质主要是：

（1）粒度和粒度分布及颗粒形状。从生产实践中可知，很细或很粗的粉料，在一定压力下被挤压成型的能力较差。另外，细粉加压成型时，分布在颗粒间的大量空气会沿着与加压方向垂直的平面逸出，产生层裂。

粉料的颗粒形状主要是由物料的性质和破碎设备有关，通常片状颗粒对压制成型不利，有棱角的等尺寸颗粒较为理想。

含有不同粒度的粉料成型后密度和强度均高，这可由下述粉料的堆积性质来说明。

（2）粉料的堆积特征。由于粉料的形状不规则，表面粗糙使堆积起来的粉体颗粒间存在着大量的空隙。粉料颗粒的堆积密度与堆积形式和粒度分布有关。显然，堆积密度越大，则在坯体的密实过程中，需要填充的空隙或需要排出的空气就越少，故在其他条件相同的情况下，可望获得质量更高的坯体。因此，只有符合紧密堆积的颗粒组成，才有得到致密体的可能。

实际生产中往往采用粗颗粒、中颗粒和细粉三种颗粒的粉料。这时理想的堆积应该是：粗颗粒构成框架，中颗粒填充于粗颗粒构成的空隙中，细粉再填充于中颗粒与粗颗粒构成的空隙中。压制过程中，松散的物料没有足够的水分，必须施以较大的压力，借助于压力的作用，坯料颗粒重新排布，发生塑性形变和脆性形变，空气排出，体积缩小，原料颗粒紧密结合成具有一定尺寸、形状和强度的坯体。当固体颗粒被加入模中，并施加压力时，由于下列机理会引起体积的缩小而致密化，如图 4-4 所示。

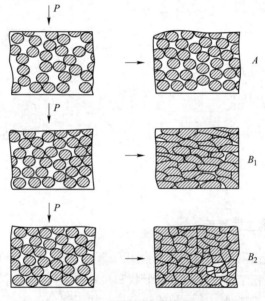

图 4-4 压制铝渣球的机理

（1）在低压时，颗粒发生重新排列而填充气孔产生紧密堆积。在此阶段能量主要消耗在克服颗粒间的摩擦力和颗粒与模具间的摩擦力，在细粉末情况下，此阶段中内聚结构可能被破坏。

（2）在较高压力下，引起颗粒的破碎，并通过碎粒的填充而致密，此阶段起决定作用的是压制粉料颗粒的性质。

4.2 机械力化学原理在大修渣再生利用中的应用

大修渣的粒度较大，如果直接将大修渣加入炼钢过程中作为冶金原料使用，一是粒度较大，反应的时间较长；二是作为冶金原料使用，如果不能够满足炼钢的工艺要求，增加了炼钢成本，延长了冶炼周期，或者不能够满足炼钢操作的需要，也没有办法大规模利用大修渣的。只有将大修渣按照一定的工艺，加工成为适合于炼钢的原料，才能够作为产品商业化。这种加工的前提就是大修渣的破碎和磨粉。

大修渣经过破碎和磨粉以后，其中各个组分成为粉状，金属铝在破碎过程中被分离，挑拣后，加工成为脱氧剂。粉状的大修渣按照一定的成分，配加其他的原料，就能够生成在转炉炼钢、钢水精炼、钢水脱氧过程中的各种原料。利用破碎和磨粉这一工序，就能够提高大修渣中的各种物质的反应活性，能够成为和其他炼钢原料一样的冶金熔剂，实现规模化的应用。这一工序的作用，是机械力化学反应原理的贡献。

机械力化学同化学中的热化学、电化学、光化学、磁化学和放射化学等分支学科一样，是按诱发化学反应的能量性质来命名的。其基本原理是利用机械能来诱发化学反应和诱导材料组织、结构和性能的变化，以此来制备新材料或对材料进行改性处理。最早在20世纪初，由Ostwald提出了这一概念。直到1951年后，Peters等做了大量关于机械力诱发化学反应的研究工作，明确指出机械力化学反应是机械力诱发的化学反应，强调了机械力的作用，从而机械力化学引起了全世界广泛的关注。目前，机械力化学被公认为是研究关于施加于固体、液体和气体物质上的各种形式的机械能——例如压缩、剪切、冲击、摩擦、拉伸、弯曲等引起的物质物理化学性质变化等一系列的化学现象的科学。

机械化学效应的发现可以追溯到1893年，Lea在研磨$HgCl_2$时，观察到少量Cl_2逸出，说明$HgCl_2$有部分分解。到20世纪20年代，德国学者Ostwald根据化学学科中化学能量来源的不同对化学学科进行了分类，首次提出了机械力诱发化学反应的机械化学的分支，并对机械能和化学能之间的联系进行了理论分析，但当时只是从化学分类的角度提出了这一新概念，而对机械化学的基本原理尚不十分清楚。1951年起奥地利学者Peters与其助手Paoff做了大量关于机械力诱发化学反应的研究工作，于1962年在第一届欧洲粉体会议上发表了题为《机械力化学反应》的论文，指出在研磨过程中各种固态反应都能观察到。自Peters论文发表以来，机械化学的研究取得了很大的进展，苏联和日本等国家都相继出版了有关机械化学的论著。

比如炼钢企业产生的废弃镁碳砖不能够在炼钢过程中作为熔剂使用，主要原因是镁碳砖具有的抗渣性和抵抗高温钢水的特点，其耐火度高达1850℃以上，作为熔剂在炼钢过程中使用，难以在转炉炼钢过程中熔解，所以废弃后的镁碳砖不能作为熔剂在炼钢过程中应用。但是通过将镁碳砖粉碎、磨粉，然后制球，就能够作为冶金熔剂在炼钢过程中使用，主要原因镁碳砖中的多晶体氧化镁是一种具有同质多晶型矿物材料，在常温下通过机械力的作用常常会发生晶型转变。这是由于机械力的反复作用，晶格内积聚的能量不断增加，使结构中某些结合键发生断裂并重新排列形成新的结合键。比如，$2CaO \cdot SiO_2$ 和 Fe_2O_3 在粉碎过程中分别会发生如下转变：

$$\beta\text{-}2CaO \cdot SiO_2 \longrightarrow \gamma\text{-}2CaO \cdot SiO_2$$
$$\gamma\text{-}Fe_2O_3 \longrightarrow \alpha\text{-}Fe_2O_3$$

同样镁碳砖中的电熔大晶粒镁砂向小晶粒镁砂转变，SEM（扫描电子显微镜）照片如图 4-5 和图 4-6 所示。

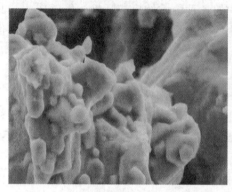
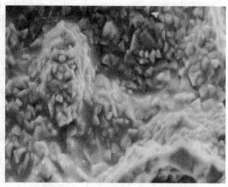

图 4-5　磨粉前的镁碳砖晶粒　　　　图 4-6　磨粉后的镁碳砖晶粒

　　机械力作用下物质产生的变化如图 4-7 所示。粉体材料的机械力化学改性是关系到废弃镁碳砖能否利用的关键。粉体的表面改性是指利用物理、化学、机械等方法对粉体进行表面处理，有目的地改变其表面的物理化学性质，以满足不同的工艺要求。粉体改性方法有许多种，根据改性的性质、手段及目的可分为包裹法、沉淀反应法、表面化学法、接枝法及机械力化学法等。机械力化学法改性是通过粉碎、磨碎、摩擦等机械方法使物料晶格结构及晶型发生变化，体系内能增大，温度升高，使粒子溶解、热分解，产生游离基或离子，增强表面活性，促使物质与其他物质发生化学反应或相互附着，从而达到表面改性目的的改性方法。它被认为是一种具有相当应用价值的高效改性方法。最典型的是应用于废弃混凝土的机械力化学活化再利用。

　　水泥中含有粒度较大的粗颗粒，将它们重新粉磨至一定细度后，其强度将达到砌筑砂浆的强度要求。硬化水泥浆体中的水化产物在一定温度下会发生脱水作用，脱水后硬化水泥浆体的化学组成与原始化学组成非常相近，这为利用它们作为原料重新煅烧水泥熟料提供了物质基础。另外，粉磨过程中外力施加于物料颗粒的能量产生强烈的机械力化学作用，使水化产物脱水、晶格结构变形和无定形化甚至相变过程在常温下进行，因而使粉磨合成熟料矿物成为可能。所以将废弃的混凝土中的硬化水泥浆体与钢筋、石子、砂等分离后再进行高能球磨，通过机

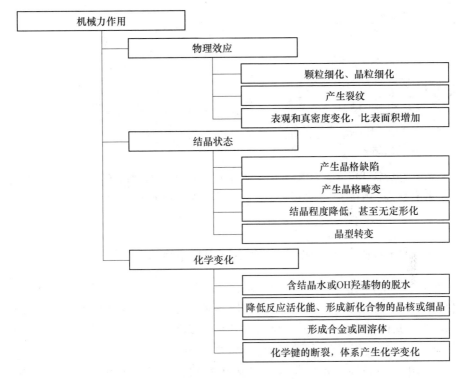

图 4-7　机械力作用下物质产生的变化

械力化学作用，可以达到以下效果：（1）作为水泥生产的原料；（2）作为水泥的混合材料；（3）作为新拌混凝土的微集料；（4）生产低标号砌筑水泥或抹灰水泥。

将废弃大修渣破碎到 3mm 以下，在这一粉碎过程中，颗粒料发生以下几种变化：

（1）物理变化，包括颗粒的细化、内部裂纹产生扩展、密度及比表面积的变化等。破碎过程中的颗粒料（一次颗粒和二次颗粒）的变化如图 4-8 所示。

（2）结晶状态变化，包括产生晶格缺陷、发生晶格畸变、结晶程度降低甚至向无定形化发展（图 4-9），晶型能够发生转变。

（3）化学变化。颗粒料降低了体系的反应活化能，能够加快颗粒料与转炉炉渣发生成渣反应或其他化学反应。

所以将大修渣破碎成为 3mm 以下的小颗粒，通过破碎和磨粉的机械力化学反应，使之成为具有反应活性的熔剂材料，然后添加部分的功能性材料，可制备成为各种炼钢的熔剂，用于炼钢生产。

以上工艺处理铝水罐的拆包料、电解铝的各种耐火材料同样有效，将它们破碎加工后，能够作为各种炼钢的原料加以利用。

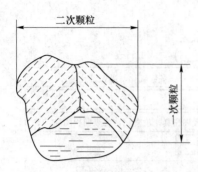

图 4-8　破碎过程中的大修渣
（一次颗粒和二次颗粒）的变化

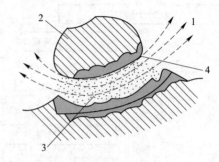

图 4-9　大修渣破碎过程中摩擦等离子区的模型
1—外激电子放出；2—正常的颗粒料；
3—等离子区；4—结构不完整区

4.3　利用电解铝危险废物生产冶金熔剂的标准和产品

炼钢过程中使用的大部分冶金熔剂，单一功能型的较多。如炼钢用萤石，主要利用萤石分解产生的氟离子化渣；利用铝矾土化渣，主要是利用氧化铝的助熔功能。当兼具两种功能的时候，材料就具有了多功能的特点，也就具有了优势叠加效应，电解铝危废资源化利用的优势简述如下：

（1）电解铝危废中的阴极炭块和阳极炭块中溶解了氟化物和钠盐，其中，碳含量满足炼钢增碳。这种溶解氟化物和钠盐的增碳剂，在增碳的过程中还兼具化渣、脱硫的功能，能够优化炼钢的增碳工艺。

（2）电解铝危废中废弃的碳化硅结合氮化硅耐火材料，其中碳化硅含量为 70%，是优质的脱氧剂材料，固溶了氟化物和钠盐后，脱氧反应的速度增加。

（3）电解铝废弃物中的金属铝和氮化铝，在炼钢中能够发挥脱氧的功能。

（4）铝灰中含有的钠盐、氟化物、冰晶石等，作为化渣剂，既有氟化物的功能，也有钠冶金的功能，还有铝矾土的作用，所以是化渣材料功能最全面的原料。

（5）电解铝炭渣中含有碳化物、氟化物、金属铝、单质碳，对钢水精炼来说，是集化渣、脱氧、埋弧冶炼、脱硫功能的理想材料。

4.3.1　冶金熔剂标准

除了有工艺优势外，任何的一种原料，作为产品规模化应用，必须具有一定的标准，这些标准包括化学成分、物理状态等。铝灰和大修渣的利用也不例外，按照不同的原料和不同的成分分类，进行产品的生产，是商业化的前提，也是优化炼钢工艺的保证。

按照目前已有的国家标准或者行业标准，能够利用电解铝危废生产满足国家或者行业、企业标准的材料，提供给钢铁企业被资源化利用：

（1）中华人民共和国黑色冶金行业标准：YB/T 5280—2007《铁矾土》。

（2）黑色冶金行业标准：YB/T 4265—2011《炼钢用预熔型铝酸钙》。

（3）中华人民共和国黑色冶金行业标准：YB/T 5115—93《黏土质和高铝质耐火可塑料》。

（4）中华人民共和国黑色冶金行业标准：YB/T 4126—2005《高炉出铁沟浇注料》。

（5）中华人民共和国国家标准：GB/T 30900—2014《炼钢用 LF 炉精炼渣团块》。

（6）中华人民共和国黑色冶金行业标准：YB/T 150—1998《耐火缓冲泥浆》。

（7）中华人民共和国黑色冶金行业标准：YB/T 053—2016《包芯线》。

（8）中华人民共和国黑色冶金行业标准：YB/T 044—2007《炼钢用类石墨》。

（9）中华人民共和国黑色冶金行业标准：YB/T 192—2015《炼钢用增碳剂》。

（10）中华人民共和国黑色冶金行业标准：YB/T 150—2016《耐火缓冲泥浆》。

（11）中华人民共和国黑色冶金行业标准：YB/T 4153—2006《高炉非水系压入料》。

（12）中华人民共和国国家标准：GB/T 2480—2008《普通磨料碳化硅》。

（13）中华人民共和国黑色冶金行业标准：YB/T 5179—2005《高铝矾土熟料》。

（14）中国宝武集团新疆八一钢铁股份有限公司制造管理部技术文件。

4.3.2 电解铝危险废物生产国标产品

电解铝危废生产产品，首先是产品的成分要满足标准的要求，然后是使用性能达到使用的要求，故从基本成分上我们做简要论述，就具体的产品举例做详细的论证说明。

4.3.2.1 铝灰和炭渣生产炼钢用的铝矾土和铁矾土

中华人民共和国黑色冶金行业标准 YB/T 5280—2007《铁矾土》中，关于铁矾土的规定如下：

（1）铁矾土的化学成分应符合表4-1的规定。

表 4-1　铁矾土的化学成分

牌号	化学成分（质量分数）/%		
	Al_2O_3	SiO_2	Fe_2O_3
TL55	≥55	<18.0	
TL48	≥48	<25.0	8~17
TU5	≥45	<30.0	

（2）产品的外观杂质（如铁铝质泥岩、各色砂岩、黄土等）不允许超过 4%。

（3）产品中不允许混入高硅矿物和其他外来夹杂物。

（4）产品粒度为 5~30mm。如需方对粒度有特殊要求，可由双方商定。

（5）产品通过 5mm 筛的筛下料和通过 30mm 筛的筛上料均不允许超过 5%。

铁矾土在炼钢工艺过程中，普遍作为无氟化渣剂应用于转炉炼钢和电炉炼钢，应用环境是氧化性气氛的化渣助熔。铁矾土用于替代萤石化渣炼钢，氟离子的存在有助于铁矾土的化渣性能。

4.3.2.2　高铝矾土熟料

YB/T 5179—2005《高铝矾土熟料》行业标准中，高铝矾土熟料的技术标准要求如下：

（1）高铝矾土熟料按理化指标应符合表 4-2 的规定。

表 4-2　高铝矾土熟料按理化指标

代号	化学成分（质量分数）/%					体积密度/g·cm^{-3}	吸水率/%
	Al_2O_3	Fe_2O_3	TiO_2	$CaO+MgO$	K_2O+Na_2O		
GL-90	≥89.5	≤1.5	≤4.0	≤0.35	≤0.35	≥3.35	≤2.5
GL-88A	≥87.5	≤1.6	≤4.0	≤0.4	≤0.4	≥3.20	≤3.0
GL-88B	≥87.5	≤2.0	≤4.0	≤0.4	≤0.4	≥3.25	≤3.0
GL-85A	≥85	≤1.8	≤4.0	≤0.4	≤0.4	≥3.10	≤3.0
GL-85B	≥85	≤2.0	≤4.5	≤0.4	≤0.4	≥2.90	≤5.0
GL-80	>80	≤2.0	≤4.0	≤0.5	≤0.4	≥2.90	≤5.0
GL-70	70~80	≤2.0	—	≤0.6	≤0.6	≥2.75	≤5.0
GL-60	6~70	≤2.0	—	≤0.6	≤0.6	≥2.65	≤5.0
GL-50	50~60	≤2.5	—	≤0.6	≤0.6	≥2.55	≤5.0

（2）回转窑煅烧的高铝矾土熟料通过 5mm 标准筛的筛下料不超过 8%，其他

窑煅烧的高铝矾土熟料通过 10mm 标准筛的筛下料不超过 10%，大于 30mm 的块料不超过 10%。

（3）产品中杂质的含量不超过 2%。

（4）同一牌号产品中混入其他低牌号的量不超过 10%。

（5）产品中不得混入石灰石、白云石、黄土及其他外来夹杂物。

高铝矾土熟料主要应用于出钢脱氧和精炼炉的化渣助熔。铁矾土与高铝矾土熟料的区别在于，铁矾土含有 Fe_2O_3，适用于氧化性冶炼气氛的化渣，高铝矾土熟料限制 Fe_2O_3 含量，对氟离子的含量没有限制。从成分来看，铝灰生产高铝矾土熟料基本上无需增加大的投入就能够生产，铁矾土还需要添加铁精矿粉才能够满足。电解铝产生的固废——铝灰和大修渣，这两类固废的成分汇总见表 4-3。

表 4-3 某厂一次铝灰和二次铝灰两种铝灰的组分 （%）

组分	$Al+Al_2O_3$	Fe	K	Mg	SiO_2	Na	N	Cl	F
一次铝灰	81.524	0.448	0.218	1.42	1.9	2.17	9.45	1.79	1.08
二次铝灰	80	0.525	0.45	2.46	1.71	6.2	9.88	1.99	4.1

从成分来看，铝灰作为主原料能够生产所有牌号的铁矾土和部分牌号的高铝矾土熟料（需要满足企业标准）。马钢炼钢用高铝矾土熟料的标准要求见表 4-4。显然，利用一次铝灰和二次铝灰，是能够生产满足企标的产品。

表 4-4 马钢炼钢用高铝矾土熟料的标准要求

主要指标	Al_2O_3/%			SiO_2/%	
	≥75.00			≤10.00	
次要指标	CaO/%	MgO/%	TiO_2/%	C/%	粒度/mm
	≤2.50	≤5.00	≤4.00	≤0.25	2~10

冶金行业利用危废的效益（经济和环保）是其他工艺方法不能够比较的，其中铁矾土的生产工艺如图 4-10 所示。

4.3.2.3 大修渣生产脱氧材料

大修渣中的主要三种废弃物为阴极炭块、炭渣、耐火材料。三种物质的主要成分见表 4-5~表 4-7。

表 4-5 废弃耐火材料的主要成分

成分	Si_3N_4	SiC	Al_2O_3	Fe_2O_3	C	Si	Na_2O	F
含量/%	19.53	67.16	1.19	0.23	1.41	0.26	3.74	3.65

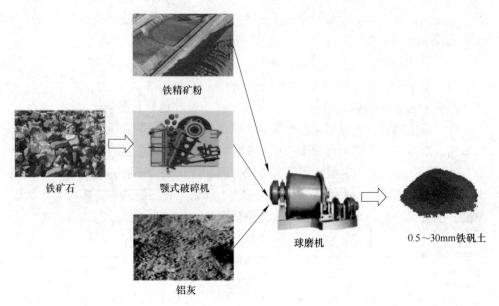

图 4-10　铁矾土生产工艺

表 4-6　废旧阴极炭块不同部位所含物质的含量和组成

取样部位	质量分含数/%		电解质组成/%①				
	C①	电解质②	Na₃AlF₆	α-Al₂O₃	β-Al₂O₃	NaF	CaF₂
边部炭块	74.5	25.5	6	3	—	31	—
边部炭缝	21	79	1	—	—	78	1
阴极炭块	66.6	33.4	7	—	1	35.7	1.5
中部炭块	66.9	33.1	9	1.5	2.5	17.7	1.5
保温层	—	—	35.6	41	3	20	4

① X 衍射分析结果；②化学分析结果。

表 4-7　炭渣主要成分

元素	F	Na	Al	Ca	Fe	Si	Mg	C
含量/%	32.36	16.34	12.91	1.08	0.52	1.7	0.82	19.68

4.3.2.4　利用阴极炭块生产炼钢增碳剂

冶金行业标准 YB/T 192—2015《炼钢用增碳剂》中对碳含量的要求见表 4-8。

2007 年冶金行业标准 YB/T 044—2007《炼钢用类石墨》颁布，该标准适用于炼钢增碳用的类石墨。炼钢用类石墨按碳含量分为 3 个牌号，即 ZT80、ZT70、ZT60。牌号中"ZT"是指"增碳"两个字的汉语拼音的第一个大写字母，数字表示固定碳百分含量。该标准的要求见表4-9。

（1）化学成分应符合表4-9的规定。

表4-8　YB/T 192—2015《炼钢用增碳剂》中对碳含量的要求

等级	固定碳/%（干基）	灰分/%（干基）	挥发分/%（干基）	硫/%（干基）	水分/%	粒度
FC99	≥99	≤0.4	≤0.6	≤0.4	≤1.0	0～1mm，自然粒度分布，大于1mm粒度含量＜5%；0～5mm，自然粒度分布，大于5mm粒度含量＜5%
FC98	≥98	≤1	≤1	≤0.5	≤1.0	
FC97	≥97	≤1.8	≤1.2	≤0.5	≤1.0	
FC96	≥96	≤2.8	≤1.2	≤0.5	≤1.0	
FC95	≥95	≤4	≤1.2	≤0.2	≤1.0	0～10mm，自然粒度分布，大于10mm粒度含量＜5%；1～4mm粒度含量＞90%；4～10mm粒度含量＞90%
FC94	≥94	≤5	≤1.5	≤0.25	≤1.0	
FC93	≥93	≤6	≤1.5	≤0.3	≤1.0	
FC92	≥92	≤7	≤1.5	≤0.3	≤1.0	
FC90	≥90	≤9	≤1.5	≤0.3	≤1.0	
FC85	≥85	≤13	≤2	≤0.5	≤1.0	

表4-9　YB/T 004—2007《炼钢用类石墨》中对化学成分的要求

牌号	化学成分（质量分数）/%			
	固定碳	硫	磷	挥发分
ZT80	≥80	≤0.07	≤0.025	≤5
ZT70	≥70	≤0.07	≤0.025	≤5
ZT60	≥60	≤0.07	≤0.025	≤5

（2）产品出厂水分不大于5%。

（3）产品中矸石不允许超过3%。

（4）产品粒度由供需双方议定。产品粒度分布应占粒度规定范围的85%以上。

（5）产品不允许混入对炼钢有害的外来杂物。

（6）如有特殊要求，由供需双方协商确定。

依据以上的成分条件可知，炭块生产类石墨增碳剂的工艺是能够满足ZT60、ZT70的要求，其工艺如图4-11所示。

加入白云石粉末是出于磨粉过程中的安全考虑。

至于耐火材料碳化硅，是炼钢的优质脱氧剂，有检化验的行业标准要求，具体的行业和国家标准还没有，企业标准是碳化硅含量大于15%就能够应用。马钢的原料技术条件对碳化硅含量的最低标准是15%，用碳化硅耐火材料生产含碳化

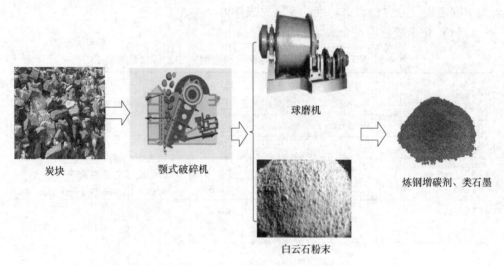

炭块   颚式破碎机   球磨机   白云石粉末   炼钢增碳剂、类石墨

图 4-11   炭块生产类石墨增碳剂工艺

硅脱氧材料是足够的。

　　电解铝危废低端资源化利用的方式是生产满足国家标准的产品原料，高端利用是根据不同的企业、不同的炼钢工艺路线、不同的冶炼钢种，开发不同的熔剂产品。本书后面各章重点就不同的炼钢工艺、炼钢技术原理和使用的材料做介绍，就电解铝危废的开发做技术剖析，供行业参考。

5 铁水脱硫协同电解铝危险废物资源化利用技术

<<<<<<<<<<<<<<<<<<<<<<<<<<<<<<<<<<<<<<<<<<<<<<<<<<<<<<<<<<<<<<<<<<<<

按照文献介绍，电解铝危险废物在国内应用于铁水脱硫技术早于应用于炼钢工艺[1]。1994年第1期的《湖南大学学报》刊登了湖南大学环境工程系的龚建森教授和其余5位研究人员撰写的《铝渣复合脱硫剂的研究》一文，明确地给出了"铝渣复合脱硫剂是一种资源丰富、价廉而又行之有效的新型脱硫剂。其最佳成分配比为CaO 51%、铝渣39%、CaF_2 10%，在其加入量为1.2%~1.5%、精炼时间4~5min的条件下，可使铁水脱硫率达到35%，铁水最低含硫量可达0.015%。此外还兼有部分脱磷作用，脱磷率为12%"的结论。这个结论与目前铁水脱硫工艺中脱硫剂的生产配方是一致的，即：铁水［Si］>0.6%时，吨铁使用5kg石灰和1kg铝渣对铁水脱硫；铁水［Si］<0.6%时，吨铁使用4kg石灰和1kg铝渣和1kg炭渣对铁水脱硫。

2007年，北京科技大学的硕士论文公布了北京科技大学利用铝灰脱硫的研究结果[2]。这些文献的内容，证明了铝灰应用于铁水脱硫的科学性和合理性。目前中国宝武集团的铁水脱硫培训教材里，沿用着以上的研究结果。遗憾的是，这样的研究结果，没有持续开展相应的产业化发展工作，以致有大量铝灰被填埋浪费，没有发挥应有的价值。也就是说，研究→应用→实践结论→规模化应用的模式没有形成。本章从铁水脱硫的工艺发展到原理，介绍电解铝工业废弃物在此项工艺中的资源化技术。

5.1 铁水脱硫工艺概述

铁水脱硫也叫作铁水预脱硫工艺[3]，是指高炉铁水在入炼钢炉之前，在铁水包或者铁水罐、鱼雷罐、混铁车、混铁炉内对铁水进行脱硫处理的工艺，将铁水中的硫脱至炼钢工艺的要求范围之内，再将铁水兑入炼钢炉，进行脱碳、脱磷、脱硅、脱氢、脱氮等工艺的操作。

铁水脱硫是20世纪70年代发展起来的铁水处理工艺技术，现已成为现代钢铁企业优化工艺流程的重要组成部分。铁水脱硫主要的工艺优点如下[3,4]：

（1）铁水中含有大量的硅、碳和锰等还原性元素，在使用各种脱硫剂时，脱硫剂的烧损少、利用率高，有利于脱硫。

（2）铁水中的碳、硅能大大提高铁水中硫的活度系数，改善脱硫的热力学条件，使硫较易脱致较低的水平。

（3）铁水中氧含量较低，提高渣铁中硫的分配系数，有利于脱硫。

（4）铁水处理温度低，使耐火材料及处理装置的寿命比较长。

（5）铁水炉外脱硫过程中铁水成分的变化，比炼钢或钢水炉外处理过程中钢水成分变化对最终钢种成分的影响小。

（6）铁水脱硫的费用低，如在高炉、转炉、炉外精炼装置中脱除 1kg 硫，其费用分别是铁水脱硫的 2.6、16.9 和 6.1 倍。加拿大多米尼翁钢铁公司的经验证明，铁水在高炉后进行处理，高炉内渣碱度可从 1.25 降到 1.06，焦比降低 36kg/t，生产率提高 13%，成本降低 0.6 美元/吨。有研究成果介绍，铁水硅含量为 0.6%，若用于炼钢时钢中硫含量要求 0.018%，在铁水炉外脱硫中可把硫含量从 0.025% 降到 0.017%，钢渣碱度可从 4.0 降到 3.0，石灰加入量相应减少 20kg/t 钢，渣量减少 25kg/t 钢。

这项工艺技术的投用，对钢铁制造流程起到了巨大的优化改善作用，主要体现在以下几个方面：

（1）炼铁对铁矿石原料中硫含量的要求降低。

（2）通过铁水预脱硫，可以放宽对高炉铁水硫含量的限制，减轻高炉脱硫负担，降低焦比，提高产量。

（3）炼钢工序的脱硫生产成本得以大幅度降低。

（4）炼钢操作难度降低，低硫钢种的生产工艺得到了简化。

（5）采用低硫铁水炼钢，可减少渣量和提高金属收得率。

（6）铁水预处理脱硫与炼钢炉和炉外精炼脱硫相结合，可以实现深脱硫，为冶炼超低硫钢创造条件，满足用户对钢材品质不断提高的要求，有效提高钢铁生产流程的综合经济效益。

5.1.1　铁水脱硫工艺方法

铁水预脱硫的方法很多[4-6]，主要有投掷法（将脱硫剂投入铁水中）、喷吹法（将脱硫剂喷入铁水中）和搅拌法（KR 法）。投掷法、喷吹法和 KR 法三种铁水预脱硫方法指标比较见表 5-1。

表 5-1　投掷法、喷吹法和 KR 法三种铁水预脱硫方法指标比较

工艺方法	投掷工艺	喷吹工艺	KR 工艺
脱硫率/%	60~70	90~95	85~95
脱硫剂种类	苏打粉	钝化镁+石灰	高铝渣粉+混合粉
脱硫剂消耗/kg·t⁻¹	8~15	0.5~3	10~15
脱硫后最低硫含量/%	0.015	0.001	0.001
铁耗/kg·t⁻¹	30	10~30	15~25
温度损失/℃	30~50	10~25	20~50
脱硫成本	—	10~18	8~15
投资成本	低	一般	较高

常见的脱硫剂成分及其优缺点见表5-2。

表5-2　常见的脱硫剂成分及其优缺点

脱硫剂	优　　点	缺　　点
苏打或碳酸钠	价格便宜，且无需使用昂贵的设备	1. 脱硫过程是吸热过程。 2. 硅酸钠渣对各种耐火材料具有强腐蚀作用。 3. 脱硫后渣流动性好，扒渣困难。 4. 脱硫效率低。 5. 污染环境
石灰/煅烧石灰	价格便宜，来源广泛	1. 脱硫速度慢，易产生固态反应物及固体产品。 2. 需使用精细粒度（约50μm）的石灰。 3. 渣量大，铁损高。
碳化钙	1. 价格便宜，易于获得。 2. 铁水温度高时，脱硫效率很高	1. 碳化钙的运输必须保存在惰性气体内。 2. 需使用防爆仪器，投资高。 3. 铁水温度低时脱硫效果差。 4. 渣量大，铁损高。
钝化镁	1. 脱硫能力强、耗量少。 2. 渣量少、铁损低。 3. 温降低	1. 高温时，镁的蒸气压力很高，脱硫效率低。 2. 要求喷入铁水包的深度大。 3. 价格高。 4. 脱硫过程中喷溅大，铁损较大
复合脱硫粉	1. 脱硫能力较强、耗量少。 2. 脱硫渣组成稳定、扒渣过程造成的铁损低。 3. 温降低	1. 深脱硫的能力较喷吹钝化镁的能力低。 2. 脱硫需要的温度条件有限制

目前，脱硫预处理容器多用混铁车和铁水包。混铁车预脱硫处理具有动力学缺陷，受工艺制约，物流匹配难度大，在铁水运输、存放、兑铁过程有回硫现象。而铁水包脱硫所具有的灵活性，使其成为目前铁水脱硫的主要方法。铁水包脱硫主要有喷吹法和机械搅拌法（KR）两种主流脱硫工艺。

两种脱硫工艺的特点比较和评价：

（1）KR法脱硫工艺因具有极好的脱硫动力条件而脱硫率高（90%以上），且重现性和稳定性好。喷吹法因其机理（由于喷吹角度的限制及脱硫剂不能下沉等原因，脱硫剂始终到不了一部分区域）而带来的铁水动力条件差、回硫现象普遍、脱硫剂耗量高等缺陷，重现性和稳定性也不如KR法。

（2）KR法的脱硫剂，在铁水硅含量大于0.6%以上，采用小于3mm的CaO颗粒及大于5mm的萤石粒，不但价格低廉且在料仓中储存不必采取封闭、充氮的保护和防爆措施，消防安全措施可以简化。而喷吹法采用的脱硫剂是粉状料，需要一套气送系统和压力罐储存及喷吹系统。如采用镁粉、电石粉等危险品，则在储存和运输过程中需有相当的投资来保证达到消防安全措施，在管理上也增加不少费用。因此，KR法的操作成本要低于喷吹法。

（3）KR法设备较喷吹法设备重量大且较复杂，带来的一次性投资费用要高于喷吹法，但操作费用的低廉所产生的经济效益完全可弥补。根据有关推算，一般3~5年即可追回所增加的投资。

（4）KR法较喷吹法存在铁水温降较大、搅拌桨更换比喷枪复杂、有时需脱硫前扒渣等不足，但也是在工艺允许的范围内。二者的工艺比较见表5-3。

表5-3　喷吹法和KR法的工艺比较

项目	喷粉脱硫		KR脱硫	
脱硫方式		将脱硫剂喷入铁水内部		机械式搅拌
脱硫剂消耗 处理时间 （钢种：0.004%S）	8k/t 14min		4k/t 10min	
脱硫剂形状	粉粒（0.15mm） （制粉过程损耗很大）		颗粒（≤7mm）	
铁水喷溅损失	严重		没有	
金属损失	24%		5%	
铁水温降	30℃		20℃	

据2018年的统计，目前国内各大钢企采用KR脱硫工艺装备占多数。已有的喷吹钝化镁和钝化石灰的铁水脱硫工艺正在逐渐淡出，或者寻求改造。

5.1.2　铁水脱硫理论基础

硫是活泼的非金属元素之一，并且在纯铁液及钢液中又是表面活性物质，在炼铁和炼钢温度下能够和很多金属元素和非金属元素结合，形成气态、固态或者液态化合物，使得脱硫的形式多样化。

要理解脱硫，首先必须明确硫在铁液和炉渣中的存在形式、能够发生的化学反应以及能够将硫转化为从铁液中去除的物质，这一点很重要。

5.1.2.1　硫在铁液和渣相中的存在形式

目前，对硫在铁液中的存在形式尚有争论，有人认为是FeS或硫原子，也有人认为是S以气体的形式存在于钢液中，还有人认为一部分是S以离子形式存在于钢液中，一部分以 FeS 的形式存在于钢液[7]。关于硫在炉渣中的存在形式[8]，分子理论认为是以 CaS、MnS、FeS 等化合物存在，离子理论认为硫主要是以 −2 价的硫离子存在于碱性炉渣之中，也有的以硫酸根离子存在。现在的学者通过研究已经证明，硫在炉渣中的具体存在形式与体系的氧分压有关。体系的氧分压远远低于 0.1Pa 时，硫以 S^{2-} 存在；体系的氧分压大于 10Pa 时，硫主要以 SO_4^{2-} 存在。在酸性渣中硫的存在形式应为 S^{2-} 或复杂的阴离子团。

不论是哪一种理论，目前比较认可的是认为硫在金属液中存在三种形式，即 [FeS]、[S] 和 S^{2-}。而 FeS 既溶于钢液，也溶于熔渣。

铁水脱硫的基本原理是：把溶解于铁液中的硫转变为在铁液中不溶解的相，并使之进入渣中或经熔渣再向气相逸出。碱性渣与铁液之间的脱硫反应的离子方程式为[10]：

$$[S] + (O^{2-}) = (S^{2-}) + [O] \qquad \Delta G^{\ominus} = 71956 - 38T$$

铁水中的脱硫反应是还原过程，$[S]+2e = S^{2-}$；生成 S^{2-} 再与适当的金属阳离子结合。Ca^{2+} 与 S^{2-} 的结合最牢固，它可以溶于渣中，也可以钙的化合物形式存在。生成 S^{2-} 的电子多是由 O^{2-} 提供，脱硫过程可写成：

$$[S] + O^{2-} = S^{2-} + [O]$$

如果 O^{2-} 是由氧化钙提供，则反应式为：

$$[S] + CaO = CaS + [O]$$

在酸性渣中几乎没有自由 O^{2-}，因此酸性渣脱硫作用很小。而碱性渣液中则具有自由 O^{2-}，可以说，脱硫的过程一般伴随着脱氧反应。按照化学反应平衡移动的基本原理可知，要保持以上反应的持续进行，必须把铁液中的氧活度用强脱氧剂降下来，反应才会向生成硫化物的方向进行，如没有脱氧剂将氧从铁水中除去，脱硫反应会被阻碍。必须满足的条件为：必须有还原剂存在，能给出电子；必须有能和硫结合也能生成硫化物的物质，结合后能转入铁液以外的新相。

根据以上的原理可知，向铁液加入脱氧剂，如 Si、Mg、Al、C，能够推动脱硫反应的进行；而加入的脱氧剂对脱硫化学反应的作用，也就是脱硫能力，取决于所生成的硫化物的稳定性和所用脱氧剂的还原能力。

铁水中由于 Si、C 和 Mn 含量高，氧含量低，具有很好的脱硫热力学条件，有利于脱硫反应的进行；同时铁水温度较低，也适于炉外进行脱硫预处理。

5.1.2.2 Si、C 的脱硫反应

铁液中的硅含量较高时，加入石灰脱硫，能够进行的反应如下[10-13]：

$$Si(s) + O_2(g) = SiO_2(s)$$
$$\Delta G^{\ominus} = -907100 + 175.73T \quad J/mol$$
$$[S] + CaO(l) = CaS(s) + [O]$$
$$\Delta G^{\ominus} = 109916 - 31.03T \quad J/mol$$

$$CaO(s) \Longrightarrow CaO(l)$$
$$\Delta G^{\ominus} = 79500 - 24.69T \quad J/mol$$
$$SiO_2(s) + 2CaO(s) \Longrightarrow 2CaO \cdot SiO_2(s)$$
$$\Delta G^{\ominus} = -118800 + 11.30T \quad J/mol$$
$$2CaO + S + 1/2[Si] \Longrightarrow 1/2(2CaO \cdot SiO_2)(s) + CaS(s)$$
$$\Delta G^{\ominus} = -323534 + 37.795T \quad J/mol$$

热力学计算表明，Si 的氧化容易进行，如上式的反应在 1340℃ 左右的铁水处理温度下，其热力学计算的自由能仍是较大的负值，反应可以自发进行；生成热力学稳定性高的硅酸二钙，Si 成为脱氧剂；由熔体的 Si 含量来控制氧活度。

当 Si 含量较低时，脱硫能力有所降低，平衡 S 含量不宜忽略。实际上 SiO_2 与 CaO 可生成 $3CaO \cdot SiO_2$ 或 $2CaO \cdot SiO_2$，这就降低了 Si 的活度，并使得氧的活度降低；此外，生成的 CaS 和硅酸盐产物会在粉粒外表生成一层外壳，固相扩散会阻碍硅酸盐的生成并影响脱硫。为此稀释脱硫反应渣，使用萤石（Al_2O_3、氟化物等）化渣，也是促进脱硫反应的必要条件。

用含石灰石的脱硫剂，也因为二氧化碳是氧化剂，可以与 Si 发生反应，有推动脱硫反应的作用，反应式和热力学数据如下：

$$C + 1/2O_2(g) \Longrightarrow (CO)(g) \qquad \Delta G^{\ominus} = -114350 - 85.74T \quad J/mol$$
$$S + CaO(s) + C \Longrightarrow CaS(s) + CO(g) \qquad \Delta G^{\ominus} = 75066 - 141.46T \quad J/mol$$

如上式的反应在 1340℃ 左右的铁水处理温度下，其热力学计算的自由能值为 -153109J，反应可以自发进行；这也表明 C 的氧化作用对石灰的脱硫是有益的，它促使了脱硫反应的进行。这一过程中，C 起脱氧作用。

由以上论述可知，铁水中 Si 含量较高时，应考虑 Si 在 CaO 基脱硫剂脱硫时的脱氧作用。同时解决脱硫形成的高熔点 $2CaO \cdot SiO_2$、$3CaO \cdot SiO_2$ 物质，也是重要的元素。

以上的反应也说明，铁水硅含量较高，铁水脱硫，可以忽略向铁水中加入脱氧剂 Al、Si 等，但是加入促进 $2CaO \cdot SiO_2$、$3CaO \cdot SiO_2$ 溶解的氟化物、Al_2O_3、氯化物和能够降解 $2CaO \cdot SiO_2$、$3CaO \cdot SiO_2$ 的物质对脱硫反应很重要。

5.1.2.3 Mg 的脱硫反应

镁是唯一的脱硫剂时，镁以蒸气或在铁水中溶质的形式参加的反应为[14,15]：

$$Mg(g) + [S] \Longrightarrow MgS(s) \qquad \Delta G^{\ominus} = -427367 + 180.67T$$
$$[Mg] + [S] \Longrightarrow MgS(s) \qquad \Delta G^{\ominus} = -308700 + 91.75T$$

纯镁金属喷吹工艺容易回硫，其原因是铁液中存在以下的反应：

$$MgS(s) + [O] \Longrightarrow MgO(s) + [S] \qquad \Delta G^{\ominus} = -186550.6 + 27.53T$$

在有石灰存在时发生以下反应：

$$MgS + CaO \Longrightarrow CaS + MgO \qquad \Delta G^{\ominus} = -100910 + 8.22T$$

在 1250~1450℃下，$\Delta G^{\ominus}$ 远远小于零，说明在喷吹 Mg+CaO 脱硫剂的情况下由于 CaO 的存在，MgS 不稳定，它会与 CaO 反应生成 MgO 与 CaS，即脱硫的最终产物是 MgO 与 CaS。整个过程的脱硫反应如下：

$$Mg(g) + [S] + CaO(s) = CaS(s) + MgO(s) \qquad \Delta G^{\ominus} = -505590 + 177.84T$$

按照相关条件计算，脱硫反应无论镁是以气体形式参与，还是以铁水中溶质的形式参与，在 1340℃时，有氧化钙参与的反应，其反应自由能比没有氧化钙参与的自由能的负值大，这表明热力学条件反应的可能性大，说明石灰参与了脱硫过程。当镁进入铁水中时，蒸发产生气泡，提供了用某些固体料喷射时不可能得到的动力学条件，既增加了反应剂的面积，又增加了铁水的搅拌。从以上的综合情况分析可知，Mg 事实上为氧化反应，其反应的热力学数据如下：

$$Mg + 1/2O_2(g) = MgO(s) \qquad \Delta G^{\ominus} = -600900 + 107.57T \quad J/mol \quad （A）$$

$$Mg + 1/2S_2(g) = MgS(s) \qquad \Delta G^{\ominus} = -539700 + 193.05T \quad J/mol \quad （B）$$

按照式（A）、式（B）计算，1340℃时反应（A）的自由能比反应（B）的自由能的负值大，这表明热力学条件反应（A）的可能性大于反应（B），Mg 的氧化反应在热力学上优先于脱硫反应，对脱氧反应有利；脱硫的最终产物应该是生成硫化钙和氧化镁，这一点在脱硫渣的渣相分析结果得到了证实。

5.1.2.4 Al 的脱硫反应

当脱硫剂中含 Al 时，Al 的脱氧作用与 Mg、Si 类似，能够发生的反应如下：

$$2Al + 3/2O_2(g) = Al_2O_3(s)$$
$$\Delta G^{\ominus} = -1687200 + 326.81T \quad J/mol$$
$$Al_2O_3(s) + CaO(s) = CaO \cdot Al_2O_3(s)$$
$$\Delta G^{\ominus} = -18000 + 18.83T \quad J/mol$$
$$4CaO(s) + 3S + 2Al = CaO \cdot Al_2O_3(s) + 3CaS(s)$$
$$\Delta G^{\ominus} = -1136952 + 178.48T \quad J/mol$$

计算 1340℃时反应的自由能，表明热力学条件对 Al 的氧化反应是有利的，脱硫的最终产物应该生成硫化钙和铝酸钙。

5.1.2.5 铁水脱硫结束后硫化物的存在形式

徐国涛、杜鹤桂、周有预等东北大学和武钢专家的脱氧作用的实验验证结果如下[17]：

（1）Ca 系脱硫剂有 Si、C 脱氧的产物。CaO 系脱硫剂理论上的脱硫产物为 CaS，从脱硫渣的物相电镜分析的显微结构结果表明：单独存在的 CaS 很少，CaS 多和 CaO、SiO_2、FeO、Al_2O_3 共生；如脱硫产物组成（原子比）为：O 47.5%；Al 2.9%；Si 1.4%；S 1.3%；Ca 26.1%；Fe 20.8%。

以上结果证明：

1）CaO 参与脱硫时，铁水中的 Si、C 将其中的 [O] 夺取，Ca^{2+} 才有可能与

S 生成硫化物夹杂上浮。脱硫产物 CaS 多和 CaO、SiO_2 共生，证明 Si 是参与氧化反应的。

2) 碳化钙脱硫剂的利用率高，其中 C 的夺 [O] 能力强，Ca^{2+} 容易产生，与 S 反应生成 CaS，CaS 与 CaO、SiO_2 共生物中 S 含量高，成渣为硅酸三钙，易于上浮；其脱硫能力强。

(2) 含 Mg 脱硫剂反应后的产物。通过脱硫渣的显微结构得知，不同组成的 Mg 基脱硫剂的脱硫产物大致相同，但其渣组成有所不同，有以下特点[18]：

1) Mg 基脱硫剂的脱硫产物仍然为 CaS，且主要和 CaO、SiO_2、MgO 共生，同时存在含 Mn、Fe 的 Mg 固溶体，脱硫渣的矿物组成为硅酸二钙（2CaO·SiO_2），组成（质量分数）为：MgO 27.26%、CaO 3.62%、Fe_2O_3 69.12%；Mg、Fe 氧化物固溶范围很大；存在有发育较好的柱状镁橄榄石，大致组成为 $Ca_4MgSi_3O_{11}$。

2) 在 Mg 基脱硫剂脱硫后的渣中，发现存在有铝酸一钙（CaO·Al_2O_3）。这表明铝是参与了脱氧反应的。

3) 镁起的脱氧作用很好，反应也完全，但其周围含硫的脱硫产物却不多。这表明过高的镁含量并不一定能对复合的 Mg 基脱硫剂起到有效的脱硫作用。

1999 年炼铁国际会议报道的脱硫剂使用 90% 氧化钙，10% Al；脱硫剂用量吨铁 4.0 ~ 8.0kg/t；初始硫含量 0.032%；终点硫含量 0.015%；温度 1480 ~ 1505℃；渣的碱度 1.14 ~ 1.29；脱硫率大于 85%。虽然脱硫后终点硫含量还不是 0.005% 以下的较低值，但这表明，Al 作为辅助的脱氧剂对促使脱硫反应的进行是有益的。

综上所述，铁水脱硫工艺过程中，有以下的共性结论：

(1) 热力学分析表明，在氧化钙系、碳化钙系脱硫剂中 Si、C 均参与了脱氧反应，从而促进了脱硫反应的进行。

(2) 镁基脱硫剂与镁单独脱硫的机理不一样，镁与石灰复合后，Mg 主要起脱氧作用，石灰决定着脱硫反应，说明石灰复合金属镁脱硫，反应机理优于镁的单独脱硫反应。

(3) Al 与氧化钙复合后的脱硫剂，从热力学看对脱硫反应有利，Al 起脱氧作用。

(4) 脱硫实验后的脱硫渣组成分析表明，氧化钙系、碳化钙系脱硫剂的脱硫渣单独存在的 CaS 较少，CaS 多与 SiO_2 共生；渣中主要矿物为硅酸二钙或硅酸三钙。镁基脱硫剂脱硫产物仍为 CaS，且多与 CaO、SiO_2、MgO 共生；Mg 多以含 Mn、Fe 的固溶体形式存在；不同组成的镁基脱硫剂脱硫渣中分别存在 CaO·Al_2O_3、2CaO·SiO_2；这也验证了 Mg、Al 是起脱氧作用的热力学分析结果。

(5) 铁液脱硫是将铁液中的硫转化为硫化物，从铁液中排除的过程。从化学反应平衡移动的角度来讲，降低生成物浓度，有利于化学反应的进一步进行。脱硫反应的产物硫化钙与 $12CaO \cdot 7Al_2O_3$ 结合，以 $11CaO \cdot CaS \cdot 7Al_2O_3$ 的形式存在。所以从化学反应的角度来讲，铝灰中的金属铝、氧化铝和大修渣中的成分，均是生产脱硫剂的原料。

5.2 铁水脱硫剂

5.2.1 铁水脱硫剂主原料

铁水脱硫的基本原理与炼钢钢水脱硫原理相同，即使用与硫的亲和力比铁与硫的亲和力大的元素或化合物，将硫化铁转变为更稳定的、极少溶解或完全不溶于铁液的硫化物；同时，创造良好的动力学条件，加速铁水中硫向反应地区的扩散和扩大脱硫剂与铁水之间的反应面积。铁水脱硫剂主要有石灰（CaO）基脱硫剂、苏打（Na_2CO_3）脱硫剂、电石（CaC_2）基脱硫剂和镁（Mg）基脱硫剂[17-21]，以及铝渣灰脱硫剂，也就是本书的重点内容。

从各种脱硫剂的脱硫热力学研究得出，在1350℃时的脱硫反应平衡常数从大到小依次为：$CaC_2 \rightarrow Na_2O \rightarrow Mg \rightarrow CaO$。它们可以单独使用，复合其他成分的材料后，脱硫的效果更好。这是针对石灰、苏打灰、电石、钝化镁而言的。实际上，从2007年开始，铝渣灰脱硫剂，无论是脱硫效果还是性价比，都占有明显的优势。

5.2.1.1 苏打灰

苏打灰是最早应用于钢铁工业的脱硫剂。其主要成分为 Na_2CO_3，铁水中加入苏打灰后，发生以下3个化学反应[22-25]：

（1）在铁水接触后首先会发生分解反应：

$$Na_2CO_3 \longrightarrow Na_2O + CO_2$$

（2）生成的氧化钠再与硫反应。当铁水含硅高时，脱硫反应为：

$$3(Na_2O) + 2[S] + [Si] \longrightarrow 2(Na_2S) + (Na_2SiO_3)$$

（3）铁水硅含量较低的时候，脱硫反应为：

$$(Na_2O) + [S] + [C] \longrightarrow (Na_2S) + \{CO\}$$

用苏打灰脱硫，工艺和设备简单，其缺点是脱硫过程中产生的渣对铁水包的耐火材料侵蚀严重，产生的烟尘污染环境，对人有害，目前很少使用。

5.2.1.2 石灰粉

石灰粉的主要成分为 CaO，当铁水硅含量在0.05%（质量分数）以上时，脱硫反应为：

$$4(CaO) + 2[S] + [Si] \longrightarrow 2(CaS) + (Ca_2SiO_4)$$

当铁水硅含量很低时，脱硫反应为：

$$(CaO) + [S] + [C] \longrightarrow (CaS) + \{CO\}$$

根据理论计算，1350℃时，铁水的平衡硫含量为 0.37%。因脱硫产物中有高熔点（2130℃）的硅酸二钙，它在石灰粒表面形成很薄而致密的一层，阻碍了脱硫反应的继续进行，从而降低了氧化钙的脱硫效率和脱硫速度。

石灰价格便宜、使用安全，但在石灰粉颗粒表面易形成 $2CaO \cdot SiO_2$ 致密层，限制了脱硫反应进行。因此，石灰耗用量大，生成的渣量大，铁损大，铁水温降也较多。另外，石灰还有易吸潮变质的缺点，石灰粉由于粒度小，受潮变质的速度比石灰块更快。

5.2.1.3　电石粉

电石粉的主要成分为 CaC_2，电石粉脱硫的反应式如下：

$$CaC_2 + [S] = (CaS)(s) + 2[C]$$

用电石粉脱硫，铁水温度高时脱硫效率高，铁水温度低于 1300℃时脱硫效率很低。另外，处理后的渣量大，且渣中含有未反应尽的电石颗粒，遇水易产生乙炔（C_2H_2）气体，故对脱硫渣的处理要求严格。在脱硫过程中也容易析出石墨碳污染环境。电石粉易吸潮生成乙炔（乙炔是可燃气体且易发生爆炸），所以电石粉需要以惰性气体密封保存和运输。

5.2.1.4　钝化金属镁

镁为碱土金属，相对原子质量为 24.305，密度为 $1.738 g/cm^3$；熔点为 651℃；沸点为 1107℃。当金属镁与硫结合生成 MgS 后，其熔点为 2000℃，密度为 $2.8 g/cm^3$。如与氧结合生成 MgO 后，其熔点为 2800℃，密度为 $3.07 \sim 3.20 g/cm^3$。二者均为高熔点、低密度稳定化合物。

镁通过喷枪喷入铁水中，镁在高温下发生液化、气化并溶于铁水[19]：

$$Mg(s) \rightarrow Mg(l) \rightarrow \{Mg\} \rightarrow [Mg]$$

Mg 与 S 的相互反应存在两种情况：

第一种情况：　　　　$\{Mg\} + [S] = MgS(s)$

第二种情况：　　　　　$\{Mg\} \longrightarrow [Mg]$

$$[Mg] + [S] = MgS(s)$$

在高温下，镁和硫有很强的亲和力，溶于铁水中的 [Mg] 和 $\{Mg\}$ 都能与铁水中的 [S] 迅速反应生成固态的 MgS，上浮进入渣中。

在第一种情况下，在金属-镁蒸气泡界面，镁蒸气与铁水中的硫反应生成固态 MgS，这只能去除铁水中3%~8%的硫。

在第二种情况下，溶解于铁水中的镁与硫反应生成固态 MgS，这是主要的脱硫反应，最为合理。在这种情况下，保证了镁与硫的反应不仅仅局限在镁剂导入区域或喷吹区域内进行，而是在铁水包整个范围内进行，这对铁水脱硫是十分有利的。

镁在铁水中的溶解度取决于铁水温度和镁的蒸气压。镁的溶解度随着压力的增加而增大，随铁水温度的上升而大幅度降低。为了获得高脱硫效率，必须保证镁蒸气泡在铁水中完全溶解，避免未溶解完的镁蒸气逸入大气造成损失。促进镁蒸气大量溶解于铁水中的措施是：铁水温度低；加大喷枪插入铁水液面以下的深度，提高镁蒸气压力，延长镁蒸气泡与铁水接触时间。

金属镁活性很高，极易氧化，是易燃易爆品，镁粒必须经表面钝化处理后才能安全地运输、储存和使用。钝化处理后，使其镁粒表面形成一层非活性的保护膜。

5.2.1.5 铝灰

文献研究结果给出的结论，揭示了铝灰脱硫的过程原理如下[20]：

（1）加入铝灰后，Al 参与脱硫反应占主导作用，反应吉布斯自由能大大降低从而促进脱硫反应进行。加入铝灰后，铝灰中的 Al_2O_3 和 CaO 结合生成钙铝酸盐，反应产物按照如下路径变化：$Al_2O_3 \rightarrow CA_6(CaAl_{12}O_{19}) \rightarrow CA_2(CaAl_4O_7) \rightarrow CA(CaAl_2O_4) \rightarrow C_3A(Ca_3Al_2O_6)$，依次生成转变。加入铝灰后，可生成低熔点铝酸钙并且减少高熔点硅酸钙的生成量。

（2）对采用铝灰复合脱硫剂后的脱硫渣微观形貌进行分析表明，铝灰+石灰的脱硫反应在固体石灰颗粒表面进行，反应生成钙铝酸盐可减少硅酸钙的生成量，从而促进脱硫反应的进行。

铝灰脱硫的原理，与前面的原理介绍一致，工艺过程优于传统的电石和萤石的效果。

5.2.2 铁水脱硫预处理常用添加剂

在实际生产工艺中，仅靠某一种主原料是很难实现铁水经济化、高效化脱硫的工艺目的的，而是依靠两种以上的原料来实现铁水脱硫。铁水脱硫剂生产的常见添加原料，也叫作促进剂。

5.2.2.1 金属铝颗粒或铝粉

脱硫前向铁水中加入铝或在脱硫剂中掺入 5%~10% 的 Al 粉，则脱硫时在石灰颗粒表面生成钙铝酸盐 $3CaO \cdot Al_2O_3$ 和 $12CaO \cdot 7Al_2O_3$，而阻止了不溶解硫的 $2CaO \cdot SiO_2$ 包壳的形成。由于钙铝酸盐稳定性比钙硅酸盐大，其熔点又低得多（$3CaO \cdot Al_2O_3$ 熔点为 1535℃，$12CaO \cdot 7Al_2O_3$ 熔点为 1415℃），则这种低熔点的反应产物层具有很大的溶解硫的能力，有利于硫通过此反应产物层而向 CaO 内部扩散，从而提高了 CaO 的脱硫速度和脱硫效率。因此，用 CaO 脱硫时，铁水中（或脱硫剂中）加入少量的 Al 粉能显著地提高 CaO 的脱硫效率和脱硫速度，容易得到低硫铁水，而且操作稳定可靠，但 Al 粉或者铝粒价格昂贵，加入一定数量 Al 粉，势必增加脱硫成本。

5.2.2.2 CaF$_2$ 颗粒料

CaF$_2$ 本身没有脱硫能力，但是 CaF$_2$ 在脱硫过程中可以起到类似于催化剂的作用，功能类似于铝粉的助熔作用，加入炉渣中可使脱硫速率显著提高。其作用机理主要是：熔渣中 O^{2-} 的含量取决于连网组元（SiO$_2$、Al$_2$O$_3$ 等）与破网组元（CaO、MgO 等）的相对含量。CaF$_2$ 是离子晶体，CaF$_2$ 的加入，使渣中 F$^-$ 增加，氟离子可以破坏硅酸盐赖以结合的化学键，为钢渣提供少量 O^{2-}，促进脱硫。反应式如下：

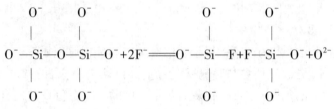

此外，萤石中的 Ca^{2+} 能与 S^{2-} 形成弱离子对（Ca^{2+} + S^{2-} ══ CaS），有利于提高钢渣间硫的分配系数 L_S。

随着脱硫反应的进行，钢渣界面将有固态的 CaS 固体形成，而 CaS 固体的存在，阻止了脱硫产物向渣相扩散，使液相量减少，阻碍反应的进行。渣中加入 CaF$_2$ 能显著降低渣的熔点和黏度，改善动力学条件，使硫容易向 CaO 等破网组元固相扩散，有利于 CaS 固体的破坏，使钢渣的液相量增加，改善了脱硫条件。但当渣中 CaF$_2$ 含量达到足以阻止 CaS 固体形成时，继续增加 CaF$_2$，而 CaF$_2$ 含量过高时，会造成渣中参与反应的 CaO 浓度降低，不利于脱硫。随着 CaF$_2$ 的增加，脱硫速率和脱硫率都大大提高。渣中（CaF$_2$）<9%时，随着 CaF$_2$ 含量的增加，L_S 增大；（CaF）= 9%时，L_S 达到最大值；（CaF$_2$）>9%时，L_S 减小。熔渣中的 O^{2-} 多，脱硫反应则向右进行。

5.2.2.3 Al$_2$O$_3$ 粉末

为了提高氧化钙的脱硫效率和脱硫速度，可在脱硫剂中加入适量的氧化铝粉末。铁水中加氧化铝后，能够降低石灰表面形成的 2CaO·SiO$_2$ 等高熔点物质的熔点，形成低熔点的物质，有利于脱硫反应的进行。也就是说，渣中 Al$_2$O$_3$ 除影响熔渣的物化性能外，主要的作用是成渣时形成铝酸盐，可增加炉渣硫容量 C_S，提高脱硫效率。KR 脱硫剂是以铝粒、氧化铝粉为主要添加剂。

5.2.2.4 碳酸盐颗粒或粉末（CaCO$_3$ 或 MgCO$_3$）

在喷粉进行铁水炉外脱硫时，为了提高脱硫剂利用率，加入 10% 左右的 CaCO$_3$ 或 MgCO$_3$ 等，对脱硫效果有促进作用。CaCO$_3$、MgCO$_3$ 在高温下发生分解反应：

$$CaCO_3(s) ══ CaO(s) + CO_2(g)$$

$$MgCO_3(s) ══ MgO(s) + CO_2(g)$$

这时产生大量的 CO_2 气体，能使运载气体的气泡破裂，释放出被封闭在这些气泡中的脱硫剂，同时还能强烈地搅拌熔池，促进硫的扩散，因而提高了金属镁或 CaC_2 的反应率。据实践证明，加入 $CaCO_3$ 后可使 CaC_2 的反应率提高约1倍，其用量可减少一半，这就有效地降低了脱硫费用。此外，$CaCO_3$ 分解时形成的细小而多孔的活性 CaO，也有很强的脱硫能力。

5.2.2.5 含碳材料

无论是用掺入 $CaCO_3$ 的 CaC_2 脱硫剂脱硫，还是采用石灰、苏打灰脱硫，碳酸盐分解生成的 CO_2 在高温下是氧化性，会使 CaC_2 氧化而降低脱硫效果。若在此脱硫剂中再添加炭粉，则在碳存在时，会进行下列反应：

$$CO_2(g) + C(s) = 2CO(g)$$

从而使反应界面保持在还原性气氛，防止 CaC_2 氧化，有利于脱硫反应进行。据统计，加碳量（质量分数）10%时，可提高 CaC_2 的反应率约6.7%，而且减少了它的波动，可使脱硫命中率达到95%左右。

5.2.3 复合铁水脱硫剂及其应用

5.2.3.1 CaC_2 基脱硫剂的特点和应用

动力学研究表明，CaC_2 脱硫反应速度的限制性环节是 CaC_2 颗粒和铁水界面的铁水一侧界面层硫的扩散速度，因而要加入促进剂。

常用促进剂有 $CaCO_3$ 和 $MgCO_3$，还有炭粉。促进剂在铁水中分解，生成大量 CO_2 气泡，一方面搅动铁水，加快硫的扩散，另一方面 CO_2 气泡冲破载气（N_2）气泡，释放出携带的大量 CaC_2 粉末，从而提高了 CaC_2 的利用率。实验表明，加入10%碳，可提高 CaC_2 的利用率6.7%，使脱硫命中率达95%左右。法国某公司采用该类脱硫剂，用量3kg/t，终点 [S]<0.010%，脱硫率 η_s>75%。采用 $CaC_2$60%+CaO20%+C5%脱硫剂，用量2.55kg/t，终点 [S] 达0.0069%，脱硫率大于80%，处理时间15~40min。我国四川某钢企采用 $CaC_2$50%~55%+CaO30%~45%+$CaF_2$4%~10%+焦炭1%~5%，原始硫0.078%左右，脱硫率大于70%，也属该类。

CaC_2+干煤粉+Mg 脱硫剂是 CaC_2 基脱硫剂的另一种复合形式。德国发明的钙镁混合脱硫法，其脱硫剂组成为：$CaC_2$66%~86%+干煤粉（挥发分不小于15%）+细镁粉10%~30%，可以获得很好的脱硫效果。CaC_2、Mg 作为复合脱硫剂的基本组成，应用最为广泛。CaC_2 和 Mg 粉可单独顺序使用，也可混合使用。美国 LTV 公司在 [S]≥0.045%和 [S]≤0.007%时采用 CaC_2，在其间采用 Mg 粉。

5.2.3.2 镁基脱硫剂的特点与应用

镁具有较强的脱硫能力，但镁的熔点和沸点较低（651℃和1107℃），加入铁水中生成镁气泡对铁水起到搅拌作用，脱硫速度很快。另外，镁在铁水中有一定溶解度可防止回硫。但镁的蒸气压大（1350℃时 0~63MPa），加入铁水中时会发生爆炸式反应造成喷溅，同时还价格高、成本高。因而，一般应加入一定的添加物，常用添加物有 Al_2O_3、CaO、CaF_2 等，将 Mg 制成含 Mg10%~90% 的混合物，以克服上述不利因素，又充分发挥其脱硫速度快、效果好的优势，同时提高镁的利用率。

镁脱硫剂加入 20%Al，可使 Mg 的蒸发降至 23%/min，增加铝含量可进一步降低 Mg 的蒸发速度，其达到最大蒸发速度的温度也会显著提高，从而提高安全性。

北美地区镁基脱硫剂基本上采用 Mg+CaC_2（或 CaO），其中 Mg 10%~90%。喷入方法有联合顺序喷入和混合喷入。联合顺序喷入一般有两支喷枪，最多三支喷枪，每支喷枪喷入一种脱硫剂。如一支喷 CaC_2+CaO 混合粉，一支喷 Mg 粉。德国 Alexander Rhombeng 等指出，欧洲和北美目前主要采用 CaC_2（或 CaO）+Mg 脱硫剂。在 CaC_2 用量 2.0kg/t 和 Mg 用量 0.1kg/t，CaO 用量 1.5kg/t 和 Mg 用量 0.4kg/t 时，喷吹时间大约需 10min，铁水温降 10℃左右，铁损 9kg/t 左右，脱硫效果很好。

镁基脱硫剂的另一复合形式是 Mg+焙烧白云石。俄罗斯伊利奇·乌里乌波尔钢铁公司用该脱硫粉剂制成镁芯丝加入铁水，在镁单耗 0.61~0.75kg/t 时，脱硫率稳定在 60%~68%，终点硫达 0.01% 的占 90%，其中达 0.003% 的占 20%。采用表面钝化镁颗粒，即采用 Na、K 等氯化盐对镁颗粒外部进行钝化包衣处理。乌克兰亚速钢厂在喷吹镁粉的同时，加入白云石、石灰使用效果很好，镁利用率提高了 25%~40%。

5.2.3.3　CaO 基脱硫剂的特点与应用

在 1350℃时，CaO 脱硫反应的平衡常数为 6.489，平衡时铁水中硫含量为 0.0037%，脱硫能力比 CaC_2、Na_2CO_3 和 Mg 弱。但由于资源丰富、价格便宜、安全、无污染和对耐火材料侵蚀较轻仍受到一定的关注。与石灰一起使用的有高铝渣粉或者萤石颗粒。

CaO 熔点较高（1870℃），在铁水温度下为固态，影响脱硫速度，所以常需加入 CaF_2。CaF_2 加入量为 10%~25%，继续增加脱硫速度和脱硫率变化不大（CaF_2 本身无脱硫能力）。加入 CaF_2 后使脱硫剂降低熔点变为液态，另 F^- 对 CaO 表面致密脱硫层有破坏作用，促进了脱硫。

加铝提高 CaO 脱硫效率的原因与加萤石类似，加铝和氧化铝后，使 CaO 颗粒表面形成的 $2CaO \cdot SiO_2$ 致密层（S>0.08% 时）变为 $3CaO \cdot Al_2O_3$ 或 $12CaO \cdot 7Al_2O_3$，其熔点较低（分别为 1535℃和 1415℃），使铁水中的 [S] 扩散至 CaO 比较容易，从而促进了脱硫速度。日本做过实验，加铝后脱硫率提高 30%。韦尔顿钢铁公司在喷吹石灰+镁脱硫剂前，喷吹铝混合剂（铝+石灰+萤石等），脱硫效果明显。美国钢铁公司加里厂在喷吹石灰+镁脱硫剂前，加入23kg/t铝条可以减少所需镁量。用石灰脱硫时加入铝可促进脱硫的另一原因是铝是强脱氧剂，加铝后硫的活度提高。

CaO脱硫率低、脱硫速度慢，发达国家逐渐减少单独使用。我国对CaO基脱硫剂研究较多，一方面侧重于添加剂，另一方面侧重于石灰活性。东北大学与鞍钢第三炼钢厂对活性度的研究表明，活性石灰的脱硫率不小于90%，而普通石灰脱硫率小于70%。活性石灰用量增加，脱硫率增加，用量从6kg/t增至10.5kg/t，脱硫率从80%增至93%~96%。东北大学与宝钢对粗晶粒石灰石加食盐煅烧制得的石灰对脱硫的影响进行了实验，比不加食盐煅烧的石灰活性度高，脱硫率平均提高23.92%。经研究认为，活性石灰中$CaO_{(n)}$结构数量增加，加食盐煅烧后石灰颗粒较大的缺陷多，比表面积大。钢铁研究总院对添加物进行了研究，对添加$CaCl_2$、$CaCO_3$、天然碱进行了对比。在脱硫剂用量1%的情况下，吹炼8min，加天然碱的脱硫率最高（73%），加$CaCl_2$的为63%，加$CaCO_3$的为44%。用量为1.5%时，加天然碱的脱硫率为87%。天然碱的主要成分为Na_2CO_3 82%、Na_2SO_4 5%、SiO_2 3.2%。由于Na_2CO_3脱硫能力高于CaO、$CaCl_2$和$CaCO_3$，所以加入天然碱后脱硫率较高。

Na_2CO_3有很强的脱硫能力，1350℃时脱硫反应平衡常数与CaC_2相当。由于在1250℃以上易挥发形成白色浓雾，脱硫产物Na_2S会被空气氧化成SO_2和Na_2O，Na_2O被还原生成Na蒸气在空气中燃烧又形成大量烟雾，造成污染、堵塞管道，加剧侵蚀。Na_2CO_3分解吸热量大，生成的Na_2O进入渣中使渣变稀，不易扒渣，所以Na_2CO_3已不单独作为脱硫剂使用。目前基本以CaC_2、Mg和CaO基脱硫剂为主，发展的趋势是Mg+CaC_2（或CaO）复合脱硫剂。

5.3 钠冶金原理

最早的钢铁工业中，广泛应用于钢铁工业的是钠冶金技术。钠冶金技术最常应用的是苏打灰，即碳酸钠。苏打灰能对铁水进行同时脱磷脱硫，在低氧位下或极低氧位下能脱磷，是因为它本身是强氧化剂；也能够助熔，效果明显。以下就苏打灰在脱硫脱磷工艺中的应用原理[21-29]做介绍，主要目的是说明电解铝危废中的钠盐、钾盐、锂盐等对铁水脱硫的有益作用。

5.3.1 苏打灰脱硫原理

5.3.1.1 苏打灰脱硫反应

苏打灰熔点1118K(845℃)，在铁水温度下通常先发生分解反应，生成流动性很好的熔渣。其分解反应为：

$$Na_2CO_3(l) = Na_2O + CO_2 \qquad \Delta G^{\ominus} = 74060 - 30.33T$$

分解反应生成的 Na_2O 再与铁水中 [S] 起反应，生成 Na_2S。

$$[S] + Na_2O \Longrightarrow Na_2S(1) + [O] \qquad \Delta G^{\ominus} = -2970 - 6.89T$$

从上式可看出，苏打灰的脱硫反应也和 CaO 脱硫反应一样，产生游离的 [O]，因此，铁水中存在降低氧浓度的组元，都有利于苏打灰脱硫。

5.3.1.2　影响苏打灰脱硫的因素

影响苏打灰脱硫的因素主要有金属相成分、渣相成分和反应温度。

（1）铁水中硅含量对苏打灰脱硫的影响。铁水中的硅能降低氧活度 $a_{[O]}$，有利于脱硫反应的进行。

铁水中 [Si] 对苏打灰脱硫反应的影响，可分为硅含量高（Si>0.2%）和硅含量低（Si<0.2%）两种情况进行分析。当铁水中 [Si]>0.2%时，只能发生以下的脱硅、脱硫反应，而几乎不发生脱磷反应。

$$[Si] + [S] + Na_2CO_3 \Longrightarrow (Na_2S) + (SiO_2)(s) + CO$$
$$\Delta G^{\ominus} = -32260 - 3.17T$$

铁水中的硅与苏打灰反应，能够按照以下的反应产生游离碳：

$$[Si] + Na_2CO_3 \Longrightarrow Na_2O \cdot SiO_2 + C$$

反应析出的碳，有利于降低脱硫反应过程中氧的活度，从而有利于脱硫反应的进行，能够进行的脱硫反应如下：

$$[Si] + 2[S] + 2Na_2O \Longrightarrow 2(Na_2S)(1) + (SiO_2)(s)$$
$$[Si] + 2[S] + 3Na_2O \Longrightarrow 2(Na_2S)(1) + (Na_2O \cdot SiO_2)(1)$$
$$\Delta G^{\ominus} = -95510 + 15.33T$$

以上反应结合生成的微小渣粒 $Na_2O \cdot P_2O_5$，从铁水中上浮溶解于渣中。

（2）铁水中碳含量对苏打灰脱硫的影响。当铁水中硅含量低时，[Si] 对苏打灰脱硫的影响，需要和 [C] 的影响结合起来分析。

当铁水中 [Si] 非常少，甚至其含量很低时，苏打灰也能脱硫。主要原因是铁液中的 [C] 代替 [Si]，起降低 [O] 活度的作用，其反应为：

$$2[C] + [S] + Na_2CO_3 \Longrightarrow Na_2S + 3CO \qquad \Delta G^{\ominus} = 102253 - 78.2T$$
$$[C] + [S] + Na_2O(1) \Longrightarrow Na_2S(1) + CO \qquad \Delta G^{\ominus} = -8320 - 16.37T$$

因此，当铁水中 [Si]<0.2%时，喷吹苏打灰可同时脱硅、脱磷和脱硫。也就是说，要达到喷吹苏打灰能同时脱磷、脱硫的目的，铁水应进行预脱硅处理。铁水中 [C] 和 [Si] 对苏打灰脱磷、脱硫反应的影响，可概括于表 5-4 中。

表 5-4　铁水中 [C] 和 [Si] 对苏打灰脱磷、脱硫反应的影响

铁水中组元	铁水脱磷	铁水脱硫
C	降低 Na_2CO_3 脱磷效率	降低铁水 [O] 活度，利于脱硫
Si	降低 Na_2CO_3 脱磷效率	降低铁水 [O] 活度，利于脱硫

（3）熔渣碱度对苏打灰脱硫的影响。在苏打灰脱硫反应的同时，有脱磷、脱钒、脱铌反应发生时，必须将 SiO_2、P_2O_5、NbO_2 等作为酸性氧化物来考虑。这时的熔渣碱度可表示为 $B = Na_2O/(SiO_2 + P_2O_5 + V_2O_5 + NbO_2)$。工业试验表明，硫在渣铁间的分配系数 $L_S = (S)/[S]$ 与碱度之间有明显的关系，如图 5-1 所示。硫的分配系数随炉渣碱度的提高而增加。

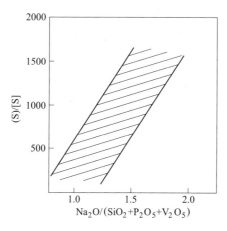

图 5-1 炉渣碱度对 (S)/[S] 的影响

当铁水预脱硅后，铁水硅含量很低时，Na_2O 的脱硫反应可写为下式：

$$[C] + [S] + Na_2O(l) = Na_2S(l) + CO \qquad \Delta G^{\ominus} = -8320 - 16.37T$$

$$\log K = 1819/T + 3.58$$

假定铁水成分为：C 4.0%，Si 0.6%，Mn 0.5%，P 0.2%，S 0.04%。$p_{CO} = 0.1MPa$，$a_{Na_2S} = 1.0$，$a_{Na_2O} = 1.0$，可以得知，$t_{[S]} = 2.72$，$f_{[C]} = 3.78$，可以计算得到，在上述条件下铁液中平衡硫含量为 4.85×10^{-7}。计算结果表明，苏打灰是强脱硫剂，比 CaO 的脱硫能力强。

5.3.1.3 苏打灰的加入方法和脱硫效率

在高温下，苏打灰与铁水接触，将分解为 Na_2O 和 Na，成为气态物质蒸发，其化学反应如下：

$$Na_2CO_3 = Na_2O + CO_2$$

$$Na_2O + C = 2Na + CO$$

因此，苏打灰的加入方法不同，脱硫效率也不同。

试验和生产实践表明，在苏打灰消耗量相同的条件下，喷吹法的脱硫效率高于铁水顶部加入法。主要原因是顶部加入法脱硫只有一种渣金间反应，即熔渣中的 Na_2O 与金属中的 [S] 反应，生成 Na_2S；喷吹法不仅有强烈的搅拌，而且有两种反应方式，即熔渣中的 Na_2O 与金属中 [S] 之间的渣金反应和喷入金属中的 Na_2O 与金属中 [S] 之间的粉金反应。

像苏打灰这样的与铁水接触而分解蒸发的物质，喷吹法能显著提高它的脱硫效率。这是因为喷吹法增加了苏打灰和铁水之间的反应界面积，苏打灰在铁水中上浮的过程中继续反应，减少了易挥发物质的蒸发损失。

苏打灰脱硫工艺中，硫分配系数 L_S 随炉渣氧位的降低而增加，磷分配系数 L_P 随炉渣氧位的增加而增加。在一定的炉渣氧分压下，苏打灰系熔渣有很强的脱磷脱硫能力。实践表明，炉渣氧分压位于 $10^{-10} \sim 10^{-5} \mathrm{Pa}$ 范围内，既对脱磷有利，也对脱硫有利。其中，氧势对脱硫脱磷的影响如图 5-2 所示。

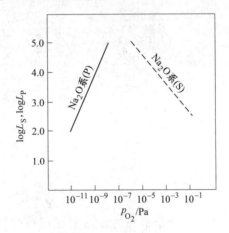

图 5-2　炉渣氧分压对苏打灰脱硫脱磷的影响

5.3.1.4　苏打灰预处理铁水对铁水温度的影响

按照将热平衡理论计算和实测数据结合起来，可知，Na_2CO_3 分解吸热，1kg 苏打灰使 1t 铁水温度降低 6.8℃，但是脱磷反应是放热反应，脱硅反应也是放热反应，对铁水的温度降低，其结果按照具体的情况分析，大多数情况下是因处理时间的推移而造成的热损失。例如，日本住友金属鹿岛钢厂列出了苏打灰预处理铁水的降温经验式为：

$$\Delta T = 6.8 W_{Na_2CO_3} + 0.45(t - 20) - 27.4 \times \Delta[\mathrm{P}] - 36.8 \times \Delta[\mathrm{Si}] + 13.4$$

式中，ΔT 为铁水降低的温度；6.8 为 1kg 苏打灰使每吨铁水降低 6.8℃；$W_{Na_2CO_3}$ 为苏打灰加入量；t 为预处理时间，min；27.4 为 1kg[P] 使每吨铁水温度提高 27.4℃；36.8 为 1kg[Si] 使每吨铁水温度提高 36.8℃。

以上是经验公式，有的数据只适用于当时条件，条件不同应做修改。

5.3.2　苏打灰脱磷原理

苏打灰系炉渣的磷的分配系数，比石灰系炉渣高很多，石灰系炉渣的脱磷要求渣中的氧化铁在 14% ~ 30%，苏打灰系炉渣 TFe<1% 的条件下就能够达到，Na_2O 与 P_2O_5 的结合，强于 CaO 与 P_2O_5 的结合，即使在低氧位下，苏打灰也能

稳定地存在于渣中，并且在苏打灰系的炉渣中，在脱磷脱硫的过程，铁水中的 [Mn] 很少氧化，苏打灰系炉渣对铁水几乎不脱碳。

5.3.2.1 苏打灰脱磷反应式和热力学分析

苏打灰脱磷反应可写为下式：

$$4[P] + 5Na_2CO_3 = 5Na_2O + 2(P_2O_5) \qquad \Delta G^{\ominus} = 37540 + 24.18T$$

从上式可看出，苏打灰（碳酸钠）是强脱磷剂和强氧化剂。

标准自由能为 $\Delta G^{\ominus} = \Delta G + RT\ln K$，反应平衡常数 $K = (a_{Na_2O}^5 a_{P_2O_5}^2)/(a_{Na_2CO_3}^5 a_P^4)$，则铁水用苏打灰脱磷的 ΔG 为：

$$\Delta G = 42640 + 12.35T + 1.83T\log a_{P_2O_5}$$

金属相组成（主要是铁水碳含量）、渣相组成和温度对苏打灰脱磷有影响。

当铁水中碳活度大时，将产生下列反应：

$$[C] + Na_2CO_3 = (Na_2O) + 2CO \qquad \Delta G^{\ominus} = 109666 - 62.04T$$

$$[C] + Na_2O = 2Na + CO \qquad \Delta G^{\ominus} = 102830 - 75.7T$$

$$(P_2O_5) + 5[C] = 5CO + 2[P] \qquad \Delta G^{\ominus} = 33560 - 38.11T$$

铁水中的碳影响苏打灰脱磷。其中铁水含有的碳，能够还原苏打灰，其中一部分以 Na 蒸气蒸发，降低苏打灰利用率，并且铁水中 [C] 能够还原渣中 (P_2O_5)，直接造成铁水回磷。铁水采用苏打灰脱磷，温度高不利于苏打灰脱磷。

未脱氧低碳钢水碳含量低于铁水碳含量，即使在高温下用苏打灰脱磷，也可能取得较好的效果。这是因为

上述反应中碳酸钠被碳还原造成的苏打灰蒸发损失几乎不发生，回磷反应也几乎不发生，脱磷反应容易进行。

5.3.2.2 铁水中 [Si] 对苏打灰脱磷的影响

碳酸钠能够与铁水中的硅发生以下反应：

$$Si + Na_2CO_3 = Na_2O + SiO_2 + C$$

$$SiO_2 + Na_2O = SiO_2 \cdot Na_2O$$

$$Si + Na_2CO_3 = SiO_2 \cdot Na_2O + C$$

当铁水硅含量高时，铁水中的 [Si] 或熔渣中的 SiO_2 优先与苏打灰反应，使熔渣碱度降低，与磷反应的有效苏打灰减少。

实验室试验表明，当铁水中 [Si]<0.2% 时，脱磷反应能够迅速进行。当铁水中 [Si]>0.2% 时，脱磷效率立刻恶化。因此，只有当铁水中 [Si]<0.2% 时，才能收到较好的脱磷效果。为了收到较好的脱磷效果，铁水在用苏打灰脱磷以前，应进行预脱硅。

在用苏打灰预处理铁水的过程中，[Si]、[Mn]、[P]、[S] 的变化如图 5-3 所示。

试验结果表明，脱硅、脱磷和脱硫反应几乎同时进行。锰的氧化反应几乎未

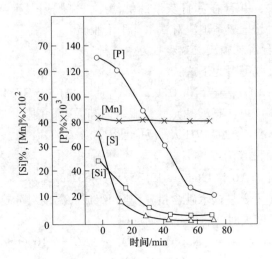

图 5-3 铁水预处理过程中的成分变化

进行，因为渣中氧位非常低，MnO 是碱性氧化物，对 Na₂O 无直接影响。

5.3.2.3 铁水温度对苏打灰脱磷的影响

根据实践和试验数据，铁水温度对碳酸钠脱磷有明显的影响，主要原因是铁水碳含量比较高，随温度的升高，熔渣中 Na₂O 减少，使脱磷率降低。1300℃时苏打灰脱磷率为 80%~85%，1500℃时降到 20% 以下。温度对碳酸钠脱硫脱磷的影响如图 5-4 所示。

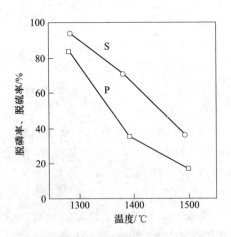

图 5-4 温度对碳酸钠脱硫脱磷的影响

大量的试验表明，未脱氧的低碳钢水在 1650℃高温下仍有很好的脱磷效率。这是因为未脱氧低碳钢水只具备高温条件，而无高碳的条件。高温、高碳共存，是降低苏打灰脱磷率的原因。

5.4 铝灰中各种物质对铁水脱硫的有益作用

5.4.1 氟化物和钠盐

炼钢工序使用萤石化渣，是一种采用数十年的工艺。炼钢过程中的温度高于铁水的温度，炼钢工艺条件下，氟化钙发生的反应如下：

$$CaF_2 + H_2O \longrightarrow CaO + 2HF$$
$$4HF + SiO_2 \longrightarrow SiF_4 \uparrow + 2H_2O$$
$$2CaF_2 + SiO_2 \longrightarrow SiF_4 \uparrow + 2CaO$$

离子反应的方程式表示为：$F^- + Si^{4+} \longrightarrow SiF_4 \uparrow$

其中，H_2O 来源于炼钢原料所含的水分，或者萤石本身所含的水分。

铝灰中所含盐类的熔点低于氟化钙，按照冶金物理化学反应的热力学数据可知，在铁水脱硫工序，电解铝危废加入铁液（钢水或者铁水内）的主要反应如下：

$$2Na_3AlF_6 + 6[O] \longrightarrow 3Na_2O + Al_2O_3 + 12[F^-]$$
$$2NaF + [O] \longrightarrow Na_2O + 2[F^-]$$
$$[F^-] + [Si^{4+}] \longrightarrow SiF_4 \uparrow$$
$$F^- + Mg^{2+} \longrightarrow MgF_2$$
$$3Na_2O + 2[P] + 5(FeO) = 3Na_2O \cdot P_2O_5 + 5Fe \quad \Delta G^{\ominus} = -323180 + 94.4T$$
$$Na_2O + C = 2Na + CO \quad \Delta G^{\ominus} = 102830 - 75.7T$$
$$Na_2O + [S] = Na_2S + [O] \quad \Delta G^{\ominus} = -2970 - 6.89T$$
$$Na_2O + [S] + [C] = Na_2S + CO \quad \Delta G^{\ominus} = -8320 - 16.37T$$

电解铝危废中的钠盐，除了脱硫脱磷，还能够降低炉渣的熔点，在转炉是化渣剂的添加成分。向 CaO 中加入 1% 的某种物质，能够降低 CaO 的熔点，其中降低熔点的范围见表 5-5[31]。

表 5-5 CaO 中加入 1% 某种物质降低熔点的范围

项目	Al_2O_3	SiO_2	FeO	Fe_2O_3	CaF_2	MgO	Na_2O
降低熔点/℃	16.7	17.1	20	11	11	7.15	10
适用范围/%	<50	<38	<60	<40	<20	<20	<20

在铁水脱硫成渣过程中，氟化物在炉渣中能够发生的反应如下：

$$2Na_3AlF_6 + 6(O) \longrightarrow 3Na_2O + Al_2O_3 + 12F^-$$
$$2NaF + (O) \longrightarrow Na_2O + 2F^-$$
$$F^- + Si^{4+} \longrightarrow SiF_4 \uparrow$$
$$F^- + Mg^{2+} \longrightarrow MgF_2$$

在陈家祥主编的《炼钢常用图表数据手册》给出的数据:"冰晶石的主要成分 Na_3AlF_6,摩尔质量 210g/mol,炉渣的稀释剂,电解铝时的溶剂,熔点为 1100℃;氟化钠,熔点992℃,沸点1704℃;氯化钠,熔点801℃,沸点1465℃;氯化镁,熔点714℃,沸点1418℃;氯化钙,熔点782℃,沸点1900℃。"可以肯定,在炼钢铁水和钢水的温度条件下(适合脱硫的铁水温度 1250~1400℃,钢水温度 1536~1750℃),铝灰中的盐类和冰晶石,全部能够发生分解反应,参与各种冶金反应,然后成为钢铁生成过程中的炉渣,并且它们的化合物熔点低,能够帮助炉渣形成良好的流动性,有助于冶金过程中物理化学的反应进行。常见氟化物和氯化物的性质见表5-6[31]。

表5-6　常见氟化物和氯化物的性质

项目	分子量	分子中氟/氯的质量分数	熔点/℃	沸点/℃
CaF_2	78.08	48.66	1418	2457
KF	58.1	52.7	860	1502
AlF_3	84	67.87	1040	1537
MgF_2	62.3	60.99	1263	2260
$CaCl_2$	119.06	46.94	782	1900
NaCl	58.44	60.67	801	1465
KCl	74.5	47.5	775	1407
$MgCl_2$	95.21	74.47	714	1418
SiF_4	104.1	73.02	<0	<0
NaF	41.99	45.25	992	1704

在铁水脱硫工序中,铝灰含有的氟化物和钠盐所起的作用无疑是有益的。

5.4.2　金属铝和氮化物

在铁液脱硫的冶金物理化学反应过程中,脱硫反应是和脱氧反应紧密相连的。脱氧反应促进脱硫反应,反之亦然。金属铝的脱氧原理前面已有介绍。除此之外,AlN 也是一种钢水脱氧剂,在铁液中的脱氧反应式如下:

$$3(FeO) + 2AlN \longrightarrow Al_2O_3 + 3[Fe] + N_2 \qquad \Delta G^{\ominus} = -206858 - 110.6T$$

$$3(MnO) + 2AlN \longrightarrow Al_2O_3 + 3[Mn] + N_2 \qquad \Delta G^{\ominus} = 185095 - 167.6T$$

温度为 1600℃时,AlN 的脱氧反应的平衡常数 K 表示为:

$$K = \frac{a_{N_2} a_{Al_2O_3} a_{[Fe]}^3}{a_{(FeO)}^3 a_{AlN}^2}$$

氮化铝在铁水脱硫过程中起到积极的作用。其中,反应的副产物 N_2 能够逸出铁液,或者溶解在铁液中,在转炉炼钢工序脱碳反应产生的 CO 气泡逸出时,将溶解在铁液中的氮带出去除。

5.5 大修渣和炭渣中各种物质对脱硫的有益作用

5.5.1 石墨和无定形碳

碳是一种非金属元素，位于元素周期表的第二周期ⅣA族。石墨是元素碳的一种同素异形体。无定形碳又称为过渡态碳，是碳的同素异形体中的一大类。无定形碳指那些石墨化晶化程度很低，近似非晶形态（或无固定形状和周期性的结构规律）的碳材料，如炭黑等。

石墨和无定形碳，在炼钢生产中，是常用的增碳剂和脱氧剂。

5.5.2 金属铝、石英和氧化铝

金属铝是钢水脱氧的原材料。

SiO_2是炼钢生产中的常见物质，也是炼钢原料中的常见组分，由于其在大修渣中含量很低，所以大修渣被利用时，几乎可以忽略。

Al_2O_3的作用在前面已有介绍，是炼钢过程中不可或缺的原料。

5.5.3 硫化铁和硅酸铁

硫化铁的相对分子量87.02，分子中硫的质量分数36.7%，密度$4.84g/cm^3$，熔点1193℃，在大修渣中的含量仅为0.62%。在炼钢的温度下，硫化铁首先分解，然后铁被还原进入钢液，硫再次反应，生成硫化钙或硫化镁，稳定地存在于炉渣中，也有部分硫进入钢液。但是大修渣中的硫含量低，基本上可以忽略其带来的负面作用。硫化铁在炉渣中和在钢液中的主要反应如下：

$$(FeS) + (CaO) + (C) \longrightarrow [Fe] + (CaS) + \{CO\}$$

$$2(FeS) + 2(CaO) + (Si) \longrightarrow 2[Fe] + 2(CaS) + (SiO_2)$$

$$3(FeS) + 3(CaO) + (Al) \longrightarrow 3[Fe] + 3(CaS) + (Al_2O_3)$$

$$[FeS] + [CaO] + [C] \longrightarrow [Fe] + (CaS) + \{CO\}$$

$$2[FeS] + 2[CaO] + [Si] \longrightarrow 2[Fe] + 2(CaS) + (SiO_2)$$

$$3(FeS) + 3(CaO) + (Al) \longrightarrow 3[Fe] + 3(CaS) + (Al_2O_3)$$

硅酸铁的熔点960℃，在炼钢的条件下发生以下化学反应：

$$(FeSiO_4) + 2(C) + 2CaO \longrightarrow [Fe] + 2(CaO \cdot SiO_2) + 2\{CO\}$$

$$(FeSiO_4) + (Si) + (CaO) \longrightarrow [Fe] + (nCaO \cdot mSiO_2)$$

$$(FeSiO_4) + (Al) + (CaO) \longrightarrow [Fe] + (nCaO \cdot mSiO_2) + (xCaO \cdot yAl_2O_3)$$

以上的反应，铁被还原进入钢液，二氧化硅则进入炉渣。硅酸铁是一种发泡剂的材料，鉴于其含量很少，难以对铁水脱硫和炼钢产生影响。

5.5.4　卤化物

大修渣中的卤化物主要是冰晶石、氟化钠和氟化钙，它们在炼钢过程中的作用前面的章节已有描述。氯化物含量很少，陈家祥的《炼钢常用图表数据手册》中含 $CaCl_2$ 碱性渣液的性质见表 5-7[28]。

表 5-7　含 $CaCl_2$ 碱性渣液的性质

成分/%						液相温度/℃
CaO	SiO_2	MgO	Al_2O_3	CaF_2	$CaCl_2$	
49.1	21.8	17.3	5.3	5.3	1.6	1480
48.4	21.6	14.9	5.4	5.4	3.2	1360
47.8	21.4	15.3	5.7	5.7	3.5	1290

依据奥斯特所著的《钢冶金学》[29]与陈家祥的数据图册可知，氯化物在钢液中的反应如下：

$$NaCl \longrightarrow Na^+ + Cl^-$$
$$Na^+ + [O]^{2-} \longrightarrow Na_2O$$
$$Cl^- + MgO \longrightarrow MgCl + (O)$$
$$2Cl^- + CaO \longrightarrow CaCl_2 + (O)$$

氯化物在冶金工艺过程中，是具有降低炉渣熔点、有助于铁液脱硫脱磷的重要物质。由于氯化物的价格和冶金用的成本问题，且氯化物容易吸潮，应用后分解有产生 Cl_2 侵蚀设备的潜在风险，没有规模化应用。少量的氯化物在铁水脱硫和转炉造渣工艺过程中，是有益的组分。

5.6　脱硫渣的扒渣、捞渣

脱硫渣中的硫，主要物相为 CaS 和 MgS。如果不将脱硫渣扒出，在转炉炼钢条件下硫化物分解，硫会重新进入铁液，造成回硫。造成熔池回硫的机理如下[32]：

$$MgS + [O] == MgO + [S] \qquad \Delta G^{\ominus} = -177162 + 48.01T \quad J/mol$$
$$CaS + [O] == CaO + [S] \qquad \Delta G^{\ominus} = 109034 + 29.33T \quad J/mol$$

回硫反应的热力学参数为：

反应方程式	1550℃时平衡常数 K
MgS+[O]===MgO+[S]	365
CaS+[O]===CaO+[S]	39

5.6.1 脱硫渣的扒渣

铁水包脱硫工艺过程中，铁水包被放置在一个能够倾翻的铁水脱硫车上。铁水包倾翻车的示意图如图 5-5 所示。

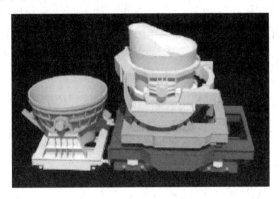

图 5-5 铁水包倾翻车

铁水包脱硫工艺结束以后，倾翻铁水包，使用扒渣机将脱硫渣扒入脱硫渣渣盆，或者使用捞渣机，将脱硫渣捞入渣盆。铁水扒脱硫渣的示意图如图 5-6 所示。

图 5-6 扒渣的实体照片

5.6.2 脱硫渣的捞渣

由于扒渣过程中，铁水包需要倾翻，并且扒渣过程中铁水随着扒渣进入渣盆的几率较大，所以采用捞渣也是一种铁水包除渣的好方法。

铁水的捞渣采用捞渣机，像一个组合的大勺子，在捞渣时将耙头下降进入铁水中，然后捞渣耙快速旋转 180°，使二者合拢，脱硫渣被装进渣斗中，移动捞渣机到渣罐上方，反方向打开渣斗，使脱硫渣掉入渣罐中。捞渣机在每次捞渣结束后，将捞渣耙浸入水槽冷却，然后浸入渣耙专用涂料槽中，蘸有涂料的渣耙不粘铁渣，并且能提高渣耙使用寿命。由于捞渣耙在铁水包内旋转 180°，捞渣耙的大小可以根据铁水包直径进行设计，因此合适大小的捞渣耙捞渣时会覆盖整个铁水包，捞渣效率高，在铁水包中的脱硫渣残留较少。由于捞渣机运行稳定，捞渣耙穿过渣层后就可以进行捞渣，加上捞渣耙的特殊设计，底面具有一定的倾斜角度，在捞渣时带出的铁水较少，能够有效地降低铁损。捞渣机操作控制方便灵活，既可以在控制室操作，也可以遥控操作，动力系统采用液压驱动。在捞渣过程中，捞渣机大臂前后左右上下的操作比较连贯，运行稳定，操作比较容易。

脱硫的扒渣工艺改造为捞渣工艺后，捞渣机具有效率高、铁损少、布置灵活不用倾翻机构的优势。铁水捞渣的实体照片如图 5-7 所示。

图 5-7　铁水捞渣的实体照片

5.6.3　喷吹脱硫渣扒渣中减少带出金属铁的技术

喷吹脱硫渣的处理一般分为喷水冷却，或者依靠自然降温缓冷以后再翻罐。这两种工艺翻罐以后，渣中的金属铁液凝固，和脱硫渣凝结成为坚固的大块，成为渣山的一部分。所以目前各个钢厂都是从减少扒渣过程中的带铁量，然后使用脱硫渣阻断剂处理扒渣过程中脱硫渣的结块问题，以期望实现脱硫渣的处理简易化。

喷吹脱硫渣多以颗粒状漂浮于铁水表面，难以形成块状烧结态，不利于扒渣。为了减少铁水脱硫以后的扒渣困难、扒渣带铁量较多的问题，使用聚渣剂是一种有效的方法。加入一定量的聚渣剂，即与脱硫渣形成相互润湿的低熔点渣系，从而降低脱硫渣熔点，使得脱硫渣容易扒除[32]。

聚渣剂材料选用的原理主要基于以下几点：

（1）由 1500℃时 $CaO\text{-}Al_2O_3\text{-}SiO_2$ 系等黏度曲线图可知，在 MgO 含量一定的情况下，随着渣系组元中 SiO_2 含量的增加，理论上脱硫渣的黏度升高，有利于脱硫渣的黏结。如果 SiO_2 含量太高，就将使得熔化温度和软化温度增高，在铁水预处理温度范围内脱硫渣难以形成有效黏结相。因此，适当的 SiO_2 含量有助于脱硫渣的聚集。合理配制聚渣剂的化学组成，可以达到既降低脱硫渣的熔点，又能与脱硫渣相互润湿起到聚集的目的。这是脱硫渣聚渣剂使用含有二氧化硅为主要成分的出发点。

（2）原子半径较小的材料，比如 K、Na 能够降低渣系的熔点，所以含有 K、Na 的材料也是配置聚渣剂的辅助材料。

（3）氧化铁能够降低炉渣的熔点，还能够和铁水中的碳反应产生 CO 气泡，促进脱硫渣泡沫化，有利于扒渣。聚渣剂中采用氧化铁，效果也会很好。

（4）萤石也是常用的配置材料。

在铁水脱硫生产中，一种以 SiO_2 和 CaO 渣系为基础，采用 CaO-Al_2O_3-SiO_2-CaF_2-Na_2O 渣系配制试验用的聚渣剂成分见表 5-8。

研制的聚渣剂理化性能：粒度小于 5mm，熔点小于 1150℃，密度 $2.8g/m^3$，成分见表 5-9。

表 5-8　采用 CaO-Al_2O_3-SiO_2-CaF_2-Na_2O 渣系配制试验用的聚渣剂成分　（％）

渣号	SiO_2	CaO	Al_2O_3	CaF_2	Na_2O
1	62.0	0.5	15.0	18.0	0.5
2	14.0	46.0	14.0	9.0	9.0
3	10.0	50.0	10.0	15.0	15.0
4	45.0	5.0	2.0	17.0	19.0
5		50.0	20.0	10.0	10.0

表 5-9　研制的聚渣剂成分　　　　　　　　（％）

CaO+MgO	SiO_2	Al_2O_3	Na_2O+K_2O	FeO	H_2O
<5	50~60	20~30	8~15	<2	<1.5

根据以上成分要求，脱硫渣聚渣剂一般以珍珠岩为主要成分，添加其他的辅助原料制备而成。其中，珍珠岩是一种火山喷发的酸性熔岩，经急剧冷却而成的玻璃质岩石，因其具有珍珠裂隙结构而得名。珍珠岩矿包括珍珠岩、黑曜岩和松脂岩。三者的区别在于珍珠岩具有因冷凝作用形成的圆弧形裂纹，称珍珠岩结构，含水量 2%~6%；松脂岩具有独特的松脂光泽，含水量 6%~10%；黑曜岩具有玻璃光泽与贝壳状断口，含水量一般小于 2%。珍珠岩的成分见表 5-10。

表 5-10　珍珠岩矿石的一般化学成分　　　　（％）

SiO_2	Al_2O_3	Fe_2O_3	CaO	K_2O	Na_2O	MgO	H_2O
68~74	±12	0.5~3.6	0.7~1.0	2~3	4~5	0.3	2.3~6.4

除了珍珠岩，石英砂也是聚渣剂的选用材料之一。

5.7　脱硫渣的组成和特点

5.7.1　喷吹钙基脱硫剂脱硫渣的特点

CaC_2 系脱硫剂含少量 CaO、碳质材料，其自身具有强还原性。CaO 系脱硫剂理论上的脱硫产物为 CaS；钙基脱硫渣的组成主要是 CaS 和 CaO、SiO_2 共生。

5.7.2　喷吹钝化镁脱硫渣的特点

喷吹法脱硫使用苏打等原料，由于前面所述的缺陷，目前已被大多数钢厂淘汰，单喷吹镁颗粒的脱硫工艺目前已经很少。本节主要指喷吹钝化镁和钝化石灰粉脱硫的工艺。

前面讲述到喷吹脱硫的钝化镁主要是还原剂，脱硫的主要产物是硫化钙，也有少量的硫化镁产生。因此，喷吹脱硫工艺渣量少，渣中存在 MgO 和少量的 MgS，部分 MgS 在空气中进一步转化为氧化镁，喷吹脱硫渣主要物相为镁橄榄石，介于 $2MgO \cdot SiO_2$ 和 $MgO \cdot SiO_2$ 之间，其熔点为 1557~1900℃，在铁水预处理温度范围（1280~1350℃）内难以熔化，故炉渣的黏度较大。扒渣过程中难免将铁水扒出铁水包进入渣罐，但是还必须将脱硫渣扒干净，否则会造成铁水兑入转炉以后引起的回硫。尽管有的研究人员认为铁水回硫是脱硫喷枪插入铁水包的深度引起的脱硫反应没有进行的死区造成的，但是扒出脱硫渣是炼钢优化操作的一个必要的工艺，至少可以减少转炉炼钢的渣量，从而优化转炉的冶炼控制。这种炉渣扒出进入渣罐以后，由于渣中含有硫化镁且渣量少，炉渣的黏度要比液态铁液的黏度高 100 倍以上，会将铁水扒入渣罐，加上铁水包内携带的铁水渣，一起进入渣罐，造成脱硫渣不仅具有一定的危险性，而且处理难度很大。

以上的反应结束以后，由于密度不同，脱硫产物上浮达到铁水包的上方，和铁包内原有的铁厂出铁带的高炉渣、没有参与反应的脱硫剂、专门为有利于扒渣加入的聚渣剂一起形成脱硫渣。

表 5-11 为某厂喷吹脱硫渣的成分。

表 5-11　喷吹法脱硫的渣样成分

项目	CaO/%	SiO₂/%	TFe/%	S/%	Al₂O₃/%	CaO/SiO₂
脱硫前	19.9569	29.6797	28.2319	0.5054	4.2456	0.6724
脱硫后	17.06	26.5912	46.1931	2.0995	4.5967	0.6416
脱硫前	7.4563	29.2938	63.0359	0.835	5.784	0.2545
脱硫后	29.2046	19.0532	42.3523	1.9419	3.4135	1.5328
脱硫前	1.7458	35.1628	62.7753	0.5691	5.8227	0.0496
脱硫后	16.6246	30.5477	32.8061	1.2244	3.2517	0.5442
脱硫前	6.4159	32.6277	58.8446	0.5883	6.3642	0.1966
脱硫后	17.6636	24.6608	55.0997	1.4839	4.9205	0.7163

5.7.3 KR 脱硫渣的特点

宏观上讲，脱硫渣就是脱硫剂与铁水中的硫及其相关的脱硫反应的物质相互作用，形成的化合物或者是混合物。加上炼铁渣在出铁过程中进入到鱼雷罐或者铁水包，鱼雷罐在向铁水包倒铁水时，炼铁渣随着铁水进入铁包内，它们和脱硫渣一起，通过扒渣进入渣罐，形成脱硫渣的基本组成。表 5-12 为某厂 KR 脱硫工艺产生铁水渣部分炉次的成分。

表 5-12　某厂 KR 脱硫工艺产生铁水渣部分炉次的成分

CaO/%	SiO$_2$/%	Fe/%	S/%	Al$_2$O$_3$/%	MnO/%	CaO/SiO$_2$
25.127	21.4965	46.8437	1.5836	3.68	0.19	1.16
25.1563	21.4894	46.5468	1.5858	3.6679	0.19	1.17
13.8966	23.9048	58.1525	2.3252	5.7567	0.29	0.58
26.9236	23.347	30.7011	2.2799	1.941	1.52	1.15
17.6636	24.6608	55.0997	1.4839	4.9205	0.41	0.71

此外，为了方便扒渣，向脱硫渣中间加入的聚渣剂，使得脱硫渣能够便于从渣罐中扒出；扒渣过程中，向渣罐加入的脱硫渣阻断剂，防止进入渣罐的铁液相互渗透凝结成为大块，阻断剂也是脱硫渣的组成来源。在铁水脱硫的扒渣过程中，进入渣罐的铁液，凝固以后，也成为脱硫渣的一部分，所以不同的脱硫工艺，脱硫渣的成分各不相同。

宝钢集团公司不锈钢公司的李安东与北京科技大学冶金及生态工程学院的徐峰、徐安军、张茂林、李联生在第十四届全国炼钢学术会议上发布的《KR 铁水脱硫剂的物性研究》一文中，有如下内容的表述：

图 5-8 为铁水预处理后脱硫剂渣样的背散射电子像。图中质地松散、有很多裂纹的圆形是未参加反应的 CaO，占绝大部分面积。显然在处理铁水过程中，它

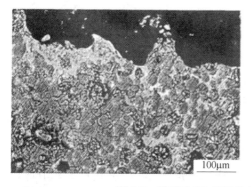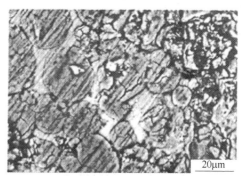

图 5-8　脱硫后 KR 渣样的背散射电子像及局部放大图

们没有熔化，脱硫反应只发生在颗粒的边界上。在这些颗粒之间比较亮的质地致密的物质，是 Ca-Si-Al-O-F 系多元共晶。最亮的部分是脱硫产物 CaS，多数出现在多元共晶的边沿，表明在处理铁水时，含 CaF_2 和 Al_2O_3 的多元熔体能溶解 CaS。

为提高 KR 脱硫渣的资源化利用水平，北京科技大学利用 XRF、XRD、SEM-EDS 对某厂 KR 脱硫渣的矿物学特征进行研究[33]。研究结果表明，采用石灰系脱硫剂的 KR 脱硫渣，渣中的主要矿物相为钙铝硅酸盐相、硅酸钙相以及尖晶石相。钙铝硅酸盐相为连续延伸的不定形状，表面光滑平坦，无孔隙和裂纹；硅酸钙相为无规则形状，且表面较为粗糙，有较多的孔隙和裂纹；尖晶石相尺寸大小不一，形状多呈不规则多边板形，少量为不定形状。当温度高于 1220℃ 时，试验 KR 脱硫渣中的硫会以 SO_2 的形式存在，CaS 约在 1220℃ 时开始析出，$CaSO_4$ 在 1160℃ 时开始析出，约在 1100℃ 时，CaS 和 $CaSO_4$ 的析出量不再随温度的降低而变化，且最终渣中析出 $CaSO_4$ 的较 CaS 高。

为探讨 KR 脱硫渣的脱硫机理，北京科技大学利用现场取脱硫渣，通过炉渣淬火试验，对渣中矿相组成和硫在渣中分布进行研究与分析[34]。研究结果表明，KR 渣主要位于 $CaO\text{-}SiO_2\text{-}CaF_2\text{-}CaS$ 四元系，渣中含有单一的 CaS 相、以 CaO 为主的 $CaO\text{-}CaF_2\text{-}CaS$ 相和以 $CaO\text{-}SiO_2$ 为主的 $CaO\text{-}SiO_2\text{-}CaF_2\text{-}CaS$ 相，且 CaS 相中的硫含量明显高于其他两种矿相。通过统计渣相中 CaS 相的面积分数，并结合炉渣总的硫含量，得出渣相中的硫主要以单一的 CaS 形式存在。

上面的试验结果说明在 KR 铁水脱硫处理过程中，石灰的利用率是很低的，应尽量减小脱硫剂粒度、加入适量的萤石和铝渣、优化脱硫剂成分，以改善脱硫动力学条件，提高脱硫效率和石灰的利用率。但是，过多的熔体对 CaO 的颗粒有黏结作用，可能使颗粒团聚，减小石灰与铁水接触面积，反而不利于脱硫反应进行，这是进行脱硫剂成分设计的时候应该考虑的问题。减少石灰用量，提高氟化物、氧化铝用量，有助于脱硫效果的稳定。

所以从脱硫的原理和脱硫渣的组成来看，铁水脱硫工艺中，还原剂、助熔剂能够优化脱硫工艺，电解铝的铝灰、炭渣、大修渣都有用武之地。

5.8　电解铝危险废物生产脱硫剂工艺技术

5.8.1　电解铝危险废物用于生产 KR 机械搅拌法脱硫剂

5.8.1.1　电解铝危险废物生产 KR 机械搅拌法脱硫剂的理论依据

KR 法脱硫就是将耐火材料制成的搅拌器插入铁水包液面下一定深处，并使之旋转。如图 5-9 所示，当搅拌器旋转时，铁水液面形成 "V" 形旋涡（中心低，四周高），使加入的脱硫剂微粒在桨叶端部区域内由于湍动而分散，并沿着半径方向 "吐出"，然后悬浮，绕轴心旋转和在铁水中上浮。也就是说，借这种机械搅拌作用使脱硫剂卷入铁水中并与之接触、混合、搅动，从而进行脱硫反应。当搅拌器开动时，在液面上看不到脱硫剂，停止搅拌后，所生成的干稠状渣浮到铁水面上，扒渣后即达到脱硫的目的[35,36]。

KR 法脱硫使用的脱硫剂主体是石灰、氧化铝、金属铝、氟化物和碳质材料的混合物，它们与铁水中的硫发生如下的脱硫反应：

$$[C]_{(饱和)} + [O] == CO \qquad \Delta G = 2750 - 82.9T \quad J/mol$$
$$3CaO(s) + 3[S] + 2[Al] == 3CaS + Al_2O_3(s) \quad \Delta G = 291753 + 99T \quad J/mol$$

由于铁水中也存在大量的碳和硅，脱硫反应还可能有以下途径：

$$3CaO(s) + 2[S] + [Si] == 2CaS(s) + CaO \cdot SiO_2(s)$$
$$\Delta G = -2369715 + 73.825T \quad J/mol$$
$$CaO(s) + [S] + C(s) == CaS(s) + CO(g)$$
$$\Delta G = 8324.76 - 67.84T \quad J/mol$$

通过计算可知，在高碳铁液，并且有一定硅含量的铁水中，CaO 具有比较强的脱硫能力。在铁水温度范围内，当脱硫反应达到平衡时，CaO 做脱硫剂都可使铁水含硫量降低到 0.005%以下。但生产实践中却发现，其脱硫能力均达不到理论值，这是因为脱硫反应动力学条件不佳所致。用氧化钙做脱硫剂时，在石灰颗粒表面形成高熔点致密的 $2CaO \cdot SiO_2$（熔点 2130℃）反应层，此反应层阻碍了铁水中的硫进一步向石灰颗粒内部扩散，因而降低了 CaO 的脱硫速度和脱硫效率。分析 CaO 与 Al_2O_3 二元系相图以及以下反应式：

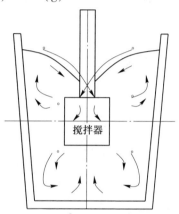

图 5-9　KR 机械搅拌法脱硫工艺
（圆点和箭头代表脱硫剂和铁水的运动方向）

$$3CaO + Al_2O_3 == 3CaO \cdot Al_2O_3 \qquad \Delta G = -12600 - 24.69T \quad J/mol$$

可知，Al 和 CaO 同时加入进行脱硫时，过量的 CaO 与被氧化的 Al 在 1350℃左右会继续发生化合，生成更稳定、熔点更低的钙铝酸盐（如 $3CaO \cdot Al_2O_3$ 熔点为 1535℃，$12CaO \cdot 7Al_2O_3$ 熔点为 1415℃），实际 Al 参与的脱硫反应可以如下：

$$4CaO + 3[S] + 2[Al] == 3CaS(s) + (CaO \cdot Al_2O_3)(s)$$
$$\Delta G = -295953 + 90.77T \quad J/mol$$

比较以上几个脱硫反应式，在铁水温度下上式的自由能负值最大，表明热力学上 Al 和 CaO 共同脱硫时，最优先进行上述反应。此时，石灰颗粒表面生成了钙铝酸盐，因而阻止了不溶解硫的硅酸盐层的形成，而且这些低熔点的反应产物层具有很大溶解硫能力，优化了脱硫的微环境，提高了 CaO 的脱硫速度和脱硫效率，由计算知反应平衡时能将硫降到很低的水平。但这些结果只是基于某些条件下的理论预测，实际中脱硫反应可能离平衡很远，并且脱硫效果的高低取决于动力学条件。

　　KR 搅拌法脱硫的工艺过程中，脱硫剂原料是以石灰为主，添加氟化物和铝灰等。KR 法脱硫过程是多相反应，石灰内部 CaO 穿过 CaS 层向反应界面扩散是过程的控制步骤。在脱硫剂中加入适量的氟化物、钠盐、氯化物均有脱硫的效果，这是脱硫剂生产的主要依据。

　　KR 脱硫工艺常见的脱硫剂有高铝渣粉和混合脱硫粉，其中高铝渣粉配合石灰粉使用，混合脱硫粉就是石灰粉和萤石粉末的混合物。某厂 KR 脱硫剂的成分见表 5-13～表 5-15。

表 5-13　某厂 KR 脱硫剂的成分　　　　　　　　（%）

CaO	CaF_2	SiO_2	S	H_2O	活性度/mL
76~80	7~12	<5	<0.045	<0.5	>300

表 5-14　某厂的 KR 脱硫剂的成分　　　　　　　　（%）

主要指标	CaO	CaF_2	S
	≥80.00	≥7.50	≤0.050
次要指标	SiO_2	MgO	活性度/mL
	≤2.00	≤5.00	≥200.0
	H_2O	粒度/mm	
	≤0.50	≤3，其中 1~3mm 比例不小于 70%	

表 5-15　某厂 KR 脱硫用的高铝渣粉的成分　　　　　（%）

Al	Al_2O_3	SiO_2	C	S+P
45~50	40~50	≤6	≤2	≤1

5.8.1.2　脱硫剂粒度的控制

　　大修渣的粒度只有控制在 0.1~1mm，加入铁水中才能够提高反应速度，满足铁水脱硫的要求。但是 KR 脱硫剂是通过铁水上表面加入的，脱硫工艺除尘设备的风就有可能将粒度较小的脱硫剂抽吸到除尘设备里，造成脱硫剂的浪费。所以，KR 脱硫剂的粒度一般在 0.5~5mm。

　　大修渣首先破碎，磨细到 0.1mm 左右，然后与铝灰、金属铝屑在造粒设备上造球，粒度控制在 3mm 左右，造球中添加效果增强剂。效果增强剂为碳酸钙、碳酸镁、碳酸钠等，其添加量为 3%~8%。

　　对硅含量较高的铁水，石灰配加一次铝灰、二次铝灰、炭渣、大修渣电解质，均是脱硫剂的理想组成。

5.8.1.3 金属铝的调整和搭配

铝灰中含有30%左右的金属铝，一般这些铝以块状存在，经过挑拣以后被回收。这些铝中含有杂质，大多数企业是用于再生。被选铝以后的铝灰中金属铝含量如果较低，为了满足利用的需要，可以考虑以下方式添加产品中的金属铝：

（1）废旧铝的加工。包括铝制的易拉罐、铝皮、铝线、铝制的餐具等，将它们采用切削加工，就能够加工到1mm左右，作为添加剂，能够提高金属铝的收得率。

（2）各种铝合金加工企业的边角料。利用金属铝生产铝型材的企业，比如门窗厂、铝制构件厂等，在加工过程中产生的铝屑是天然的金属铝配加资源，性价比合适。

（3）各种电器生产企业，如铝导线或线缆生产企业，在生产过程中产生的含有金属铝和油污的铝泥，也是生产脱硫剂、脱氧剂的合适原料。实物照片如图5-10~图5-12所示。

图5-10 电解铝铝水拆包　　图5-11 铝型材厂的　　图5-12 铝合金厂的
料球磨后得到的铝粒　　　　　铝屑边角料　　　　　　切削料

5.8.2 电解铝危险废物用于生产喷吹法脱硫剂

喷吹法脱硫，是指将粉状的脱硫剂用喷枪喷入铁液内部（图5-13）。脱硫剂的粒度在气力输送的条件下，要满足：

（1）物料的密度。密度是确定气力输送工艺的重要参数，密度越大，用于输送的能耗越大，在动压输送系统中，就要提高输送气流的速度或减少输送的料量。当然，物料密度越大，越容易从气流中分离并回收。

（2）物料颗粒的形状和大小。颗粒的形状对它在气流中的悬浮速度有较大影响，同一种物料以球形颗粒的悬浮速度最大。多棱角的颗粒物料

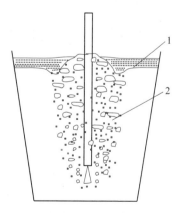

图5-13 喷吹脱硫工艺
1—渣铁反应区；2—脱硫剂进入
铁液的瞬时反应区

摩擦阻力较大，对管道的磨损也严重并容易破碎。

（3）摩擦系数，包括物料与管壁之间的摩擦系数和物料颗粒之间的摩擦系数。摩擦系数越大，管壁的磨损和输送能耗也相应增加。

某厂流化态石灰的要求指标见表 5-16。

表 5-16　某厂流化态石灰的要求指标

主要指标	CaO/%	S/%	堆积角/(°)
	≥90.00	≤0.080	≤41.5
次要指标	灼减/%	粒度/mm	
	≤6.0	≤1，其中≤0.044mm 比例大于 90.0%	

生产脱硫剂的步骤如下：

（1）利用铝灰、炭渣和大修渣生产喷吹脱硫剂，铝灰的粒度经过球磨机可以容易地破碎到 0.1mm 左右，是适合于喷吹的；炭渣和大修渣需要利用球磨机将大修渣加工到 0.1~0.2mm。然后混合均匀，取样分析其中的碳、氧化铝、氟化物的含量。

（2）根据成分搭配铝灰和大修渣的加入量：

1）以钝化石灰粉为主的脱硫剂，铝灰（金属铝含量在 20% 以上的为最佳）的添加量为 8%~12%。

2）氟化物含量占脱硫剂的 2%~5%，效果最好。按照大修渣之间氟化物的比例，添加大修渣即可。

3）大修渣中的碳和其他的物质，均是对脱硫有益的物质，可不考虑。

4）大修渣和铝灰的比例，一般是 1/3 大修渣粉末，2/3 铝灰，二者之和为脱硫剂的 10%。

5.9　铁水脱硫协同电解铝危险废物资源化利用技术应用实例

电解铝危废生产铁水脱硫剂，不仅能够满足炼钢铁水脱硫的工艺需要，对其他工艺生产的铁水脱硫，同样具有显著的脱硫效果，如中频炉、化铁炉生产的铸造铁水的脱硫。

5.9.1　生产铁水脱硫剂

作为生产铁水脱硫剂的原料需要：

（1）在正常铁水的温度范围内，具有脱氧的功能。炭渣中的钠、碳、金属铝、碳化物，以及铝灰中的氮化铝、金属铝等，均有在铁液温度范围内对铁液进行脱氧反应的能力，满足铁水脱氧的要求。电解铝危废中的碳化硅，虽然也是脱氧剂，但是其反应的热力学条件在铁水温度满足不了，所以废弃碳化硅耐火材料不能够作为铁水脱硫剂的原料。

（2）在脱硫过程中，对脱硫反应具有推动作用。这一类材料包括对脱硫剂主原料石灰具有助熔作用的氧化铝、氟化物、钾盐、钠盐。

（3）具有促进脱硫产物形成稳定矿物组成的能力。这一类材料包括氧化铝、钠盐、钾盐等。

所以电解铝危废中，能够生产铁水脱硫剂的主要危废为铝灰、炭渣、废弃电解质、大修渣中的阴极炭块。

对不同温度和成分的铁水脱硫，选择脱硫材料的原则如下：

（1）铁水温度较低时，脱硫剂选用炭渣和铝灰为主原料。通常铁水脱硫剂的组成为石灰、铝灰、炭渣（F>26%），三种原料按照 5∶1∶1 的比例加工。脱硫剂的粒度控制，根据不同的脱硫工艺确定。向铁水包内加入脱硫剂，然后在出铁过程中脱硫的，粒度控制在 20mm 以内；KR 脱硫，粒度控制在 15mm 左右。

（2）铁水温度较高的情况下，脱硫剂选用的范围较广，炭渣、铝灰和废弃阴极炭块粉末均可以使用，同时可以增加促进脱硫反应的碳酸钙等材料。

（3）铁水中 [Si]<0.6% 时，添加炭渣和铝灰中回收的金属铝（小颗粒），和铝灰一起作为脱硫剂使用。

（4）铁水中 [Si]>0.6% 时，采用石灰和铝灰、炭渣为原料生产脱硫剂即可。吨铁的脱硫剂的大致组成为：4kg 石灰+1kg 铝灰+1kg 炭渣。

（5）对喷吹工艺来讲，由于喷吹的工艺条件限制，喷吹以石灰和具有强烈反应的炭渣为材料，吨铁采用 3.5kg 的石灰粉+2kg 的炭渣粉末+0.5kg 的碳酸钙粉末，就能够达到喷吹脱硫的工艺要求。

（6）配加炭渣脱硫，优点是脱硫效果稳定，兼具铁水脱磷；缺点是钠盐产生的烟气量较大。

某企业采用 KR 铁水脱硫工艺，铁水的工艺条件如下：Si 0.85%，Mn 0.45%，C 4.1%，S 0.070%，P 0.045%。

传统的脱硫剂的使用为：石灰 85%+10% 的萤石+5% 碳酸钙，使用电解铝危废替代的方案有以下三种：

（1）石灰+炭渣工艺。吨铁使用 4.5kg（3~10mm）左右的石灰，同时配加吨铁 2kg 的炭渣，效果相当于石灰配加萤石的效果。

（2）石灰+铝灰的工艺。石灰吨铁使用 5kg，同时使用铝灰 1kg，铝灰可造球，球体的直径在 10mm 左右，为了保证反应速度，铝灰造球过程中，加入 10% 的石灰石为骨料，黏结剂采用盐卤（$MgCl_2 \cdot 6H_2O$），黏结剂的用量为造球原料的 5%。

（3）石灰+炭渣+铝灰的工艺。将炭渣 1kg 和铝灰 0.5kg，混合均匀后造球。铁水脱硫时，每吨铁水加入铝灰和炭渣造的球 1.5kg 的同时，加入吨铁 4kg 的石灰，对于铁水进行脱硫。

　　某企业采用 KR 铁水脱硫工艺，铁水的工艺条件如下：Si 0.40%，Mn 0.45%，C 3.8%，S 0.070%，P 0.045%。

　　在铁水硅含量不足的工艺条件下，电解铝危废使用的脱硫剂的工艺方法有两种：

　　（1）石灰吨铁 3.5~5kg，炭渣吨铁 1.5kg，阴极炭块粉末 0.5kg。其中炭渣和阴极炭块磨粉后，添加分散剂碳酸钙造球后使用。

　　（2）石灰吨铁 3.5~5kg，使用吨铁 1kg 的高铝渣粉。其中，高铝渣粉中金属铝含量大于 35%，氧化铝含量大于 40%，可以添加氟化物和碳酸盐。

　　某企业采用喷吹脱硫，铁水的工艺条件如下：Si 0.50%，Mn 0.60%，C 4.02%，S 0.075%，P 0.045%。

　　原有的铁水脱硫为钝化石灰 5kg+1kg 的钝化镁，利用电解铝危废生产脱硫剂的工艺如下：

　　（1）石灰采用 4kg 的钝化石灰，电解铝炭渣磨粉，达到气力输送的粒度要求，其中炭渣中保证 F+Na 的含量大于 50%。

　　（2）喷吹工艺的特点是动力学条件弱于 KR 工艺，故选用炭渣的工艺，考虑了碱金属的通用特点和炭渣中的组分特点。即钠盐进入铁液后的反应，有助于增加喷吹的脱硫效果。

5.9.2　生产铸铁脱硫剂

　　铸造企业采用中频炉熔化生铁为主原料生产铁水、浇铸铸件，其铁水的成分：Si 0.35%，Mn 0.55%，C 3.8%，S 0.080%，P 0.055%。

　　要求铸件的硫含量在 0.030% 以下，按照电解铝危废为主原料生产脱硫剂的工艺如下：

　　（1）以炭渣和石灰为主原料（吨铁 3kg 石灰+4kg 炭渣），粒度控制在 10mm 左右，在中频炉冶炼前加入炉底，在化料过程中，炭渣中的钠和氟、金属铝，结合石灰能够脱除 30% 左右炉料中的硫。

　　（2）中频炉冶炼结束除渣操作，然后在出铁过程中，随着铁水加入吨铁 5kg 石灰+1kg 铝灰对铁水脱硫，此过程的脱硫率在 40% 左右。

　　以上两种工艺，能够实现铁水脱硫 60% 以上，满足冶炼的要求。炭渣在出铁过程中加入冒烟现象严重，故不在出铁工艺环节使用。

5.9.3　生产铁水保温剂

　　在铁水上表面加入铁水保温剂，减少铁水裸露造成的热辐射。铁水保温剂使用时，在铁水表面要求如下：

（1）加入后迅速铺展，覆盖在铁液表面。

（2）覆盖剂与铁水接触的部分，要容易形成三层结构，即形成液相层、烧结层、原始层。

（3）覆盖剂中要含有隔热材料。

铁水覆盖剂选用最常见最直接的材料是炭化稻壳，也有的企业采用蛭石、石墨、珍珠岩配加石灰的方法生产。

采用铝灰、炭渣、石灰、蛭石，也是生产铁水覆盖剂的一种工艺。其中，铁水保温剂的大致配方为：铝灰 35%，炭渣 35%，石灰 15%，蛭石 15%。将各种原料破碎后，混合即可使用，造粒后效果会更好。

其基本工艺思路为：铁水的温度在 1200℃左右，炭渣在这一温度下分解，其中炭渣的矿物组成见表 5-17。

表 5-17　炭渣的矿物组成

相别	组成	分布率/%
冰晶石	Na_3AlF_6	40~45
氟铝酸钠石	Na_3MgAlF_7	5~10
锥冰晶石	$Na_5Al_3F_{14}$	5
氧化铝	$\alpha\text{-}Al_2O_3$	15
石墨	C	20
其他杂相	—	5

由表 5-17 可知，炭渣分解后，其中的各种物相为液态，与铁液接触，形成部分的熔融层结构，随后蛭石膨胀，推动覆盖剂迅速的铺展。其中，铝灰中的 Al_2O_3 与石灰 CaO 反应，生成的各种物相熔点都在 1455℃以上，即铁液的温度条件下为烧结层；炭渣中的碳起到阻隔热传递的作用，最上部由于温度最低，难以反应，为原始层，这种结构能够有效地起到保温隔热的作用。这种覆盖剂随铁水加入转炉后，覆盖剂又转化为转炉的化渣材料，最终进入转炉的炉渣，实现危废的无害化转化。

5.9.4　生产喷吹钝化镁脱硫渣聚渣剂

铝灰和大修渣中富含的氧化铝、氟离子和钠盐、钾盐，是最为理想的聚渣剂材料。使用电解铝炭渣生产聚渣剂的原理如下：

（1）铝灰和炭渣中的各种氯化物、氟化物的熔点较低（900℃左右），其中的氟化物和钠盐，能够与脱硫渣中的酸性物质反应，降低脱硫渣的熔点。氧化铝能够与脱硫渣产生成渣反应，形成低熔点物质。

（2）钠盐的特点是能够与炉渣中酸性物质反应，钾盐、氯化物均可降低熔点，能够与酸性物质反应。

（3）炭渣中的含铝物质反应后，也能够与脱硫渣形成低熔点的物质。

（4）炭渣中的碳，是形成炉渣泡沫化的主要物质，有助于炉渣的发泡。

为了满足聚渣剂的生产，其中主要添加的物质简介如下：

（1）添加蛭石和石英砂，用于与脱硫渣中的氧化钙等碱性物质结合。炭渣中的钠盐与石英、蛭石中的二氧化硅反应，形成低熔点的物质，继而与脱硫渣中的碱性物质反应。

（2）添加少量的碳酸钠或者碳酸钾。碳酸盐分解是促进炉渣发泡、形成低熔点物质的主要方法。

（3）添加少量的氧化铁皮。添加少量的氧化铁皮或者氧化铁粉末，主要是与炭渣中的碳反应，促使炉渣起泡，起到增加炉渣体积，便于铁水的扒渣作业。

各种组分的添加比例范围如下：

（1）炭渣的比例为 40% ~ 55%；蛭石比例为 30% ~ 55%；氧化铁皮的比例在 5% 左右；碳酸钠的比例为 10% 左右。

（2）不同的企业，根据铁水的温度和脱硫渣的成分，可以调整以上各种物质的含量，以适应生产需要。

参 考 文 献

[1] 龚建森，舒青松，朱士鏊，等 . 铝渣复合脱氧剂的研究 [J]. 湖南大学学报，1994（1）：98-102.

[2] 徐峰 . KR 法铁水脱硫机理研究及脱硫剂成分优化 [D]. 北京：北京科技大学，2007.

[3] 潘秀兰，王艳红，梁慧智，等 . 铁水预处理技术发展现状与展望 [J]. 世界钢铁，2010（6）：36.

[4] 赵俊学 . 炉外脱硫剂研究综述 [J]. 钢铁研究，1995（5）：59-63.

[5] 吴义生，高广才，宫玉秀，等 . 国内外铁水脱硫处理技术发展概况 [J]. 山东冶金，2005（9）：13-15.

[6] 姜晓东，徐安军，张锦 . 喷吹法和搅拌法铁水脱硫工艺成本的综合评估 [J]. 炼钢，2006（4）：55-58.

[7] 王文杰，樊安定，芦永军 . 浅析铸铁中硫的功能与控制 [J]. 铸造，2019（2）：132-137.

[8] 俞海明，王强 . 钢渣处理与综合利用 [M]. 北京：冶金工业出版社，2015.

[9] 黄希祜 . 钢铁冶金学原理 [M]. 北京：冶金工业出版社，2004：10-40.

[10] 李宁，郭汉杰，宁安刚 . 关于 KR 脱硫工艺脱氧理论问题的研究 [J]. 钢铁，2011（10）：36-40.

[11] 吴引淳 . 铁水脱硫的热力学与动力学浅析 [J]. 炼钢，1996（1）：44-52.

[12] 陈家祥 . 钢铁冶金学（炼钢部分）[M]. 北京：冶金工业出版社，2007.

[13] 张信昭 . 喷粉冶金基本原理 [M]. 北京：冶金工业出版社，1998.

[14] 王炜，高志强，徐绪林，等 . 铁水喷吹颗粒镁脱硫的热力学和动力学分析 [J]. 山东冶

金，2006（1）：33-37.

[15] 刘守平，文光远，张丙怀．铁水用金属镁脱硫的热力学分析［J］．钢铁钒钛，1998，
19（1）：53-57.

[16] 乐可襄，董元篪，王世俊，等．铁水预处理粉剂组成对脱硫的影响［J］．炼钢，
2001（5）：24-27.

[17] 徐国涛，杜鹤桂，周有预，等．脱硫过程中脱氧作用的分析验证与实验验证［J］．炼
钢，2000（2）：44-48.

[18] 徐国涛，杜鹤桂．镁基复合脱硫剂的脱硫渣组成分析与脱硫机理探讨［J］．钢铁钒钛，
2000（2）：16-21.

[19] 任迅．300t 铁水罐喷吹颗粒镁脱硫的生产实践［J］．炼钢，2008（1）：1-5.

[20] 董文亮，季晨曦，张宏艳，等．铝渣复合脱硫剂在 KR 铁水脱硫过程中的应用［J］．钢
铁研究学报，2017（1）：44-49.

[21] 程正东，沙永志．铁水沟喷连续脱硫工业试验［J］．钢铁，1991（2）：12-16.

[22] 曹岳山，季平训．铁水复合脱硫剂的研究及应用［J］．现代铸铁，1994（4）：66.

[23] 葛允宗，张本亮，王辉．KR 法铁水脱硫技术研究［J］．宽厚板，2015（3）：36-39.

[24] 张建良，姜喆，代兵，等．碳酸钠冲罐法铁水脱硫试验与分析［J］．炼钢，2012（4）：
36-39.

[25] 王庆祥，陈丹峰．用苏打作熔剂添加剂对铁水同时进行脱磷脱硫的研究［J］．炼钢，
1998（6）：31-33.

[26] 杨世山，董一诚．铁水同时脱磷脱硫和深度脱磷实验研究［J］．钢铁，1990（7）：6-9.

[27] 万爱珍，梁福彬．铁水炉外脱磷脱硫的实验研究［J］．钢铁研究，1998（1）：16-19.

[28] 李杰，乐可襄．用 $CaO-Fe_2O_3-CaF_2-Al_2O_3-Na_2CO_3$ 熔剂进行铁水预处理脱磷的实验研究
［J］．安徽工业大学学报，2003（3）：177-179.

[29] 刘纯厚，曹洪文，牛求彬．中磷生铁用碳酸钠炉外脱磷实验研究［J］．化工冶金，
1992（2）：95-98.

[30] 陈小平，汤代志，张玉东，等．攀钢铁水炉外脱硫剂的应用［J］．攀钢技术，
2000（2）：30-34.

[31] 陈家祥．炼钢常用数据图表手册［M］．北京：冶金工业出版社，2010：336.

[32] 徐辉，张赵发，黄峰业，等．铁水脱硫渣回硫分析及聚渣剂研究［J］．中国冶金，
2011（11）：26-30.

[33] 吴启帆，包燕平，林路，等．KR 脱硫渣矿物学特征及渣中硫行为［J］．中国冶金，
2015（8）：44-47.

[34] 徐建飞，王新华，黄福祥，等．KR 脱硫渣矿相及硫在渣中分布［J］．钢铁，2015（1）：
15-18.

[35] 刘燕，张廷安，王强，等．KR 搅拌技术的水模型实验研究［J］．工业炉，2007（1）：
1-4.

[36] 王雪冬，李凤喜，陈清泉，等．KR 脱硫技术的应用与进步［J］．炼钢，2004（4）：
24-25.

6 转炉炼钢工艺与常用辅助材料

‹‹

本章试图通过对转炉炼钢工艺的简要介绍，反映转炉炼钢过程适合处理电解铝危废的热力学、动力学条件；同时，转炉炼钢必需的辅助材料中，各功能组分包含电解铝危废的组分，从而为转炉炼钢消纳电解铝危废提供了资源化利用空间。

电炉炼钢与转炉炼钢都用来生产初炼钢水，两者基本原理、化学反应以及所用的辅助材料相近，电炉炼钢原理和所用辅助材料可参见本章内容，设备与工艺可参见 2.4.2 节。

6.1 转炉炼钢工艺

转炉炼钢是向加入转炉内的铁水表面吹入高速工业纯氧，同时加入造渣材料造渣。转炉炼钢的工艺原理，是吹入转炉内的氧气，与铁液中的碳、磷、硫、硅、锰等元素发生氧化反应，形成的氧化物进入炉渣或者炉气，从而降低对钢材性能有负面影响的碳、磷、硫、硅、氢、氮等元素的含量。

转炉炼钢初期，通过吹氧氧化铁液中大部分的硅、锰、磷，使得这些元素转化为氧化物，与加入的钙质熔剂（石灰、石灰石等）和镁质熔剂（白云石矿块、轻烧白云石、镁球、菱镁矿等）反应，形成炉渣并覆盖在铁液表面；通过炉渣与铁液的界面反应，以及铁液和炉渣相互乳化的乳化液内产生的各种复杂的化学反应，进一步将铁水和炼钢原料中的有害物质降低到冶炼钢种要求的成分范围以下。在这一过程中，转炉不仅脱除了含量过高的有害物质碳、磷、硫，也将对钢材有益的元素锰和硅等一起脱除到了一个较低的含量范围。

在转炉炼钢的脱碳反应过程中，碳氧化产生的大量气泡，在迅速逸出铁液的过程中，能够充分地搅拌熔池，加速炼钢的化学反应速度；并且这些气泡从铁液中逸出时，能够将铁水中的氢、氮溶解入气泡，一起进入炉气。所以，转炉炼钢在脱碳的同时，能够去除铁水中绝大多数的氢、氮有害元素。

转炉炼钢在进行去除有害物质的化学反应过程中，能够利用化学反应释放的热量调整炼钢的温度，满足冶炼钢种对碳、磷、硫、硅等成分的工艺要求，同时满足转炉出钢合金化和钢水精炼或者浇铸要求，即生成合格的转炉粗炼钢水。

转炉在吹氧炼钢的工艺中，通过工业纯氧去除了铁水和炼钢原料中的有害元素。这一过程，也使得粗炼钢水中不可避免地溶解了大量的氧，对钢材性能同样有害，必须通过转炉以外的工艺方法加以去除。转炉合格的粗炼钢水中，缺少各种功能性元素。将粗炼钢水在出钢过程中脱氧，并且添加不同的功能性合金材料，就能够生产不同的钢种，应用于不同的材料加工领域。钢水 LF、CAS、VD、RH 等钢水精炼工艺的出现，能够配合转炉生产各种不同成分要求的优特钢。据统计，95%以上的钢种，转炉都能够生产。转炉炼钢工艺是当前世界上主流的炼钢工艺方法[1]。

一座传统顶吹转炉及其辅助设备的系统图如图 6-1 所示。

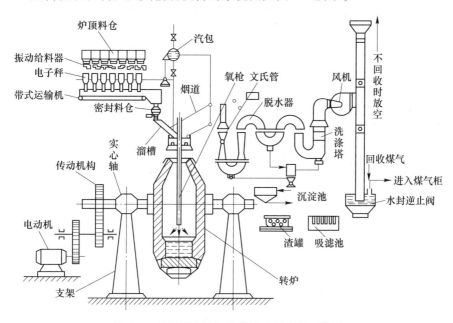

图 6-1　氧气顶吹转炉及其辅助设备的系统图

6.1.1　转炉吹炼工艺概述

顶吹转炉冶炼一炉钢的操作过程主要由以下六步组成：

（1）上一炉转炉冶炼后，转炉出钢、溅渣护炉、倒渣，检查炉衬和倾动设备等并进行必要的修补和修理。

（2）倾动转炉，进行加废钢、兑铁水作业后，摇正炉体（至垂直位置）。

（3）降枪开吹（氧枪的枪头距离转炉内铁液上表面 300～500mm 的距离吹氧，这一距离叫做枪位），同时加入第一批渣料（起初炉内噪声较大，从炉口冒出赤色烟雾，随后喷出暗红的火焰；3～5min 后硅锰氧反应接近结束，碳氧反应逐渐激烈，炉口的火焰变大，亮度随之提高；同时渣料熔化，噪声减弱）。

（4）3～5min 后加入第二批渣料继续吹炼（随吹炼进行钢中碳含量逐渐降低，约 12min 后火焰微弱，停吹）。

（5）倒炉，测温、取样，并确定补吹时间或出钢（粗炼钢水）。

（6）出钢，同时将计算好的合金加入钢包中，进行脱氧合金化。

转炉冶炼的操作流程如图 6-2 所示。

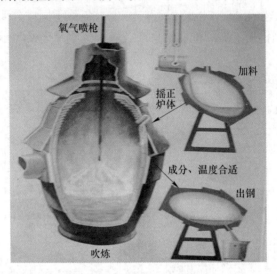

图 6-2　转炉冶炼操作流程

造渣和吹氧是炼钢的核心操作工艺。造渣的主要工艺目的如下：

（1）吸收金属液中的非金属夹杂物。吹氧生成的氧化物，需要稳定地固定在炉渣中。按照化学反应平衡移动的原理，如果不能够稳定这些氧化物，去除这些有害物质的速度就会减慢。加入造渣材料，使得以上元素的氧化物能够稳定地相互反应，结合在一起，能够提高反应速度和操作效率。

（2）铁液中溶解的氮、氢气体，也是需要通过脱碳反应产生的 CO/CO_2 气泡携带逸出，达到去除的目的。炼钢脱碳反应初期没有炉渣覆盖或炉渣较少，逸出的气体会携带金属铁液从转炉逸出。所以，造渣也是为了炼钢化学反应平稳有序的进行。

（3）转炉炼钢过程中的脱碳反应，绝大多数是通过炉渣向铁液传递氧完成的，即炉渣向铁液传递氧化铁，完成脱碳反应。

（4）炉渣能吸收铁的蒸发物，能吸收转炉氧流下的反射铁粒。转炉吹炼使用的氧气射流冲击熔池，其冲击动能能够将铁液冲击起来，进入烟道或者弥散在炉气中，造成钢铁料的损失。良好的炉渣覆盖在转炉上部，能够有效地解决吹炼过程中金属的飞溅问题。

（5）炉渣覆盖在钢液上面，可减少热损失，防止钢液吸收气体。炼钢过程中，裸露的钢液温度降低得很快，有炉渣覆盖，可减少温度损失，同时防止高温钢液与炉气中的 N、O 等物质反应。

6.1.2 转炉吹炼工艺中氧气射流区的特点

转炉加入废钢、兑入铁水后，开始下降转炉上部的水冷氧枪。将氧枪的枪头距离铁水保持一定的距离，向由铁水和废钢组成的熔池上部吹氧。吹氧的氧气流量和速度很大，顶吹氧枪 O_2 出口速度通常可达 $300 \sim 350 m/s$。氧气吹入熔池后，在氧气射流的冲击区，由于吹氧产生的化学反应，在射流冲击区产生高温区（火点区）。吹氧的示意图如图 6-3 所示。

氧气射流产生的火点区，是氧流穿入熔池某一深度并构成火焰状的作用区。不同碳含量的金属熔池产生火点区的特征示意图如图 6-4 所示。

其中火点区的特点如下：

（1）作用区温度 $2200 \sim 2700℃$；

（2）氧气射流冲击区，即光亮较强的中心（区域Ⅰ）温度最高；

（3）在射流冲击区形成的流场外层温度低于氧气冲击点的温度，即光亮较弱的外围（区域Ⅱ）。

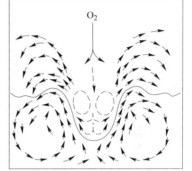

图 6-3 吹氧示意图

由以上的特点可知，氧气的冲击动能很大，冲击区（火点区）的温度很高，部分的金属也会汽化后逸出转炉。在这种条件下，如果没有炉渣，铁液就会被氧气的射流冲击，弥散在炉腔，甚至冲击出转炉，黏附在转炉水冷烟道等区域，形成喷溅事故。

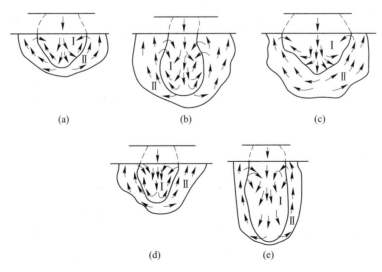

(a)   (b)   (c)

(d)   (e)

图 6-4 不同碳含量的金属熔池产生火点区的特征示意图

(a) 生铁；(b) 2.0%C；(c) 1.0%C；(d) 0.5%C；(e) <0.1%C

6.1.3　转炉吹炼不同阶段的化学反应

6.1.3.1　硅锰氧化期和化学反应

A　硅锰氧化期

转炉吹炼的第一阶段被称为硅锰氧化期。转炉开吹 1~3min，熔池的温度较低，硅和锰首先迅速氧化。这一阶段的关键是造好渣，然后才能够顺利进入下一个阶段。

冶炼初期，熔池温度低，主要是硅锰的氧化，脱碳速度很慢。研究发现，当铁水中的硅当量（$[\%Si]+0.25[\%Mn]$）大于 1 时，脱碳速度趋于零。随吹炼进行，硅锰含量下降，温度也渐高，近 1400℃ 时碳开始氧化，反应速度直线上升。故称该阶段为硅锰控制阶段。复吹转炉由于有底吹搅拌，脱碳反应开始较早，而且速度增加平稳。

吹炼开始向熔池吹氧时，熔池中绝大部分是铁液，氧气主要通过生成氧化铁，由氧化铁继续氧化铁液中的其他杂质。在氧气的射流区，也有一小部分氧气直接与铁液中的杂质发生反应。转炉冶炼氧化反应的吉布斯自由能如图 6-5 所示。

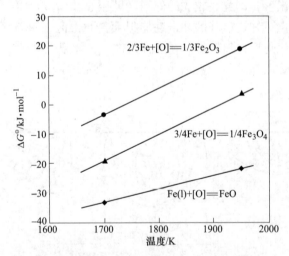

图 6-5　转炉冶炼氧化反应的吉布斯自由能

（Fe_3O_4 可以看作为 $FeO \cdot Fe_2O_3$；FeO 最稳定；Fe_2O_3/FeO 平均为 0.8）

转炉冶炼开始后，氧化反应的基本过程按照以下步骤进行[2-4]：

首先，气体氧分子分解并吸附在铁的表面：

$$1/2\{O_2\} =\!=\!= [O]_{吸附}$$

然后，吸附的氧溶解于铁液中：

$$[O]_{吸附} =\!=\!= [O]$$

由于氧势高，Fe 与 [O] 反应，生成铁氧化物：

$$[Fe] + [O] \Longrightarrow (FeO) \qquad \Delta G^\ominus = -121000 + 52.35T$$

$$2/3Fe + [O] \Longrightarrow 1/3Fe_2O_3 \qquad \Delta G^\ominus = -152988 + 87.94T$$

$$3/4Fe + [O] \Longrightarrow 1/4Fe_3O_4 \qquad \Delta G^\ominus = -177232 + 92.96T$$

炉渣中 FeO 与氧化性气氛接触，被氧化成高价氧化物 Fe_2O_3；在渣-铁界面，高价 Fe_2O_3 被还原成低价 FeO；气相中的氧因此被传递给金属熔池。传氧过程如图 6-6 所示。

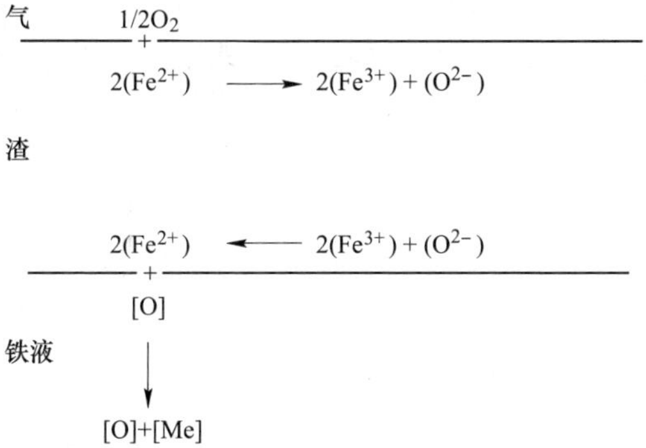

图 6-6 传氧过程

当传氧过程达到平衡时，铁液中 [O] 达到饱和，[O] 饱和含量由炉渣的氧化性所确定。

$$Fe + [O] \Longrightarrow FeO$$

氧在铁液中的溶解，是 [O] 得到铁液（也可以理解为钢液）中的电子，和铁形成 FeO 或者和 FeO 形成离子团。在氧化铁含量超过一定浓度时，氧化铁迁移至铁液表面，形成氧化铁薄膜。

转炉炼钢的工艺条件下，炼钢杂质的氧化方式有直接氧化和间接氧化两种。

直接氧化：杂质元素在氧气射流作用下直接发生氧化反应被氧化。直接氧化在氧气射流-铁液表面处进行，反应式如下：

$$\{O_2\} + 2[Fe] \Longrightarrow 2(FeO)$$

$$\{O_2\} + 2[Mn] \Longrightarrow 2(MnO)$$

$$\{O_2\} + [Si] \Longrightarrow (SiO_2)$$

$$5\{O_2\} + 4[P] \Longrightarrow 2(P_2O_5)$$

$$\{O_2\} + 2[C] \Longrightarrow 2\{CO\}$$

$$\{O_2\} + [C] \Longrightarrow \{CO_2\}$$

间接氧化：氧气射流首先同铁发生反应，然后 FeO 扩散到熔池内部并溶于金属液中，再同其他杂质进行反应：

$$[FeO] + [Mn] \rightleftharpoons (MnO) + [Fe]$$

$$2[FeO] + [Si] \rightleftharpoons (SiO_2) + 2[Fe]$$

$$5[FeO] + 2[P] \rightleftharpoons (P_2O_5) + 5[Fe]$$

$$[FeO] + [C] \rightleftharpoons \{CO\} + [Fe]$$

$$2[FeO] + [C] \rightleftharpoons \{CO_2\} + 2[Fe]$$

绝大多数研究认为，氧气转炉炼钢以间接氧化为主，主要原因如下：

（1）氧流是集中于作用区附近而不是高度分散在熔池中；

（2）氧流直接作用区附近温度高，Si 和 Mn 对氧的亲和力减弱；

（3）从反应动力学角度来看，C 向氧气泡表面传质的速度比反应速度慢，在氧气同熔池接触的表面上大量存在的是 Fe 原子，所以首先应当同 Fe 结合成 FeO。

B　[Si] 的氧化反应

最早开始的硅的氧化释放了大量的化学热，也抑制了脱碳反应的进行。这一阶段化学反应如下：

$$[Si] + \{O_2\} \rightleftharpoons (SiO_2) \qquad \Delta H = -29176kJ/kg \quad \Delta G^{\ominus} = -827640 + 224.4T$$

$$[Si] + 2[O] \rightleftharpoons (SiO_2) \qquad \Delta G^{\ominus} = -593560 + 230.2T$$

$$[Si] + 2(FeO) \rightleftharpoons (SiO_2) + 2[Fe] \qquad \Delta G^{\ominus} = -368676 + 137.06T$$

当有过量（FeO）存在时，[Si] 的氧化产物与（FeO）结合：

$$(SiO_2) + 2(FeO) \rightleftharpoons (2FeO \cdot SiO_2)$$

随着炉渣中（CaO）含量增加，（$2FeO \cdot SiO_2$）逐渐向（$2CaO \cdot SiO_2$）转化：

$$2(CaO) + (SiO_2) \rightleftharpoons (Ca_2SiO_4)$$

[Si] 的氧化反应也可表示为：

$$[Si] + 2(FeO) + 2(CaO) \rightleftharpoons (Ca_2SiO_4) + 2[Fe]$$

C　[Mn] 的氧化反应

在硅氧化的同时，也伴随着锰的氧化反应，反应的热力学数据如下：

$$[Mn] + 1/2\{O_2\} \rightleftharpoons (MnO) \qquad \Delta H = -6593kJ/kg \quad \Delta G^{\ominus} = -402065 + 83.62T$$

$$[Mn] + [O] \rightleftharpoons (MnO) \qquad \Delta G^{\ominus} = -285025 + 86.5T$$

$$[Mn] + (FeO) \rightleftharpoons (MnO) + [Fe] \qquad \Delta G^{\ominus} = -172583 + 39.94T$$

D　转炉的脱磷化学反应

熔渣中（FeO）含量对脱磷反应具有重要作用，这是因为磷首先氧化生成 P_2O_5，然后 P_2O_5 再与 CaO 作用生成 $3CaO \cdot P_2O_5$ 或 $4CaO \cdot P_2O_5$。文献给出了 P_2O_5 能够与氧化铁形成化合物 $3FeO \cdot P_2O_5$。

在硅锰氧化期这一阶段的脱磷化学反应如下：

$$2[P] + 5[O] \rightleftharpoons (P_2O_5)$$

$$2[P] + 5(FeO) + 3(CaO) \rightleftharpoons (Ca_3P_2O_8) + 5[Fe]$$

$$2[P] + 5(FeO) + 4(CaO) \Longrightarrow (Ca_4P_2O_9) + 5[Fe]$$
$$\Delta G^{\ominus} = -237328 + 151.7T$$

转炉炼钢时磷与碳氧化的转换温度为1332℃，即当温度大于1332℃时，$\Delta G^{\ominus} < 0$，碳优先于磷氧化；当温度小于1332℃时，$\Delta G^{\ominus} > 0$，磷优先于碳氧化。

按照炉渣离子理论，转炉炼钢脱磷的反应可以表示如下：

$$2[P] + 5(Fe^{2+}) + 8(O^{2-}) \Longrightarrow 2(PO_4^{3-}) + 5[Fe]$$
$$2[P] + 5[O] + 3(O^{2-}) \Longrightarrow 2(PO_4^{3-})$$

根据脱磷的化学反应可知，以下工艺条件有助于脱磷反应的进行：

(1) 降低熔池的温度有利于脱磷反应；

(2) 提高转炉炉渣的碱度有利于脱磷反应；

(3) 增加炉渣氧化铁活度有利于脱磷反应；

(4) 增加渣量有利于脱磷反应；

(5) 增加 [P] 活度系数有利于脱磷反应。

以上几个条件互为补充。

6.1.3.2　氧化期或碳焰期和氧化反应

A　氧化期或碳焰期

转炉吹炼的第二阶段为氧化期或碳焰期。

转炉的脱碳反应，与熔池中 Si、Mn 等元素的含量有关，也与熔池的温度有关，由前面的化学反应可知，

$$[Si] + 2[O] \Longrightarrow SiO_2(l) \qquad \Delta G^{\ominus} = -593560 + 230.2T$$
$$2[C] + 2[O] \Longrightarrow 2\{CO\} \qquad \Delta G^{\ominus} = -40964 - 77.88T$$

由以上的反应结合可知：

$$2[C] + SiO_2(l) \Longrightarrow [Si] + 2\{CO\} \qquad \Delta G^{\ominus} = 552596 - 331.98T$$

开始反应的温度，$\Delta G^{\ominus} < 0$，$T > 1391$℃。

当熔池的温度升高，熔池中的 Si、Mn、P 被氧化后，开始了转炉炼钢的第二阶段——碳氧剧烈反应期。这一阶段的反应，取决于转炉的吹氧强度、造渣制度，以及转炉熔池中碳含量的浓度。熔池中的碳含量在0.6%以上，转炉的脱碳速度取决于吹氧工艺，熔池中的碳含量在0.2%~0.6%，转炉的脱碳速度取决于熔池中碳向反应界面扩散的速度。转炉脱碳速度与吹炼时间的关系如图6-7所示。

碳氧反应期，吹炼造成的碳氧剧烈反应，会造成转炉炼钢钢渣之间产生强烈的乳化作用。钢渣乳化的示意图如图6-8所示。

氧气转炉炼钢中，熔池在氧流作用下形成的强烈运动和高度弥散的气体-熔渣-金属乳化相，是吹氧炼钢的特点。

在氧流强冲击和熔池沸腾的作用下，部分金属微小液滴受冲击弥散在熔渣

中，乳化可以极大地增加渣-铁间接触面积，乳化造成的渣-铁间接触面积可达 $0.6 \sim 1.5 \text{m}^2/\text{kg}$，因而可以加快渣-铁间反应。

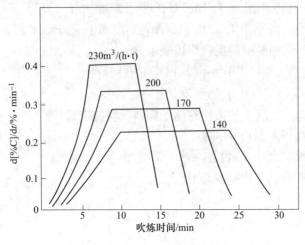

图 6-7　转炉脱碳速度与吹炼时间的关系　　　　图 6-8　钢渣乳化的示意图

B　脱碳反应作用和特点

脱碳反应是炼钢过程的一个主要反应。脱碳反应的作用如下：

（1）为转炉炼钢提供大量化学热，反应热促进钢水升温。每氧化 1%[C] 可使钢水升温 150℃ 左右。

（2）碳氧反应生成 CO 使熔池沸腾。

（3）CO 气泡对 N_2、H_2 等来说，p_{N_2}、p_{H_2} 分压为零，N_2、H_2 极易并到 CO 气泡中，长大排除。

（4）碳氧反应。易使 $2FeO \cdot SiO_2$、$2FeO \cdot Al_2O_3$ 及 $2FeO \cdot TiO_2$ 等氧化物夹杂聚合长大而上浮。

（5）CO 上升过程黏附氧化物夹杂上浮排除。

（6）通过脱碳反应，调整炉渣的氧化性，促进炉渣进行脱磷、脱硅等反应的进行。

不同温度条件下，铁液中氧的饱和浓度见表 6-1。

表 6-1　不同温度条件下铁液中氧的饱和浓度

温度/℃	1500	1550	1600	1700
$[\%O]_{饱和}$	0.13	0.16	0.20	0.29

直接氧化脱碳的反应如下：

$$\{O_2\} + 2[C] = 2\{CO\}$$

$$\Delta H = -11637 kJ/kg[C] \qquad \Delta G^{\ominus} = -275044 - 83.64T$$

$$\{O_2\} + [C] \Longrightarrow \{CO_2\}$$

$$\Delta H = -34830 kJ/kg[C] \qquad \Delta G^{\ominus} = -416328 + 41.8T$$

间接反应脱碳的反应如下：

$$2[O] + 2[C] \Longrightarrow 2\{CO\} \qquad \Delta G^{\ominus} = -40964 - 77.88T$$

$$2[O] + [C] \Longrightarrow \{CO_2\} \qquad \Delta G^{\ominus} = -182248 + 47.56T$$

[C] 的氧化产物绝大多数是 CO 而不是 CO_2。[C] 含量高时，CO_2 也是脱碳反应的氧化剂。[C] 含量越高，CO 越稳定；温度越高，CO 越稳定。碳氧化反应的吉布斯自由能如图 6-9 所示。与 Fe-O-C 熔体平衡气相中 CO_2 见表 6-2。反应的方程式如下：

$$[C] + \{CO_2\} \Longrightarrow 2\{CO\}$$

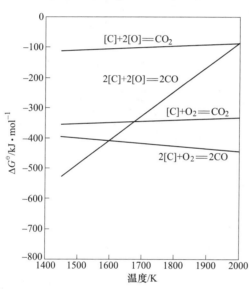

图 6-9 碳氧化反应的吉布斯自由能

表 6-2 与 Fe-O-C 熔体平衡气相中 CO_2 （%）

[%C]	温度				
	1500℃	1550℃	1600℃	1650℃	1700℃
0.01	20.1	16.7	13.8	11.5	9.5
0.05	5.6	4.3	3.3	2.7	2.1
0.10	2.8	2.2	1.7	1.3	1.1
0.5	0.44	0.34	0.26	0.21	0.16
1.00	0.16	0.12	0.034	0.07	0.06

注：$p_{CO+CO_2} = 0.1 MPa$。

6.1.3.3　拉碳期

转炉吹炼的第三个阶段为拉碳期，也叫作终点碳含量的控制阶段。通过造渣材料的控制，吹入氧气流量的控制，将熔池中的碳脱至冶炼钢种的下限，调整好温度，就完成了转炉的冶炼任务。

转炉第三个阶段的重点是对钢水中碳含量的准确控制。主要原因是钢水中的碳含量被氧化得过低，钢液中就会溶解大量的氧，这些氧留在钢液里，对钢液的浇铸、钢材的性能有危害，而脱氧会增加炼钢的成本。转炉的拉碳期的控制，与钢液中的碳氧平衡有关：

$$[C] + [O] \Longrightarrow \{CO\} \qquad \Delta G^{\ominus} = -20482 - 38.94T$$

可知：

$$\log K = \log \frac{p_{CO}}{[C][O]} = 1070/T + 2.036$$

取 $p_{CO} = 1\text{atm}$（0.1MPa），得：

$$[C][O] = 10^{-\frac{1070}{T} - 2.036}$$

不同温度下钢液中的 $[C][O]$ 见表 6-3 和图 6-10。

表 6-3　不同温度下钢液中的 $[C][O]$

温度/K	1500	1600	1700	1800	1900	2000
$[C][O]$	0.001781	0.001974	0.002161	0.002342	0.002517	0.002685

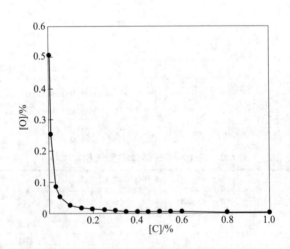

图 6-10　1650℃下钢液中的 $[C][O]$

当熔池中的碳含量降低到 0.2% 以后，铁液中的铁被大量氧化进入炉渣，造成钢渣中的氧化铁含量急剧增加。

6.1.4 转炉吹氧的枪位控制

以上的操作，通过调整氧枪的枪位、流量等措施来实现。

只有合适的枪位才能获得良好的吹炼效果[9]。目前氧枪操作有两种类型：一种是恒压变枪操作，其供氧压力基本保持不变，通过氧枪枪位高低变化来改变氧气流股与熔池的相互作用，以控制吹炼过程；另一种类型是恒枪变压，即在一炉钢吹炼过程中，氧枪枪位基本不动，通过调节供氧压力来控制吹炼过程。

为保证连续生产，每座转炉均配备两套氧枪及其升降装置，当一根氧枪故障时，能在最短时间内将其迅速移出，将备用氧枪送入工作位投入使用。转炉冶炼过程中，氧枪下降进入转炉有以下的几个关键的控制点：

（1）最低点。此点是氧枪的最低极限位置。一座转炉的最低点取决于转炉公称吨位、熔池情况的变化等因素。转炉吹炼过程中，氧枪的喷头端面距熔池铁液面高度 300~500mm 进行吹炼，大型转炉取上限。

（2）吹炼点。此点是转炉进入正常吹炼时氧枪的位置，也称为吹氧点，主要与转炉公称吨位、喷头类型、氧压等有关。

（3）氧气关闭点。此点低于开氧点位置，氧枪提升至此点氧气自动关闭。过迟关氧会对炉帽造成损失，倘若氧气进入烟罩，会引起不良后果；过早关氧会造成喷头灌渣。

（4）变速点。氧枪提升会下降至此点，自动改变运动速度，此点的确定是在保证生产安全的情况下缩短氧枪提升或下降的非作业时间。另外，此点也设置为氧气开氧点。

（5）等候点。此点在炉口以上，此点以不影响转炉的倾动为准，过高会增加氧枪升降辅助时间。

（6）最高点。此点是生产时氧枪的最高极限位置，应高于烟罩氧枪插入孔的上缘，以便烟罩检修和处理氧枪粘钢。

（7）换枪点。更换氧枪的位置，此点高于氧枪最高点。

转炉氧枪位置控制示意图如图 6-11 所示。

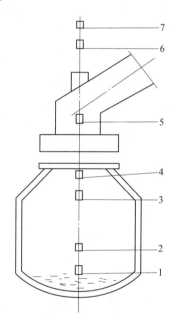

图 6-11 转炉氧枪位置控制示意图
1—最低点；2—吹炼点；
3—氧气关闭点；4—变速点；5—等候点；6—最高点；7—换枪点

6.1.5 转炉炼钢造渣与物料平衡

转炉炼钢过程中，造渣是最重要的工艺内容，所谓"炼钢就是炼渣"，体现出了造渣的重要性。造渣化渣，不仅要有温度条件的保障，还要有化学反应条件的保障。为了顺利完成转炉的吹炼，大多数企业都有五种制度，即装料制度、供氧制度、造渣制度、温度制度、终点控制及合金化制度。其中，前四项制度，与转炉造渣息息相关。

铁水中元素的氧化产物及其成渣量的计算见表 6-4。转炉常见物料的平均热容见表 6-5。炼钢温度下各种元素的反应热效应见表 6-6。铁液中固溶的元素对铁液熔点的降低值见表 6-7。某厂 120t 转炉的热平衡表见表 6-8。

表 6-4　铁水中元素的氧化产物及其成渣量的计算

元素	反应产物	元素氧化量/kg	耗氧量/kg	氧化产物量/kg
C	$[C] + 1/2O_2 \rightarrow \{CO\}$	3.90×90% = 3.51	3.51×16/12 = 4.011	3.51×28/12 = 8.190
	$[C] + O_2 \rightarrow \{CO_2\}$	3.90×10% = 0.39	0.39×32/12 = 0.891	0.39×44/12 = 1.430
Si	$[Si] + O_2 \rightarrow (SiO_2)$	0.50	0.50×32/28 = 0.571	0.5×60/28 = 1.071
Mn	$[Mn] + 1/2O_2 \rightarrow (MnO)$	0.35	0.35×16/55 = 0.102	0.35×71/55 = 0.452
P	$2[P] + 5/2O_2 \rightarrow (P_2O_5)$	0.28	0.28×80/62 = 0.361	0.28×142/62 = 0.641
S	$[S] + O_2 \rightarrow \{SO_2\}$	0.014×1/3 = 0.005	0.005×32/32 = 0.005	0.005×64/32 = 0.010
	$[S] + [CaO] \rightarrow (CaS) + (O)$	0.014×2/3 = 0.009	0.009×(−16)/32 =−0.005	0.009×72/32 = 0.020
Fe	$[Fe] + 1/2O_2 \rightarrow (FeO)$	1.069×56/72 = 0.831	0.831×16/56 = 0.238	1.069
	$2[Fe] + 3/2O_2 \rightarrow (Fe_2O_3)$	0.602×112/160 = 0.421	0.421×48/112 = 0.181	0.602
合计		6.296	6.365	
成渣量				3.855

表 6-5　转炉常见物料的平均热容

物料名称	生铁	钢	炉渣	矿石	烟尘	炉气
固态平均热容/kJ·(kg·K)$^{-1}$	0.745	0.699	—	1.047	0.996	—
熔化潜热/kJ·kg^{-1}	218	272	209	209	209	—
液态或气态平均热容/kJ·(kg·K)$^{-1}$	0.837	0.837	1.248	—	—	1.137

表 6-6　炼钢温度下各种元素的反应热效应

组元	化学反应		ΔH/kJ·kmol^{-1}	ΔH/kJ·kg^{-1}
C	$[C] + 1/2\{O_2\} = \{CO\}$	氧化反应	−139420	−11639
C	$[C] + \{O_2\} = \{CO_2\}$	氧化反应	−418072	−34834
Si	$[Si] + \{O_2\} = (SiO_2)$	氧化反应	−817682	−29202
Mn	$[Mn] + 1/2\{O_2\} = (MnO)$	氧化反应	−361740	−6594
P	$2[P] + 5/2\{O_2\} = (P_2O_5)$	氧化反应	−1176563	−18980

组元	化学反应		$\Delta H/\text{kJ} \cdot \text{kmol}^{-1}$	$\Delta H/\text{kJ} \cdot \text{kg}^{-1}$
Fe	$[Fe] + 1/2\{O_2\} = (FeO)$	氧化反应	-238229	-4250
Fe	$2[Fe] + 3/2\{O_2\} = (Fe_2O_3)$	氧化反应	-722432	-6460
SiO_2	$(SiO_2) + 2(CaO) = (2CaO \cdot SiO_2)$	成渣反应	-97133	-1620
P_2O_5	$(P_2O_5) + 4(CaO) = (4CaO \cdot P_2O_5)$	成渣反应	-693054	-4880

表 6-7　铁液中固溶的元素对铁液熔点的降低值

元素	C							Si	Mn	P	S	Al	Cr	N、H、O
在铁中极限溶解度/%	5.41							18.5	无限	2.8	0.18	35.0	无限	
溶入1%元素使铁熔点降低值/℃	65	70	75	80	85	90	100	8	5	30	25	3	1.5	
N、H、O溶入使铁熔点降低值/℃														$\Sigma = 6$
适用含量范围/%	<1	1.0	2.0	2.5	3.0	3.5	4.0	≤3	≤15	≤0.7	≤0.08	≤1	≤18	

表 6-8　某厂 120t 转炉的热平衡表

收　入			支　出		
项目	热量/kJ	比例/%	项目	热量/kJ	比例/%
铁水物理热	118498.2	57.28	钢水物理热	131403.87	63.52
元素氧化和成渣热	82726.48	40.0	炉渣物理热	19400.97	9.38
其中 C 氧化	54438.15	26.31	矿石吸热	3975.43	1.92
Si 氧化	14601	7.06	炉气物理热	17957	8.68
Mn 氧化	2769.48	1.34	烟尘物理热	2442.45	1.2
P 氧化	6251.41	3.02	渣中铁珠物理热	989.9	0.48
Fe 氧化	3133.08	1.51	喷溅金属物理热	1450.7	0.70
SiO_2 成渣	2059.36	0.99	热损失	29265.92	14.15
P_2O_5 成渣	1859.28	0.90			
烟尘氧化热	5075.35	2.45			
炉衬中碳的氧化热	586.25	0.28			
合　计	206886.28	100	合　计	206886.24	100

6.1.6　转炉炼钢造渣工艺

转炉造渣的主要渣料是石灰、白云石及化渣剂萤石，还有压喷剂、泡沫渣压渣剂、进行溅渣护炉的炉渣改性剂等。电解铝危废中的氧化铝、氟化物在转炉造渣过程中，能够大量地应用于生产以上熔剂材料。

6.1.6.1　转炉炼钢成渣基本原理

炼钢过程中的脱碳、脱磷和脱硫，主要靠炉渣作为反应介质完成的。转炉吹炼开始，炉渣渣液最初大量出现的处于氧气的射流区，吹炼射流区示意图如图 6-12 所示。

冶炼开始后在吹氧的作用下，铁液中 Si、Mn、Fe 等元素被氧化，生成 FeO、SiO_2、MnO 等氧化物进入渣中。这些氧化物相互作用生成许多矿物质，吹炼初期渣中主要矿物组成为各类橄榄石（Fe、Mn、Mg、Ca）SiO_4 和玻璃体 SiO_2。炉渣中有过量（FeO）存在时，[Si]的氧化产物与（FeO）结合：

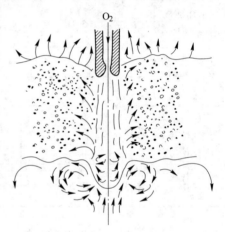

图 6-12　转炉吹炼射流区示意图

$$(SiO_2) + 2(FeO) = (2FeO \cdot SiO_2)$$

$$(SiO_2) + (MnO) = MnO \cdot SiO_2$$

这时加入的石灰就浸泡在初期渣中，并处于这些氧化物的包围之中。这些氧化物从石灰表面向其内部渗透，并在高温下与 CaO 反应，生成一些低熔点的化合物，使石灰表面熔化。这些反应不仅在石灰的表面进行，而且也在石灰气孔的内表面进行着。炉渣中的化合物及其熔点见表 6-9。

表 6-9　炉渣中的化合物及其熔点

化合物	矿物名称	熔点/℃	化合物	矿物名称	熔点/℃
$CaO \cdot SiO_2$	硅酸钙	1550	$CaO \cdot MgO \cdot SiO_2$	钙镁橄榄石	1390
$MnO \cdot SiO_2$	硅酸锰	1285	$CaO \cdot FeO \cdot SiO_2$	钙铁橄榄石	1205
$MgO \cdot SiO_2$	硅酸镁	1557	$2CaO \cdot MgO \cdot 2SiO_2$	镁黄长石	1450
$2CaO \cdot SiO_2$	硅酸二钙	2130	$3CaO \cdot MgO \cdot SiO_2$	镁蔷薇灰石	1550
$FeO \cdot SiO_2$	铁橄榄石	1205	$2CaO \cdot P_2O_5$	磷酸二钙	1320
$2MnO \cdot SiO_2$	锰橄榄石	1345	$CaO \cdot Fe_2O_3$	铁酸钙	1230
$2MgO \cdot SiO_2$	镁橄榄石	1890	$2CaO \cdot Fe_2O_3$	正铁酸钙	1420

其中，金属氧化物 MgO、FeO、MnO 等的连续（无限）固溶体，称为 RO 相。

6.1.6.2　转炉炼钢过程中石灰的溶解

石灰的熔解在成渣过程中对转炉的冶炼起决定性的作用，影响转炉炼钢的脱磷、脱硅、脱硫、脱碳反应的进行，影响转炉吹炼工艺的平稳进行。石灰在炉渣中的熔解是复杂的多相反应，其过程分为三步[2,6]：

第一步，液态炉渣经过石灰块外部扩散边界层向反应区迁移，并沿气孔向石灰块内部迁移。

第二步，炉渣与石灰在反应区进行化学反应，形成新相。反应不仅在石灰块外表面进行，而且在内部气孔表面上进行。其反应为：

$$2(FeO) + (SiO_2) + CaO \longrightarrow (FeO_x) + (CaO \cdot FeO \cdot SiO_2)$$
$$(Fe_2O_3) + 2CaO \longrightarrow (2CaO \cdot Fe_2O_3)$$
$$(CaO \cdot FeO \cdot SiO_2) + CaO \longrightarrow (2CaO \cdot SiO_2) + (FeO)$$

第三步，反应产物离开反应区向炉渣熔体中转移。

石灰在熔池形成以后开始熔化，初渣中的 SiO_2 与石灰外围 CaO 晶粒或者刚刚熔入初渣中的 CaO 反应，生成高熔点的固态化合物硅酸二钙 $2CaO \cdot SiO_2$（C_2S）沉淀在石灰块周围，经过一段时间析出的 $2CaO \cdot SiO_2$ 聚集成一定厚度且致密的附面层。$2CaO \cdot SiO_2$ 熔点很高（2130℃），结构致密，石灰块表面包覆一层这样的组织时，Fe^{2+} 等向石灰块中的渗透将会遇到困难，因而严重地阻碍石灰块的继续熔解。

由熔渣的离子理论可知，$2CaO \cdot SiO_2$ 的形成主要与渣中 SiO_2 成链状集团结构和渣中 SiO_2 含量有关，SiO_2 在熔渣中具有复杂的多晶结构。但是构成各种形态的基本结构是相同的，即 SiO_4^{4-} 四面体。硅氧阳离子结构如图 6-13 所示。

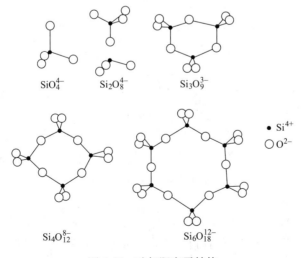

图 6-13　硅氧阳离子结构

由于 SiO_2 具有四面体结构，（O∶Si＝4∶1）硅原子处于四面体的中心，而氧原子则分布在四面体的 4 个顶点。在此基本结构中，当降低熔渣中 O∶Si 比值时（即碱性氧化物浓度的降低），O^{2-} 的数量不足以形成单独的 SiO_4^{4-}，于是便发生了 SiO_4^{4-} 聚合现象，生成更复杂的硅氧复合阴离子集团。如生成 $Si_4O_{12}^{8-}$、$Si_6O_{18}^{12-}$ 的复合硅氧阴离子集团，其离子半径几乎是简单的 SiO_4^{4-} 四面体结构的整数倍，这种粗大的离子半径集团，不仅在渣中游动困难，使炉渣黏度明显升高，而且阻碍 O^{2-}、F^-、Fe^{2+}、Mn^{2+} 等进入石灰块内部，这是延缓石灰块熔解的重要原因。

影响石灰溶解的主要因素有：

（1）炉渣成分。实践证明，炉渣成分对石灰熔解速度有很大影响。有研究表明，石灰熔解与炉渣成分之间的统计关系为：

$$v_{CaO} = k(CaO + 1.35MgO + 2.75FeO + 1.90MnO - 39.1)$$

式中　v_{CaO}——石灰在渣中的熔解速度，kg/m^2；

　　　　k——比例系数；

　CaO 等——渣中氧化物浓度，%。

由此可见，（FeO）对石灰熔解速度影响最大，它是石灰熔解的基本熔剂。其原因是：

1）（FeO）能显著降低炉渣黏度，加速石灰熔解过程的传质。

2）（FeO）能改善炉渣对石灰的润湿和向石灰孔隙中的渗透。

3）（FeO）的离子半径不大（$r_{Fe^{2+}} = 0.083nm$，$r_{Fe^{3+}} = 0.067nm$，$r_{O^{2-}} = 0.132nm$），且与 CaO 同属立方晶系。这些都有利于（FeO）向石灰晶格中迁移并生成低熔点物质。

4）（FeO）能熔解石灰块表面 $2CaO \cdot SiO_2$，使生成的 $2CaO \cdot SiO_2$ 变疏松从石灰表面剥离，有利于石灰熔解。

渣中（MnO）对石灰熔解速度的影响仅次于（FeO），故在生产中可在渣料中配加锰矿。而使炉渣中加入 6% 左右的（MgO）也对石灰熔解有利，因为 CaO-MgO-SiO$_2$ 系化合物的熔点都比 $2CaO \cdot SiO_2$ 低。

（2）温度。熔池温度高，高于炉渣熔点以上，可以使炉渣黏度降低，加速炉渣向石灰块内的渗透，使生成的石灰块外壳化合物迅速熔融而脱落成渣。转炉冶炼实践已经证明，熔池反应区的温度高而且（FeO）多，使石灰的熔解加速进行。

（3）熔池的搅拌。加快熔池的搅拌，可以显著改善石灰熔解的传质过程，增加反应界面，提高石灰熔解速度。复吹转炉的生产实践也已证明，由于熔池搅拌加强，石灰熔解和成渣速度都比顶吹转炉提高。

（4）石灰质量。表面疏松、气孔率高、反应能力强的活性石灰，能够有利于炉渣向石灰块内渗透，也扩大了反应界面，加速了石灰熔解过程。目前，在世界各国转炉炼钢中都提倡使用活性石灰，以利快成渣、成好渣。

随着炉渣中石灰熔解，由于 CaO 与 SiO_2 的亲和力比其他氧化物大，CaO 逐渐取代橄榄石中的其他氧化物，形成硅酸钙。

$$2(CaO) + (SiO_2) \rule[0.5ex]{2em}{0.4pt} (Ca_2SiO_4)$$

随碱度增加，早期形成的 $CaO \cdot SiO_2$ 开始发生新的成渣反应，部分 $CaO \cdot SiO_2$ 与 CaO 反应，向 $3CaO \cdot 2SiO_2$、$2CaO \cdot SiO_2$ 转化。硅酸钙系列中，最稳定的矿物组成是 $2CaO \cdot SiO_2$。到吹炼后期，碳氧反应减弱，（FeO）有所提高，石灰进一步熔解，渣中可能产生铁酸钙。

文献总结的转炉炉渣形成过程的基本特点如下[8]：

（1）正常含硅铁水（Si = 0.4% ~ 0.6%）炼钢初期渣的矿相组成主要是钙铁橄榄石固溶体，占总矿相量 70% 以上，并有少量玻璃相和 RO 相。吹炼后期炉渣主要矿相是硅酸三钙和硅酸二钙，各占总矿相量的 30% ~ 40%，RO 相+C_2F 约为 15%，尚有约 5% 的未熔 MgO 结晶。

（2）低硅铁水（Si < 0.4%）炼钢的初期渣，主要矿相为镁硅钙石占 50% ~ 55%，硅酸二钙和 RO 相各占 20% ~ 25%。吹炼后期主要矿相是 C_2S 占 40% ~ 50%，C_3S 占 15% ~ 25%，RO 相+C_2F 占 20%，尚有少量未熔 MgO 结晶和 f-CaO。这种炉渣熔点高，流动性差，脱磷效果差。

（3）中磷铁水炼钢的初期渣主要矿相为浮氏体，约占总矿相量的 40%。基体是以硅酸盐为主的玻璃相。终渣主要矿相为 C_3S 占 45% ~ 50%，C_2S 25%，RO 相+C_2F 占 15%，还有约 5% 的未熔 MgO 和游离石灰。

（4）高磷铁水炼钢的炉渣，吹炼前期的主要矿相是硅磷酸钙，占 25% ~ 30%，RO 相占 20%，玻璃基底占 40% ~ 45%。吹炼后期渣中的硅磷酸钙相下降到 40% ~ 45%，铁酸钙占 25% ~ 30%，尚有少量硅酸二钙和未熔石灰。

基于以上的分析可知，在一个时期内同时满足石灰快速熔解的条件，困难很大。为了减少操作难度，提高成渣速度、使用化渣剂，是转炉炼钢过程中常见的工艺。

6.1.6.3 转炉炼钢过程中白云石和轻烧白云石的熔解

已有研究证明[7]，转炉冶炼开吹后，硅锰等元素氧化形成的液渣接触白云石后，液渣中的 FeO 和 SiO_2 会与白云石中的 MgO 和 CaO 反应，生成低熔点的铁酸钙（$CaO \cdot Fe_2O_3$）和铁镁混合氧化物（(Fe, Mg)O）及少量钙镁硅复合氧化物（$CaO \cdot MgO \cdot SiO_2$、$3CaO \cdot MgO \cdot 2SiO_2$）。这些低熔点溶液从白云石上脱离，与液渣混合。这样循环反应，使白云石熔解。

与石灰的熔解一样，液渣中的 SiO_2 会和白云石外围的部分 CaO 晶粒反应，生成高熔点固态化合物硅酸二钙（C_2S）和硅酸三钙（C_3S），沉淀在白云石表层，形成一定厚度的致密壳层，阻止 FeO 继续与 MgO、CaO 反应，阻碍白云石的熔解。白云石熔解过程如图 6-14 所示。

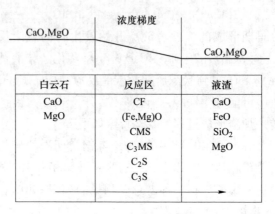

图 6-14　白云石熔解过程

生白云石熔解前会发生裂解反应，造成生白云石首先表面粉化，形成微粒。脱落的微粒裹入液渣再发生熔解反应，同时大量 CO_2 气体逸出，带动白云石表面液渣层更新。加上生白云石持续破裂形成新的界面，很容易破坏形成的高熔点硅酸钙外壳，大大提高了生白云石在熔渣中的熔解速度。所以，生白云石熔解速度明显快于轻烧白云石。

6.1.7　转炉冶炼中常见的工艺问题

转炉冶炼工艺是一个集冶金物理化学反应为一体的综合性技术工艺，技术含量很高。为了顺利完成冶炼工艺，转炉冶炼一般都有以下五种操作控制制度：

（1）装料制度。转炉的装料制度主要包括装入量、装入铁水和废钢的比例、装料的顺序这三个主要的内容。

1）装料次序。对使用废钢的转炉，一般先装废钢后装铁水。先加堆密度较小的轻废钢，再加入中型和重型废钢，以保护炉衬不被大块废钢撞伤，而且过重的废钢最好在兑铁水后装入。为了防止炉衬过分急冷，装完废钢后，应立即兑入铁水。

2）装入量。装入量指炼一炉钢时铁水和废钢的装入数量，它是决定转炉产量、炉龄及其他技术经济指标的主要因素之一。装入量中铁水和废钢配比是根据热平衡计算确定。通常，铁水配比为 70%~100%。

（2）供氧制度。供氧制度的主要内容包括确定合理的喷头结构、供氧强度、氧压和枪位控制。供氧是保证杂质去除速度、熔池升温速度、造渣制度、控制喷溅去除钢中气体与夹杂物的关键操作，关系到终点的控制和炉衬的寿命，对一炉钢冶炼的技术经济指标产生重要影响。

（3）造渣制度。造渣是转炉炼钢的一项重要操作。所谓造渣，是指通过控制入炉渣料的种类和数量，使炉渣具有某些性质，以满足熔池内有关炼钢反应需要的工艺操作。由于转炉冶炼时间短，必须快速成渣，才能满足冶炼进程和强化冶炼的要求。同时，造渣对避免喷溅、减少金属损失和提高炉衬寿命都有直接影响。

（4）温度制度。在吹炼一炉钢的过程中，需要正确控制温度。温度制度主要是指炼钢过程温度控制和终点温度控制。通过控制不同冷却效应原料的加入量、不同阶段的吹氧制度、吹氧量、终点成分，来实现转炉的温度控制。转炉热富裕较多时，可加大球团矿、铁矿石、碳酸盐、小块的纯净废钢等冷却性材料用量，以控制终点温度过高；反之，通过减少冷材加入量、废钢加入比例，增加含碳物料、增加吹氧提供化学热，可以提高终点温度。

（5）脱氧合金化制度。转炉脱氧与合金化操作常常是同时进行的。二者都是向钢液加入铁合金，同时加入钢液的脱氧剂必然会有部分溶于钢液而起合金化的作用，如使用 Fe-Si、Fe-Mn 脱氧的同时调整钢液的硅锰含量。加入钢液的合金元素，因其与氧的亲和力大于铁，也势必有一部分被氧化而起脱氧作用。

在完成转炉冶炼五大制度的过程中，会出现各种影响冶炼进行的操作问题和事故，以下做简要的介绍和分析。

6.1.7.1 转炉冶炼的喷溅问题

通常把随炉气携走、从炉口溢出或喷出炉渣和金属的现象称为喷溅。在吹炼过程中，由于氧气流股对熔池的冲击和脱碳反应产生的大量 CO 气体逸出，炉渣和金属液飞溅的情况是不可避免的。在正常情况下，金属液飞溅的高度一般不会超出炉口，不会形成喷溅。但是，在脱碳反应加剧的情况下，如果在短时间里转炉内产生大量的 CO 气体，那么向炉口排出的气体就会成倍地增加，也就是会发生爆发性的碳氧反应，将炉渣和金属液带出炉外，从而发生喷溅。喷溅不仅会对环境造成污染、恶化炼钢的经济技术指标，降低产量，同时还会造成设备的损坏。

转炉炼钢加入石灰的主要目的是形成高碱度的炉渣，便于脱磷、脱硫，保障渣中的氧化铁顺利向钢渣界面传递；加入白云石和镁质的熔剂，主要是调整炉渣的黏度和流动性，降低炉渣的熔点，增加炉渣中氧化镁的含量，减少炼钢过程对炉衬的侵蚀。炉渣中各种氧化物的酸碱性分类如下：

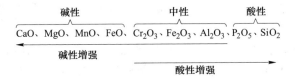

转炉炼钢过程中，石灰（CaO）及白云石（MgO）的有效熔化、成渣速度的快慢、化渣效果的好坏，直接影响冶炼过程冶金效果。炉渣形成不好、控制不当的直接表现是转炉吹炼过程的喷溅。转炉常见的喷溅主要分为爆发性喷溅、泡沫渣喷溅和金属喷溅三种类型[10,11]。

转炉喷溅主要发生在两个时期：第一个时期是供氧 4~6min，主要特征是炉温偏低；第二个时期是供氧 11~14min，主要特征是炉温偏高。

A　爆发性喷溅产生的原因

熔池内碳氧反应不均衡发展，瞬时产生大量的 CO 气体，这是发生爆发性喷溅的根本原因。碳氧反应的方程式如下：

$$[C] + (FeO) \Longrightarrow \{CO\} + [Fe]$$

以上的还原反应是吸热反应，反应速度受熔池碳含量、渣中 TFe 含量和温度的共同影响。由于操作的原因，熔池骤然冷却，抑制了正在激烈进行的碳氧反应，供入的氧气生成了大量的（FeO）并聚积。当熔池温度再度升高到一定程度（一般在 1470℃以上），（FeO）聚积到 20%以上时，碳氧反应重新以更猛烈的速度进行，瞬间从炉口排出大量具有巨大能量的 CO 气体，同时挟带着一定量的钢水和熔渣，形成较大的喷溅。

在生产过程中，炼钢工操作误判，头批渣料还没有来得及化开就加入二批渣料，二批渣料加入得过早，抑制了炉温的上升，也就是抑制了上述碳氧反应的进行。可这时氧枪仍然在不断地向熔池供氧，这些氧都转化为了熔渣中的（FeO），当熔渣的氧化性过高、熔池温度达到上述碳氧反应的温度时，就会发生爆发性的碳氧反应，从而发生喷溅。爆发性喷溅的危害较大，它不仅仅会损坏设备，还会造成一定的人员伤亡。

B　金属喷溅产生的原因

发生金属喷溅的主要原因如下：

（1）在吹炼前期，氧气流股先与铁发生反应，生成的氧化铁再和其他杂质按亲和力大小顺序进行反应。如果一次反应速度大于二次反应，那么渣中氧化铁积累；反之则渣中氧化铁含量降低。开吹 2~3min 后，Si、Mn 等元素的氧化反应已接近尾声，此时氧化铁的积累与消耗取决于碳氧反应速度。温度越高，碳氧反应驱动力越大，渣中氧化铁不易累积；反之则易累积。因此，吹炼前期温度偏低，碳氧反应滞后，渣中积累氧化铁。当熔池温度升高到碳氧反应所需的温度时，碳开始强烈氧化，渣中积累的（FeO）给碳氧反应提供了一个很大的附加供氧量，瞬间反应产生的气体流量猛增，而此时炉渣的碱度较低，很容易发生喷溅。

（2）吹炼中期喷溅的发生有两种情况：一种是枪位长时间过高造成渣中（FeO）积累过多；另一种是返干后调整过头产生喷溅。1）转炉吹炼中期，氧气流股淹没在乳化渣中，氧气的供给为混合供氧。间接供氧扩散阻力较大，有利于氧化铁的积累。中期吹炼时，由于钢液滴的密度比炉渣大，因此乳化液下部的密度大，上部小。枪位高，意味着间接供氧比例大，渣中（FeO）易积累。当枪位长时间偏高，渣中（FeO）积累到一定程度时，就会产生持续的喷溅。

2）渣返干后，钢液面裸露在氧气流股下，由于剧烈的碳氧反应，钢液面上涨，枪位不够高时，仍然是直接氧化，渣中（FeO）无法积累。只有吊枪至足够高度，氧气流股不能直接接触钢液，从而发生以下反应 $O_2 + 2CO = 2CO_2$、$CO_2 + Fe = FeO + CO$。由于反应 $CO_2 + Fe = FeO + CO$ 是强吸热反应，使钢液局部降温，抑制了碳氧反应，此时渣中（FeO）才开始积累。随着（FeO）增加，熔渣中高熔点物质熔点降低并熔化，如果降枪不及时就会引起爆发性喷溅。

此时，采用专门的压喷剂或石灰石、生白云石、轻烧白云石进行压喷操作。宝钢、马钢采用压喷剂的实践表明，使用量 1~2kg/t 钢，压渣成功率 90% 以上。我国北方某钢厂采用后一种炉料进行压喷操作，喷溅率相对下降 70%。

（3）吹炼后期的喷溅基本上都是由错误操作引起的，如温度过高时加入含氧化铁的冷却剂，致使产生爆发性喷溅等。

造好渣是实现炼钢生产优质、高产、低耗的重要保证。在转炉冶炼过程中，对炉渣的控制坚持遵循"初期早化渣，过程渣化透，终渣要做稠"。为了造渣，在转炉炼钢过程中，使用化渣剂和压喷剂是工艺内容不可或缺的部分。

C 泡沫性喷溅产生的原因

除了碳的氧化不均衡外，还有如炉容比、渣量、炉渣泡沫化程度等因素也会引起炉渣的泡沫化喷溅。

在1500℃左右，当碱度 $R \geq 1.27$ 就会析出 C_2S，使炉渣表观黏度增加。导致炉渣中的气体被较长时间阻滞在渣层之中，炉渣泡沫性增大。但碱度过高会使炉渣进入熔点比 C_2S 低的 C_3S（2070℃）占优势的区域，反而使炉渣黏度下降，使泡沫性减小。

在铁水 Si、P 含量较高时，渣中 SiO_2、P_2O_5 含量也高，渣量较大，再加上熔渣中 TFe 含量较高，其表面张力降低，阻碍着 CO 气体通畅排出，因而渣层膨胀增厚，严重时能够上涨到炉口。此时只要有一个不大的推力，熔渣就会从炉口喷出，熔渣所挟带的金属液也随之而出，形成喷溅。同时泡沫渣对熔池液面覆盖良好，对气体的排出有阻碍作用。严重的泡沫渣可能导致炉口溢渣。显然，渣量大时，比较容易产生喷溅；炉容比大的转炉，炉膛空间也大，相对而言发生较大喷溅的可能性小些。

转炉炼钢能够在短短 15~30min 内完成一炉钢的吹炼，这与泡沫渣的形成有非常紧密的关系。在转炉炼钢的过程中，氧气流股的冲击作用能够将金属液和熔渣击碎，溅出许多小液滴，液滴一部分被裹入炉气并随炉气一起运动，一部分返回熔池参加循环运动。同时，氧气流股本身也被击碎，与碳氧反应产物汇集在一起形成了大量的小气泡，这样气、渣、金属组成了三相乳化液，即泡沫渣。熔池中几乎所有的金属液都会经历液滴过程，有的甚至会经历多次液滴过程。由于泡沫渣的存在大大增加了气、渣、金属的反应界面，所以加快了转炉炼钢的反应速度。

当铁水中硅、磷的含量较高时，硅、磷氧化就会产生大量的 SiO_2 和 P_2O_5，这时候就必须增加石灰的加入量来平衡炉渣的碱度，降低炉渣的泡沫高度，泡沫渣的高度和炉渣的碱度关系如图 6-15 所示。

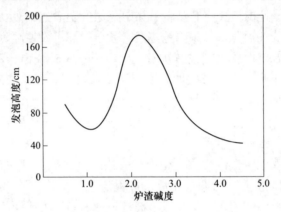

图 6-15　碱度与泡沫渣发泡高度的示意图

另外，炼钢是一个氧化性的气氛，熔渣中的（FeO）含量较高，也就是熔渣的氧化性较好。而（FeO）也是炉渣的表面活性物质，能够影响炉渣的泡沫化程度。炉渣中的氧化铁低于 20% 以下，有助于炉渣发泡；（FeO）含量大于 20% 以后，会降解炉渣发泡所需要的悬浮物质点硅酸二钙，导致炉渣发泡质量下降。二者的关系如图 6-16 所示。

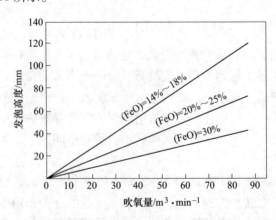

图 6-16　吹氧量和发泡高度的关系

炉渣泡沫中,气泡形成到气泡破裂之间的时间,被称为泡沫渣指数。降低泡沫渣指数,促进炉渣尽早破泡,有助于减轻泡沫渣喷溅的发生。

常见的转炉炉渣的黏度与表面张力的曲线如图 6-17 所示。

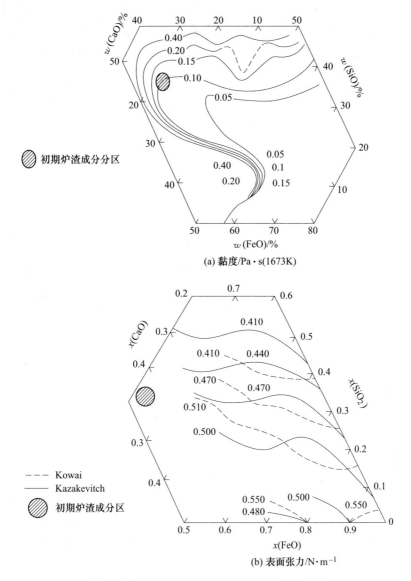

(a) 黏度/Pa·s(1673K)

(b) 表面张力/N·m⁻¹

图 6-17 常见转炉炉渣黏度与表面张力的曲线

冶炼前中期低温炉渣喷溅,主要发生在吹炼的 4~6min。转炉开吹 4~6min 时,炉渣碱度提高到 1.7 左右,炉渣的泡沫性达到了最大值。当 $R \geqslant 1.27$ 就会析出 C_2S,是泡沫渣中气泡形成的质点物质,也使炉渣表观黏度增加。导致炉渣中的气体被较长时间阻滞在渣层之中，即发泡指数增加。与此同时，碳氧反应也达到最大值，所以低温炉渣喷溅易在此时发生。

冶炼中后期高温炉渣喷溅，主要发生在吹炼的 11~14min，因为此时仍有较大的脱碳速度，炉渣碱度大于 2.0，泡沫渣的发泡高度远不及前期，但炉渣的泡沫化条件较好，此阶段熔池中的碳含量在临界范围，脱碳速度取决于熔池碳向钢渣界面的扩散速度。熔池中的碳扩散达到最大的时候，当（FeO）富集过多，浓度较高，在反应条件满足时，会发生短时间剧烈碳氧反应，随时都会发生高温炉渣喷溅。喷溅临界（FeO）含量与［C］的关系如图 6-18 所示。

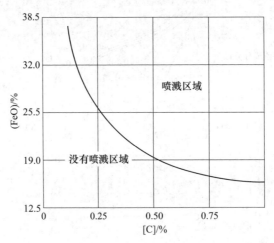

图 6-18　喷溅临界（FeO）含量与［C］的关系

D　泡沫化喷溅的预防及处理

综上所述，容易发生转炉炉渣喷溅的几种情况为：

（1）一般认为，在供氧强度为 3.0~4.0Nm³/(t·min) 的情况下，中小型转炉（公称容量低于 100t）的炉容比应为 0.85~0.9m³/t，炉容比 $V/T \leqslant 0.80\text{m}^3/\text{t}$ 的都易发生炉渣喷溅。铁水［Si］高，炉渣的量增加，渣层变厚，易在冶炼前中期发生低温炉渣喷溅。

（2）冶炼前中期，当（FeO）≥20% 以后，易发生低温炉渣喷溅。

（3）冶炼中后期，当（FeO）>（FeO）临界 以后，易发生高温炉渣喷溅。根据某钢厂内部资料，中后期发生高温炉渣喷溅有一个（FeO）临界值，当（FeO）>（FeO）临界 以后，随时都会发生高温炉渣喷溅。其中相关的回归关系如下：

$$(\%\text{FeO})_{临界} = 13.9 + (2.8/[\%\text{C}])$$

预防喷溅的关键在于以下几点：

（1）控制好装入制度。控制装入制度的内容主要包括以下几点：

1）严格按照已经制定好的工艺操作规程、制度控制好温度曲线，根据铁水的成分调节好铁水废钢比，使碳氧反应均匀、持续地进行，避免爆发性的碳氧反应发生。

2）控制装入量。最好采用分阶段的定量装入方式，避免超装，防止熔池过深、炉容比过小，防止金属喷溅现象的发生。

3）改善铁水的成分，减少炼钢渣量。控制好铁水中的硅、磷含量，最好采用铁水预处理三脱技术。如果没有铁水预处理设施，可以在吹炼的过程中倒出部分酸性泡沫渣再次造新渣，采用双渣操作法可以避免泡沫性喷溅的发生。

4）采用合理的炉型。炉容比不得过小，一般控制在 $0.9 \sim 1.05 \mathrm{m}^3/\mathrm{t}$，高宽比一般为 $1.6 \sim 1.7$。但是，也不能一味强调采用较大的高宽比来控制喷溅。某厂的生产实践证明，增加炉子高度是减少喷溅和提高钢液收得率的有效措施，但是转炉的高宽比会随着转炉炉容的增大而减小。

5）及时处理炉底上涨的情况。经常测量炉底液面，可以防止枪位控制不当的情况，从而减少金属喷溅的发生。

（2）合理的供氧制度。在吹炼时，供氧强度不能过大，以免使脱碳速度过快，液面上涨严重，造成大喷溅。但是，供氧强度过小又会延长吹炼时间。通常在化好渣、不喷溅的情况下，要尽可能提高供氧强度。

（3）正确控制枪位。转炉冶炼过程中，枪位的高低与渣中 TFe 含量的多少有直接的关系，降低枪位，脱碳速度加快，消耗渣中的（FeO），减少 TFe 含量；相反，提高枪位，脱碳速度减慢，使渣中的（FeO）含量累积，使 TFe 含量增加。渣中 TFe 含量积聚容易产生泡沫性喷溅，渣中 TFe 含量过低容易引发金属喷溅。在吹炼前期，采用较高的枪位操作控制渣中 TFe 的含量，可以及时调整炉渣的流动性。如果枪位过低，不仅会因为渣中（FeO）含量低在石灰表面形成高熔点、致密的 $2\mathrm{CaO} \cdot \mathrm{SiO}_2$，阻碍石灰的熔化，还会由于炉渣未能很好地覆盖熔池表面而产生金属喷溅，当然，前期枪位也不宜长时间过高，以免发生泡沫喷溅。在吹炼中期，由于脱碳速度较快，熔渣极易"返干"，为了使渣中 TFe 的含量足够，避免发生金属喷溅，所以，此时应采用先低后高的枪位模式。在吹炼过程接近终点时，应适当降枪，加强对熔池中相关物质的搅拌，使熔池中物质的温度和成分均匀化，同时，降低终渣中的 TFe 含量，提高金属和合金的收得率，减轻对炉衬的侵蚀。

（4）合理的造渣制度。造渣制度主要包括以下三点：

1）在满足去除磷、硫的前提下，最好采用小渣量操作，并适时地加入二批料，最好是分小批多次加入，这样熔池的温度不会明显降低，有利于消除因二批料过量加入冷却熔池而造成的爆发性喷溅。

2）提高石灰的质量，最好采用活性石灰，这样有利于石灰的渣化。

3）如果采用留渣操作，在兑铁前一定要采用稠化炉渣的措施，可以在其中加入石灰，防止发生爆发性喷溅。在溅渣护炉后，如果炉渣没有倒净，在兑铁的过程中也有可能会引发喷溅。

6.1.7.2　转炉冶炼工艺中的炉渣"返干"

转炉吹炼过程中，在脱碳反应激烈阶段，炉渣会出现"返干"，即炉渣出现高熔点的物质多，炉渣的流动性变差，不能够覆盖钢液，氧气射流冲击熔池时将钢液反射出熔池，造成喷溅、烧氧枪等事故，同时转炉的脱磷能力下降。

转炉"返干"的主要原因如下：

（1）不同冶炼时期炉渣的矿物组成。吹炼前期，此时炉膛内铁水温度不高，加入的石灰、轻烧镁球等造渣料并未完全熔化，由于 Si、Mn 与氧的亲和力强，所以其氧化速度比 C 快，同时 Fe 也被氧化，温度升高，石灰部分熔化形成炉渣，生成的 SiO_2、MnO、FeO 等氧化物进入渣中，此时碱度为 1.2~1.8，渣中的矿物组成主要是橄榄石（Fe，Mn，Mg，Ca）SiO_4 和玻璃体 SiO_2。

（2）吹炼中期，前期将铁水中的 Si、Mn 氧化，熔池温度升高，炉渣中石灰溶解，炉渣基本化好，由于 CaO 与 SiO_2 的亲和力比其他氧化物强，CaO 逐渐取代橄榄石中的其他氧化物，形成 $CaO \cdot SiO_2$、$3CaO \cdot 2SiO_2$，并且随着石灰不断溶解，炉渣碱度不断升高为 2.0~2.5。同时由于激烈的碳氧反应消耗了炉渣中 FeO，使（FeO）含量降低，渣中矿物形成了 $2CaO \cdot SiO_2$，$3CaO \cdot SiO_2$ 等高熔点化合物，此时易导致"返干"。

转炉吹炼中期，铁水中 Si、Mn 已基本氧化完毕，由于 C 开始剧烈氧化，渣中氧化铁含量迅速降低，炉渣熔点相应提高，此时炉渣易"返干"。这一阶段需要化渣，解决返干问题，使用氟化物是一种有效的方法。

转炉吹炼过程主要受碳氧反应速度的影响，当反应进入中期后钢水温度升高、碳氧反应速度加快，这时钢水对炉渣脱氧速度加快，促使炉渣向"返干"的方向发展。为了不使炉渣"返干"，这时要采取操作手段增加炉渣中（FeO）含量，将（FeO）控制在 10%~15% 范围内为佳。

故转炉吹氧工艺中，在脱碳反应的剧烈期，提高枪位吹氧，增加炉渣中的氧化铁。除了通过调整氧枪的枪位化渣，应用化渣剂是转炉冶炼的重要技术手段。毕竟通过氧枪化渣，造成渣中氧化铁增加引起的喷溅风险增加。

6.1.7.3　转炉吹炼终点钢液中碳和氧的关系

转炉炼钢过程中，向钢液吹入氧气，氧化去除钢液中的 [C]、[P]、[Si]、[S] 等杂质，这些化学反应是依托脱碳反应为核心进行的。转炉炼钢过程中的吹炼示意图如图 6-19 所示，脱碳反应的示意图如图 6-20 所示。

熔渣　　$[C] + (FeO) \Longrightarrow [Fe] + \{CO\}$　（乳浊液内反应）

界面　　$[C] + (FeO) \Longrightarrow [Fe] + \{CO\}$

$[C] + [FeO] \Longrightarrow \{CO\} + [Fe]$

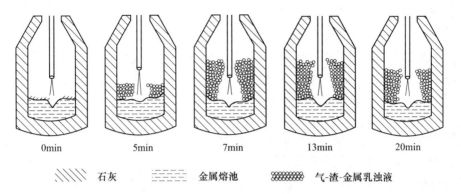

▨▨ 石灰	▬ 金属熔池	▨▨▨ 气-渣-金属乳浊液

图 6-19 转炉炼钢的吹炼示意图

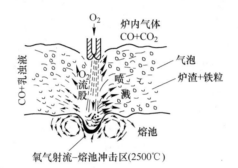

图 6-20 转炉脱碳反应示意图

钢水　　　　$[C] + 2[O] = \{CO_2\}$　（间接反应）

　　　　　　$[C] + 1/2\{O_2\} = \{CO\}$　（氧气射流冲击区，直接氧化反应）

在转炉冶炼过程中，绝大多数的脱碳反应是通过炉渣向熔池传递氧化铁的间接反应完成的，炉渣中的氧化铁含量对熔池中的碳含量有影响外，钢液中的碳含量和氧含量也存在着线性关系，这要从碳氧反应的基础原理分析[4]。

炼钢工艺过程中的脱碳反应如下：

　　　　$[C] + [O] = \{CO\}$　　　$\Delta G^{\ominus} = -22400 - 39.70T$　J/mol

$[C]$ 与 $[O]$ 反应的平衡常数：

$$K_{CO} = (p_{CO}/p^{\ominus})/(a_C a_O) = (p_{CO}/p^{\ominus})/(f_C[\%C]f_O[\%O])$$

式中，$p^{\ominus}$ 为标准态压力。当 $[C]$、$[O]$ 浓度不高时，$f_C \approx 1$，$f_O \approx 1$，则上式变为：

$$[\%C][\%O] = (p_{CO}/p^{\ominus})/K_{CO}$$

由 $\Delta G^{\ominus}$ 可得该反应平衡常数与温度的关系：

$$\lg K_{CO} = (1160/T) + 2.003$$

在温度为1600℃（$T = 1873K$）时 $K_{CO} = 419$，若气相中 CO 分压为 100kPa 即

$p_{CO}/p^{\ominus}=1$，则 ［C］和［O］的质量分数（%）的乘积 m 为：

$$m = [\%C][\%O] = 1/419 = 0.0024$$

由此可知，在一定的温度和 CO 分压下，由于碳氧反应接近平衡，钢液中的 ［C］、［O］浓度积为一常数，即钢液中的［C］和［O］相互制约，［C］高则 ［O］低，反之，［C］低则［O］高，亦即转炉熔池中的氧含量主要取决于熔池 中的碳含量。

作为氧化剂的氧气，通过氧化熔池中的铁成为氧化铁进入炉渣，对炉渣的流 动性和平衡熔池中的氧有重要的关系。氧化铁含量较高的炉渣，炉渣的黏度低、 流动性好，氧化性强，有利于脱磷脱硅脱碳。炉渣在脱碳和脱磷的阶段，较高的 氧化铁含量有助于反应的进行。在转炉吹炼后期，熔池中的碳含量较低，炉渣中 的氧化铁含量较高时，钢水中的氧含量也较高。转炉出钢时，高氧化铁含量炉渣 的流动性好，黏度低，在出钢过程容易和钢水一起进入钢包，造成下渣。并且出 钢后，高氧化铁的炉渣也不利于转炉溅渣护炉工艺的实施，不利于炉衬的寿命， 对转炉冶炼结束的脱氧负面影响很大，还会造成氧化性钢渣中磷氧化物被还原进 入钢水，造成钢液回磷。

综上所述，转炉在吹炼后期过程中，需要使用含碳的材料来降低炉渣中的氧 化铁浓度，优化炼钢成本和操作。常见的有含碳的球团（白云石和焦炭压成的球 团、废弃的含碳耐火材料破碎后压成的球团）、焦丁等，叫作终渣改质剂或终渣 调质剂。也有把出钢前对炉渣进行压渣消泡的材料与终渣改质剂统一，叫作压 渣剂。

6.1.7.4　转炉冶炼终点炉渣泡沫化的消泡技术

转炉在吹炼终点，需要测温取样的时候，或者在不测温取样直接倒炉出钢的 时候，虽然停止了吹氧，但是此时炉内的钢液中［C］与［O］之间还远远没有 达到平衡，加上炉渣碱度高，渣中的 FeO 丰富，炉渣的泡沫化就像洗衣服时候的 肥皂粉产生的泡沫一样。炉渣的泡沫化程度严重，使得炉渣很高，需要待泡沫渣 平静下来才能够倒渣，否则会发生炉渣倒在平台上、钢水倒入渣罐等事故。等待 炉渣的泡沫自然破裂，需要耗时 4~10min，在这些时间里面，转炉的高温钢水对 炉衬会产生一定的危害，转炉钢水的温度也有损失，更重要的是，这种等待时 间，延长了转炉的冶炼时间，降低了转炉的生产率。所以，绝大多数转炉采用加 入专门的消泡材料来消除和降低转炉炉渣的泡沫化问题。这些专门的材料就是转 炉压渣剂，在倒渣前加入。转炉炉渣的泡沫化程度取决于 4 个方面：（1）炉渣的 碱度；（2）炉渣中高熔点的悬浮物质点的多少，比如 CaO·SiO_2 等，它们是渣液 渣膜形成气泡依附的质点；（3）炉渣中的 FeO 的含量，它是保证炉渣流动性和 渣膜黏度的重要物质；（4）炉渣的温度。

采用压渣剂消泡，从原理上讲，通常有物理消泡和化学消泡两种工艺模式。

通过向炉内加入原料，击碎炉渣泡沫，提高炉渣黏度，快速降低炉渣温度，达到消泡的目的，这种压渣消泡剂侧重于物理作用；在加入的原料中加入少量碳质材料，对炉渣进行脱氧以降低渣中 FeO，提高炉渣熔点及黏度，这种消泡剂侧重于化学作用。同时在转炉底吹搅拌的作用下，可以强化钢渣界面反应，能够获得更好的压渣稠渣效果。

目前国内外的压渣剂都以两种工艺原理制作，来进行消泡压渣，即物理作用的消泡材料和物理作用和化学作用相结合的消泡材料。一种是利用了降温效果来降低转炉液态炉渣的温度实现压渣的，这种压渣剂在冶炼中高碳钢的时候，效果明显，但是冶炼低碳钢和超低碳钢的时候，效果不理想。所以目前国内绝大多数的企业选用了酸性材料为主的压渣剂，其中加入了部分的还原剂，以植物碳纤维和石墨碳为主，其原理是降低炉渣的碱度和渣中 FeO 的含量实现消泡压渣的工艺目的，对压渣剂的研究国内进行的较少。常见压渣剂的成分见表 6-10。

表 6-10　常见压渣剂的成分　　　　　　　　　（%）

SiO$_2$	Al$_2$O$_3$	CaO	MgO	Fe$_2$O$_3$	T. C	S	P	水分
48~55	10~25	2~10	5~10	1~3	3~10	≤0.5	≤0.5	≤1

使用以上类型的压渣剂，会增加渣中的二氧化硅的含量、降低炉渣的碱度，影响炉内钢渣实施溅渣护炉的效果。

6.1.7.5 转炉溅渣护炉工艺技术

20 世纪 90 年代中期，美国 LTV 钢厂首先开始研究应用溅渣护炉技术，转炉炉龄取得了大幅度的提高，由 1990 年的 6200 炉上升到 1995 年创世界纪录的 15658 炉（而当时传统的炉龄约 2500 炉）。到 1999 年 1 月美国一转炉（220t）炉龄达 33000 炉次，并还在冶炼中。1996 年底美国与加拿大钢铁公司等 11 家企业的 20 个转炉厂采用溅渣护炉技术，其平均炉龄为 7700 炉左右。其中炉龄大于 15000 炉的有 2 个厂，10000~15000 炉的有 4 个厂，5000~10000 炉的有 8 个厂。该技术是早在 70 年代应用过的向炉渣中加入含 MgO 的造渣剂造黏渣挂渣技术的基础上，采用氧枪切换输送的高压氮气，以最佳的溅渣护炉操作工艺参数，在 2~5min 将出钢后留在炉内的炉渣喷溅涂敷在转炉内衬整个表面上，故与炉衬表面结合比较牢固的一定厚度渣层，可以承受一炉到几炉的侵蚀量。这样，炉衬表面涂层可以不断更新，有效地延长了原有衬砖的寿命。因此，耐火材料消耗大幅度下降，吨钢成本也随之下降；大幅度提高转炉作业率，钢产量显著增加；减少废渣排出，有利于环境保护；有利于转炉炼钢调度，协调炼钢—精炼—连铸生产；投资少、回报率高，简单易行。我国早在 70 年代中期就已经掌握挂渣技术，故在我国刚开始应用溅渣护炉技术的第一二炉役就显示出了明显效果。从 1995 年下半年太钢 50t 转炉首先开始应用，其他厂家相继应用溅渣护炉技术，至今为止，大、中、小不同吨位的转炉（300t、250t、200t、180t、150t、120t、90t、50t、30t、15t）的炉龄由原来的 1000～3000 炉上升到 8000～30000 炉次，经过七八年应用溅渣护炉实践，基本掌握炉衬长寿命的技术。根据各厂生产统一安排，在一定炉龄范围内，自由掌握炉衬寿命长短。目前，结合我国转炉炼钢的特点，实践应用与基础理论研究同时进行，该项技术正向着更深入、更高水平方向发展。

转炉溅渣护炉是用高压 N_2 将炉内的炉渣溅到炉壁上形成一定厚度的溅渣层，在下一炉钢的冶炼中这一溅渣层起到减轻炉衬侵蚀的作用，可以大幅度提高炉衬寿命。因此，溅渣层炉渣的物理化学性质，特别是炉渣的熔点和黏度，对溅渣层的抗蚀性能和炉渣与炉衬的黏附作用，以及起渣孕育时间长短有着重要的影响。溅渣护炉工艺示意图如图 6-21 所示。

溅渣层是一种高 CaO（约 50%）和高 MgO（10%～12%）含量的终渣，因而早化初渣尽快提高初渣碱度，并通过加入含 MgO 材料增加初渣中的 MgO 含量，可减轻吹炼前期溅渣层的向渣中的溶解，同时合适的氧化铝存在，形成的网格状的镁铝尖晶石，能够减缓溅渣层的侵蚀剥落。

要使镁碳质耐火材料工作面能有效地形成炉渣涂层，必须使渣与镁砂间有轻微的化学反应，能形成大量对温度十分敏感的 RO 相，当温度降低时，迅速以固相析出。这样既增加渣黏度，又能成为 C_2S、C_3S 进一步析出的形核中心，使渣中高熔点相增加，炉渣迅速变黏，形成炉渣涂层。

图 6-21　溅渣护炉工艺示意图

转炉溅渣护炉实施前，对溅渣护炉的炉渣进行改性，即采用焦炭颗粒和白云石等材料，降低炉渣的温度，还原炉渣中的氧化铁，应用铝矾土化渣剂的溅渣护炉工艺结果也证明了，镁铝尖晶石相对溅渣护炉工艺的有益贡献[13]。

6.2　转炉炼钢常用的辅助材料

6.2.1　石灰

炼钢的过程，就是依据钢材用户所需钢铁材料的性能需要，在炼钢过程中调整组织成分和浇铸成型过程中控制铸态组织的过程。炼钢过程中使用石灰炼钢，主要基于以下的工艺考虑：

（1）由于炼钢采用的主要原料是废钢或者是铁水，这些原料中含有不同程度的 S、P、C、Si、As 等，这些成分在有些钢种里面是有益的，在有些钢种里面是有害的，其中 S、P、As、Si 在绝大多数钢种中，影响钢材的物理性能和机械加工性能，属于有害的元素，必须从钢中加以去除。去除钢中的 S、P、As、Si 有氧化的方法和还原的方法。氧化方法是通过向铁液中供氧（直接或者间接的供氧），将它们转化成为氧化物的形态，由于它们的密度与铁液的密度相差很大，在炼钢的动力学条件下，铁液产生的浮力将它们从铁液的内部排出到铁液的上部，形成炉渣。这些炉渣如果不采用措施加以控制，在一定的条件下会重新分解，或者以化合物的形式重新进入铁液。由于这些有害元素的化合物，通常是一些酸性物质，所以将这些有害元素的化合物与一些碱性物质化合，使其成为相对稳定的化合物，是一种有效的方法。石灰以其原料来源丰富，价格合适，能够与 S、P、As、Si 的氧化物形成不同的化合物，成为脱除 S、P、As 的首选。

（2）在采用氧化工艺脱除部分的 S、P、As 以外，钢中的 S、P、As 有一部分是以还原的方法去除的。在采用还原的工艺方法中，石灰也是最佳的材料，将这些有害元素与石灰中的钙离子形成新的化合物，比如 CaS 等。

（3）在钢液脱除 C 的时候，已有的研究结果表明，脱碳氧化主要是间接氧化，氧气首先氧化铁液中的铁，形成的氧化铁再氧化铁液中的碳。而渣中的碱度 CaO/SiO_2 对渣中的氧化铁向反应界面的迁移扩散有重要的影响，增加渣中的 CaO，有利于铁液脱碳。

（4）渣中的酸性物质 Fe_2O_3 与 SiO_2，如果不采用加石灰与之反应成为固定的化合物，那么这些酸性的物质将与炉衬材料中的碱性物质 MgO 反应，从而侵蚀炉衬。所以从为了保护炉衬这个角度出发，采用石灰作为渣料，能够有效地减缓炉衬被侵蚀的速度。

（5）炼钢过程中，吹氧产生的动能将铁液冲击到炉膛上部空间，有一部分会进入除尘系统，有一部分会在烟罩等部位凝固成为影响冶炼工艺的障碍物，而合适的炉渣能够覆盖铁液，减少这种飞溅损失，石灰则是能够形成适合于炼钢炉渣的最佳材料之一。

基于以上的原因，炼钢过程中必须使用石灰炼钢，石灰是炼钢主要造渣材料，具有脱 S、P、As 能力，用量也最多，其质量好坏对吹炼工艺，产品质量和炉衬寿命等有着重要影响。

6.2.1.1 活性石灰

在炼钢生产中，要求入炉的石灰在渣中迅速熔解，具有较快的成渣速度，较早地形成高碱度炉渣，因此不仅对石灰的化学成分要求更高，而且对石灰的物理性能也要求具有很快的反应能力。

石灰的主要成分是 CaO，是脱硫、脱磷、脱氧提高钢液纯净度和减少热损失不可缺少的材料。在炼钢过程中要求吹炼初期尽快形成高碱度的炉渣，但是在初期酸性渣浸入石灰，在石灰表面生成 C_2S，形成一个高熔点的致密外壳，而使石灰熔化速度变得很慢，成为快速成渣的限制环节。采用高活性的石灰造渣，由于其具有高的气孔率，在石灰表面沉积的 C_2S 壳疏松，容易剥落，因而加速石灰的熔化，对脱 P、S，保护炉衬，提高生产效率等都有好处。

为使石灰快速熔化，快速成渣，石灰应具有较高的反应能力。石灰的反应能力是指石灰熔于炉渣的性能，这种反应能力称为石灰的热活性，或者指石灰在熔渣中的可熔性。石灰的热活性大，在炼钢过程中熔化速度快，能加快渣-钢之间的反应，同时对炼钢经济技术指标有着极为重要的影响。但是要用定量的方法来直接的评定在高温下的反应能力是非常困难的。

由于石灰的水活性与热活性之间有良好的相关性，所以，目前通常用石灰与水的反应速度间接地反映石灰在熔渣中的熔化速度。因此，石灰活性成为判定石灰质量好坏的一项重要指标。

由于煅烧石灰的原料通常含有以 SiO_2 为主的杂质，使煅烧后石灰的组成中有游离氧化钙和结合氧化钙，游离氧化钙中又分活性氧化钙和非活性氧化钙。活性氧化钙则是在普通溶解条件下能同水发生反应的那部分游离氧化钙。非活性氧化钙在普通溶解条件下，不能同水发生反应，但有可能转化为活性氧化钙。一般定义活性氧化钙含量高的石灰为活性石灰；而把活性氧化钙含量低的石灰称为非活性石灰或硬石灰。

由于煅烧设备与煅烧条件及石灰石、燃料的不同，生成的石灰可分为轻烧石灰、中烧石灰和硬烧石灰。一般轻烧石灰是活性石灰，其晶粒小，通常最大为 $1\sim2\mu m$，而硬石灰为 $3\sim6\mu m$，个别可达 $10\mu m$。活性石灰呈微晶形态，具有分散度高、比表面积大、体积密度小和活性度大等特性，而硬石灰则反之。活性石灰具有单个气孔较小、总体积却很大的特点，单个气孔直径绝大部分为 $0.1\sim1\mu m$，并因活性度大而具有较高的反应性。实践证明，在冶金过程的各个环节使用活性石灰，都具有很大的优越性。

要得到活性度高的石灰，烧制过程就必须控制煅烧温度和时间，最佳时间和温度的控制原则是：全部的 $CaCO_3$ 恰好分解为 CaO，而不与 SiO_2 等杂质反应，保持 CO_2 分解留下的孔隙，使 CaO 之间有最大限度的孔隙度，因而更具有反应性。

在钢铁生产过程中，应用活性石灰节能降耗效果显著，主要体现在以下几个方面：

（1）提高化渣速度，缩短冶炼时间。普通石灰虽然 CaO 的含量很高，但由于气孔率低、石灰的晶粒大、晶格稳定，形成低熔点渣系的时间长；而活性石灰晶粒细小、晶格不稳定、反应面积大，加入铁水后能迅速与其他化合物熔解成渣。在相同的操作条件下，石灰的活性越大，反应能力越强，加入活性石灰 2s 后就基本渣化，缩短了熔化时间；而普通石灰加入 4s 甚至更长时间才能渣化。使用活性石灰能有效地缩短冶炼时间，适应快速炼钢的需要。

（2）提高炼钢热效率，废钢比增加。因活性石灰中活性 CaO 含量高，在冶炼反应中能被充分利用，从而使炼钢的石灰消耗量比普通石灰下降 20%~30%，活性石灰用量少，渣量随之减少，钢渣带走的热量也大大减少。另外，使用活性石灰可有效降低热损失，提高热效率，相应可以多吃废钢。此外，在既定炉容时，石灰加入量少则渣量少，相应可提高废钢加入量。一般情况下，减少石灰加入量 20kg/t 钢，可相应提高废钢比 1.5%~2.5%。

（3）提高钢水收得率，降低钢铁料消耗。采用活性石灰可以减少石灰用量，可使钢渣的生成量也相应减少 12~18kg/t 钢，成渣量减少，喷溅量少。同时，渣的减少使铁损降低，其综合效果是钢水收得率提高，钢铁料消耗降低。

（4）提高脱硫、脱磷效果，改进钢的质量。由于活性石灰有效 CaO 含量高、气孔率高、比表面积大，CaO 分子性能活泼，在冶炼中具有较好的脱硫、脱磷效果，去磷率比普通石灰高 10%。同时，由于活性石灰本身所含杂质少，硫、磷含量低，成分稳定，便于炼钢操作，对提高和改进钢质量大有好处。

（5）炉衬侵蚀减轻，炉龄提高。钢水中的 Si、S、P 在转炉的强氧化气氛中生成酸性氧化物并进入炉渣，而转炉炉衬为碱性材料，酸碱两种性质的物质在高温下会发生化学反应，生成低熔点的物质进入炉渣而导致侵蚀炉衬。加入活性石灰，快速熔化进入炉渣的有效 CaO 可快速中和炉渣的酸性物质，缩短了冶炼时间，相应提高了炉龄，为保护炉衬和提高炉龄创造了条件，一般可提高炉龄 20%。

石灰是炼钢中最基本也是用量最大的造渣材料，使用石灰的目的就是除去钢水中的硅和硫及磷等有害杂质。为了防止回磷和进行脱硫，在炼钢中必须有足够的活性 CaO 的强碱性渣，加入的石灰应是具有气孔率高、比表面积大、反应能力强的活性石灰。国外一些专家认为，今后氧气炼钢工艺的最大改进之一要靠改进化渣操作和提高石灰质量来实现。

中华人民共和国黑色冶金行业标准 YB/T 042—2004 对入炉冶金石灰质量的要求见表 6-11。

表 6-11 冶金石灰的理化指标

类别	品级	成分/%					灼减/%	活性度/mL（4mol/mL，40±1℃，10min）
		CaO	CaO+MgO	MgO	SiO$_2$	S		
普通冶金石灰	特级	≥92	—	<5	≤1.5	≤0.020	≤2	≥360
	一级	≥90			≤2.0	≤0.030	≤4	≥320
	二级	≥88			≤2.5	≤0.050	≤5	≥280
	三级	≥85			≤3.5	≤0.1	≤7	≥250
	四级	≥80			≤5.0	≤0.1	≤9	≥180

| 类别 | 品级 | 成分/% | | | | | 灼减/% | 活性度/mL（4mol/mL,
40±1℃，10min） |
		CaO	CaO+MgO	MgO	SiO₂	S		
镁质冶 金石灰	特级	—	≥93	>5	≤1.5	≤0.025	≤2	≥360
	一级		≥91		≤2.5	≤0.050	≤4	≥280
	二级		≥86		≤3.5	≤0.100	≤6	≥230
	三级		≥81		≤5.0	≤0.200	≤8	≥200

6.2.1.2　石灰粒度的规定

转炉散装料（又称副原料）主要是指转炉炼钢过程中所用的造渣剂、助熔剂和冷却剂等。在氧气转炉冶炼过程中，散装料一般都由高位料仓经固定下烟罩加入转炉，包括石灰、轻烧白云石、铁矾土、萤石、复合造渣剂、球团矿、铁矿石、锰矿石、氧化铁皮等。高速流动的转炉烟气会抽走粒度细小的散装料，为了节省资源和保护环境，采用粒度适中而均匀的石灰对加速造渣过程有利，轻烧石灰的优越性中也包括了合适的石灰粒度的作用。氧气转炉炼钢用石灰粒度的下限一般规定为 6~8mm，再小的石灰粒会被抽风机带走而损失掉。上限一般认为以30~40mm 为宜。电炉炼钢用石灰粒度可适当增大。YB/T 042—2004 要求的粒度范围见表 6-12。

表 6-12　YB/T 042—2004 要求的粒度范围　　　　（mm）

用途	粒度范围	上限允许波动范围	下限允许波动范围	允许最大粒度
电炉	20~100	≤10	≤10	120
转炉	5~50	≤10	≤10	60
烧结	≤5	≤10	—	6

6.2.2　石灰石

石灰石在 420℃左右开始分解，随温度升高分解速率加快，820℃左右分解速率最大，5min 之内几乎全部分解。开吹后，转炉内熔池温度一般在 1300~1400℃，石灰石分解过程会产生大量 CO₂ 气体，一方面，使得炉内熔渣泡沫化程度提高，有效增加石灰与熔渣反应的表面积，同时 CO₂ 气体的逸出会在石灰石煅烧生产的石灰表面形成诸多气孔，高气孔率的形成更有效地促进石灰的快速熔化，有利于高碱度转炉熔渣快速形成[14]；另一方面，CaCO₃ 含有 44% 的 CO₂，在炼钢前期分解产生的 CO₂ 可与 C 发生氧化反应，直接或间接提高熔渣氧化性，有利于前期脱磷。主要优势有以下的两点：

（1）采用石灰石基本可以替代常规工艺中起降温作用的部分石灰，从磷含量的对比来看，碱度按3.0左右控制可以保证去磷效果。

（2）利用石灰石替代部分石灰造渣炼钢，能够有效降低吨钢石灰消耗6.69kg/t，使炼钢生产成本降低3.3元/t，能够达到降低生产成本的预期目的。

生产条件要求：石灰石的冷却效应是废钢的3.0~4.0倍，其分解需要吸收大量的热量，为此，热铁水消耗或铁水温度要高，以满足炉内热量平衡。由于石灰石的表面比石灰硬，且石灰石在转炉内分解需要一定的时间，因此，入炉的石灰石的粒度最好在20~40mm。

石灰石的加入时机：石灰石的加入与石灰的加入方式一致，即石灰石从料场由汽车运输至低位料仓，采用皮带运送至转炉高位料仓。由于石灰石在转炉内要经过煅烧，石灰石完全煅烧分解完的时间长。而且，由于铁水消耗高，入炉温度大于1330℃，要控制炉内前期的过程温度，因此，石灰石最好在吹炼前期加完。若加入量较大，也可通过加底灰的方式在吹炼前加入，避免在吹炼过程中加入过快，造成炉渣结团，不利于石灰石的熔化。某炼钢厂使用的石灰石的要求见表6-13。冶金行业标准中，石灰石的成分要求见表6-14。

表6-13 某炼钢厂使用的石灰石的要求

成分/%				粒度要求
CaO	SiO$_2$	S	P	
>52	<1.2	<0.04	<0.008	粒度要求在10~40mm，小于10mm的不超过总量的5%，最大的粒度不超过50mm

表6-14 冶金行业标准中对石灰石的成分要求 （%）

类别	牌号	CaO	CaO+MgO	MgO	SiO$_2$	P	S
普通石灰石	PS540	>54.0	—	<3	≤1.5	≤0.005	≤0.025
	PS530	>53.0			≤1.5	≤0.010	≤0.035
	PS520	>52.0			≤2.2	≤0.015	≤0.060
	PS510	>51.0			≤3.0	≤0.033	≤0.10
	PS500	>50.0			≤3.5	≤0.040	≤0.15
镁质石灰石	GMS545	—	>54.5	<8	≤1.5	≤0.005	≤0.025
	GMS540		>54.0		≤1.5	≤0.010	≤0.035
	GMS535		>53.5		≤2.2	≤0.020	≤0.060
	GMS525		>52.5		≤2.5	≤0.030	≤0.10
	GMS515		>51.5		≤3.0	≤0.040	≤0.15

6.2.3　镁质冶金熔剂

在炼钢过程中，基于以下的原因，炼钢需要加入镁质的渣辅料[15]：

（1）转炉炼钢过程中，熔渣的黏度对熔渣和金属间的传质和传热速度有着密切的关系，因而它影响着渣钢反应的反应速度和炉渣的传热能力。黏度过大的熔渣使得熔池不活跃，冶炼不能顺利进行；黏液度过小的熔渣，容易发生喷溅，而且严重侵蚀炉衬的耐火材料，降低炉子的寿命。熔渣黏度的影响因素主要是熔渣的组成和冶炼温度。因此，为了保证钢的质量和良好的经济技术指标，就要保证熔渣有适当的黏度。而加入含有 MgO 的造渣材料被证明是最有效的调整炉渣黏度的工艺。

（2）转炉炉衬主要的耐火材料的材质是镁碳砖，为了使得转炉炉衬有较高的使用寿命，调整炉渣的黏度，将渣中的 MgO 含量控制在 8%~15%，由于转炉炉渣的碱度在 2.8~4.8 之间，氧化镁在此类钢渣中的溶解度有限，向炉内加入一定数量的含氧化镁的材料，使渣中的氧化镁接近饱和，从而减弱熔渣对镁质炉衬中氧化镁的熔解。渣中氧化镁过饱和状态而有少量的固态氧化镁颗粒析出，使炉渣黏度升高，溅渣护炉的工艺实施后，这些含有较高氧化镁的转炉炉渣挂在炉衬表面，形成保护层。

（3）镁质的渣辅料加入转炉或者电炉以后，有利于形成各类低熔点的橄榄石和其他的低熔点岩相组织，促进炉渣的熔化，部分白云石能够代替萤石，帮助化渣，降低石灰用量，有利于炼钢的工艺展开。

（4）部分含有 MgO 的高熔点物质是形成泡沫渣的悬浮物质点，有利于泡沫渣的形成，泡沫渣对增加钢-渣反应界面、提高冶金过程中的化学反应速度有极大的促进作用。

基于以上的原因，炼钢过程中需要使用含镁的渣辅料，以优化冶炼的工艺。目前国内炼钢使用含有 MgO 成分的原料主要是白云石，有轻烧白玉石和白云石原矿两种。将白云石煅烧得到轻烧白玉石，煅烧的目的是提高 MgO 的反应活性和效率，以及减少从熔池中吸收的热量，增加废钢比，优化炼钢过程中的温度控制工艺。使用白云石原矿的目的除了增加渣中 MgO 含量，还有就是平衡转炉炼钢过程中的富余热。此外，含镁渣辅料还有菱镁矿。通常采用这种工艺的钢厂附近有菱镁矿资源，优点是菱镁矿中的 MgO 含量高，加入量少。我国的菱镁矿资源集中在东北，故使用菱镁矿的钢企多在东北地区。

6.2.3.1　白云石（生白云石）

白云石是组成为 $CaMg(CO_3)_2$ 的碳酸复盐，也叫作白云岩，具有完整的解理以及菱面结晶。颜色多为白色、灰色、肉色、无色、绿色、棕色、黑色、暗红色等，透明到半透明，具有玻璃光泽。有的白云石在阴极射线照射下发橘红色光。

白云石为三方晶体。晶体结构像方解石，晶体呈菱面体，晶面常弯曲成马鞍状，聚片双晶常见，集合体通常呈粒状。纯者为白色，含铁时呈灰色；风化后呈褐色。遇冷稀盐酸时缓慢起泡。海相沉积成因的白云岩常与菱镁矿层、石灰岩层成互层产出。在湖相沉积物中，白云石与石膏、硬石膏、石盐、钾石盐等共生。密度为 2.86~3.20g/cm³，在国内大部分的区域均存在这种矿物。广义的白云岩分布很广，但纯的白云岩很少。根据 CaO/MgO 的比值大小分：

（1）白云岩。白云岩中含少量的方解石（<5%），CaO/MgO≈1.39，煅烧后 MgO 含量为 35%~45%。

（2）钙质白云岩。CaO 含量较多，CaO/MgO>1.39，CaO 含量过高时，称为白云石质灰岩，煅烧后 MgO 含量为 8%~30%。

（3）镁质白云岩。MgO 含量较多，CaO/MgO<1.39，MgO 含量为 40%~65%。当 MgO 含量过高时，称为白云石质菱镁矿或高镁白云岩，煅烧后 MgO 含量为 70%~80%。

我国有丰富的白云石原料，主要产地有辽宁大石桥，内蒙古，河北，山西，四川，甘肃，湖北乌龙泉、钟祥，湖南湘乡等地，原料较纯，CaO 含量不小于 30%，MgO 含量大于 19%，CaO/MgO 比值波动在 1.40~1.68。

炼钢过程中使用白云石原矿颗粒，作为含镁的渣辅料使用，其使用与石灰石的使用一样，粒度控制在 10~50mm，YB/T 5278—2007 国标要求其成分应该满足表 6-15 的要求。

表 6-15　YB/T 5278—2007 中的白云石成分要求　　　　　　（%）

CaO	SiO_2	MgO	S	P_2O_5	Fe_2O_3	Al_2O_3
≥30	≤3.0	≥19	≤0.025	≤0.025	<1.2	<0.85

6.2.3.2　轻烧白云石

轻烧白云石是将白云石原矿经过煅烧以后得到的产品，煅烧的目的也是解决转炉或者电炉热能不足的矛盾，其煅烧的工艺设备与煅烧石灰的工业设备类似。白云岩的矿物 $CaMg(CO_3)_2$ 中含 MgO 21.7%，CaO 30.4%。白云石与滑石、菱镁矿、石灰岩、石棉伴生，并夹有石英碎屑、黄铁矿、云母等，在开采过程中又不可避免地带入黏土等物质，SiO_2、Al_2O_3、Fe_2O_3 是白云岩中的主要杂质。这些杂质在白云岩高温煅烧过程中，与白云石的分解产物 CaO、MgO 生成低熔点物，主要是与 CaO 形成低熔物，如铁铝酸四钙（1415℃）、铁酸二钙（1436℃分解出 CaO）、铝酸三钙（1535℃分解出 CaO）等，降低了轻烧白云石加入炼钢炉以后的反应能力。其中，SiO_2 作为一项指标来要求，因为原料中含过量的 SiO_2，化合成硅酸三钙，进一步形成硅酸二钙，冷却过程中硅酸二钙发生晶型转变，伴随体积膨胀，使物料粉碎。这也是轻烧白云石粉末率较高的一个原因。国家行业标准要求的主要成分见表 6-16。

表 6-16　　国家行业标准要求的轻烧白云石主要成分　　　　（%）

MgO	CaO	SiO₂
>28	>40	<3

轻烧白云石用于炼钢，受其中氧化镁含量等因素的影响，存在以下缺点：

（1）加入量大，限制了少渣炼钢工艺的实施。

（2）渣中的氧化镁含量不稳定。

（3）粉尘含量大，对除尘系统的影响严重。

6.2.3.3　菱镁矿

菱镁矿是一种镁的碳酸盐，其化学分子式为碳酸镁（$MgCO_3$），理论组分：MgO 47.81%，CO_2 52.19%。密度为 2.9~3.1g/cm³，硬度 3~5。菱镁矿根据其结晶状态的不同，可以分为晶质和非晶质两种。晶质菱镁矿呈菱形六面体、柱状、板状、粒状、致密状、土状和纤维状等，其往往含钙和锰的类质同象物，Fe^{2+} 可以替代 Mg^{2+} 组成菱镁矿（$MgCO_3$)-菱铁矿（$FeCO_3$）完全类质同象系列。非晶质菱镁矿为凝胶结构，常呈泉华状，没有光泽，没有解理，具有贝壳状断面。

菱镁矿加热至 640℃ 以上时，开始分解成氧化镁和二氧化碳。在 700~1000℃ 煅烧时，二氧化碳没有完全逸出，成为一种粉末状物质，称为轻烧镁（也称苛性镁、煅烧镁、α-镁、菱苦土），其化学活性很强，具有高度的胶黏性，易与水作用生成氢氧化镁。在 1400~1800℃ 煅烧时，二氧化碳完全逸出，氧化镁形成方镁石致密块体，称重烧镁（又称硬烧镁、死烧镁、β-镁、僵烧镁等），这种重烧镁具有很高的耐火度。YB 321—81 中的菱镁矿成分见表 6-17。

表 6-17　　YB 321—81 中要求的菱镁矿成分

矿石品级	化学成分/%			块度/mm	说明
	MgO	CaO	SiO₂		
特级品	≥47	≤0.6	≤0.6	25~100	制作高纯镁砂，做特殊耐火材料用
一级品	≥46	≤0.8	≤1.2	25~101	制作各种镁砖
二级品	≥45	≤1.5	≤1.5	25~102	制作各种镁砖
三级品	≥43	≤1.5	≤3.5	25~103	制作镁硅砂、热选使用
四级品	≥41	≤6	≤2	25~104	制作冶金镁砂
菱镁石粉	≥33	≤6	≤4	0~40	供烧结使用

目前国内外尚无直接使用菱镁矿炼钢的经验，主要原因基于菱镁矿的资源有限，菱镁矿入炉以后大量使用，炉渣的调整较困难。转炉使用的特点如下：

（1）按照成分组成的热工计算，1t 的菱镁矿的冷却效应相当于 2.8t 的废钢，替代白云石原矿能够减少渣量。

（2）转炉前期加入量应该控制在 3t 以内，由于矿物中的成分没有 CaO 或者 SiO_2，难以有利于成渣，形成镁橄榄石类化合物，前期化渣操作很关键。

（3）作为溅渣护炉改性剂前景乐观。

（4）使用粒度控制在 20~30mm，能够有利于菱镁矿受热分解，迅速参与造渣反应。

6.2.3.4　其他

（1）镁钙石灰。采用这种工艺的原因是炼钢厂生产区域的石灰石矿物中富含 $MgCO_3$ 矿物成分，烧制的石灰成分中含有 5%~15% 的 MgO。这种工艺常见于中原地区的钢企。

（2）MgO-C 压块。由于菱镁矿和轻烧白云石各自存在的缺点，所以以氧化镁为主成分，添加其他辅助成分的镁球的炼钢工艺，成为一种先进的工艺。这种压块是吹炼终点碳低或冶炼低碳钢溅渣时的调渣剂，由轻烧菱镁矿和炭粉、炼钢废弃镁碳砖破碎后制成压块，一般 MgO 50%~60%，C 15%~20%，块度为 10~30mm。

（3）镁球。目前国内的各大钢厂，如宝钢、包钢、马钢、鞍钢等企业均采用镁球炼钢，是冶炼优钢、实施少渣炼钢的重要技术手段。这些企业使用的镁球，大多数采用煅烧的菱镁矿粉末，在专门的生产线上压球生产的，成本较高。某厂使用轻烧镁球的化学成分及物理性能应符合表 6-18 的规定。

表 6-18　某厂使用轻烧镁球的化学成分及物理性能　　　　　（%）

SiO_2	MgO	Al_2O_3	C+S+P	水分
≤8.0	≥50.0	~35	不做要求	≤1.00
说明	粒度要求：20~50mm，其中小于 5mm 的粉末率不大于 5%；抗压强度：≥980N/个，现场实测以从 3m 高度自由落体至水泥地面不碎裂为准				

6.2.4　萤石

人类利用萤石已有悠久的历史。1529 年德国矿物学家阿格里科拉（G. Agricola）在他的著作中最早提到了萤石，1556 年他在研究萤石的过程中，发现了萤石是低熔点的矿物，在钢铁冶炼中加入一定量的萤石，不仅可以提高炉温，去除硫、磷等有害杂质，而且还能同炉渣形成共熔体混合物，增强活动性、流动性，使渣和金属分离。

萤石作为助熔剂被广泛应用于钢铁冶炼及铁合金生产、化铁工艺和有色金属冶炼。冶炼用萤石矿石一般要求氟化钙含量大于 65%，并对主要杂质二氧化硅也有一定的要求，对硫和磷有严格的限制。硫和磷的含量分别不得高于 0.3% 和

0.08%。萤石俗称氟石，硬度 4，密度 $3.18g/cm^3$。目前的行业标准为 YB/T 5217—2019《萤石》，其成分要求分别见表 6-19 ~ 表 6-21。萤石的类型和牌号规定如下：牌号取英文字首，F 表示萤石，C 表示精矿，F 表示粉矿，数字表示 CaF_2 质量百分数。其中，萤石精矿 FC 的牌号有 FC-97.5、FC-97、FC-96、FC-95、FC-93；萤石块矿 FL 的牌号有 FL-95、FL-90、FL-85、FL-80、FL-75、FL-70、FL-65；萤石粉矿 FF 的牌号有 FF-95、FF-90、FF-85、FF-80、FF-75、FF-70。

表 6-19　萤石精矿的成分要求　　　　　　　　　　　　　　（%）

牌号	CaF_2 ≥	SiO_2 ≤	$CaCO_3$ ≤	S ≤	P ≤	As ≤	有机物 ≤
FC-97.5	97.50	1.20	1.00	0.05	0.05	0.0005	0.10
FC-97	97.00	1.50	1.10	0.05	0.05	0.0005	0.10
FC-96	96.5	2.00	1.10	0.05	0.05	0.0005	0.10
FC-95	95.00	2.50	1.50	—	—	—	—
FC-93	93.00	3.50	2.00	—	—	—	—

表 6-20　萤石块矿的行业标准要求　　　　　　　　　　　　（%）

牌号	CaF_2 ≥	SiO_2 ≤	S ≤	P ≤
FL-95	95.00	4.50	0.10	0.06
FL-90	90.00	9.30	0.10	0.06
FL-85	85.00	14.00	0.15	0.06
FL-80	80.00	18.50	0.20	0.08
FL-75	75.00	23.00	0.20	0.08
FL-70	70.00	28.00	0.25	0.08
FL-65	65.00	32.00	0.30	0.08

表 6-21　萤石粉矿的化学成分要求　　　　　　　　　　　　（%）

牌号	CaF_2 ≥	Fe_2O_3 ≤	H_2O ≤
FF-95	95.00	0.20	0.50
FF-90	90.00	0.20	0.50
FF-85	85.00	0.30	0.50
FF-80	80.00	0.30	0.50
FF-75	75.00	0.30	0.50
FF-70	70.00	—	—

6.2.5　含碳材料在转炉炼钢中的应用

钢铁的生产，在某一种意义上来讲，是以铁矿石为基础，以碳元素为载体，以氧元素为动能的物质流动和能量转化。铁矿石在含碳燃料（煤气、天然气、煤粉等）的作用下，成为烧结矿或者球团矿，作为炼铁的原料提供给炼铁工序；在炼铁的工序，铁矿石、球团矿、烧结矿在含碳材料（焦炭、煤粉等）的还原作用下，铁液在溶解了碳元素后，铁液的熔点降低、成为铁水或者生铁，成为炼钢的原料；在炼钢工序，炼钢通过吹氧脱碳的氧化过程，利用脱碳反应提供了冶金反应所需的热力学条件和动力学条件，脱碳反应贡献了转炉炼钢中80%以上的化学热，碳氧反应产生的CO和CO_2气泡，是脱除铁水和炼钢原料中［H］、［N］的必需条件，碳氧反应引起的熔池运动，增加了铁液和炉渣接触的面积，提高了反应效率，是炼钢脱硫脱磷等反应的必要条件；炼钢氧化气氛下的冶炼工艺结束后，含碳材料是钢水脱氧的材料之一。可以说，含碳材料在钢铁的生产中不可或缺，只是钢铁生产工艺过程中，不同的工艺环节，对含碳材料的物理化学性能有不同的要求，不同的工艺环节，对含碳材料的要求各不相同。铁液中不同元素含量使得铁液熔点变化的关系见表6-22。

表 6-22　铁液中不同元素含量使得铁液熔点变化的关系

元素	C							Si	Mn	P	S	Al	Cr	N、H、O
在铁中极限溶解度/%	5.41							18.5	无限	2.8	0.18	35.0	无限	
溶入1%元素使铁熔点降低值/℃	65	70	75	80	85	90	100	8	5	30	25	3	1.5	
N、H、O溶入使铁熔点降低值/℃														Σ=6
适用含量范围/%	<1	1.0	2.0	2.5	3.0	3.5	4.0	≤3	≤15	≤0.7	≤0.08	≤1	≤18	

　　转炉炼钢是以铁水为主原料，利用液态铁水的物理热和铁水中的各种元素在氧化后放出的化学热，满足炼钢工艺过程中的热力学条件，转炉的冶炼工艺过程如图6-22所示。其中典型的转炉冶炼铁液中各元素的氧化反应热力学数据见表6-23。典型的转炉炼钢热平衡见表6-24。

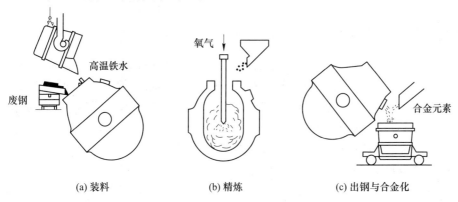

(a) 装料　　　　　　　　(b) 精炼　　　　　　　　(c) 出钢与合金化

图 6-22　转炉的冶炼工艺过程

表 6-23   元素氧化热和成渣热

反应产物	氧化热或成渣热/kJ	反应产物	氧化热或成渣热/kJ
C→CO	3.51×11639 = 40852.89	Fe→Fe₂O₃	0.421×6460 = 2719.66
C→CO₂	0.39×34834 = 135853.26	P→P₂O₅	0.28×18980 = 5314.4
Si→SiO₂	0.80×29202 = 23361.6	P₂O₅→4CaO·P₂O₅	0.422×4880 = 2059.36
Mn→MnO	0.420×6594 = 2769.48	SiO₂→2CaO·SiO₂	1.934×1620 = 3133.08
Fe→FeO	0.831×4250 = 3531.75	合计 Q_y	97327.48

表 6-24   转炉冶炼的热平衡表

收 入			支 出		
项目	热量/kJ	比例/%	项目	热量/kJ	比例/%
铁水物理热	117270.83	53.24	钢水物理热	132251.14	60.04
元素氧化和成渣热	97327.48	44.19	炉渣物理热	28964.17	13.15
其中 C 氧化	54438.15	24.72	废钢吸热	22600.48	10.26
Si 氧化	23361.6	10.61	炉气物理热	17957	8.15
Mn 氧化	2769.48	1.26	烟尘物理热	2442.45	1.11
P 氧化	6251.41	2.84	渣中铁珠物理热	1134.3	0.52
Fe 氧化	3133.08	1.42	喷溅金属物理热	1460.7	0.66
SiO₂ 成渣	2059.36	0.93	轻烧白云石分解热	2437.1	1.11
P₂O₅ 成渣	1859.28	0.84	热损失	11012.99	5.00
烟尘氧化热	5075.35	2.30			
炉衬中碳的氧化热	586.25	0.27			
合 计	220260.33	100	合 计	220260.33	100

由以上数据可知，碳的氧化放热是转炉炼钢过程中化学热贡献最大的。转炉炼钢的铁水中的碳，是高炉炼铁过程中，铁液在滴落带溶解了炼铁原料焦炭（喷吹煤粉）中的碳。在炼钢工序，出现以下的情况需要配加含碳的材料增加化学热，以满足炼钢的热力学条件：

（1）铁水的物理热不足，即出现低温铁水冶炼的情况；

（2）需要增加转炉炼钢的废钢比；

（3）转炉炼钢使用石灰石、白云石、球团矿、含铁（氧化铁）球团等吸热较多的原料，需要额外的热量。

常见的配碳材料有以下的几种：

（1）生铁。生铁中含有4%左右的碳和硅等放热元素。

（2）焦炭或者兰炭等。

转炉对配碳的材料要求满足配碳量即可。从炼钢的角度来讲，大修渣中含有60%左右的纯碳元素，可通过氧化放热提供炼钢的化学热，其余的氟化物和钠盐可化渣、降低炉渣熔点、减少成渣热，所以是一种转炉炼钢可以直接利用的危险废弃物。

综上所述，电解铝产生的大修渣中的炭块和碳化硅耐火材料，破碎到一定的粒度，可以直接与废钢一起加入转炉，作为发热材料应用。

6.3 辅助材料化渣原理

炼钢工艺中使用的化渣剂有多种类型，最常见的有萤石、铁矿石、锰矿石、铁矾土等。使用化渣剂的主要目的是促进石灰的熔解，改善冶炼的条件。其基本的原理，是利用某些氧化物能够与氧化钙反应，从而降低氧化钙的熔点来实现的。一些氧化物对氧化钙熔点的影响如图6-23所示。

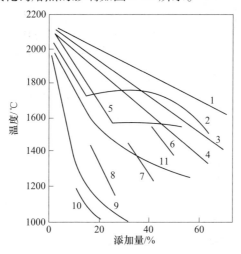

图 6-23　某些氧化物对氧化钙熔点的影响

$1—2CaO \cdot Fe_2O_3$；$2—TiO_2$；$3—Fe_xO_y$；$4—Fe_2O_3$；$5—Al_2O_3$；$6—3CaO \cdot B_2O_3$；
$7—2CaO \cdot B_2O_3$；$8—CaO \cdot B_2O_3$；$9—B_2O_3$；$10—2Li_2O \cdot SiO_2$；$11—CaF_2$

向 CaO 中加入 1%某物质使其熔点降低的范围见表6-25[16]。

表 6-25　向 CaO 中加入 1%某物质使其熔点降低的范围

项目	CaF_2	Al_2O_3	MgO	Na_2O	Fe_2O_3	FeO	SiO_2
降低熔点/℃	11	16.7	7.15	10	7~12	20	17.1
适用范围/%	<20	<50	<20	<20	<40	<60	<38

6.3.1　萤石作为化渣剂的化渣原理

萤石的主要成分为 CaF_2，并含有少量的 SiO_2、Fe_2O_3、Al_2O_3、$CaCO_3$ 和少量 P、S 等杂质。萤石加入炉内在高温下即爆裂成碎块并迅速熔化，它的主要作用是 CaF_2 与 CaO 作用可以形成熔点为 1362℃ 的共晶体，直接促使石灰的熔化；萤石能显著降低 $2CaO \cdot SiO_2$ 的熔点，使炉渣在高碱度下有较低的熔化温度，CaF_2 不仅可以降低碱性炉渣的黏度，还由于 CaF_2 在熔渣中生成 F^- 离子能切断硅酸盐的链状结构，为 FeO 进入石灰块内部创造了条件。

以上的反应，氟化钙反应的实质是大部分氟化钙在高温下，解离成为离子状态，参与反应，用离子反应方程式表达为：

$$CaF_2 = Ca^{2+} + 2F^-$$

转炉吹炼过程中，转炉内氧气流股冲击区域火焰温度高达 2000~2600℃ 的高温，不仅金属中各成分易产生挥发物，金属表面的炉渣各成分也不同程度的被挥发，加入萤石造渣时，其主要成分 CaF_2 在转炉炉内高温和炉渣的共同作用下，分解为离子状态，发生了如下的反应：

$$(CaF_2) + \{H_2O\} = (CaO) + 2\{HF\}$$
$$Ca^{2+} + 2F^- + \{H_2O\} = (CaO) + 2\{HF\}$$
$$2(CaF_2) + (SiO_2) = 2(CaO) + \{SiF_4\}$$
$$2Ca^{2+} + 4F^- + (SiO_2) = 2(CaO) + \{SiF_4\}$$
$$(CaF_2) + (MgO) = (CaO) + (MgF_2)$$
$$Ca^{2+} + 2F^- + (MgO) = 2(CaO) + (MgF_2)$$
$$3(CaF_2) + (Al_2O_3) = 3(CaO) + 2(AlF_3)$$
$$3Ca^{2+} + 6F^- + (Al_2O_3) = 3(CaO) + 2(AlF_3)$$
$$5(CaF_2) + \{V_2O_5\} = 5(CaO) + 2\{VF_5\}$$
$$5Ca^{2+} + 10F^- + (V_2O_5) = 5(CaO) + 2\{VF_5\}$$

上述反应产物的性质为：

(1) HF、SiF_4 为气体；

(2) MgF_2（熔点为 1536℃，沸点为 2260℃）、AlF_3（熔点 1040℃、沸点 1537℃）为渣相中间低熔点物质；

(3) VF_5 沸点 48.3℃，在炼钢条件下为气态。

以上的气相氟化物，随着烟尘进入除尘系统。由此看来，萤石中的 CaF_2 虽然是一个化渣能力很强的造渣剂，但是在炉渣中不稳定，逐渐减少，持续时间不长。尽管如此，在大多数的钢铁企业，采用萤石化渣的工艺不可或缺。

6.3.2　铝矾土和铁矾土的化渣机理

目前国内无氟复合造渣剂的研究主要包括以下几个方向：硼酸盐、CaO-

Fe$_2$O$_3$ 基、Al$_2$O$_3$ 基和 MnO 基。实际生产应用中，硼酸盐 B$_2$O$_5$ 基助熔剂的资源有限、价格较高；CaO-Fe$_2$O$_3$ 基的制备过程需要高温设备，工艺较为复杂，且不符合节能减排的总体要求；而 Al$_2$O$_3$ 基助熔剂的主要矿物铁矾土和 MnO 基的主要矿物锰矿均为国内分布广泛的普通矿物，因而具有供应充足、价格稳定的特点，这两种助熔剂也是投入工业试验及应用较为成功的。使用含有氧化铝的化渣剂主要有铁矾土和铝矾土。

顶吹氧气转炉的炉渣中，CaO、SiO$_2$ 和（FeO+MnO）之总量约为 80%，它们对炉渣的物理化学性质影响最大。其余的氧化物中 MgO 性质与 CaO 相似，P$_2$O$_5$ 与 SiO$_2$ 相似，MnO 与 FeO 相似，因此可以利用 CaO-FeO-SiO$_2$ 三元相图对石灰的熔化溶解过程进行分析，如图 6-24 所示。从相图图中可以看出，CaO 熔点虽然高达 2570℃，但当它与 FeO、SiO$_2$ 等氧化物形成炉渣后，熔点大为降低，最低仅 1150℃ 左右。也就是说，调整炉渣成分就可以改变其熔点。

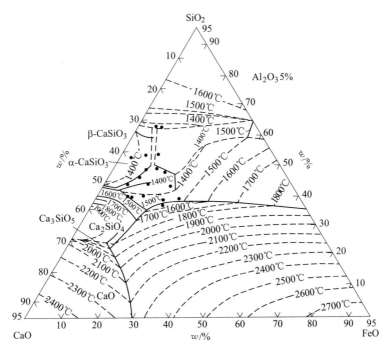

图 6-24　CaO-FeO-SiO$_2$ 三元相图对石灰的溶解过程

向炉渣中加入一定数量的铝矾土后，炉渣组成主要是 CaO-Al$_2$O$_3$-SiO$_2$ 和 CaO-SiO$_2$-Fe$_2$O$_3$ 两个主要的三元渣系。文献介绍，在 1500℃ 时，三元渣系中 CaO 约 55%，SiO$_2$ 38%，在 Al$_2$O$_3$ 5%~12% 范围，炉渣黏度最低，约 0.3Pa·s，此处三元渣系的熔点在 1310~1400℃ 范围。CaO-SiO$_2$-Fe$_2$O$_3$ 三元渣系，在保证与前者渣系的碱度不变，（TFe）在 15%~20% 时炉渣熔点在 1300~1400℃ 范围，该处三

元渣系的黏度在 $0.2 \sim 0.25 Pa \cdot s$。

铝矾土主要是以 $Al_2O_3 \cdot SiO_2$ 形式结合的矿物存在，在 950℃ 左右受热分解为 $\gamma\text{-}Al_2O_3$ 以及其他物质。其中，$\gamma\text{-}Al_2O_3$ 是一种表面疏松、多细孔结构的比表面大的活性氧化铝。除了氧化铝与加入的 CaO 等形成低熔点的化合物外，SiO_2 也具有一定的化渣作用，而铝矾土中的 Fe_2O_3，本身是一种化渣能力较强的物质，并且增加了炉渣的氧化性。这是铝矾土化渣的基本原理。

黑色冶金标准中，铁矾土是含有 8% 左右的 Fe_2O_3，铝矾土中则没有要求。炼钢行业使用铁矾土作为化渣剂已有 20 余年的历史[16-20]。

由于冶炼初期石灰块表面硅酸二钙层（C_2S）的生成造成石灰溶解缓慢，为了加速石灰溶解过程，必须设法破坏并去除 C_2S 壳层。其中一个有效的办法就是加入能够急剧降低 C_2S 熔点的组元（如图 6-25 所示）。铝矾土化渣剂中的 Al_2O_3 能够促使 C_2S 的形态发生改变，形成分散的聚集体状态直至解体，促进冶炼前期早化渣。

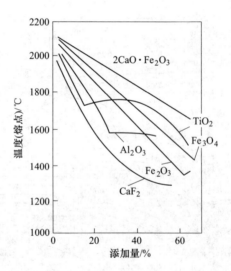

图 6-25　各种组元对 $2CaO \cdot SiO_2$ 熔点的影响

各种钙铝酸盐的性能参数见表 6-26。

表 6-26　各种钙铝酸盐的物性参数

组成	晶体结构	密度/$g \cdot cm^{-3}$	熔化温度/℃	显微硬度/$kg \cdot mm^{-2}$
Al_2O_3	三角系	3.96	2052	3750
$CaO \cdot 6Al_2O_3$	立方系	3.28	1850	2200
$CaO \cdot 2Al_2O_3$	单斜晶系	2.91	1750	1100

组成	晶体结构	密度/g·cm^{-3}	熔化温度/℃	显微硬度/kg·mm^{-2}
$CaO \cdot Al_2O_3$	单斜晶系	2.98	1605	930
$12CaO \cdot 7Al_2O_3$	立方体	2.83	1455	
$3CaO \cdot Al_2O_3$	立方体	3.04	1535	
CaO	立方体	3.34	2570	400

在有高浓度氧化钙存在的条件下，还原性气氛下，$12CaO \cdot 7Al_2O_3$、$3CaO \cdot Al_2O_3$、$CaO \cdot Al_2O_3$ 容易生成，其存在于炉渣中，对转炉的助熔作用显而易见。

转炉终渣中存在 Fe_2O_3 的情况下，Al_2O_3 可形成各种化合物或固溶体，其熔点都很低，如 $4CaO \cdot Al_2O_3 \cdot Fe_2O_3$（$C_4AF$，铁铝酸四钙，熔点 1415℃），$Al_2O_3$-$Fe_2O_3$ 固溶体的熔点则在 1370℃ 以下。相图计算表明，在碱度为 3、FeO 为 20% 的渣中，6% 的 Al_2O_3 可降低液相线温度 130℃。因此，转炉终渣中的 Al_2O_3，一般应小于 1.5%，就有化渣和强化溅渣护炉的作用。

常见铁矾土化渣剂的成分见表 6-27。

表 6-27 常见铁矾土化渣剂的成分 （%）

SiO_2	Al_2O_3	CaO	MgO	S	P	Fe_2O_3
<15	25~65	<25	<10	<0.6	<0.02	<10

鞍钢和柳钢等企业使用铝矾土化渣剂的优点如下：

（1）自熔性好，对熔池平衡影响小。铝矾土化渣剂具有良好的助熔效果，可有效改善冶炼前、中期化渣，减少喷溅，抑制后期返干，提高冶炼过程的稳定性和可控性。

（2）稳定性好，易于助熔效果的保持。

（3）有助于溅渣护炉工艺的实施。转炉使用萤石化渣，氟化钙分解后，氟离子与耐火材料中的 MgO 反应，生成的 MgF_2 熔点为 1536℃，造成镁碳质耐火材料脱熔，故 CaF_2 对炉衬有严重侵蚀作用。已有的研究和实践证明，当渣中 MgO≥9%~10%，Al_2O_3 在 5%~6% 时能使碱性炉渣变黏，终渣挂在炉衬上可起到保护炉衬的作用。同时，铁矾土化渣剂中的 Al_2O_3 与轻烧白云石中的 MgO 结合，形成高熔点的镁铝尖晶石，对炉衬也有良好的保护作用。鞍钢 180t 转炉采用铁矾土造渣剂以后，转炉寿命由原来平均 7000 多炉次提高到 9000 多炉次。

（4）降低钢铁料耗效果。鞍钢统计使用铝矾土化渣剂前后钢铁料耗情况表明，从 2011 年 4 月中旬起，5 号转炉在冶炼过程使用铝矾土化渣剂后，现场钢铁料耗降低 3.77kg/t。该厂认为这主要由于过程化渣效果的改善，熔池的气氛保持良好，降低了吹损，提高了金属回收率。从 5 号转炉各小组看，使用新型无氟化渣剂后，钢铁料耗普遍降低 2.0~5.0kg/t。

（5）加入铁矾土造渣剂，转炉污水中的 F^- 含量大幅度下降。鞍钢的实践证明，同比条件下，加入萤石化渣剂化渣，其中一部分挥发为气相并随着烟尘进入除尘系统，遇到了水蒸气或者水生成了 HF 溶解在污水中，水中的氟离子浓度较高。采用铁矾土造渣剂后，转炉污水中 F^- 含量由原来的应用萤石造渣剂的100.99mg/L 下降到 4.55mg/L，炉渣中 F^- 含量同比降低 83%，避免了对环境的危害。

（6）系统性的工艺得到优化，制造成本降低。鞍钢使用铁矾土化渣剂后，冶炼物料消耗情况见表 6-28。

表 6-28　鞍钢使用铁矾土化渣剂后冶炼物料的消耗情况　　　　（kg/t）

对比项目	铁水 Si	石灰	轻烧	生白	矿石	新型无氟化渣剂
未加新型 无氟化渣剂	<0.4%	41.82	28.67	1.49	20.80	0.00
	0.4%~0.6%	44.38	30.41	2.53	25.36	0.00
	0.6%~0.8%	46.45	31.34	5.30	27.56	0.00
	>0.8%	50.11	31.59	10.20	31.91	0.00
	合计	44.30	30.16	3.07	24.79	0.00
加入新型 无氟化渣剂	<0.4%	37.12	25.46	0.64	18.39	8.10
	0.4%~0.6%	39.51	27.65	1.30	21.98	5.72
	0.6%~0.8%	42.03	27.15	2.49	24.66	3.66
	>0.8%	47.80	26.39	6.24	27.25	1.74
	合计	39.32	26.80	1.40	21.28	4.80
对比	<0.4%	4.69	3.21	0.86	2.40	-8.10
	0.4%~0.6%	4.87	2.76	1.23	3.38	-5.72
	0.6%~0.8%	4.43	4.19	2.81	2.90	-3.66
	>0.8%	2.31	5.20	3.95	4.67	-1.74
	合计	4.98	3.36	1.67	3.50	-4.80

由表 6-28 可以看出，加入新型无氟化渣剂的炉次，石灰、轻烧、矿石等物料均有一定程度的降低。

某厂使用的铝矾土的技术指标见表 6-29。

表 6-29　某厂使用的铝矾土的技术指标

种类	Al_2O_3/%	SiO_2/%	水分/%
高铝矾土	≥75	≤10	≤0.5

6.3.3　锰基化渣剂的化渣机理

在铁水锰含量较高的企业，转炉的炉渣一般不需要化渣剂，主要原因是铁水中的锰大量氧化后进入炉渣，MnO 本身就是良好的化渣剂[21]。

转炉吹炼过程中，初生的炉渣主要由 FeO、SiO_2 和少量 MnO 组成，块状石灰与初生渣接触时，由于炉渣与石灰是浸润的，炉渣将进入石灰表面的气孔和裂纹。Fe^{2+} 在炉渣中的扩散速度大于 SiO_4^{4-}，所以 Fe^{2+} 将沿气孔和裂纹进入石灰块内部并形成低（FeO）的 CaO（FeO）固溶体和高（FeO）的 FeO-CaO 液相，该液相与初生渣混合，使渣中（CaO）增加，石灰开始溶解于渣中。与此同时，未能扩散进入石灰块内部的 SiO_4^{4-} 与 CaO 作用，在石灰块表面形成 $2CaO \cdot SiO_2(C_2S)$ 和 $3CaO \cdot SiO_2(C_3S)$ 覆盖层。C_2S 和 C_3S 都是高熔点物质，C_2S 熔点 2130℃，C_3S 分解温度 2070℃，它们将石灰块与熔渣隔开，使石灰的溶解速度减慢。因此，减小覆盖层的厚度有利于提高石灰的溶解速度。研究结果表明，接触溶渣的石灰外表面形成的覆盖层是 C_2S，内表面是 C_3S，是石灰溶解反应受阻的主要原因。

MnO 在渣中主要与 SiO_2、Al_2O_3 生成低熔点化合物（见表6-30），降低了炉渣熔点，并且由于部分 SiO_2 与 MnO 结合，减小了生成高熔点 C_2S 和 C_3S 的可能性，因此增加渣中 MnO 应具有良好的持续化渣作用。

基于以上的原因，有许多钢厂，转炉炼钢过程中加入锰矿为原料的化渣剂，也具有良好的化渣效果，锰矿化渣的主要成分为（MnO），炉内反应如下：

$$(MnO) + (SiO_2) =\!=\!= (MnO \cdot SiO_2)$$
$$(MnO \cdot SiO_2) + (2CaO) =\!=\!= (2CaO \cdot SiO_2) + (MnO)$$

表 6-30　MnO 与 SiO_2、Al_2O_3 生成化合物的熔点

物质	$MnO \cdot SiO_2$	$2MnO \cdot SiO_2$	$MnO \cdot Al_2O_3$	$3MnO \cdot Al_2O_3 \cdot SiO_2$
熔点/℃	1291	1345	1560	1195

MnO 在炉渣中能很稳定的存在，并且能增加炉渣的流动性，对有效抑制炉渣返干有积极的作用。另外，MnO 可以缩短酸性渣在炉内的反应时间，对前期氧化造渣提供了先决条件，也减缓了对炉衬的侵蚀。

随着石灰的不断熔化，MnO 在渣中以自由状态存在，增加了炉渣的流动性。

参 考 文 献

[1] Wallner F, Fritz E. 氧气转炉炼钢的发展 [J]. 中国冶金, 2002 (6)：37-40.

[2] 郑沛然. 炼钢学 [M]. 北京：冶金工业出版社, 1994：114.

[3] 徐匡迪, 肖丽俊. 转炉铁水预处理脱磷的基础理论分析 [J]. 上海大学学报, 2011 (4)：

331-337.

[4] 黄希祜. 钢铁冶金学原理 [M]. 北京：冶金工业出版社，2004.

[5] 赖兆奕，谢植. 转炉多功能精炼法的脱磷过程控制 [J]. 钢铁，2007 (11)：34-37.

[6] 朱英雄，钟良才. 转炉炼钢用石灰和石灰石熔化成渣机理及应用 [J]. 炼钢，2017 (1)：12-15.

[7] 张华，赵伟，李海洋，等. 生白云石在转炉炼钢渣中的溶解研究 [J]. 炼钢，2016 (6)：15-18.

[8] 杨文远，王明林，崔淑贤，等. 炉渣的岩相研究在转炉炼钢中的应用 [J]. 钢铁研究学报，2007 (12)：10-15.

[9] 王忠刚，段朋朋. 转炉氧枪控制问题分析 [J]. 冶金信息导刊，2015 (5)：31.

[10] 鄢宝庆，喻承欢，孙昌华，等. 转炉吹炼喷溅控制新方法 [J]. 武钢技术，1997 (3)：5-9.

[11] 胡国新. 转炉吹炼喷溅的预测和预防探讨 [J]. 武汉工程职业技术学院学报，2007 (3)：16-20.

[12] 鄢宝庆，杨正刚，陈清泉，等. 转炉压喷剂的应用 [J]. 武钢技术，1995 (3)：17-20.

[13] 安志平，董尉民，王海霞. 铝矾土化渣工艺的试验研究及应用 [J]. 河南冶金，2008 (4)：15-18.

[14] 李自权，李宏，郭洛方，等. 石灰石加入转炉造渣的行为初探 [J]. 炼钢，2011 (2)：31-35.

[15] 俞海明，聂玉梅. 炼钢原料概论 [M]. 北京：冶金工业出版社，2016.

[16] 陈家祥. 炼钢常用数据图表手册 [M]. 2 版. 北京：冶金工业出版社，2010.

[17] 孔庆福，杨晓江，谢志勇. 铁矾土在转炉炼钢中的应用 [J]. 河北冶金，2001 (3)：28-33.

[18] 沈继胜，赵卫东，陈守俊，等. 转炉应用助熔剂调渣的炼钢工艺研究 [J]. 炼钢，2017 (6)：15-20.

[19] 孟劲松，姜茂发，朱英雄. 复吹转炉应用无氟造渣剂-铁矾土的生产实践 [J]. 炼钢，2005 (2)：1-6.

[20] 曹同友，杨治争，刘水斌，等. 铁矾土和萤石对冶炼成渣特性影响的试验室研究 [J]. 武钢技术，2014 (5)：14-18.

[21] 黄志勇，袁庭伟，颜根发，等. MnO 基无氟复合造渣剂在沙钢转炉冶炼中应用的试验研究 [J]. 安徽冶金，2006 (1)：6-9.

[22] 黄志勇，袁庭伟，颜根发，等. MnO 基无氟复合造渣剂应用的试验研究 [J]. 钢铁研究，2007 (2)：48-51.

7 炼钢协同电解铝危险废物资源化利用技术

7.1 转炉炼钢协同电解铝危险废物资源化利用技术

由转炉炼钢常用的原料来看，转炉炼钢采用的化渣剂、助熔剂、溅渣护炉改质剂、压渣剂、压喷剂、转炉冶炼用发热材料，采用电解铝危废作为主要原料生产，有助于转炉工序的成本优化。

转炉能够资源化利用电解铝产生的各种危废，并且对转炉钢水的质量和冶炼的工艺不产生负面影响。电解铝危废中铝灰含有氮化铝，在冶炼个别对氮含量要求高的钢种时，部分企业认为对钢液将增氮，影响质量的控制。在转炉生产中，大量的脱碳反应，能够将钢液中绝大部分的氮和氢脱除，铝灰作为化渣剂使用，其中氮化铝的影响基本上可以忽略不计。

电解铝危废在转炉炼钢工艺环节，能够生产的产品如下：

（1）铝灰添加少量的活性材料（碳酸钙骨料颗粒等）直接压球，生产转炉炼钢使用的铁矾土或者铝矾土。

（2）铝灰和阴极炭块磨粉后压球，生产转炉压喷剂。

（3）炭渣和废弃冰晶石生产转炉化渣剂人造萤石，利用炭渣中的氟浓度，与钢厂使用萤石的氟浓度对标等量替代使用。

（4）阴极炭块和碳化硅作为转炉的发热材料和配碳材料使用，在铁水温度低、废钢比例较大的时候大量应用。

（5）铝灰和阴极炭块粉末生产转炉溅渣护炉的炉渣改性剂。

（6）炭渣和大修渣、铝灰生产转炉的压渣剂，在转炉倒炉前加入，可以有效地消泡压渣。

铝灰最低端的价值应用就是在转炉做化渣剂使用，与应用于水泥生产和填埋处理工艺相比，有天壤之别，本章就各种生产技术做详细的分析。

7.1.1 电解铝危险废物生产转炉化渣剂的使用

由前面章节可知，转炉目前采用的化渣剂有氟化钙化渣剂、锰基（锰矿MnO）化渣剂和铝矾土化渣剂三种。

萤石化渣剂是绝大多数厂家使用的首选。萤石化渣效果维持时间短，对转炉炉衬的侵蚀加剧，对炼钢的冷却水系统的氟含量有直接影响，间接影响了环境。故目前对萤石化渣剂的使用量在尽可能追求减量化使用，努力拓展使用无氟化渣剂的工艺，铁矾土化渣剂和铝矾土化渣剂成为一些钢厂的首选。宝钢一直追求钢铁生产与环境和谐发展，宝钢股份公司 250t 转炉冶炼工艺规定了使用铝矾土的技术条件为：$Al_2O_3 \geq 80\%$，$SiO_2 \leq 10\%$，$Fe_2O_3 \leq 3\%$，$H_2O \leq 5\%$。

诸多大型钢企的应用证明，铝矾土基化渣剂的优点如下[1,2]：

（1）自熔性好，对熔池平衡影响小。一般造渣材料加入炉内，从固相到液相过程必须经历以下 4 个阶段：1）低温下的固相反应；2）烧结反应；3）液固两相反应；4）液相中的反应。由于冶炼过程熔池反应是个动态平衡状态，因此加入固态造渣料和助熔剂，反应过程因此反应过程吸热大，对炉内反应平衡破坏大，易造成熔池局部不均匀出现喷溅或"返干"。而新型无氟化渣剂为均匀低熔点化合物，成分均匀稳定，熔点低，经测定熔点在 1350℃ 以下，因此在加入炉内后熔化过程中仅仅是被加热和熔化，吸热少，可减少对熔池热平衡和反应平衡的破坏，确保冶炼过程的稳定。

另外，转炉脱碳中后期，出现过程"返干"的情况下，加入新型无氟化渣剂后快速熔化，可提高对氧气射流的吸收和保护，提高氧气利用率，达到快速抑制"返干"的效果。

（2）稳定性好，易于助熔效果的保持。在日常炼钢生产中，作为助熔物质，FeO 和 MnO 由于与碳氧反应生成的 CO 发生还原反应消耗，要保持化好炉渣，必须靠氧化钢水中 Fe 元素或外加含 FeO 和 MnO 助熔剂，且要保持冶炼过程 FeO 和 MnO 生成和消耗的动态平衡较为困难，控制不当就容易造成 FeO 和 MnO 不足出现"返干"或 FeO 和 MnO 聚集出现喷溅，控制稳定性不好且对操作工控制能力要求较高。而新型无氟化渣剂中的 Al_2O_3 在转炉炼钢条件下，既不发生氧化反应，也不发生还原反应，炉渣的稳定性好，不发生突变，具有持久稳定的助熔效果。

（3）提高炉渣黏度，改善炉渣溅渣护炉的可溅性。已有的研究和实践表明，当渣中 MgO 在 9%~10%，Al_2O_3 在 5%~6%时能使碱性炉渣变黏，终渣挂在炉衬上起到保护炉衬的作用。同时，当氧化铝质化渣剂中的 Al_2O_3 与轻烧白云石中的 MgO 结合，形成高熔点的镁铝尖晶石，对炉衬也有良好的保护作用。

从化渣情况看，冶炼前期加入铝矾土化渣剂 2.5~5kg/t 造渣，炉渣形成时间一般在 180~220s，同比条件下成渣时间缩短 30~60s，可实现快速成渣[3]。这主要由于 Al_2O_3 的作用，阻止了石灰表面 C_2S 硬壳的形成，加速前期石灰熔化。吹炼中期，正常情况下由于 Al_2O_3 以及加入矿石增加 FeO 的共同作用，使炉渣保持稳定的氧化性和较好的流动性，减少了喷溅的发生。在出现炉渣"返干"的情况下，加入铝矾土化渣剂后火焰迅速"变软"，这主要由于新型无氟化渣剂自熔性好，加入后迅速熔化并促进石灰熔化，起到"渣种"的作用，改变化渣状况，可有效地预防和解决"返干"的问题。从终点渣况看，由于冶炼过程化渣良好，冶炼终点炉渣均匀稳定，熔池平稳，无明显的炉渣分层及炉膛翻滚的情况。因此，加入新型无氟化渣剂的炉次，在相同条件下与不加新型无氟化渣剂相比更易于实现前期早化渣、化好渣、冶炼过程全程化渣，并能更有效地控制终点炉渣化好化透，倒炉熔池稳定。

铝灰经过提取金属铝以后的一次铝灰和二次铝灰，均是生产铝矾土化渣剂的良好材料。具有以下的优势：

（1）铝灰中含有的 AlN，在转炉吹炼过程中，发生分解氧化反应，反应放热，AlN 分解出的 N 随 CO 气泡逸出转炉，实现氮化物最迅速的分解。分解后的产物参与化渣，释放的化学热有助于成渣反应的进行。

（2）铝灰中含有的少量氟化物、冰晶石、钠盐、钾盐等，是有助于化渣的有益组分，并且钾盐和钠盐对转炉的脱磷脱硫有积极的贡献。

（3）化渣后的炉渣不容易"返干"，维持时间长。

冶金行业标准 YB/T 5280—2007《铁矾土》的要求见表 7-1。

表 7-1　YB/T 5280—2007 中对铁矾土化学成分的要求

牌号	化学成分（质量分数）/%		
	Al_2O_3	SiO_2	Fe_2O_3
TL55	≥55	<18.0	8~17
TL48	≥48	<25.0	
TL45	≥45	<30.0	

铁矾土含有氧化剂 Fe_2O_3，不适宜在钢水精炼和脱氧工艺过程中使用，多见于作为转炉化渣剂材料使用。

转炉以铁矾土为化渣剂，采用铁矾土加黏结剂，压制成为 10~50mm 的球体，在转炉炼钢过程中使用。也有企业将铁矾土配加还原剂 C、Al、SiC 等，应用于 LF 的造渣。

铁矾土化渣剂的加入量，以铁水中的［Si］含量确定，在吹炼过程中分两批加入。第一批在前期加入，即转炉开吹的同时，加入石灰渣辅料的同时，加入铁矾土化渣剂总加入量的 1/2~2/3，余下为中期加入量。冶炼中高碳钢时，可以适当多加，而且前期加入更多一些，目的是控制前期升温速度和促进快速造渣脱磷。冶炼中期加入铁矾土造渣剂可以缓解炉渣"返干"而引起喷溅产生。某厂 180t 转炉铁矾土使用量和铁水硅含量的对应关系见表 7-2。

已有的实践结果，某钢企推荐的合理的冶炼终点渣系控制结果见表 7-3，对转炉炼钢有利。

表 7-2　某厂 180t 转炉铁矾土使用量和铁水硅含量的对应关系

铁水中〔Si〕/%	铁矾土加入量/kg·t 钢$^{-1}$
<0.3	3.5~5.5
0.3~0.4	3~4.5
0.5~0.6	2~2.8

表 7-3　合理的终渣渣系组成　　　　　　　　　　（%）

CaO	SiO$_2$	MgO	MnO	TFe	Al$_2$O$_3$	R（-）
48~53	14~16	7~9	3~5	14~17	2~3.5	3.0~3.8

7.1.2　铝灰生产铁矾土和铝矾土化渣剂

　　铝灰能够生产转炉用铁矾土和铝矾土化渣剂，铁矾土中含有 8%~17% 的 Fe$_2$O$_3$，铝矾土则不含 Fe$_2$O$_3$。二者在转炉的冶炼过程中功能相近，所起的作用有两种：一是助熔，二是化渣。

　　助熔剂的功能，即降低炉渣形成的温度，能够使得炉渣随着温度的增加迅速地熔化成渣。转炉炼钢过程中加入的造渣材料，各种组分的熔点均很高，只有形成低熔点的化合物，炼钢的造渣才有可能，炉渣中各种组分的性质见表 7-4[3]。

表 7-4　炉渣中各种组分的性质

化合物	CaO	MgO	SiO$_2$	FeO	Fe$_2$O$_3$	MnO	Al$_2$O$_3$	CaF$_2$
熔点/℃	2570	2800	1710	1370	1457	1785	2050	1418

　　前面的章节已经说明，石灰 CaO 的熔解，主要是转炉吹氧过程中产生的氧化铁浸入 CaO 表面，形成低熔点的铁酸钙从石灰表面脱熔，继续与炼钢过程中产生的 SiO$_2$ 反应，生成以 2CaO·SiO$_2$ 为主的各种化合物，炼钢过程中各种化合物的详细情况见表 7-5。

表 7-5　炼钢过程中各种化合物的详细情况

化合物	矿物名称	熔点/℃	化合物	矿物名称	熔点/℃
CaO·SiO$_2$	硅酸钙	1550	CaO·MgO·SiO$_2$	钙镁橄榄石	1390
MnO·SiO$_2$	硅酸锰	1285	CaO·FeO·SiO$_2$	钙铁橄榄石	1205
MgO·SiO$_2$	硅酸镁	1557	2CaO·MgO·2SiO$_2$	钙黄长石	1450
2CaO·SiO$_2$	硅酸二钙	2130	3CaO·MgO·2SiO$_2$	镁蔷薇辉石	1550
2FeO·SiO$_2$	铁橄榄石	1205	2CaO·P$_2$O$_5$	磷酸二钙	1320
2MnO·SiO$_2$	锰橄榄石	1345	CaO·Fe$_2$O$_3$	铁酸钙	1230
2MgO·SiO$_2$	镁橄榄石	1890	2CaO·Fe$_2$O$_3$	正铁酸钙	1420
MgO·Al$_2$O$_3$	镁铝尖晶石	2135	3CaO·P$_2$O$_5$	磷酸三钙	1800

助熔剂的作用是在炉渣中形成低熔点的组分，增加炉渣的流动性，便于冶金反应的进行，能够起到助熔作用的有 Na_2O、K_2O、MgO、Al_2O_3、FeO 等。

化渣有两种基本情况：解决石灰熔解受到阻碍和炉渣吹炼过程中"返干"的问题。

第一种是石灰熔解开始后，反应生成的硅酸二钙附着在石灰表面，由于其熔点很高，阻碍了石灰的进一步熔解，需要加入化渣剂解决高熔点硅酸二钙阻碍石灰熔解的矛盾；第二种是转炉吹炼过程中，在温度合适的条件下，正在形成或者已经形成的炉渣受到化学组分变化的影响，已经不能够满足炼钢的工艺要求，需要加入熔剂解决这种矛盾。在转炉炼钢过程中，CaO-SiO_2-Fe_2O_3 渣系在脱碳高峰期，渣中的（Fe_2O_3）、（FeO）、（MnO）总量减少，炉渣出现"返干"，炉渣的流动性变差，不能够形成良好的泡沫渣覆盖熔池铁液，吹氧操作会使大量的金属产生飞溅损失或者喷溅，此时加入化渣剂，迅速弥补（Fe_2O_3）、（FeO）、（MnO）总量减少带来的问题。炼钢过程中最常用的材料是萤石，即氟化钙。选择应用氟化钙的原因是其资源和使用成本，是炼钢过程中最为经济的材料。

铁矾土既含有氧化铝，也含有 Fe_2O_3，但是实际生产中，以转炉目前的冶炼条件，铁矾土中的 Fe_2O_3 含量，对转炉高强度的吹氧条件下产生的 Fe_2O_3，显而易见是微不足道的，也不是产品中影响产品性能的主要元素。

依据铝灰的成分，可以根据企业的要求，生产铁矾土或者铝矾土化渣剂。

利用一次铝灰和二次铝灰生产化渣剂的工艺较为简单，即将铝灰添加碳酸盐骨料，压球即可，也是杂质较多铝灰的常见应用模式。在按照国标生产的时候，可向铝灰中加入氧化铁皮、铁精矿粉等，满足产品中 Fe_2O_3 含量的要求。

配方生产的方法如下：

（1）检化验铝灰的成分，确定 Al_2O_3 的配加量。例如，铝灰中 Al_2O_3 含量为 75%，添加 60% 的铝灰，即可生产 TL45 的铁矾土；使用 63% 的铝灰比例，可生产 TL48 的铁矾土；添加 73% 的铝灰，即可生产 TL55 的铁矾土。

（2）采购含 Fe_2O_3 的原料，化验 Fe_2O_3 的含量，确定添加量。

（3）确定添加剂后，将以上原料混合均匀后，加入黏结剂（煤焦油、膨润土、硅酸盐水泥、盐卤 $MgCl_2$ 等），在造球生产线造球即可。

7.1.3 铝灰生产铝矾土化渣剂实例

一次铝灰和二次铝灰的成分见表 7-6。在挑选出金属铝以后的铝灰成分见表 7-7。

表 7-6 一次铝灰和二次铝灰的成分

成分	Al+Al$_2$O$_3$	Fe	K	Mg	SiO$_2$	Na	N	Cl	F
含量/%	81.524	0.448	0.218	1.42	1.9	2.17	9.45	1.79	1.08

表 7-7　挑选出金属铝后的铝灰成分　　　　　　　　（%）

成分	Al_2O_3	Al	Na+K+Mg	N	Cl	F
含量	85~95	<5	3~8	7~13	1.79	>1

根据前面的叙述可知，铝灰生产化渣剂的主要原理设计如下：

（1）采用造粒工艺，主要是满足转炉使用的要求。转炉的加料系统如图 7-1 所示。根据图 7-1 可知，从化渣剂入厂到加入转炉，原料经过各级皮带机转运，要求化渣剂具有一定的粒度和强度，避免粉末原料在输送过程中被除尘系统的风机抽走，故化渣剂颗粒的单体粒度控制在 30~50mm 为宜，单球强度大于 1200N。

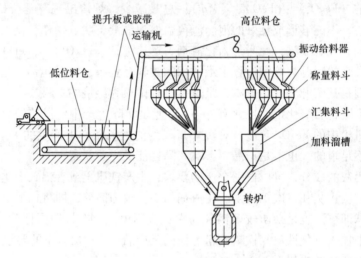

图 7-1　转炉的散状原料加料系统

（2）添加 $CaCO_3$ 为造球的骨料。主要是考虑到两个目的：1）压渣剂球体要迅速破裂，参与到造渣反应；2）所有的粉末材料造球，必须有骨架材料，选用碳酸钙颗粒为骨料，经济性较好。

（3）使用氯化镁为黏结剂。由于铝灰中的氮化铝在 0~100℃ 的范围内遇水就能够反应，使用氯化镁作为黏结剂，可以避免这一短板。

（4）添加部分的氧化铁用于增强效果。适量添加氧化铁，是一种不改变钢厂炼钢工操作习惯的选择。

采用选铝以后的二次铝灰（氧化铝大于 80%）生产化渣剂，其比例范围见表 7-8，产品的成分范围见表 7-9。

表 7-8　采用选铝以后的二次铝灰生产化渣剂的原料比例

原料	铝灰	石灰石颗粒	氯化镁	氧化铁皮
比例/%	85~90	5~10	3~10	<6

表 7-9　生产的产品成分范围

成分	SiO$_2$	Al$_2$O$_3$	CaO	MgO	Fe$_2$O$_3$
含量/%	<10	>60	<5	<10	<8

产品的特点如下：

（1）产品中的氧化铝含量增加，相对铁矾土而言，能够减少加入量，按照终渣成分氧化铝控制在2%的目标，吨钢加入3kg，即可达到工艺目的。

（2）产品中含有的氟化物和钠盐在助熔过程中的贡献，能够有效地增强化渣剂的化渣能力。

（3）产品中的氯离子生成的低熔点盐，也是助熔的贡献力量。

产品的使用方法如下：

（1）根据工艺配方检化验其中的 Al$_2$O$_3$ 含量。

（2）按照终渣成分中氧化铝为 2.5% 的最佳成分计算加入量。

（3）转炉冶炼的加入量按照转炉的渣量做初步计算，根据实际情况做调整。

（4）转炉冶炼的渣量，可以按照钙平衡的计算方法进行计算。转炉渣量的计算步骤如下：

1）检化验转炉冶炼终渣的渣样，分析其中的 CaO 含量，记录不同铁水硅含量下的数据。

2）检化验使用石灰、白云石等含氧化钙熔剂的氧化钙含量，以及转炉加入的数量。

3）根据钙平衡可以推算出冶炼的渣量范围。转炉的渣量为 X，其中的氧化钙含量为 A，石灰中的氧化钙含量为 B，加入量为 Y，白云石中的为 C，加入量为 Z，钙平衡的关系如下：

$$AX = BY + CZ$$
$$X = (BY + CZ)/A$$

化渣剂的加入量依据化渣剂中的氧化铝含量以及终渣中氧化铝含量在之间的范围确定加入量。

假定化渣剂之间的氧化铝含量为 n，依据氧化铝平衡，加入量 Q 的计算如下：

$$nQ = (2\% \sim 3.5\%)(X + Q)$$
$$Q = \frac{(2\% \sim 3.5\%)X}{n - (2\% \sim 3.5\%)}$$

按照鞍钢和柳钢的炼钢工艺，在转炉开吹后加入铝矾土化渣剂，吨钢加入2.5~4kg。

7.1.4　炭渣生产化渣剂

根据萤石氟化物化渣的原理可知，采用炭渣中的氟化物化渣，也有化渣的功能，效果甚至优于萤石。这主要是因为炭渣除了氟化物，含有的钠盐和氧化铝助熔，增强了化渣的效果。

冰晶石是优良的炼钢造渣剂，只是资源短缺、价格昂贵，没有被应用。某厂炭渣电解质中的成分见表 7-10。

表 7-10　某厂炭渣电解质中的成分

电解质成分	NaF	Na_3AlF_6	Al_2O_3	$NaAl_{11}O_{17}$	CaF_2	LiF
含量/%	12.7	65.7	5.6	4.6	2.9	2.7

按照其中的组分可知，氟化物中氟离子的浓度计算如下：

$$F^- = 12.7 \times \frac{19}{19+23} + 65.7 \times \frac{6 \times 19}{23 \times 3 + 27 + 6 \times 19} + 2.9 \times$$

$$\frac{2 \times 19}{40 + 2 \times 19} + 2.7 \times \frac{19}{6.9 + 19}$$

通过计算可知，炭渣中的氟离子浓度为 44.8%。某钢厂使用的萤石为氟化钙含量为 72%，其氟离子浓度为 35%。由此可知炭渣的化渣效果优于萤石。

此外炭渣中的钠的含量为：

$$Na = 12.7 \times \frac{23}{19+23} + 65.7 \times \frac{3 \times 23}{23 \times 3 + 27 + 6 \times 19} + 4.6 \times$$

$$\frac{23}{23 + 27 \times 11 + 16 \times 17}$$

其中的钠盐含量为 29%，这对转炉化渣效果而言是优势叠加，效果会好许多。

利用炭渣生产转炉化渣剂，其工艺为：

（1）破碎炭渣，控制粒度为 1~5mm，主要是利用机械力化学反应增强其反应活性。

（2）添加碳酸钙颗粒作为分散剂，同时作为干压造球工艺中的骨料。

（3）使用氯化镁为黏结剂。

（4）通过造球机压制成为 30~60mm 的球体。

化渣剂的成分范围见表 7-11。

表 7-11　化渣剂的成分范围

成分	F	Na	Al_2O_3	Ca
含量/%	>35	>10	<10	<10

利用炭渣生产化渣剂的优势在于不仅化渣效果优于萤石，并且钠盐的存在使得化渣效果的维持时间延长。

在研究电解铝炭渣的成分时发现，使用炭渣化渣剂存在以下特点：

（1）炭渣中的氟化物在有氧化铁存在的情况下，发生以下反应：

$$6FeO + 2Na_3AlF_6 + Q \longrightarrow 3Na_2O + Al_2O_3 + 6Fe + 12F^-$$

氟离子化渣的同时，氧化钠也化渣，有助于脱硫脱磷，对迅速化渣特别有利。

（2）Na_2O 容易与酸性氧化物反应；Al_2O_3 容易与 CaO 反应；氟离子遇水以后生成 HF，如果控制成分，减少原料中的 H_2O，减少 HF 的产生，就能提高氟离子的利用率。

（3）含有氧化钠的矿物组织 $8CaO \cdot Na_2O \cdot Al_2O_3$、$3CaO \cdot 2Na_2O \cdot 5Al_2O_3$、$2Na_2O \cdot CaO \cdot 3SiO_2$、$Na_2O \cdot 3CaO \cdot 6SiO_2$、$Na_2O \cdot 2CaO \cdot 3SiO_2$ 的熔点均低于 1540℃，其反应的特点是氧化钠容易先与酸性物质结合后，再与 CaO 发生成渣反应，形成的低熔点物质能够维持化渣效果。典型的反应如下：

$$Na_3AlF_6 + CaO + SiO_2 \longrightarrow$$
$$xNa_2O \cdot yCaO \cdot zSiO_2 + nCaO \cdot mAl_2O_3 + (3CaO \cdot SiO_2)_3 \cdot CaF_2$$

（4）使用萤石对炉衬的侵蚀，主要是因为氟离子与耐火材料中的氧化镁发生了如下反应[3]：

$$2F^- + MgO \longrightarrow MgF_2 + O^{2-}$$

由炭渣生产的化渣剂，能够减少氟化物化渣过程中产生的气相物质，化渣效率要优于萤石化渣的效果，进而减轻侵蚀炉衬。

化渣剂的使用方法如下：

（1）将以上的化渣剂球体，拉运到转炉生产线待用。

（2）按照化渣剂的使用方法正常使用即可，即转炉冶炼工艺过程中，在转炉开吹后 1~3min 内加入以上化渣剂，也可以在转炉吹炼中期，炉渣"返干"时加入。

（3）以上化渣剂的使用量在 0.8~3kg/t 钢。

7.1.5 电解铝危险废物生产转炉多功能化渣剂

转炉溅渣护炉工艺要求转炉造渣的特点是："初渣尽早化开，中渣化透，终渣做黏"，这样转炉溅渣护炉工艺的实施会容易。化渣剂有氟化物类型的，也有铝矾土类型的。复合化渣剂既含有氟化物，也含有 Al_2O_3 助熔剂，既能够化渣，又能够保持化渣效果，对抑制转炉喷溅有利；并且镁铝尖晶石相的存在，能够解决将黏度合适的终渣黏附在炉衬上的问题。

利用炭渣电解质中的氟化物快速熔化炉渣，再利用一次铝灰或者二次铝灰中的氧化铝与造渣材料中的氧化钙反应，生成低熔点的 $12CaO \cdot 7Al_2O_3$、$3CaO \cdot$

Al_2O_3、$CaO \cdot Al_2O_3$ 化合物，加上炭渣中的钠盐形成的低熔点化合物，以维持化渣效果。二次铝灰是生产复合化渣剂的首选材料。

某钢厂的复合化渣剂的成分为：Al_2O_3 30%～45%，F>15%。国内几家钢厂溅渣实践和效果表明，渣量在 100kg/t 较为合适。在合适的加入量情况下，炉渣中的氧化铝能够满足各种工艺条件下溅渣护炉的操作。

某企业二次铝灰复合化渣剂的生产流程如下：

（1）炭渣骨料 1～5mm 配料比例 50%；

（2）二次铝灰粉末配料比例 45%；

（3）黏结剂 5%，使用盐卤或者硅酸盐水泥；

（4）压球后，作为化渣剂供钢铁企业生产应用。

转炉多功能化渣剂的使用方法如下：

（1）转炉在吹炼脱碳的剧烈反应期，炉渣出现"返干"迹象前 3～10s，加入多功能化渣剂，加入量为吨钢 1.5～4.5kg（依据铁水的硅含量确定）。

（2）加入多功能化渣剂后，炉渣在吹炼后期不"返干"。

（3）转炉溅渣护炉工艺过程中，氧化铁含量不超过 15%，可直接进行溅渣护炉工艺；超过 15%，加入溅渣护炉改性剂改性炉渣后，再进行溅渣护炉工艺。

生产工艺参见压喷剂等生产工艺流程。

7.1.6　铝灰生产转炉压渣剂

转炉吹炼过程中，炉渣在冶炼过程中大多数时间是以泡沫化状态存在的。

冶炼过程中炉渣发泡的能力决定于两个重要条件，即炉渣的黏度和渣中的悬浮物质点的量，量过多或者过少，都有利于减少转炉钢渣的泡沫化程度。根据100t 转炉冶炼的特点发现，转炉冶炼终点、转炉倒炉取样分析或者倒渣出钢时，炉口涌渣的根本原因在于炉渣的泡沫化程度较高，主要原因有以下的几点：

（1）炉内钢水中的碳氧反应还远远没有达到平衡，熔池内还会有 CO 产生并逸出，成为气源，进入渣中，促使炉渣发泡。

（2）倒炉时转炉渣中的 FeO 含量过高，和钢液中的 [C] 不断反应，持续不断地产生 CO 气泡，促使炉渣发泡。

（3）转炉的炉渣碱度一般在 2.8～3.8，炉渣中含有 15%左右的 FeO，炉渣黏度较低，使得炉渣的表面张力特别适合于炉渣泡沫化。

转炉吹炼钢水到终点，有的需要将转炉向出渣方向倾翻 75°～90°，倒出部分的炉渣，进行测温取样的操作；也有采用副枪系统的转炉，不进行测温取样，直接在吹炼结束以后，倒炉出钢。转炉在吹炼终点炉渣泡沫化程度严重，不论哪一种方式，在转炉倾动的时候，如不采取措施，就需要等待炉渣的泡沫化程度衰减到一定的程度，才能够倾翻炉体，进行测温取样或者出钢操作，否则泡沫化严重的炉渣会从炉口溢到炉前平台或者准备出钢的钢包内或者钢包车上面，造成意外的事故。为了解决这个问题，在转炉吹炼终点加入部分消泡剂消泡。这种消泡剂在转炉通常称为压渣剂。

传统的压渣剂一般采用含 SiO_2 为主的原料进行压渣，一种常见压渣剂的成分见表 7-12。

表 7-12　一种常见压渣剂的成分　　　　　　　　（%）

SiO_2	Al_2O_3	CaO	MgO	Fe_2O_3	TC	S	P	水分
48~55	10~25	2~10	5~10	1~3	3~10	≤0.5	≤0.5	≤1

使用铝灰和大修渣生产转炉炼钢用的一种压渣剂，其成分见表 7-13。

表 7-13　使用铝灰和大修渣中生产转炉炼钢用压渣剂的成分　　　（%）

SiO_2	$Al+AlN+Al_2O_3$	CaO	TC	水分
5~15	45~65	2~10	9~25	≤1

从以上成分看，使用铝灰和大修渣生产的压渣剂，在压渣消泡效果在满足炼钢要求的同时，转炉炉渣在后续溅渣护炉工艺上产生的效果上优于传统的压渣剂。

其基本原理为：

（1）Al_2O_3 与 SiO_2 的作用都是降低炉渣的碱度，起到调整炉渣渣膜强度的作用。

（2）铝灰中的 AlN、Al 和 C 与渣中的 FeO、MnO 反应，降低了渣中 FeO、MnO 的含量，降低渣膜强度，有助于破坏泡沫渣渣膜，产生的气体增加泡沫内气泡的压力，达到消泡的目的。其反应如下：

$$2(AlN) + 3(FeO) = 3[Fe] + N_2 + Al_2O_3$$
$$2(AlN) + 3(MnO) = 3[Mn] + N_2 + Al_2O_3$$
$$(C) + 2(FeO) = 2[Fe] + CO_2$$
$$(C) + (FeO) = [Fe] + CO$$
$$(C) + 2(MnO) = 2[Mn] + CO_2$$
$$(C) + (MnO) = [Mn] + CO$$
$$2(Al) + 3(FeO) = 3[Fe] + Al_2O_3$$
$$2(Al) + 3(MnO) = 3[Mn] + Al_2O_3$$

使用铝灰和大修渣生产的压渣剂，由于铝热反应的效果，物理消泡作用减弱。

7.1.7　电解铝危废生产压喷剂的工艺

转炉吹炼工艺过程中，炉渣不断地从炉口逸出或喷出，是一种吹炼的异常现象。预防措施除了控制炉容比大于0.8、控制入炉装入量和铁水硅含量外，采用压喷剂也是一种有效的工艺技术。

压喷剂是一种固定碳含量12%~20%的炉料，加入转炉后，除了冷却效应，压喷剂中的固定碳与渣中的铁珠进行碳氧反应产生CO气体，增加泡沫的内部压力，促使气泡破裂，达到抑制泡沫渣的作用。宝钢、马钢的实践表明，吨钢使用量1~2kg，压渣成功率90%以上。某厂压喷剂的技术要求见表7-14。

表7-14　某厂压喷剂的技术要求

主要指标	挥发分+灰分/%		热值/MJ·kg^{-1}	
	≥75.0		≥3.00	
次要指标	$C_{固}$/%	堆积密度/g·cm^{-3}	粒度	燃点/℃
	≥20.0	≤1.50	<10mm 的≤8.0%	>350

从以上的要求可知，电解铝阳极炭块或阴极炭块破碎后，与铝灰、石灰石、白云石中的一种混合均匀，压球后即可生产出转炉的压喷剂。

压喷剂使用方法如下：

（1）根据炉口火焰、渣片情况和化渣检测曲线判断，在即将发生喷溅前的3~10s，加入压喷剂0.5kg/t钢，可预防炉渣的喷溅。

（2）转炉炉渣已经发生喷溅，开始逸出炉口，加入压喷剂1kg/t钢，可消泡压喷1min左右。

（3）转炉渣大量逸出时，加入量2kg/t钢，可压喷1min左右。

（4）转炉加入压喷剂后，需要及时调整转炉的氧枪枪位，加入渣料调整碱度等措施。

转炉压喷剂生产工艺如图7-2所示。

炭块　　齿式破碎机　　磨机　　碳酸盐颗粒　　搅拌机　　压球生产压喷剂球团

图7-2　转炉压喷剂生产工艺

7.1.8 铝灰和大修渣生产炉渣改质剂

转炉钢渣中的氧化铁和熔池钢液中的氧，存在着动态平衡的关系，即炉渣中的氧化铁含量越高，熔池钢水中的氧含量也越高。转炉吹炼终点碳含量、温度和渣的氧化性对钢中氧含量有直接影响。氧含量越高，生成的一次和二次脱氧产物越多。最为直接的是，炉渣的氧化铁含量偏高，在转炉出钢过程中，出钢容易卷渣、下渣或者带渣，炉渣进入钢包后，脱氧难度增加，脱氧成本增加。因此，降低转炉炉渣中的氧化铁含量对减少钢液中的氧含量、增加炉渣的黏度，从而改善挡渣效果有积极的意义。

在冶炼终点发现过吹炉次，出钢前向转炉内加入终渣改质剂，降低炉渣的氧含量，弱化炉渣的流动性，减少转炉出钢过程中的下渣问题，同时能够减缓高氧化铁炉渣对炉衬的侵蚀。炉渣中 TFe 含量对初始流动温度的影响如图 7-3 所示。

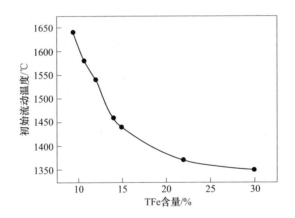

图 7-3 炉渣中 TFe 含量对初始流动温度的影响

铝灰中含有 5% 左右的金属铝和 7% 左右的氮化铝，作为还原剂。还原转炉炉渣中的氧化铁，是生产改质剂的原理。钢包顶渣改质就是利用铝灰中的还原剂来实施，转炉炉内的钢渣改质原理也如此。考虑到转炉冶炼的钢种大多数为低碳钢，所以改质剂的工艺思路如下：

（1）添加 55% 左右的铝灰，作为细颗粒料和快速还原剂的提供源。

（2）添加 30% 左右的无烟煤、焦粉、大修渣炭块颗粒等含碳的原料，提供主要的还原材料。

（3）添加 15% 左右的石灰石，平衡转炉钢渣的温度。

改质剂的成分范围见表 7-15。

表 7-15　改质剂的成分范围

成分	TC	Al+AlN	CaO
含量/%	>25	<10	>7

使用方法是在出钢前，向转炉炉内加入吨钢 1.0~3kg 的改质剂，然后正常出钢即可。

7.1.9　电解铝危废生产转炉溅渣护炉改性剂工艺

转炉炉渣中，含有硅酸二钙和一些高熔点的化合物，本质上是一种耐火材料。在转炉出完钢后加入调渣剂，使炉渣产生化学反应，生成一系列高熔点物质，通过氧枪系统喷出的高压氮气将高熔点物质喷溅到炉衬的大部分区域或指定区域，黏附于炉衬内壁逐渐冷凝成固态的坚固保护渣层，并成为可消耗的耐火材料层。下一炉冶炼时，保护层可减轻高温气流及炉渣对炉衬的化学侵蚀和机械冲刷，以维护炉衬、提高炉龄并降低耐火材料包括喷补料等消耗。

从溅渣护炉的角度分析，希望碱度高一点，这样转炉终渣 C_2S 及 C_3S 之和可以达到 70%~75%。这种化合物都是高熔点物质，对提高溅渣层的耐火度有利。但是，碱度过高，冶炼过程不易控制，反而影响脱磷和脱硫效果，且造成原材料浪费，还容易造成炉底上涨。实践证明，终渣碱度控制在 2.8~3.2 为好。由于溅渣层对转炉初渣具有很强的抗侵蚀能力，而对转炉终渣的高温侵蚀的抵抗能力很差，转炉终渣对溅渣层的侵蚀机理主要表现为高温熔化，因此合理控制转炉终渣，尽可能提高终渣的熔化温度是溅渣护炉的关键环节。

影响炉渣熔点的物质主要有 FeO、MgO 和炉渣碱度。由于 FeO 易与 CaO 和 MnO 等形成低熔点物质，不利于转炉溅渣护炉工艺。终渣 TFe 含量与炉渣半球温度的关系如图 7-4 所示。

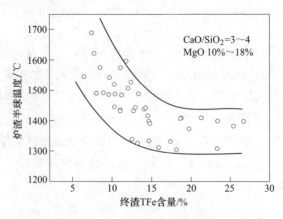

图 7-4　终渣 TFe 含量与炉渣半球温度的关系

由图7-4可知，影响终渣熔点的最主要的因素是渣中氧化铁含量。已有的研究表明，终渣 TFe 在 15%~25% 范围内，炉渣熔点在 1300~1400℃。当终渣 TFe<15% 时，炉渣熔点明显提高。当渣中 TFe=10%~13% 时，炉渣半球点温度显著提高，已接近1500℃，初熔至全熔温度范围很宽。这种炉渣黏度高，对炉衬侵蚀能力差，溅渣时不需加稠渣剂，直接溅渣就能很好地黏附在炉衬上，且耐高温性能好。当渣中 TFe 进一步降到 6.37% 时，炉渣半球温度可达到1600℃以上，甚至到1700℃时尚未全熔，这种炉渣作为溅渣层在吹炼终点将不会被熔掉。因此，为了提高炉渣的熔点和黏度，终渣 TFe 应控制在 13% 以下。溅渣层中的 TFe 最好控制在 10% 以下。

所以转炉溅渣护炉工艺，在炉渣中氧化铁含量较高时，选用改性剂处理钢渣，常见的有石灰石、白云石+焦炭粉末对转炉的终渣进行改质。

由 MgO-FeO 二元系相图可知，提高 MgO 的含量，可减少 FeO 相应产生的低熔点物质数量，有利于炉渣熔点的提高。因此，为了保证溅渣护炉的工艺效果，转炉炼钢厂使用溅渣护炉改性剂，主要是调整炉渣中的 MgO 含量，降低渣中 FeO 含量。常见的改性剂有菱镁矿和焦炭混合使用、轻烧白云石和焦炭混合使用。电解铝危废中的铝灰、大修渣中的阴极炭块颗粒、碳化硅等，均有与 FeO 反应的作用，和镁质熔剂搭配，有对炉渣进行改质的作用，故使用电解铝危废生产溅渣护炉改性剂，是一种双赢的工艺方法。

本着降解渣中氧化铁的含量为出发点，选择电解铝危废中的炭块作为添加材料，结合少量的铝灰，添加含氧化镁的白云石、菱镁矿等，生产成 10~50mm 的球团，在转炉溅渣护炉工艺中使用即可。

以上原料的使用原理和添加的比例如下：

（1）白云石的主要成分是 $CaMg(CO_3)_2$，菱镁矿的主要成分是 $MgCO_3$，加入后，球团中的碳酸盐受热分解，促使球团迅速碎裂，有利于球团中的碳迅速与炉渣反应，同时增加炉渣中的 MgO 含量。

（2）炭块或碳化硅耐火材料主要提供脱氧需要的碳元素。

（3）铝灰为辅助添加成分，主要是促进形成铝镁尖晶石相，使炉渣在炉衬上的黏附性提高。

以上原料的配加比例说明如下：

（1）如果转炉的渣中需要补充 MgO 含量，就提高菱镁矿或者白云石的加入比例；如果不需要增加炉渣中的 MgO，加入白云石或菱镁矿的比例，能够做造球的骨料即可。

（2）根据冶炼的终渣成分中氧化铁的含量，确定由炭块粉碎的细粉用量。如转炉终渣 FeO 为 22%，将炉渣中的 FeO 降低到 10%，需要脱除 12% 的氧化铁，按照化学方程式计算出需要的碳含量，结合炭块的碳含量，即可确定阳极炭块或阴极炭块粉末的添加量。

生产工艺如图 7-5 所示。

图 7-5　电解铝危废生产溅渣护炉改性剂工艺

使用方法如下：

（1）转炉出钢后，摇正转炉炉体；

（2）加入溅渣护炉改性剂；

（3）加入后，降下氧枪，先以较小流量的氮气吹炉渣 1min 左右，然后开启溅渣护炉的氮气流量，进行吹氮溅渣护炉；

（4）在转炉出钢前，也可一次性加入溅渣护炉改性剂，效果会更好。

7.2　电炉炼钢协同电解铝危险废物资源化利用技术

电炉炼钢的工艺特点，决定了电炉能够利用炼钢工艺的特点，资源化利用各种危险废弃物，不同类型的危险废弃物的资源化利用工艺途径简介如下：

（1）含碳的材料可以作为电炉炼钢的配碳原料使用。

（2）含有油脂的材料重油、废焦油，通过造块或者造粒的方式加入电炉，能够作为提供化学热的发热材料。

（3）含有氟化物的材料，作为化渣材料萤石的替代品加入，氟化物在化渣的同时，能够实现易溶型的氟化物（NaF、KF、Na_3AlF_6）最终伴随炉渣的造渣反应，转化为难溶性的氟化物（CaF_2、MgF_2）。

（4）含有氧化铝为主成分的材料，能够作为萤石的替代品，在电炉炼钢过程中作为无氟化渣剂使用。

电炉资源化利用电解铝危废的基本工艺如下：

（1）废弃的阳极炭块或阴极炭块，加工到 50~100mm 的尺寸，在电炉炼钢过程中作为配碳材料使用。这种资源化利用的模式，是低价值的利用方式，能够大规模快速地消化电解铝生产过程中积存的废弃炭块。

（2）将生产炭块过程中产生的废焦油，与废弃的炭块碎颗粒造块后，作为电炉炼钢的配碳材料或者发热材料。

（3）将废弃的炭块破碎到 1mm 左右，生产电炉炼钢过程中造泡沫渣的喷吹炭粉。

（4）废弃的炭块破碎到 1~5mm，或者破碎后造粒，作为电炉炼钢出钢过程中的增碳剂。

（5）大修渣中的碳化硅耐火材料，破碎后，作为电炉出钢过程中的脱氧剂。

（6）大修渣中的碳化硅耐火材料，破碎后，作为电炉炼钢过程中的合金化材料。

（7）炭渣作为电炉出钢过程中的脱氧剂和脱硫剂使用。

（8）炭渣在电炉炼钢过程中替代萤石，在电炉炼钢过程中作为化渣剂使用。

（9）铝灰作为无氟化渣剂在电炉炼钢过程中使用。

（10）铝灰生产电炉出钢过程中的脱硫剂和脱氧剂。

（11）炭渣和大修渣中废弃的电解质作为电炉炼钢过程和出钢过程的造渣材料。

（12）炭渣破碎成为 1mm 左右，作为电炉喷吹助熔的发热材料使用。

7.2.1 电炉炼钢配碳使用废弃含氟炭块

电炉炼钢加入废钢的主原料中，有害物质 H、N、P、S 和含量不合适的 Si、C、Mn 等元素，以及各种附着物带入铁液中的各种氧化物夹杂，都是对钢材性能有负面影响的物质，需要在炼钢过程中从钢水中去除，这是电炉炼钢的基本任务。

电炉炼钢工艺中，炉料配碳是电炉炼钢的核心工艺内容之一。配碳主要是将含碳高的生铁、铁水、废弃的铸铁件、焦炭、石墨等，在炼钢加料的时候加入电炉，在废钢熔化后，碳溶解在铁液中，吹氧的时候，利用氧化熔池中的碳，发生脱碳反应。脱碳反应是完成电炉炼钢基本任务的核心内容，其主要功能简介如下：

（1）氢的原子半径为 0.053nm，氮的原子半径为 0.074nm，溶解在铁液中的 [H]、[N]，分压很小，很难从铁液中上浮。脱碳反应产生的 CO/CO_2 气泡在上浮过程中，[H]、[N] 能够溶入 CO/CO_2 气泡，随着气泡的逸出被去除。

（2）铁液中的 [P]、[S] 的去除，大部分在钢渣和钢水接触的表面，脱碳反应产生的气泡，能够搅拌钢液，产生自下而上的"涌泉式"运动，与钢渣接触，发生脱硫脱磷反应，提高反应速度。

（3）铁液中带入或者氧化反应产生的各种夹杂物，在铁液相对静止的情况下，很难依靠密度不同产生的浮力从铁液中上浮，尤其是固体夹杂物颗粒。脱碳反应促进钢液的运动，能够推动夹杂物上浮进入钢渣，达到去除夹杂物的目的。

（4）脱碳反应释放的化学热，提高了反应区铁液的温度，有利于化学反应速度的加快，也节约了冶炼电耗。

电炉炼钢的配碳量依不同的冶炼钢种有所不同。常见的炼钢配碳的范围如下：

（1）优特钢。优特钢是指轴承钢、齿轮钢、弹簧钢、管线钢等具有特殊用途，对钢材的纯净度和性能有特殊要求的钢种。优特钢的配碳量在 0.8% ~ 3.5%。配碳量越大，钢水脱碳反应进行的量越大，钢水中有害物质相对越少。2.0% ~ 3.5% 的配碳，绝大多数是电炉大量热兑铁水，电炉炼钢强化供氧工艺，电炉炼钢转炉化的特殊情况。

（2）普钢的配碳量在 0.6% ~ 1.5%。普钢主要是指建筑用各种规格的螺纹钢、一般碳素结构钢等。普钢的特点是钢材的关键指标，如抗拉强度满足使用工艺的要求后，对钢材的纯净度等其他指标不做要求。这些钢用途广泛，使用量较大，对冶炼的工艺和装备的要求一般，冶炼生产的工艺性能指标相对地容易控制和容易实现。

电炉炼钢的配碳，除了考虑冶炼钢种外，还与冶炼周期、供氧条件这两个关键因素有关。现代电炉炼钢的冶炼基本冶炼周期在 30 ~ 50min，脱碳脱磷造泡沫渣升温的时间是 10 ~ 20min 比较合理，其主要工艺时间分布如图 7-6 所示。

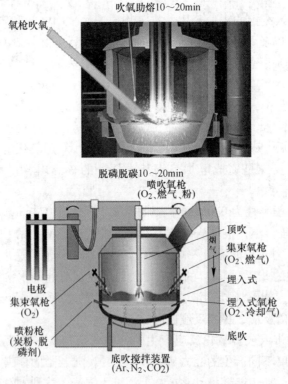

图 7-6　现代电炉冶炼周期的典型时间分布

7.2.1.1 危弃炭块配碳操作

电解铝废弃的炭块含有氟化物和钠盐，作为配碳材料配碳，主要优势如下：

（1）电解铝的废弃炭块，经过电解铝的高温电解过程，炭块中的炭大多数石墨化，配碳后容易溶解于铁液，配碳计算和操作的难度小。

（2）废弃炭块中固溶的氟化物和钠盐，溶解于铁液后，氟化物能够与酸性夹杂物二氧化硅、硅酸二钙等反应，生成气态物质或者液态物质，从铁液中容易去除；钠盐能够与铁液中的硫反应，具有脱硫的功能，能够与二氧化硅反应，生成低熔点液态物质，容易从铁液中间去除，与其他的配碳材料相比，这一点有明显的优势。

（3）废弃炭块配碳，带入的氟化物和钠盐，有助于电炉渣料的迅速熔化，脱磷脱碳效果优于传统的工艺，能够优化炼钢工的操作工艺。

利用废弃炭块配碳，如果是全废钢冶炼，配碳的炭块尺寸可以在50~100mm，热兑铁水的炉次，配碳的炭块尺寸可以控制在50mm左右。

配碳根据冶炼的工艺要求，将废弃的炭块按照计算量加入即可。比如100t电炉冶炼GCr15钢，工艺要求配碳1.8%，废弃炭块中的碳含量65%，要求废钢加入量110t，配碳的收得率为90%，废钢的平均碳含量为0.3%，那么利用炭块配碳量为1.5%，废弃炭块的加入量Q为：

$$Q = \frac{110 \times 1.5\%}{65\% \times 90\%} = 2.82t$$

具体的操作如下：

（1）将炭块粗破到50mm左右，然后拉运到电炉配料区域。

（2）采用电炉炉顶加料料仓配碳的，电炉的留钢量和留渣量较小的情况下，在电炉加料前加入炭块，然后加入废钢。对留钢留渣量较大的炉次，也可以在废钢加入后，再加入炭块。

（3）采用料仓向料篮加渣辅料的电炉，将炭块通过上料系统加入料仓，料篮配加废钢前，向料篮内加入炭块，然后料篮到配料区配加废钢。

（4）采用料篮加料的，可将炭块首先加入料篮底部，然后向料篮内加入废钢即可。

（5）采用废钢料篮加入石灰的电炉，首先加入炭块，然后加入石灰，最后配加废钢。

（6）为了提高配碳的稳定性，对粒度较小的炭块粉末，采用吨袋包装，加入料篮，然后配加废钢的方式，有助于小颗粒炭块的资源化利用。

（7）料篮加废钢后，按照正常的冶炼规程进行冶炼作业即可。

2017年中铝兰州铝业发生废弃炭块的污染事件，官方数据证明，事后每吨危废炭块的处置费用高达4800元，如果用于电炉配碳，电解铝厂和炼钢厂都会从中受益。

7.2.1.2　废弃炭块生产类石墨增碳剂

电炉冶炼的钢种大多数是中高碳钢，电炉炼钢的脱碳作业结束后，按照具体冶炼钢种的碳含量要求，需要向钢水增碳。炼钢结束后，向钢水中加入含碳的材料，这些材料有焦炭粉、石墨粉等。

电炉增碳与钢水脱氧合金化一起进行，同时要加入石灰和渣辅料。废弃炭块增碳，能够将部分渣辅料减量，并且脱氧效果和脱硫效果优于传统的工艺方法。

电解铝的电解槽炭块在电解的过程中，长期在高温条件下，炭块中的碳部分石墨化，性质比较稳定。废弃炭块直接加入钢水，炭块的熔解速度慢，块度也不适合炼钢增碳的工艺要求，故废弃炭块生产增碳剂的核心是首先破碎到一定的粒度（0.5~10mm），然后挤压造粒，或者直接作为增碳剂应用。

造粒的增碳剂，加入 3% 左右的碳酸盐，对提高增碳效果，稳定固溶进入炭块的氟化物有积极的意义。

7.2.1.3　废弃炭块生产喷吹炭粉

电炉炼钢过程中，电弧区的温度高达 3000~6000℃，在这样的温度条件下，裸露的电弧不仅向钢水传递热量，也向电炉的炉衬、水冷盘辐射热量。如果不采用工艺技术措施，电炉炼钢的经济性、安全性都会受电弧辐射这一问题的干扰。所以电炉炼钢工艺中，泡沫渣技术是电炉炼钢的核心之一。

电炉冶炼过程中炉渣发泡的能力决定于两个重要条件：

（1）炉渣具有一定能量的气体存在。

（2）炉渣应具有相适应的物理性质与化学组成。

具有这两个条件时才能使炉渣泡沫化。形成炉渣泡沫化的基本过程是：当大量的气体进入炉渣并且被分散。这主要是炉渣有分散的多个不连续的界面来决定的。如果炉渣的表面张力小而且体系的界面自由能有较小的值，使体系的能量仍处在较低的状态，炉渣中分散的细小的气泡就不至于合并而成为稳定的泡沫渣。

泡沫渣工艺过程中，喷吹炭粉是造渣的主要手段，采用自耗氧枪和炭粉喷枪造泡沫渣的原理如图 7-7 所示[8]。

喷吹炭粉主要产生两方面的作用：一是降低渣中氧化铁的含量，提高泡沫渣的黏度，提高泡沫渣的质量；二是喷吹炭粉与渣中的氧化铁反应生成一氧化碳气体，为炉渣发泡提供气源。

喷吹炭粉的作用是与炉渣中的氧化铁反应产生 CO 气泡，废弃炭块中富含的氟化物和钠盐等物质，对炉渣的熔解和表面张力的调整有好处。

炭块中的碳含量低于 80%，但是含有的其他成分有助于炼钢。单独喷吹，体现在喷吹效果上，尤其在兑加铁水和冶炼优特钢的冶炼工艺中，效果独特。对配碳量较高的炉次，效果也很显著。这种显著的效果体现在以下的几个方面：

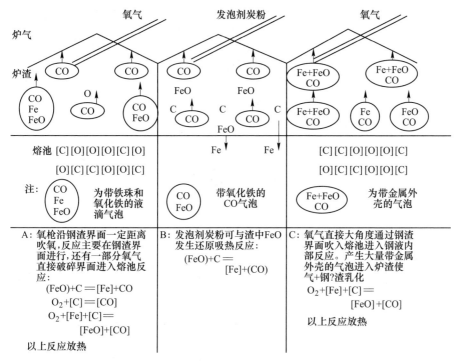

图 7-7 采用自耗氧枪和炭粉喷枪造泡沫渣的原理

（1）配碳较高的炉次，脱磷脱碳与喷吹炭粉产生气体之间的工艺条件存在相互制约的因素。脱碳反应和脱磷反应需要渣中有足够的氧化铁，喷碳会降低渣中的氧化铁。在这种工艺条件下，选用废弃炭块生产的喷吹炭粉，其中的氟和钠盐有助于脱磷和炉渣表面张力的调整，并且碳含量略低，能够维持吹氧脱碳脱磷，对渣中氧化铁含量的稳定，泡沫渣埋弧效果优于使用喷吹纯炭粉。

（2）喷碳较高的电炉，冶炼的大多数是优特钢，脱碳脱磷过程中采用间断性喷吹炭粉，在炉渣碱度较高的情况下，喷吹会引起炉渣淤塞炉门，排渣困难。废弃炭块中的物质，有助于炉渣黏度和流动性的调整，有助于炉渣脱碳脱磷工艺的实施，对减少电炉吹炼过程中脱碳困难、脱磷效率低的情况有改善作用。

（3）喷吹炭粉埋弧这一化学过程是吸热反应，废弃炭块生产的喷吹炭粉，其中的物质有助于减少造渣吸收的化学热，能够降低冶炼电耗。

对冶炼一般性的钢种，炉渣的碱度较低（在 1.8~2.5），此时配碳量偏低。这时电炉可将炭块制成粉末，与碳含量较高的炭粉混用。

喷吹炭粉的工艺较为简单，将炭块破碎到 0.5~3mm，采用吨袋包装供货使用即可。喷吹炭粉的示意图如图 7-8 所示。

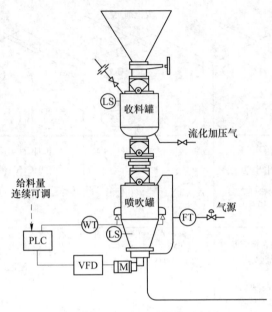

图 7-8　常用喷吹系统的示意图

7.2.2　电炉炼钢协同铝灰资源化利用

电炉吹氧的强度远远低于相同公称容量的转炉。炉渣的熔解主要是依靠氧化铁来助熔的。氧化铁过高，会侵蚀炉衬，增加电炉冶炼的安全风险；氧化铁过低，炉渣熔化情况不好，泡沫渣埋弧的工艺效果差，并且在配碳较高的情况下，炉渣熔化情况不好，电炉的脱碳、脱磷的难度增加，所以电炉的化渣比转炉的难度高。

电炉炼钢大多数的工艺是将石灰加在废钢料篮底部，然后一次或者两次的方式加入电炉。这种加料的方式，对冶炼时间较长、以加废钢为主的电炉来讲，早期的炉渣泡沫化有助于提高热效率，在废钢熔化 60% 左右就能够进行泡沫渣埋弧全程冶炼。采用这种工艺模式部分企业在加入石灰、白云石的同时，加入部分的萤石，用于早期的化渣。

对采用热兑铁水的电炉来讲，化渣是主要的工艺难题。使用铝灰生产无氟化渣剂，是助力电炉提高效率的方法。

在电炉炼钢过程中，脱碳脱磷绝大多数的反应是在钢渣界面完成的。没有好的炉渣，就不可能完成这些任务。铝灰化渣，在电炉热兑铁水、配碳量较高的炉次，作用明显。

采用铝灰压球，替代萤石在电炉炼钢过程中使用，铝灰中的 Al_2O_3、F、Na、Al、AlN 都能够参与造渣反应，并且能够释放热量，有助于节约电炉炼钢的成渣热，降低冶炼电耗，化渣的助熔效果优于萤石。在这一点，二次铝灰生产电炉、转炉的化渣剂，效果会体现得更加突出。

利用铝灰生产电炉炼钢用的无氟化渣剂，与转炉的生产工艺一致，即将铝灰添加少量的碳酸镁、碳酸钙等压球后，在电炉加石灰和渣辅料白云石的同时加入即可。

7.2.3 电炉炼钢协同废弃焦油资源化利用

电解铝炭素厂生产阳极或者阴极的过程，产生一定量的废弃焦油，废弃焦油也是一种危险废弃物。

含有碳质材料的物质，在炼钢工艺中，均有被利用的工艺环节。主要基于以下的几个原因：

（1）碳质材料是炼钢过程中提供化学热的物质，能够作为提供化学热的添加原料，替代焦炭、兰炭等，实现资源化利用。

（2）含油脂的物质本身是一种黏结剂，能够在各种非烧结冶金球团中作为黏结剂应用。

（3）含有油脂的物质生产炼钢的助熔材料，是较为成熟的资源化工艺。在20世纪90年代，在电炉炼钢吹氧助熔工艺中，向炉门冷区添加沥青块、煤块助熔的方法，被认为是提高废钢熔化的有效工艺。

2014年，笔者主持开发的"钢铁行业含铁尘泥的开发研究与应用"科技项目，一年时间，将中国宝武集团八钢公司堆存十余年的轧钢油泥等危废消化殆尽，创造直接经济效益1.4亿元。《国家危险废物目录》中的含油脂废物见表7-16。

表 7-16 《国家危险废物目录》中的含油脂废物

废物类别	行业来源	废物代码	危 险 废 物	危险特性
HW08 废矿物油与含矿物油废物	非特定行业	900-199-08	内燃机、汽车、轮船等集中拆解过程产生的废矿物油及油泥	T，I
		900-200-08	珩磨、研磨、打磨过程产生的废矿物油及油泥	T，I
		900-201-08	清洗金属零部件过程中产生的废弃煤油、柴油、汽油及其他由石油和煤炼制生产的溶剂油	T，I
		900-203-08	使用淬火油进行表面硬化处理产生的废矿物油	T
		900-204-08	使用轧制油、冷却剂及酸进行金属轧制产生的废矿物油	T

在以上工艺项目中，使用含油脂的物质作为黏结剂，将钢铁行业含铁尘泥造球，生产的球团具有自还原性，应用在炼钢生产中替代烧结矿、铁矿石、废钢，具有巨大的竞争优势，是钢铁企业降本增效的工艺方法之一。同样，电解铝生产炭素过程中，产生的各类油脂废弃物，电炉炼钢应用后，具有降低能耗的作用。

在《国家危险废物目录》中，表 7-17 中的危险废物能够在电炉炼钢过程中加以资源化利用。

表 7-17　《国家危险废物目录》中能够在电炉炼钢过程中加以资源化利用的废物

废物类别	行业来源	废物代码	危险废物	危险特性
HW11 精（蒸）馏残渣	煤炭加工	252-001-11	炼焦过程中蒸氨塔残渣和洗油再生残渣	T
		252-002-11	煤气净化过程氨水分离设施底部的焦油和焦油渣	T
		252-003-11	炼焦副产品回收过程中萘精制产生的残渣	T
		252-004-11	炼焦过程中焦油储存设施中的焦油渣	T
		252-005-11	煤焦油加工过程中焦油储存设施中的焦油渣	T
		252-007-11	炼焦及煤焦油加工过程中的废水池残渣	T
		252-009-11	轻油回收过程中的废水池残渣	T
		252-010-11	炼焦、煤焦油加工和苯精制过程中产生的废水处理污泥（不包括废水生化处理污泥）	T
		252-011-11	焦炭生产过程中硫铵工段煤气除酸净化产生的酸焦油	T
		252-012-11	焦化粗苯酸洗法精制过程产生的酸焦油及其他精制过程产生的蒸馏残渣	T
		252-016-11	煤沥青改质过程中产生的闪蒸油	T

含有油脂的物质在 20 年前的炼钢过程中应用有限，主要原因是油脂类物质如果以不合适的加入方式和加入量，加入电炉后会引起剧烈的燃烧。此外，在钢铁装备和工艺没有进步到今天这样的情况下，有炼钢专家认为，油脂分解会引起钢水中氢含量的增加，所以大多数钢企在生产优特钢的时候，将控制含油脂类的废钢入炉作为基础的技术规定。

随着冶金科学技术的进步和装备水平的日新月异，在炼钢过程中使用自还原性球团已经是成熟的技术，电炉喷吹重油、柴油等已经是应用 20 多年的成熟技术。含油物质在电炉炼钢过程中的应用，需要控制好以下的几个方面的问题：

（1）含油脂的物质，以合适的方式加入电炉，确保在加料过程中不会引发油脂的剧烈燃烧产生火灾。

（2）加入的方式，满足电炉炼钢的工艺需要，不影响炼钢的工艺过程和经济技术指标。

（3）加入的油脂类物质，能够优化炼钢的工艺，或者能够产生一定的经济效益。

铝灰中含有氮化铝，在压球过程中，遇水后就能够发生水解反应，影响环境和工艺。废焦油按照 5%～20% 的比例，作为黏结剂加入，制成铝灰球作为电炉炼钢的化渣剂，在电炉加入石灰渣辅料的同时，加入铝灰球化渣剂。

将电炉炼钢过程中产生的氧化铁皮、除尘灰、铁屑造块或者压球，然后作为钢铁料的替代品，加入电炉。这种方法能够回收钢铁系统产生的钢铁料，减少钢铁料的浪费，还不影响电炉的冶炼。此项工艺的实施也是在对辊压球生产线，工艺如下：

（1）采购粒度小于 2mm 的石灰石粉末拉运到造球生产线待用；同时将废弃焦油或者沥青拉运到造球生产线或者造块生产线待用。

（2）石灰石粉末、含铁尘泥或原料与油泥，按照三者的质量百分比为 10∶（45~75）∶（15~55）的比例加入普通的立式搅拌机进行搅拌混匀。

（3）搅拌均匀后，将其在对辊压球机或者造块机上压制成为 30~50mm 的球团，拉运到电炉生产线待用。

（4）电炉加第一批料的时候，将球团加入，加入量为吨钢 10~30kg。其中，油脂含量高的，加入量偏大；含量低的，加入量控制到 20kg/t 钢左右，避免氧化铁加入量大而造成冶炼电耗增加。

目前国内常见的使用造块机械生产的含铁球饼的实物照片如图 7-9 所示。

图 7-9　使用造块机械生产的含铁球饼的实物照片

使用含油脂的铁料团块的优点在于以下的几个方面：

（1）含有氧化铁的团块，在电炉炼钢过程中，有利于早期的脱磷。

（2）含有的碳氢化合物加入电炉，加料后吹氧过程中，分解燃烧释放的化学热，能够平衡氧化铁还原为铁的吸热。

（3）油脂燃烧能够迅速地加热废钢，有助于吹氧助熔效率的提高，缩短熔化期。

（4）电炉成渣速度快，脱碳反应迅速。

（5）能够回收钢铁企业的各种废弃的细小含铁原料。

（6）造块后，油脂的分解燃烧比较有序，不会产生瞬间的黑烟或大火，加入的石灰石是崩解剂。

7.2.4　电炉炼钢协同炭渣和废弃电解质资源化利用

炭渣和废弃电解质，在电炉炼钢过程中能够作为化渣剂萤石的替代品使用，主要的资源化利用的工艺如下：

（1）电炉炼钢的加料工艺比较特别，采用料篮加料。可以将块度在 50～100mm 的炭渣或者废弃电解质采用吨袋吊加的方式，在加石灰的同时加入，不影响资源化利用的效率，化学反应活性不受影响。

（2）采用炉顶料仓补加化渣剂的，需要将炭渣或者废弃电解质破碎造球，满足上料仓加料的要求，在电炉造渣的时候加入。

（3）在有喷吹条件的情况下，将炭渣和废弃电解质破碎到 0.5～3mm，在造渣的时候喷吹，不仅能够快速化渣，而且喷吹方式的利用率更好，对电炉的脱磷工艺有贡献。

电炉造渣使用炭渣和废弃电解质的工艺优点，主要体现在以下几个方面：

（1）炭渣中的碳和碳化物，能够起到氧化释放化学热的作用，有助于反应区化学反应速度的增加。

（2）炭渣和废电解质中的钠盐、铝和铝的化合物，在造渣过程中的助熔功能比较明显，还兼具脱磷脱硫的作用。

（3）采用喷吹的工艺方法，在冶炼优特钢的时候，对磷高的炉次，喷吹炭渣或者废弃电解质化渣脱磷，工艺效果优于传统的炼钢工艺。

7.2.5　电炉炼钢协同电解铝废弃耐火材料

电解铝的废弃耐火材料，主要是碳化硅结合氮化硅耐火材料，本身是合金化或脱氧原料，其中固溶了氟和钠盐等物质，在一些特殊的地区或者企业，生产优特钢，需要控制钢水中的氮含量，在这种条件下，电炉资源化利用废弃耐火材料的工艺有以下几种：

（1）将废弃耐火材料制备成为 0.5～3mm，与电炉炼钢的喷吹炭粉按照一定的比例混合喷吹。

（2）单独将废弃耐火材料作为电炉炼钢的发热剂，在电炉脱碳结束，送电升温时喷吹。

（3）作为电炉过氧化炉次的炉渣改质材料使用。

（4）炼钢配料时，将废弃耐火材料破碎到 0.5mm 左右，再造球，加入电炉炼钢的废钢中，作为配碳或者发热材料。

以上工艺对电炉炼钢的有益之处在于：

（1）电炉炼钢以废钢为主原料，废钢黏附的杂质较多，其中 SiO_2 的量过高，不利于电炉炼钢，碳化硅氧化生成的 SiO_2，会在一定程度上影响电炉的造渣脱磷，故需要控制喷吹的添加比例。碳化硅喷吹造渣，替代部分的炭粉，比例控制在 10% 以内，释放的化学热，有助于冶炼的工艺顺行。在喷吹造渣的时候，加入氮化硅，分解的氮随泡沫渣中的气泡逸出，不会对钢水增氮。

（2）电炉过氧化炉次，向炉渣中喷吹废弃耐火材料粉末，能够降低炉渣中的氧化铁，还能够提供化学热。我国的研究和实践证明，电炉在钢水氧化程度较高的情况下，钢水中硫高时不增氮，所以这种模式下也不会对钢水造成增氮。

（3）作为发热材料，能够增加炼钢过程中的化学热，节约电耗。

（4）废弃耐火材料中的氟化物、钠盐，以及碳化硅、氮化硅的分解产物，都是助熔材料，这种工艺条件下，电炉无需使用萤石或者其他的化渣剂，能够节约成本。

7.2.6　电炉钢渣改质协同铝灰资源化利用

7.2.6.1　电炉钢渣改质

电炉炼钢的钢渣，具有以下的特点：

（1）电炉渣碱度在 1.8~3.0，低于转炉渣的碱度，渣中的氧化铁和各种重金属氧化物的含量高于转炉渣。

（2）电炉渣中富含各种尖晶石和 RO 项，属于耐磨项，在后续的渣处理和资源化应用过程中有一定的难度。

（3）钢渣中的游离氧化钙受渣处理工艺的影响而不同，热闷渣工艺和滚筒渣工艺等急冷水淬工艺处理的钢渣，游离氧化钙的含量同比低于缓冷工艺处理的钢渣。

（4）钢渣在建材领域的应用，使用方终存在疑虑，主要是钢渣的应用，曾经引起过有负面影响的工程事故，所以钢渣的应用主要集中在非核心建筑区域，诸如非承重结构，非关键部位等，路桥建设和路用建材是消化钢渣最大的应用领域。

（5）钢渣在建材领域中应用，最大的弊端是密度大，增加了运费和施工成本，是影响钢渣应用竞争力的主要原因之一。

为了消除钢渣资源化过程中的弊端，钢渣改质是最为有效的技术手段之一。

《中国冶金》2007 年第 10 期刊登了中国金属学会的仲增墉、苏天森两位专家撰写的《一种钢渣处理的新工艺》一文中有这样的内容表述："德国钢铁学会炉渣研究所在 20 世纪 90 年代发展了一种钢渣处理新工艺，将氧气和石英砂同时喷入渣包中的渣池中，石英砂与游离氧化钙结合，生成硅酸钙。由于液体渣的比热容有限，只能加入少量石英砂，因此通过吹氧使渣中铁氧化而产生热量，以保证能溶解足够量的石英砂，同时吹氧提高了渣温，改善了反应动力学条件。吹氧生成的氧化铁也可与游离氧化钙形成铁酸钙，经处理后的钢渣由于膨胀小、性能优异，有 40% 可用于按德国标准 TLW 级和 1 级的水利工程用石料，小一些的渣块（<65mm）可用于 A 级至 0 级的水利工程用石料，也完全可以作为高档石材用于道路工程。这是 2007 年 6 月以殷瑞钰院士为团长的冶金代表团访德时获得的信息，该工艺在德国已得到了应用。"其工艺原理示意图如图 7-10 所示[9]。

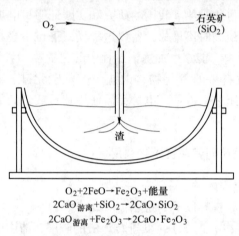

$$O_2 + 2FeO \rightarrow Fe_2O_3 + 能量$$
$$2CaO_{游离} + SiO_2 \rightarrow 2CaO \cdot SiO_2$$
$$2CaO_{游离} + Fe_2O_3 \rightarrow 2CaO \cdot Fe_2O_3$$

图 7-10　电炉钢渣改质剂生产工艺原理

据介绍，该工艺由德国克虏伯蒂森钢厂进行了实施。但由于该法需要投入较高的后期处理费用，目前只在部分钢厂试用，该液渣处理工艺对降低钢渣中 f-CaO 含量、碱度及抑制钢渣遇水膨胀具有良好的效果。

作者在 2012 年开始实施的脱硫渣的改质资源化技术，将热态脱硫渣加入转炉液态渣中，氧化性的转炉液态渣与粉状的脱硫渣反应，消除脱硫渣中有害物质的产生，回收脱硫渣中的金属铁。八钢的脱硫渣与钢渣改质工艺实施 4 年后，八钢实现了钢渣固废零排放的历史性跨越。

由此可知，将铝灰和废弃耐火材料用于钢渣改质工艺，也能够成为利用钢渣处理固废和危废的工艺平台。

7.2.6.2　铝灰和电解铝废弃炭块用于钢渣改质的工艺方法

铝灰改质电炉钢渣，核心工艺是利用铝灰中的各种组分与钢渣中的各种组分反应，实现钢渣的组分重构，达到以下的目的：

（1）铝灰中含有的少量金属铝，能够与钢渣中的重金属氧化物发生还原反应，释放热能，还原出重金属，便于后续的磁选回收。

（2）由热力学数据可知，氮化铝在钢渣中大多数参与还原反应，完成分解；没有反应的，在渣处理的水淬工艺中，完成水解反应，实现无害化。氮化铝的有益贡献，包括还原钢渣中的重金属氧化物、降解渣中的耐磨相和 RO 相。

（3）铝灰中的氧化铝与钢渣中的游离氧化钙和游离氧化镁反应，消解钢渣的不稳定性。

（4）铝灰中的氟化物与钠盐参与成渣反应，降低炉渣的熔点，形成更多的水泥熟料物相，在实现钢渣改质的同时，实现氟化物的无害化转化。

（5）钢渣改质总体是吸热反应，钢渣改质后能够降低渣温，减少渣处理的水耗和处理成本。

（6）钢渣的破碎选铁工艺难度降低，可回收的重金属铁料量增加。

钢渣改质过程中的主要反应如下：

$$m\text{Al}_2\text{O}_3 + n\text{f-CaO} \longrightarrow m\text{Al}_2\text{O}_3 \cdot n\text{CaO}$$
$$m\text{Al}_2\text{O}_3 + n\text{f-MgO} \longrightarrow m\text{Al}_2\text{O}_3 \cdot n\text{MgO}$$
$$2\text{FeO} + \text{C} \longrightarrow 2\text{Fe} + \text{CO}_2 + Q$$
$$3\text{FeO} + 2\text{Al} \longrightarrow 3\text{Fe} + \text{Al}_2\text{O}_3 + Q$$
$$3\text{MnO} + 2\text{Al} \longrightarrow 3\text{Mn} + \text{Al}_2\text{O}_3 + Q$$
$$3\text{FeO} + 2\text{AlN} \longrightarrow 3\text{Fe} + \text{Al}_2\text{O}_3 + \text{N}_2$$
$$3\text{MnO} + 2\text{AlN} \longrightarrow 3\text{Mn} + \text{Al}_2\text{O}_3 + \text{N}_2$$

7.2.6.3 电炉钢渣改质的实施工艺

应用铝灰改质电炉钢渣，主要实施的工艺技术条件如下：

（1）电炉出渣采用渣罐受渣的方式，或者具有渣罐功能的渣池，能够满足钢渣改质过程所需要的工艺条件。

（2）具有一定的工艺空间，满足向液态钢渣中添加铝灰的需要。

（3）工艺现场有行车和装载机（挖掘机）等。

工艺实施方法1：

（1）电炉的钢渣量为每吨钢150~200kg。

（2）电炉在造泡沫渣过程中，电炉冶炼中期开始出渣时，随着渣流，通过加料流管按照吨钢10~30kg的量，向渣中加入铝灰或者铝灰球，对电炉钢渣的消泡有贡献，有助于抑制渣罐中的炉渣因为泡沫化溢出渣罐。

（3）电炉出渣结束后，钢渣按照传统的工艺处理即可。电炉出渣和出渣后渣罐的实体照片如图7-11和图7-12所示。

（4）如果加入的铝灰量较大，为了充分反应，可将装满液态钢渣的渣罐用行车吊起，将渣罐内的钢渣倒入另外一个空渣罐，在倒渣的过程中，钢渣之间的搅拌作用加强，能促进铝灰和钢渣充分反应。

工艺实施方法2：

（1）电炉的钢渣出满一个渣罐后，向渣罐内的液态钢渣喷入铝灰；也可以用装载机将铝灰加入渣罐。

（2）铝灰喷入渣罐后，搅拌液态钢渣（也可以将此罐炉渣倒入另外的空渣

图 7-11　电炉出渣　　　　　　　　　图 7-12　渣罐中的钢渣

罐进行搅拌混合)。

　　(3) 炉渣搅拌过程中,无明显的反应特征后,将钢渣按照正常的渣处理工艺处理即可。

　　工艺实施方法 3:

　　(1) 将空渣罐的底部加入铝灰,然后渣罐正常接受电炉渣。

　　(2) 接受电炉渣的渣罐,将其中的液态钢渣,倒入另外的空渣罐,然后再搅拌。以上的几种方法,第一种方法的工艺成熟,对渣处理有较好的贡献。

　　文献的研究证明[10],钢渣和矿渣对砷、铅等有害物质,具有固化作用,改质钢渣能够更加突出这种固废治理危废的效果。

参 考 文 献

[1] 孟劲松,姜茂发,朱英雄. 复吹转炉应用无氟造渣剂-铁矾土的生产实践 [J]. 炼钢,2005 (2):1-6.

[2] 何凯. 不同造渣剂在转炉半钢炼钢中的应用 [J]. 河北冶金,2017 (1):62-66.

[3] 陈家祥. 炼钢常用数据图表手册 [M]. 北京:冶金工业出版社,2010.

[4] 俞海明,段建勇,李栋,等. 70t DC 电炉泡沫渣操作技术的改进 [J]. 炼钢,2001 (5):5-9.

[5] 贾培刚,张利武,毕泗兵. 泡沫渣抑制剂在转炉生产中的应用 [J]. 山东冶金,2009 (2):32.

[6] 兴超,姚娜,张利武. 泡沫渣抑制剂在 60t 转炉炼钢生产中的应用 [J]. 特殊钢,2019 (2):46-48.

[7] 胡洵璞. 转炉 MgO-C 砖粘渣试验研究 [J]. 炼钢,2003 (1):37-40.

[8] 俞海明,秦军. 现代电炉炼钢操作 [M]. 北京:冶金工业出版社,2009.

[9] 俞海明,王强. 钢渣处理与综合利用 [M]. 北京:冶金工业出版社,2015.

[10] 鄢琪慧,倪文,高巍,等. 矿渣-钢渣基胶凝材料固化某含砷尾砂试验 [J]. 金属矿山,2018 (11):189.

8 钢水精炼脱氧合金化与脱氧剂、合金添加剂

炼钢主要是氧化过程，初炼钢水中大量的氧需要去除，出钢过程具有良好的动力学条件，脱氧剂在出钢过程中加入钢包或出钢流中。为满足钢的各种物理、化学性能要求，向钢水中加入一种或几种合金元素调整钢成分的操作称为合金化。通常脱氧与合金化几乎同时进行，有时不可能把脱氧元素与合金元素截然分开，但脱氧与合金化二者的目的和物理化学反应不同。

对初炼钢水在真空、惰性气体或还原性气氛下进行脱气、脱氧、脱硫，去除夹杂物和成分微调等炉外精炼，可提高钢的质量、缩短冶炼时间、优化工艺过程并降低生产成本。炉外精炼提供了更灵活的脱氧合金化手段。

本章简要介绍脱氧合金化原理，电解铝危废在脱氧合金化过程中可作为脱氧剂或合金添加剂。

8.1 钢水中的氧

在转炉炼钢过程中，为了去除铁液中碳、硅、磷等杂质，需要不断向金属熔池吹氧。为了获得高的反应效率，必须向熔池供入充足的氧，在冶炼临近结束时，钢液实际上处于过度氧化状态，即钢液中氧含量高于与钢中碳、锰等元素平衡的氧含量，也就是说，转炉炉内完成了去除碳、硅、磷杂质的钢水中，必然残留有一定溶解的氧。当钢液中大量的金属或者非金属元素，特别是碳被氧化到较低的浓度，钢液内就存在着较高量的氧（$[O]=0.02\%\sim0.08\%$）。残留在钢液中的 $[O]$ 含量，与温度、炉渣氧化性、钢液成分、炼钢供氧工艺参数等许多因素有关[1-6]。转炉炼钢终点成分中，$[C]$ 和 $[O]$ 的关系如图 8-1 所示。

铁液与氧的反应可以表示为：

$$\text{Fe}(l) + [O] \Longrightarrow (\text{FeO})(l) \qquad \Delta G^{\ominus} = -117700 + 49.83T$$

$$\lg K = \lg \frac{a_{\text{FeO}}}{a_{[O]}} = \frac{6150}{T} - 2.604$$

当 FeO 为纯物质，或者含量在炉渣中达到饱和时，与 FeO 平衡的钢液溶解氧含量达到最大值 $[O]_{\text{max}}$，即有：

$$a_{\text{FeO}} = 1$$
$$a_{[O]} = f_{[O]}[O]_{\text{max}}$$

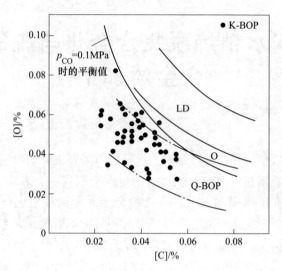

图 8-1　氧气转炉终点 ［C］ 和 ［O］ 含量的关系

LD—氧气顶吹转炉；Q-BOP—氧气底吹转炉；K-BOP—氧气顶底复吹转炉

假设铁液中 ［O］ 的活度满足亨利（Henry）定律，即 $f_{[O]} = 1$，根据以上的化学反应可知：

$$\lg[O]_{max} = -\frac{6150}{T} + 2.604$$

Taylor 和 Chipman 根据实验室研究结果得到了铁液中最大溶解氧含量 ［O］$_{max}$ 与温度的关系表达为：

$$\lg[O]_{max} = -\frac{6320}{T} + 2.734$$

根据以上的关系，计算得到 1873K 时的 ［O］$_{max}$ 为 0.23%。

在转炉炼钢工艺中，转炉终点温度和碳氧积的关系如图 8-2 所示[1]。

不同的铁液温度，铁液中氧化铁存在的浓度各不相同。在相同的条件下，随着钢液温度的增加而增大，随着温度的降低而减小。氧在铁液中的溶解度与温度的线性关系如图 8-3 所示。

根据以上关系可知，铁液中氧的溶解度随温度的降低而减少，当达到 Fe 的凝固温度 1810K 时算出氧的溶解度大约为 0.16%。钢液中，［Fe］-［O］ 的状态图如图 8-4 所示。

由图 8-4 可知，氧的最大溶解度在 δ 铁中约为 0.008%（1800K），在 γ 铁中约为 0.0025%（1643K），而在 α 铁中仅为 0.0003%～0.0004%（1184K）。也就是说，在凝固以及随后的冷却过程中，铁液中的溶解氧几乎全部要从铁中析出。

由于铁中的氧属于偏析倾向严重的元素，固体铁中析出的氧绝大多数以铁的

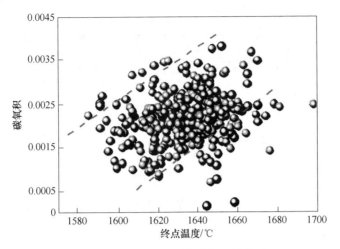

图 8-2　转炉终点温度和碳氧积的关系

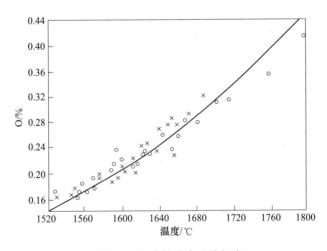

图 8-3　氧在铁液中的溶解度

氧化物、氧硫化物或其他类型的非金属夹杂物存在于 γ 或 α 晶粒的晶界处。氧对钢材的危害如下[7,8]：

（1）没有脱氧的钢液在冷却凝固过程中，由于溶解度的急剧降低，钢中溶解的绝大部分氧由 γ 或 α 相中析出，在晶界析出 FeO 及 FeO-FeS。由于 FeO 及 FeO-FeS 熔点低，在钢的加工和使用过程中容易成为晶界开裂的起点，并最终导致钢材发生脆性破坏。

（2）不脱氧钢水在浇铸凝固过程中，即将凝固的钢液，随着温度的进一步降低，氧在冷却的钢液中溶解度减小，溶解氧扩散析出，氧浓度在毗连于凝固层的母体钢液的氧含量增高，超过了 [C]·[O] 平衡值，于是 CO 气泡形成，使

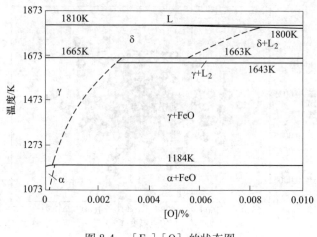

图 8-4　[Fe]-[O] 的状态图

钢锭包含气泡，组织疏松，质量下降。

（3）降低钢材延展性、冲击韧性和抗疲劳破坏性能。

（4）降低钢材韧-脆转换温度。

（5）降低钢材的耐腐蚀性能。

（6）使钢容易发生时效老化。

（7）使钢产生热脆。

更为重要的是，钢液中的氧除了影响钢材的性能，脱氧不好的钢液，在连铸机浇铸过程中，在连铸机结晶器内由于温度急剧降低，钢液中的氧析出，造成结晶器内装备开浇的钢液沸腾，引发过恶性安全事故。

所以转炉冶炼后的出钢到钢水的精炼，脱氧是炼钢过程中的一项最重要的工艺内容。

8.2　钢水脱氧

由于钢液中氧对钢材的不利影响，在炼钢氧化冶炼完成后，必须采取工艺措施将钢液的氧含量降低到低的水平（称为脱氧）。

对钢液进行脱氧目前主要有三种方法[8,9]：（1）直接脱氧工艺，也叫作沉淀脱氧工艺；（2）扩散脱氧工艺；（3）真空脱氧工艺。

钢水的脱氧，从脱氧剂参与脱氧的方式来讲，有直接脱氧和扩散脱氧两种。

8.2.1　直接脱氧

直接脱氧是目前最普遍采用的脱氧方法。炼钢脱氧时，将各种脱氧剂以铁合金（铝块、铝饼、铝铁合金、硅铁、锰铁、硅锰合金、碳化硅等）的形式直接加入钢液中，或者通过喷吹、喂线等形式，将铁合金或者是脱氧金属加入钢液中，脱氧元素与钢液中的氧发生化学反应，生成稳定的氧化物。由于生成物密度比钢液小，通过吹氩搅拌钢液等工艺方法，将这些脱氧产生的氧化物从钢液中去除，上浮进入炉渣，成为炉渣的一部分，以达到脱氧的目的。这种方法脱氧速度快，操作简单，但脱氧反应在钢水中进行，脱氧产物会有一部分残留在钢中，危害钢的质量。直接脱氧的工艺图如图8-5所示。

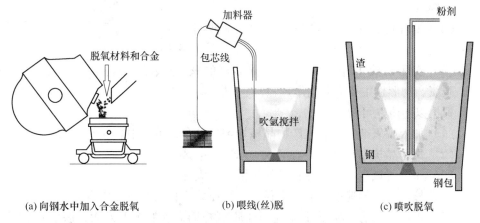

(a) 向钢水中加入合金脱氧   (b) 喂线(丝)脱   (c) 喷吹脱氧

图 8-5 钢水直接脱氧的主要三种工艺

直接脱氧的化学反应可以简单表示为[8]：

$$x[Me] + y[O] =\!=\!= M_xO_y$$

或者表示为： $$x[Me] + y[FeO] \longrightarrow (Me_xO_y) + y[Fe]$$

式中，Me 为脱氧元素；Me_xO_y 为脱氧反应产物。

脱氧产物活度为 1 的条件下，元素脱氧能力：Ca>Al>Ti>C>Si>V>Cr>Mn。

直接脱氧包括以下环节[8]：

（1）脱氧元素的溶解和均匀化；

（2）脱氧化学反应；

（3）脱氧产物的形核；

（4）脱氧产物的长大；

（5）脱氧产物的去除。

根据均质形核理论，从钢液中生成脱氧产物新相核心，其浓度必须达到饱和。

球形脱氧产物析出形核自由能变化（图8-6）为：

$$\Delta G = 4\pi r^2 \sigma + \frac{4}{3}\pi r^3 \Delta G_V$$

钢液微观体积内存在能量起伏，能够满足形成新相核心所需要的能量。核心越小，形核所需要的能量越小，形核越容易。但是，只有新相核心达到一定尺寸后，核心才是稳定的核心。稳定存在的临界半径可由下式求出：

$$r^* = -\frac{2\sigma}{\Delta G_V} = \frac{2\sigma T_m}{L\Delta T}$$

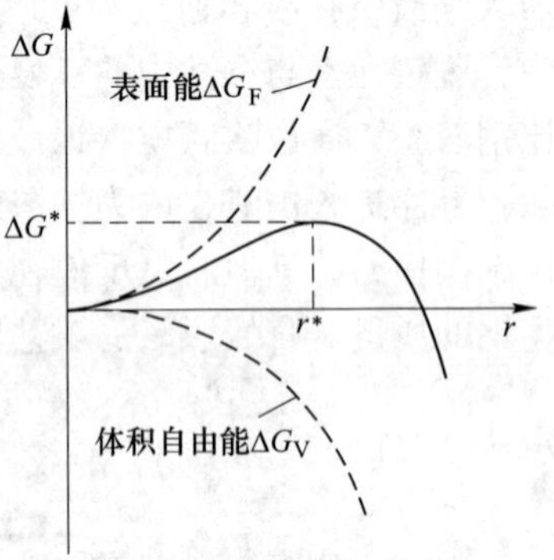

（1）表面张力越小，脱氧产物临界半径 r^* 越小。

（2）脱氧元素浓度积过饱和度越大，临界半径 r^* 越小。

（3）实际钢液中存在大量非均质形核的核心，脱氧产物形核主要为非均质形核。

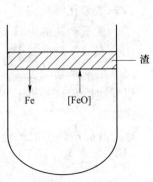

图 8-6　形核自由能与形核半径

根据以上所述可知：

（1）加入脱氧剂后，脱氧产物晶核均匀地分布在钢液中。

（2）每个晶核以自己为中心形成一球形扩散区。

（3）每个脱氧产物核心在自己的扩散区长大。

（4）核心长大的速度与初始半径 r_0、颗粒数 Z 以及氧的浓度有关。

（5）扩散长大有一定的重要性。在脱氧初期，氧的浓度差大，脱氧产物核心多，单位体积内脱氧产物核心越多，氧含量下降越快。

（6）小颗粒脱氧产物周围氧的浓度比大颗粒脱氧产物周围的浓度高。当颗粒大小不同的脱氧产物距离接近时，由于浓度差形成的扩散可使小颗粒消失而大颗粒长大。

8.2.2　扩散脱氧

扩散脱氧又叫间接脱氧，是通过对炉渣进行脱氧，破坏氧在渣钢间分配的平衡，使钢中的氧不断向渣中扩散，达到脱氧的目的。扩散脱氧示意图如图 8-7 所示。

扩散脱氧的化学反应是在液态金属与熔渣界面上进行的，利用（FeO）与［FeO］能够互相转移，趋于平衡时符合分配定律的机理进行脱氧，可以表示为：

$$\frac{(\text{FeO})}{[\text{FeO}]} = L_{\text{FeO}}$$

式中，L_{FeO} 为温度的函数，与熔渣的成分有关。

由于扩散脱氧反应在钢渣界面或渣的下层进行，脱氧产物很容易进入熔渣内部而不玷污钢液。但其

图 8-7　扩散脱氧示意图

缺点是反应速度较慢，需要时间较长，脱氧剂消耗也多。

高温液态钢水和炉渣的氧化还原反应，基本原理是电化学反应。氧化和还原的电化学机理是相似的。在还原性气氛下，体系中电子导体的存在可促使氧以氧离子的形式由氧势高的渣相传递到氧势低的气相中而被脱除。在反应条件合适时，也可使渣相中的某些氧化物被加速还原。因此，改变电化学因素可以控制渣相中氧离子的传递[9]。

研究与实验结果证明[10]，熔渣化学溶解传递氧的能力比物理溶解时大得多。只要氧化物熔渣中不存在电子导电，氧就不会以氧离子的形式在熔渣中传递。熔渣中存在过渡金属氧化物，氧与过渡金属离子之间直接进行电子交换，加快氧向炉渣中的传递速度，进而与钢液发生氧化反应。炉渣中 FeO 与氧化性气氛接触，被氧化成高价氧化物 Fe_2O_3。

（1）在渣-铁界面，高价 Fe_2O_3 被还原成低价 FeO；

（2）气相中的氧因此被传递给金属熔池。

$$Fe + [O] \longrightarrow FeO^{[2]} \qquad \Delta G^{\ominus} = -112442 + 46.56T \, ^{[1,2]}$$

$$2/3Fe + [O] \longrightarrow 1/3Fe_2O_3 \qquad \Delta G^{\ominus} = -152988 + 87.94T \, ^{[1,2]}$$

$$3/4Fe + [O] \longrightarrow Fe_3O_4 \qquad \Delta G^{\ominus} = -177232 + 92.96T \, ^{[1,2]}$$

反应的示意图参见图 6-6。

已有众多的冶金学专家做了关于熔渣中存在过渡金属氧化物的条件下，熔渣对钢液影响的大量的研究和实验，其研究结果基本上都有相似的结论，即炉渣中的过渡性金属氧化物能够加速环境气氛中的氧向熔渣渗透，造成钢液的二次氧化[9,10]。

M. Sasabe 在 CaO 40%、SiO_2 40%、Al_2O_3 20% 的炉渣中，加入 0.2% Fe_2O_3 时，氧在渣中的渗透量可以提高 10^{10} 倍；当含量增加到 10% 时，氧的渗透量还会成比例增加。

将添加剂对 $CaO\text{-}SiO_2\text{-}Al_2O_3$ 系熔渣中氧传输速率的影响分为两组讨论，见表 8-1。在第 I 组加入过渡金属氧化物，它们对渣中氧传输速率的影响比第 II 组大 5~10 个数量级，其差异大是氧的传输机理不同所致。

表 8-1 添加剂对 $CaO\text{-}SiO_2\text{-}Al_2O_3$ 系熔渣中氧传输速率的影响

项目	添加剂	传输速率
第 I 组	铁、锌、铜、锰、镍等氧化物	显著加速
第 II 组	氟化钙	适当促进
	氧化钙、氧化铝	无影响
	三氧化二铬、二氧化硅	阻碍

CaO-SiO$_2$-Al$_2$O$_3$ 系熔渣中的氧渗透量与渣中氧化物加入量的关系如图 8-8 所示[10]。

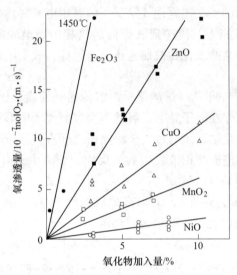

图 8-8 熔渣中的氧渗透量与渣中氧化物加入量的关系

在不含过渡金属氧化物的熔渣中（如 CaO-SiO$_2$-Al$_2$O$_3$ 和 CaF$_2$-CaO-SiO$_2$-Al$_2$O$_3$），气相中的氧是通过物理溶解，并以氧分子的形式穿过熔渣，氧的渗透率直接与气相氧分压成正比，即：

$$O_2(g) \longrightarrow O_2(s)$$

当熔渣中含有过渡金属氧化物（如 Fe$_2$O$_3$）时，熔渣中存在电子（自由电子或电子空位）电导，气相中的氧气可通过以下反应式进行化学溶解，并以氧离子的形式在熔渣中传递，氧的渗透率与渣表面气相氧分压的 $1/n$ 次方成正比（$n=2{\sim}5$）：

$$O_2(g) \Longrightarrow 2O^{2-}(s) + 4p$$
$$M^{2+}(s)+p \Longrightarrow M^{3+}(s)$$

式中，p 为熔渣中的电子空位；M^{2+}，M^{3+} 分别为二价和三价金属阳离子。

脱氧钢水，或者合金化后的钢液上部的钢渣，其中存在氧化铁和氧化锰的情况下，空气中的氧会通过炉渣向钢液传递，与钢液中的 Al、Si、Ti、C 等元素反应，造成钢液中的合金元素氧化后损失，并且氧化物留在钢液中成为夹杂物，影响钢水的浇铸工艺，钢材产生由夹杂物引起的质量缺陷和性能缺陷。所以扩散脱氧对优钢和质量较高的钢种生产，尤其重要。

8.2.3 真空脱氧

在常规的精炼方法中，脱氧主要是依靠铝、硅、锰等与氧亲和力较铁大的元素来完成。这些元素与氧反应的结合能力比碳元素强，它们与溶解在钢液中的氧作用，生成不溶于钢液的脱氧产物，由于它们的浮出而使钢中氧含量降低。这些脱氧反应几乎全部是放热反应，所以在钢液的冷却和结晶过程中，脱氧反应的平衡向继续生成脱氧产物的方向移动，此时形成的脱氧产物不容易从钢液中排出，而以夹杂物的形式留在钢中。因此，常规脱氧方法不能够获得脱氧较为充分的纯净钢。

使用这些常规脱氧元素进行脱氧，其反应都属于凝聚相的反应，即使降低系统的压力，也不能直接影响脱氧反应平衡的移动。真空精炼工艺中的碳脱氧是利用真空条件下，降低脱氧产物 CO 的分压来实现碳脱氧的工艺目的[11-15]。

真空脱氧，是将钢液置于真空条件下，钢液内的 [C]-[O] 的反应如下：

$$[C] + [O] \Longrightarrow \{CO\} \qquad \lg K_c = \lg \frac{p_{CO}}{[C] \cdot [O]} = \frac{1160}{T} + 2.003$$

根据上式计算得到的温度在 1873K 时对应于不同 CO 分压条件下钢液中 [C]-[O] 的关系如图 8-9 所示。

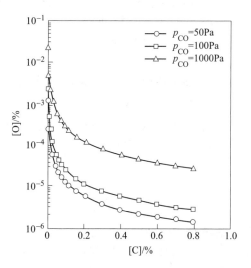

图 8-9 不同 CO 分压下钢液中的 [C]-[O] 关系

根据以上的关系可知，在一定温度下，降低气相的压力自然会降低 [C]·[O] 的浓度积。也就是说，随着真空度的提高，碳的脱氧能力随 [C]·[O] 的浓度积数值的降低而增加。

常压条件下，1600℃的一氧化碳气氛下，[C]·[O] 在 0.0020~0.0025；而在 133Pa 的真空气氛下，[C]·[O] 浓度积的数值在 0.00002~0.00008，即在真空下碳的脱氧能力几乎增加了 100 倍。计算结果和已有的研究资料表明，真空条件下，碳的脱氧能力很强。当真空度为 10^4Pa 时碳的脱氧能力超过了硅的脱氧能力；当真空度为 10^2Pa 时碳的脱氧能力超过了铝的脱氧能力。图 8-10 为不同压力条件下，碳的脱氧能力和其他脱氧元素脱氧能力的比较。

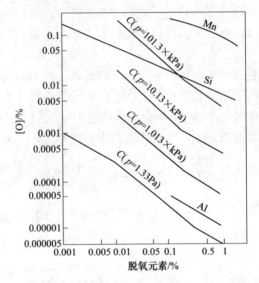

图 8-10　真空下碳的脱氧能力

　　故真空脱氧，就是通过降低 CO 气体分压来促使钢液内碳氧反应继续进行，并利用此反应达到脱氧的目的。真空脱氧方法的最大特点是脱氧产物 CO 几乎全部由钢液排除，不玷污钢液，但其真空设备投资和生产成本要高于其他脱氧工艺。

8.2.4　综合脱氧

　　直接脱氧的优点是脱氧反应速度快，缺点是脱氧产物有一部分会残留在钢水中，成为钢中夹杂物，影响钢材的性能；扩散脱氧的优点是不会在钢液内部产生夹杂物玷污钢液，缺点是脱氧的时间长，效率低；真空脱氧需要投入 RH、VD 等设备，投资较大。

　　所以为了获得理想的脱氧效果，钢铁企业大多数采用综合脱氧的工艺方法。综合脱氧是在还原过程中交替使用沉淀脱氧和扩散脱氧的一种联合脱氧方法。这种工艺充分发挥了沉淀脱氧反应速度快和扩散脱氧不污染钢水的优点。

　　现代优钢冶炼的脱氧包含以下两个过程：

　　（1）将钢液中的氧转化为氧化物。这一直接脱氧工艺，是在转炉、电炉出钢过程中或 RH 精炼过程中，加入脱氧合金化材料，将钢液中绝大多数的氧转化为氧化物。

（2）将钢液中的氧化物从钢液中去除。在钢水直接脱氧后，采用 CAS 精炼工艺，是将钢水采用吹氩搅拌的方式，进行吹氩控制，将脱氧产生的夹杂物通过吹氩从钢液中上浮到炉渣中；LF 精炼工艺是将直接脱氧反应后的钢水，在 LF 精炼工位，继续对钢水顶渣进行造渣工艺，实施扩散脱氧，进一步降低钢水中的氧含量，同时全程吹氩，将直接脱氧产生的夹杂物从钢液中去除。

真空脱氧，主要是针对生产低 [C]、低 [N]、低 [H] 钢采用的精炼工艺。

8.3 单一元素脱氧

一些常用脱氧剂与碱土金属钙、钡、镁的物理性质对比见表 8-2[16,17]。炼钢工艺过程中，常见元素脱氧化学反应的标准自由能见表 8-3。

表 8-2 常用脱氧剂及碱土金属的物理性能

元素	相对原子量	原子半径 /mm	质量浓度 /g·cm⁻³	熔点 /℃	沸点 /℃	溶解度 /%	平衡 (O)	备注
Mg	24.13	0.160	1.74	650	1057~1157	0.100	$2.14×10^{-5}$	
Ca	40.08	0.196	1.55	838	1440~1511	0.023	$3.24×10^{-7}$	
Sr	87.62	0.213	2.60	770	1280	0.026	$9.51×10^{-7}$	
Ba	137.3	0.225	3.50	729	1849~1898	0.020	$1.54×10^{-6}$	
Al	26.98	0.143	2.70	760	2327	互溶	$1.96×10^{-4}$	[Al]0.03%
Si	28.05	0.134	2.33	1440	2630	互溶	$1.22×10^{-2}$	[Si]0.2%
Mn	54.94	0.129	7.46	1244	2150	互溶	$5×10^{-2}$	[Mn]0.5%

表 8-3 炼钢工艺过程中常见元素脱氧化学反应的标准自由能

脱氧反应	$\Delta G^{\ominus} = A + BT$ (kJ/mol)	
	A	B
[C] + [O] = CO	−20482	−38.94
[Mn] + [O] = MnO	−285025	126.84
[Si] + [O] = SiO₂	−585700	226.86
2[Al] + 3[O] = Al₂O₃(s)	−621830	197.34
[Ca] + [O] = CaO(s)	−628695	227.24
[Ti] + 2[O] = TiO₂(s)	−654690	229.72
2[V] + 3[O] = V₂O₃(s)	−424669	159.73
2[Cr] + 3[O] = Cr₂O₃(s)	−405518	179.45

在钢铁的生产过程中，能够脱氧的金属元素有 Al、Si、Mn、Ca 等。不同的脱氧金属元素的脱氧能力各不相同，为了获得好的脱氧效果，选择性价比好的脱氧材料，冶金行业用脱氧常数衡量脱氧能力。元素的脱氧能力是指，在一定温度下与一定浓度的脱氧元素相平衡的氧含量的高低。钢液脱氧元素的脱氧反应可表示为

$$x[\mathrm{M}] + y[\mathrm{O}] \Longrightarrow \mathrm{M}_x\mathrm{O}_y$$

$$K^{\ominus} = \frac{a_{\mathrm{M}_x\mathrm{O}_y}}{a_{[\mathrm{O}]}^y \cdot a_{[\mathrm{M}]}^x} = \frac{a_{\mathrm{M}_x\mathrm{O}_y}}{[\mathrm{O}]\%^y[\mathrm{M}]^x} \times \frac{1}{f_{\mathrm{O}}^y f_{\mathrm{M}}^x}$$

在形成纯氧化物时，$a_{\mathrm{M}_x\mathrm{O}_y} = 1$。令 $K' = 1/K^{\ominus}$，$K' = [\mathrm{O}]\%^y \cdot [\mathrm{M}]^x$，$K'$ 越小，则与一定量的该脱氧元素平衡的氧浓度就越小，而该元素的脱氧能力就越强，脱氧反应就进行得越完全。故 K' 能用以衡量元素的脱氧能力，称为脱氧常数。不同的温度条件下，一种元素的脱氧常数有差别。不同的脱氧元素，脱氧常数可由下两种方法得出：

（1）直接取样测定脱氧反应达到平衡时，钢液中脱氧元素与氧的浓度；

（2）用由 H_2-$\mathrm{H}_2\mathrm{O}(\mathrm{g})$ 混合气体与钢液中脱氧元素的平衡实验测定。

文献给出了不同脱氧元素的脱氧常数见表 8-4[17]。

表 8-4　不同脱氧元素的脱氧常数 K'

脱氧反应的方程式	$\lg K'$	1873K 时的 K'
$2[\mathrm{Al}] + 3[\mathrm{O}] = \mathrm{Al}_2\mathrm{O}_3(\mathrm{s})$	$-64000/T + 20.57$	2.51×10^{-14}
$[\mathrm{Ca}] + [\mathrm{O}] = \mathrm{CaO}(\mathrm{s})$	—	8.32×10^{-10}
$[\mathrm{Mg}] + [\mathrm{O}] = \mathrm{MgO}(\mathrm{s})$	$-38100/T + 12.47$	1.34×10^{-8}
$[\mathrm{Mn}] + [\mathrm{O}] = \mathrm{MnO}(\mathrm{s})$	$-12950/T + 5.53$	0.0413
$[\mathrm{Si}] + 2[\mathrm{O}] = \mathrm{SiO}_2(\mathrm{s})$	$-30110/T + 11.40$	2.11×10^{-5}

1600℃时，铁液中各种元素的脱氧平衡关系如图 8-11 所示[18]。1650℃时，各种元素脱氧的平衡关系如图 8-12 所示。

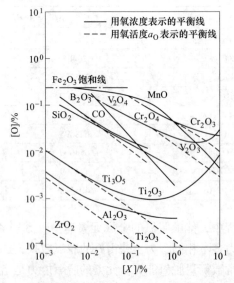

图 8-11　1600℃时铁液中各种元素的脱氧平衡关系

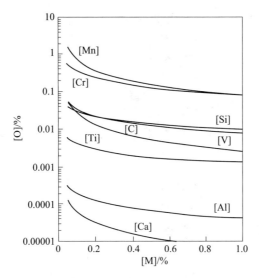

图 8-12 1650℃时各种元素脱氧的平衡关系

8.3.1 铝脱氧

金属铝加入钢液中，脱氧反应如下[19,20]：

$$2[Al] + 3[O] \Longrightarrow Al_2O_3(s) \qquad lgK^{\ominus}_{Al} = lg\frac{1}{[Al]^2 \cdot [O]^3} = \frac{63655}{T} - 20.58$$

式中，$a_{Al_2O_3} = 1$，而 $f^2_{Al}f^3_O \approx 1$，故有 $[Al]^2 \cdot [O]^3 = 1/K_{Al} = K'_{Al}$。

由上式可计算得，1600℃，K'_{Al}=4.0 × 10^{-14}，因此，当 [Al] = 0.01% 时，[O] = 0.0007%，在这样低的 [O] 下，钢液中的 [C] 不可能再发生脱氧反应了，所以用铝脱氧，才能使钢液完全达到镇静。

铝是很强的脱氧剂，主要用于生产镇静钢，它的脱氧能力比锰大两个数量级，比硅及碳大一个数量级。加入钢液中的铝量不大时，也能使钢液中碳的氧化停止，并能减少凝固钢中再次脱氧生成的夹杂物。1650℃ 下，钢液中 [Al]-[O] 平衡关系如图 8-13 所示。

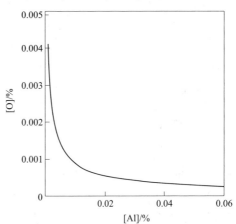

图 8-13 1650℃下钢液中 [Al]-[O] 平衡关系

在铝镇静钢的生产中，铝脱氧产生大量弥散的小颗粒状的 Al_2O_3，仅当铝浓度很低（Al < 0.001%）时，才能形成熔点高达 1800 ~ 1810℃ 的铁铝尖晶石（FeO · Al$_2$O$_3$），一般是形成纯 Al$_2$O$_3$。

8.3.2　硅脱氧

钢液中硅的直接脱氧反应如下[8,21,22]：

$$[Si] + 2[O] \Longrightarrow (SiO_2) \qquad \lg K_{Si}^{\ominus} = \lg \frac{1}{[Si] \cdot [O]^2} = \frac{31038}{T} - 12.0$$

式中，$a_{SiO_2} = 1$，而 $f_{Si}f_O^2 = 1$，故有 $[Si] \cdot [O]^2 = 1/K_{Si}^{\ominus} = K'_{Si}$。

这是因为随着 [Si] 的增加，f_{Si} 也增加，但 f_O 却减小，互为补偿，使 $f_{Si}f_O^2 \approx 1$。因此，可用上式来估计与一定的 [Si] 平衡的 [O]。使用硅脱氧的状态图如图 8-14 所示[8]。

硅是比锰强的脱氧剂，常用于生产镇静钢。一般钢种的硅含量可较大地降低钢液中的 [O]，但是当钢液中 [C] 由于选分结晶，发生偏析时，其浓度增高，和硅的脱氧能力相近或高于彼时，则 [C] 和 [O] 将再度强烈反应，析出 CO 气泡。因

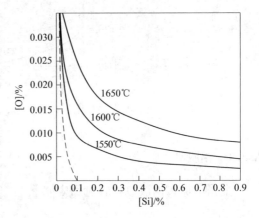

图 8-14　钢液中 [Si]-[O] 平衡状态图

此，仅用硅脱氧是不能抑制低温下发生的碳脱氧的反应，不能使钢液完全镇静，获得优质的镇静钢锭或钢坯。为此，需加入比硅脱氧能力更强的脱氧剂，如 Al。

采用硅脱氧，产生的氧化物在不同的浓度条件下各不相同。其中当 [Si] 在 0.002% ~ 0.007% 及 [O] 在 0.018% ~ 0.13% 的范围内，脱氧产物是液相硅酸铁（2FeO · SiO$_2$），而在一般钢种的硅含量 [Si] = 0.17% ~ 0.32% 范围内，脱氧产物是 SiO$_2$。

8.3.3　锰脱氧

锰是最常用的脱氧元素，脱氧产物是由 MnO+FeO 组成的液体或固溶体。这与温度及钢液中 [Mn] 的平衡浓度有关。[Mn] 增加，脱氧产物中的（MnO）/（FeO）比增加，其熔点提高，倾向于形成固溶体。其加入钢水中发生的脱氧反应如下[8]：

$$[Mn] + [O] \Longrightarrow (MnO) \qquad \Delta G^{\ominus} = -285025 + 126.84T$$

锰的脱氧能力很低，采用锰脱氧的特点如下：

（1）局部锰含量高，可局部脱氧；

（2）随温度降低，锰脱氧能力增强；

（3）与硅、铝同时使用，能够增强硅、锰的脱氧能力。

不同温度下，使用锰脱氧的平衡状态图如图 8-15 所示。

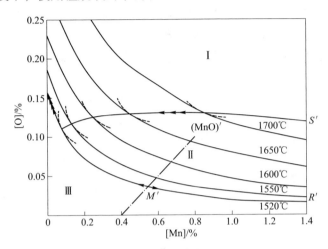

图 8-15　不同温度下使用锰脱氧的平衡状态图

由于锰的脱氧能力在温度下降时增强，所以当钢液冷却到结晶温度附近时，锰能有较强的脱氧能力，在生产沸腾钢锭时，就能控制钢锭模内钢液的沸腾强度。这是因为在低温下，锰对 [O] 的亲和力大于 [C] 对 [O] 亲和力，减弱 [C] 在后期的氧化，而使钢液的沸腾减弱或停止。此外，在生产镇静钢（全脱氧钢）时，锰和其他强脱氧剂同时加入进行脱氧，可形成含有 MnO 的液体产物，并能提高其他强脱氧剂的脱氧能力。故炼钢有一句谚语，即无锰不成钢。

8.3.4　碳脱氧

在冶金领域，包括铁合金和有色冶炼工艺过程中，碳被誉为万能还原剂，只要温度和反应的动力学条件满足，碳能够还原绝大多数的金属氧化物。

炼钢工艺条件下，碳脱氧的反应如下：

$$[C] + [O] = \{CO\} \qquad \Delta G^{\ominus} = -20482 - 38.94T$$

碳作为脱氧元素最大的优点是碳脱氧的产物是 CO 气体，不会污染钢液。但是作为脱氧剂使用，碳在钢液里与氧反应的能力不如硅铝等合金元素。单纯使用碳质材料脱氧，同比条件下，钢中溶解的氧含量偏高。

由于钢液在凝固的时候，钢中的氧在温度条件变化下溶解度降低，溶解的氧在析出过程中与钢液中的碳反应，生成 CO 气泡，对钢材质量影响小，所以绝大多数的钢种都采用碳脱氧的方式。作为脱氧工艺的一部分，脱氧的工艺有以下的几种[8,13,21,24]：

（1）大多数的中高碳钢多采用炭粉作为扩散脱氧剂，加入在渣面。

（2）采用含有炭粉的合成渣、脱氧渣对钢液进行沉淀脱氧或者扩散脱氧。

（3）与碳化硅或者锰铁压制成球，作为脱氧剂和合金化元素使用。

（4）在 RH 或 VD 真空冶金过程中，向钢水中加入一定量的碳，在真空条件下实施碳脱氧，这是冶炼优钢的一种工艺。

钢液中的碳氧平衡图如图 8-16 所示，其平衡浓度积见表 8-5。

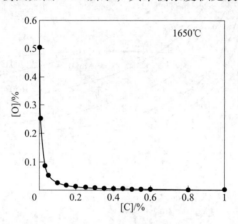

图 8-16　碳氧平衡关系图

表 8-5　钢液中的碳氧浓度积的平衡关系

温度	$[C] \cdot [O]$
1500K	0.001781
1600K	0.001974
1700K	0.002161
1800K	0.002342
1900K	0.002517
2000K	0.002685

炼钢生产过程中，钢水精炼脱氧工艺主要在 LF、VD、RH 等工序完成。在以上的工序，采用碳含量较高的材料脱氧，会影响冶炼钢种成分中 [C] 的调整，并且在 LF 冶炼过程中，容易形成电石渣，故炼钢含碳的脱氧剂，大部分采用含碳材料，有碳化硅、电石、氧化钙碳球等。

从脱氧的目的和工艺过程来看，电解铝产生的大修渣和炭渣是生产炼钢含碳脱氧剂的最佳材料。

8.3.5　钙及含钙合金脱氧

钙的沸点很低，约 1491℃。据 Schurmann 的研究，钙蒸气压 p_{Ca} 与温度的关系如下[2,8,17,23]：

$$\lg p_{Ca} = 4.55 - \frac{8026}{T}$$

1600℃的$p_{Ca} \approx 0.187MPa$。在炼钢温度下钙很难溶解在铁液内，但在含有其他元素，如硅、碳、铝等条件下，钙在铁中的溶解度大大提高。因此，为了对铝氧化物进行变性处理，加入的是硅钙合金及其他含钙合金，同样喂入含钙的丝线也是根据以上道理。图8-17为复合脱氧剂中，第三种元素含量对钙在钢液中溶解度的影响。

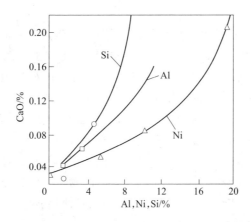

图8-17 1600℃温度下第三元素含量对钙溶解度的影响

钙是很强的脱氧剂，加入钢液后很快转为钙蒸气，在上浮过程中脱氧，反应如下：

$$Ca(g) + [O] \Longrightarrow (CaO) \qquad \lg \frac{p_{Ca}[O]f_O f_{Ca}}{a_{CaO}} = -\frac{34680}{T} + 10.035$$

在1600℃时的脱氧常数$K_{Ca} = 3.3 \times 10^{-9}$。

另外，溶解进入钢液的钙也与氧发生直接反应：

$$[Ca] + [O] \Longrightarrow (CaO) \qquad \lg \frac{[Ca][O]f_O f_{Ca}}{a_{CaO}} = -\frac{33865}{T} + 7.620$$

当钢液含钙$[Ca] = 8.25 \times 10^{-7}\%$时，则钢液的氧含量$[O] = 1.16 \times 10^{-7}\%$，脱氧效果很好。钙也是很强的脱硫剂，生成CaS。根据反应自由能变化，钙加入钢液后首先降低钢的氧含量至某一浓度以后，再与硫反应。这一平衡的氧硫浓度可由下式求出：

$$Ca(g) + [S] \Longrightarrow (CaS)(s) \qquad \Delta G^{\ominus} = -136380 + 40.94T$$
$$Ca(g) + [O] \Longrightarrow (CaO)(s) \qquad \Delta G^{\ominus} = -158660 + 45.91T$$

当然，如果钢液的硫含量比较高，钙有可能同时与氧、硫发生作用，所生成

的反应产物中 CaS、$CaO \cdot 2Al_2O_3$、$12CaO \cdot 7Al_2O_3$ 的含量取决于钢液的硫和铝的含量。当钢液的硫和铝含量比较高时只能生成熔点较高的 $CaO \cdot 2Al_2O_3$，只有当铝和硫含量都低于 $12CaO \cdot 7Al_2O_3$ 平衡线时才会有完全液态的夹杂物出现。需要指出，如果 CaS 不是以纯物质存在，而是在 MnS 中产生时，则 CaS 的活度降低，$CaS-MnS$ 夹杂物也可能在铝硫含量特定的条件下产生。

8.4　复合脱氧

利用两种或两种以上的脱氧元素组成的脱氧剂使钢液脱氧，称为复合脱氧（complex deoxidization）[2,16]。

炼钢脱氧的工艺进步和脱氧材料的生产使用选择，也经历了一个漫长的历史过程。19 世纪 20~30 年代以前，廉价的电解铝产生以前，钢水的脱氧是采用单一合金进行的。由于铝是强脱氧元素，还具有细化钢的晶粒组织、阻止低碳钢的时效、提高钢的低温韧性等良好作用，所以早在二战之前和二战期间，炼钢主要用单一元素铝进行脱氧。加入的方法是将块状的金属铝加入炼钢炉内或钢包中。19 世纪末和 20 世纪初，铁合金工业逐年发展，只含有一种主要元素的铁合金——硅铁、锰铁、铬铁等相继被开发，并在炼钢的脱氧和合金化工艺中得到应用，但单一元素的脱氧效果较差，并且其脱氧产物从钢中的排出比较缓慢。随着钢铁工业的发展，目前转炉流程生产的钢铁制品对脱氧合金化使用的铁合金、脱氧剂的性能要求越来越高，主要有以下几点。

（1）化学组成的主元素含量波动范围小，杂质含量低，以满足钢的高纯净度和不同钢种的微合金化、控制钢中夹杂物形态等工艺需要。

（2）化学反应方面，脱氧、脱硫、脱磷效果好，化学反应产物（夹杂物）的熔点低，易于在钢液中聚合上浮去除，使钢水纯净度更高。

（3）在钢铁材料的铸态组织中易于形成晶核，改善碳化物分布及石墨形态。

（4）提供不同块度、不同粒度范围或特殊形状的合金（如粉剂、包芯线等），易于加入，提高利用率。

（5）复合合金中合金元素分布均匀，偏析少。

从以上的要求来看，使用单一合金脱氧的这些缺陷是无法满足目前炼钢生产的需要的，采用复合脱氧剂和复合合金成为首选。

复合脱氧剂具有以下的优点：

（1）复合脱氧剂的脱氧产物熔点较低，易于从钢液中排出。众所周知，复合脱氧剂脱氧后可生成多元素氧化物的混合体或化合物，其熔点比单一氧化物低，且易聚合成较大颗粒的低熔点夹杂物，能较快地从钢液中上浮进入渣层，起到纯净钢液的作用。根据多元相图可知，组分越多，其熔点越低。例如，纯

Al_2O_3 熔点可达 2150℃；纯 CaO 熔点 2615℃；纯 MgO 熔点 2770℃；纯 SiO_2 熔点 1723℃。而 SiO_2 与 CaO 组成的 $CaO \cdot SiO_2$（$CaSiO_3$）其熔点为 1540℃；Al_2O_3（15%±）、CaO（25%±）、SiO_2（60%±）组成的三元共熔体的熔点为 1165℃；Al_2O_3（19%±）、MgO（28%±）、SiO_2（53%±）三元共熔体的熔点 1360℃。在复杂化学成分内，非金属氧化物夹杂（如硅酸盐、铝酸盐等）中各组元之间具有相互结合力，能够降低每个氧化物的活度。故同时使用几个元素时，它们中的每个元素的脱氧能力都增大。

前面讲到，单一脱氧合金的脱氧产物排出的速度慢，这与脱氧产物的密度、熔点、夹杂物与金属接触表面的相间比能量、金属液对夹杂物的黏附性及浸润性等因素有关。为排出钢中非金属夹杂物，复合脱氧剂可在广泛的范围内调节夹杂物的这些物理化学性能，并按需要的方向改变其成分。生成复杂脱氧生成物的反应自由能如下：

$$\frac{1}{2}S(g) + [O] = \frac{1}{2}SO_2$$

$$\Delta G_1^{\ominus} = -355975 + 1017T(J/mol[O])$$

$$\frac{6}{13}Al(l) + \frac{2}{13}Si(l) + [O] = \frac{1}{13}(3Al_2O_3 \cdot 2SiO_2)(s)$$

$$\Delta G_2^{\ominus} = -418804 + 108.22T(J/mol[O])$$

$$\frac{1}{8}Ca(g) + \frac{1}{4}Al(l) + [O] = \frac{1}{8}(CaO \cdot Al_2O_3 \cdot 2SiO_2)(l)$$

$$\Delta G_3^{\ominus} = -419334 + 104.681T(J/mol[O])$$

$$\frac{2}{3}Al(l) + [O] = \frac{1}{3}(Al_2O_3)(s)$$

$$\Delta G_4^{\ominus} = -446245 + 112.29T(J/mol[O])$$

$$\frac{1}{4}Ca + \frac{1}{2}Al + [O] = \frac{1}{4}(CaO \cdot Al_2O_3)(l)$$

$$\Delta G_5^{\ominus} = -446245 + 112.29T(J/mol[O])$$

$$\frac{12}{33}Ca(l) + \frac{14}{33}Al + [O] = \frac{1}{33}(12CaO \cdot 7Al_2O_3)(l)$$

$$\Delta G_6^{\ominus} = -425678 + 75.59T(J/mol[O])$$

$$Ca(g) + [O] = CaO(s)$$

$$\Delta G_7^{\ominus} = -676405 + 198.95T(J/mol[O])$$

比较反应 $\Delta G^{\ominus}$ 负值的大小，是选择复合脱氧合金的依据。复合脱氧反应的标准自由能和温度的关系如图 8-18 所示。由图 8-18 可以看出，Ca 显著地提高了 Al 的脱氧能力且生成物的熔点很低，易于排出，所以 Ca-Al 搭配具有强的脱氧效果，并促进了脱硫。

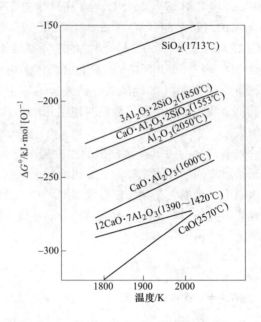

图 8-18　复合脱氧反应的标准自由能和温度的关系

　　Ba、Sr 是近些年来使用的脱氧元素，其摩尔质量大而绝对脱氧量不高，但在开始反应时，其生成物的形成速度快，易于形核促进脱氧，因此得到了广泛的应用。

　　多元复合合金脱氧脱硫后形成的复合物共熔点低、流动性良好，且其组成物的活度降低，因此改善了钢、渣界面化学反应的热力学和动力学条件，有利于脱氧、脱硫等反应的进行，有利于钢液纯净度的提高。

　　(2) 复合合金比单一合金熔点低。根据热分析测定含 Ba 4% ~ 6% 的硅铁，其液相线、固相线分别比硅铁降低 27℃ 和 9℃，当含 Ba 硅铁中再加入 8.24%Mn 后，液相线及固相线比硅铁分别降低 55℃ 和 37℃。另外，复合合金在钢液中熔化快，可使脱氧及合金化时间缩短，钢水温度降低少，且合金元素在钢液中分布均匀，钢材质量、性能均匀稳定。

　　(3) 使用多元复合合金有利于合金元素利用率的提高。复合合金是多组元合金，可根据使用要求，进行不同性能不同密度的元素搭配，以利于其综合性能的发挥，提高合金元素利用率。如高 Ca、高 Al 及混合稀土合金的密度小，且易于氧化，加入钢液后烧损大、利用率低，若增加 Fe、Ba、Mn、Cr、W、Mo 等密度大的元素在合金中所占的比例，则可增大复合合金的密度，减少合金元素的烧损，提高元素的利用率。如将密度大的 W、Mo 元素配入密度小的 Si、Ca 等复合合金中，调整合金的密度，加入钢液后，可起到提高脱氧效率和合金元素均匀化的双重作用。

复合合金在脱氧过程中，强脱氧元素可提高脱氧能力较弱元素的脱氧能力，如硅能够提高锰的脱氧能力，锰能够提高铝的脱氧能力，钙能够提高铝的脱氧能力，提高了脱氧效率。有的元素对另一些元素起保护作用，提高活性元素在钢中的残留率，易于达到需要的含量。例如，用 Si-Ca-Ba 冶炼含 Ca 易切钢时，Ca 在钢中的残留率比单独使用 Si-Ca 时高。前苏联某厂曾用 Si-Ca-Mn 代替 Si-Ca 对 30钢、40 钢脱氧，Ca 的利用率提高 2~3 倍，Mn 的氧化量降低 10%。复合脱氧剂对钢中氧含量的影响如图 8-19 所示。

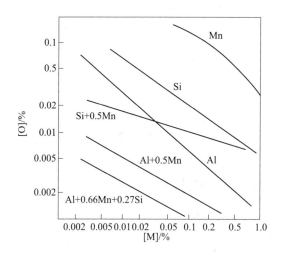

图 8-19 复合脱氧剂脱氧对氧含量的影响

不同的复合脱氧剂体现的优势各不相同，以常见的硅锰合金脱氧为例，硅锰合金脱氧时将同时发生下列脱氧反应：

$$[Mn] + [O] == (MnO)$$

$$[Si] + 2[O] == (SiO_2)$$

同时钢液中还出现下列耦合反应：

$$[Si] + 2(MnO) == (SiO_2) + 2[Mn]$$

$$2(MnO) + (SiO_2) == (2MnO \cdot SiO_2)$$

即两种脱氧元素同时参加脱氧，耦合形成的产物则结合成复杂的化合物 2MnO·SiO$_2$ 或 MnO·SiO$_2$，与脱氧元素的平衡浓度有关。

由于 Si 的脱氧能力比 Mn 的脱氧能力强，故强脱氧元素又能从弱脱氧元素形成的脱氧产物中夺取氧，而使之分解，故［Mn］仅能控制参与反应钢液的

[O]，而［Si］则控制了整个钢液的氧浓度，它比硅单独脱氧时的低，所以弱脱氧剂能提高强脱氧剂的脱氧能力。使用硅锰合金脱氧和 Si 脱氧，与之平衡的钢液［O］对比如图 8-20 所示。

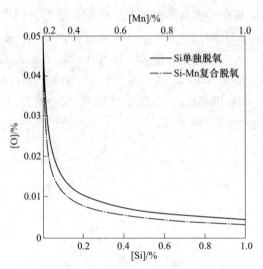

图 8-20　使用 SiMn 合金脱氧和 Si 脱氧平衡时钢液的［O］对比

8.5　钢水脱氧精炼过程中的熔剂和造渣

钢水精炼过程中，使用熔剂进行造渣参与脱氧，是炼钢的重要工艺内容。

8.5.1　出钢环节加入渣料或者熔剂

在出钢环节加入熔剂或者渣料的目的有以下几个方面[25-29]：

（1）更快地完成脱氧反应。钢水的脱氧反应，是高温下的冶金物理化学反应，其反应平衡移动规律满足勒夏特列于 1888 年提出的"化学平衡移动原理"，即：如果改变影响化学平衡的一个条件（如浓度、压强或温度等），平衡就向着能够减弱这种改变的方向移动。

在钢水的脱氧工艺过程中，采用硅脱氧、铝脱氧等脱氧合金，降低其脱氧产物的浓度，能够提高脱氧的反应速度。

T. E. Turkdogan 的实验结果证明，对使用 CaO-Al_2O_3 二元渣系覆盖的钢水进行铝脱氧，采用 Janke 的铝脱氧热力学数据：

$$2[Al] + 3[O] \Longrightarrow Al_2O_3(s) \qquad \lg K = \frac{62760}{T} - 22.42$$

如果钢仅用铝脱氧，为在 1600℃ 使钢中氧的活度达 4×10^{-6}，需要的溶解铝量为 0.022%。这是指钢水没有加入渣料，钢水上部也没有碱性炉渣的情况。如果使用铝加石灰脱氧，达到同样的脱氧效果，所需的溶解铝仅为 0.0016%。

由此可知，钢中溶解氧活度的高低，除了取决于钢中溶解铝含量外，还取决于脱氧产物 Al_2O_3 的活度。如果能降低脱氧产物 Al_2O_3 的活度，将有利于脱氧平衡向生成 Al_2O_3 的方向移动，从而降低钢中氧的活度。CaO-Al_2O_3 二元系可以生成 $CaO \cdot 6Al_2O_3$、$CaO \cdot 2Al_2O_3$、$CaO \cdot Al_2O_3$、$12CaO \cdot 7Al_2O_3$、$3CaO \cdot Al_2O_3$ 等复合化合物。由炉渣的共存理论可知，在由 CaO-Al_2O_3 二元系组成的炉渣中，这些化合物都是能够存在的。由于这些复杂分子的存在，消耗了相当比例的 Al_2O_3 用于形成复杂化合物，使 Al_2O_3 的活度降低，促进反应向生成 Al_2O_3 的方向移动，达到降低溶解氧的目的。

所以为了更快地完成脱氧，加入钢水的渣料或者熔剂，性质应该与脱氧产物的性质相反。

(2) 促进钢水脱氧产物从钢液中上浮去除。炼钢的脱氧，是将钢水中的氧转化为氧化物，然后还需要将这些氧化物从钢水中去除。将钢液中脱氧产物从钢液中上浮分离，有以下工艺技术特点：

1) 在静止钢液条件下，钢液中脱氧产物的去除主要依赖于其在钢液中的上浮速度，而脱氧产物粒子的上浮速度传统上认为应服从斯托克斯（Stokes）定律，根据流体力学原理，球形固体颗粒在液体中上浮（或沉淀）的速度，与固体颗粒和液体之间的密度差成正比，与液体的黏度成反比，与颗粒半径的平方成正比。为了获得好的上升速度，加入熔剂或者渣辅料改变脱氧产物的性状。

2) 由于液态脱氧产物的颗粒容易凝集长大上浮，冶金科技人员研究了多种材料，目的之一就是在脱氧过程中得到液态的脱氧产物，便于夹杂物的上浮去除。

(3) 钢液更好地脱硫。铁液中 [S] 能无限溶解，但是固态钢中 [S] 的溶解度有限，绝大多数以硫化物形式存在于钢的奥氏体晶界处，对钢材产生热脆危害。将硫转化为硫化物，从钢液中去除，最有效的方法是脱氧的同时，加入渣辅料或熔剂，将钢液中的硫与之发生化学反应转化为硫化物，从钢液中去除。脱硫反应表示为[8]：

$$[S] + (CaO) \Longrightarrow (CaS) + [O] \qquad \Delta G^{\ominus} = 89036 - 18.46T$$
$$[S] + (MnO) \Longrightarrow (MnS) + [O] \qquad \Delta G^{\ominus} = 119222 - 33.95T$$
$$[S] + (MgO) \Longrightarrow (MgS) + [O] \qquad \Delta G^{\ominus} = 167524 - 14.9T$$

用离子方程可表示如下：

$$[S] + (O^{2-}) \Longrightarrow [O] + (S^{2-})$$

这种反应可以是在钢液内部进行，也可以在钢-渣界面进行。

(4) 维持出钢脱氧后钢水脱氧效果的稳定性。钢水是高温条件下的特殊溶液，在钢水的温度条件下，钢水与空气中的 O、N 等均能够发生化学反应，尤其是铝镇静钢和硅铝镇静钢，钢水裸露在空气中，空气中的氧和钢水中的铝等元素反应产生夹杂物，会污染钢水。采用熔渣覆盖在钢液之上，将炉气与钢水分隔开来，减少钢水被大气中的氧氧化，是最有效的工艺方法。

（5）"渣洗"钢水。利用低熔点的熔剂材料，包括预熔渣、合成渣、烧结渣等，转炉出钢时，加入到钢水中，熔化的渣液能够吸附钢液脱氧产生的各种夹杂物，快速地上浮去除。这种渣洗工艺，对设备装备水平不高的钢企来讲，是一种提升钢水质量的有效方法。

被渣洗的钢液可以是还原性的，也可以是氧化性的。前者叫还原性渣洗，后者叫氧化性渣洗。氧化性渣洗炼钢时间短，成本消耗低，因而应用较为广泛。

（6）钢水保温。钢水在没有炉渣覆盖的情况下，钢液向环境大量的辐射热量，造成热损失，一是降低了钢水温度，二是钢水温度的波动，会影响钢水浇铸等工序的工艺实施。

8.5.2　精炼过程造渣

精炼过程中的造渣，是将渣辅料加入钢包的上部形成顶渣，进行调整炉渣的氧化性、流动性等系列的工艺操作。钢水精炼过程造渣的主要目的如下：

（1）影响并且促进钢液脱氧反应的进行。文献的研究结果[27-29]表明，"随着顶渣光学碱度的提高，钢液全氧含量几乎呈直线减少，因此使用高碱度渣对脱氧和吸收脱氧产物有利"，大量的实践[30,31]也证明了这一点。

（2）与转炉加渣辅料造渣的功能一样，即形成熔融炉渣，覆盖钢液，减少钢液二次氧化的危害。

（3）LF 精炼炉造渣，尤其是泡沫渣，在电弧加热钢液时，能够包裹覆盖电弧，使得电弧的热能定向向钢液和炉渣传递，减少电弧裸露造成的热能辐射损失。没有造渣工艺，LF 精炼炉埋弧加热工艺的实施将很困难。

（4）调整炉渣的渣系组分，能够影响钢液中没有及时上浮到顶渣的夹杂物性状[31-37]，减少夹杂物对钢材的危害。周德光等人在 1991 年的研究就证明："对纯净度要求高的轴承钢 GCr15 用 6 种精炼渣系在 50kg 感应炉上进行对比试验，并在大生产上得到了证实。结果表明，高碱度渣系生产轴承钢，既去除了钢中点状夹杂物，又能控制硫含量在标准范围内。"

（5）通过扩散脱氧的工艺，能够对钢液进行深脱氧。

（6）能够在钢渣界面完成对钢水的深脱硫。

8.5.2.1　脱氧钢水的顶渣改质

钢包顶渣改质剂对钢液的影响有：

（1）对钢液脱氧的影响。钢包顶渣改质剂对钢液脱氧的影响主要是通过改质剂中的强还原性将钢包渣中的 SiO_2、MnO、FeO、Cr_2O_3 等不稳定氧化物还原，根据钢渣氧的分配原理，渣中 MnO、FeO 等不稳定氧化物降低，钢水中氧的含量也会随着降低。文献的研究表明[10]，顶渣不改质，炉气中的氧通过 MnO、FeO 会持续地向钢液传递，造成钢液的二次氧化。

（2）对钢液中铝的影响。渣流动性良好的情况下，在喂铝线和 LF 精炼过程中，铝线及钢液中酸溶铝主要被渣中 SiO_2、MnO、FeO、Cr_2O_3 以及大气氧化烧损，（铝的加入量与［O］、回收率以及残铝规格的关系如图 8-21 所示）。通过钢包顶渣改质剂的脱氧作用可知钢包顶渣和钢液中的氧含量都会得到降低，这为减少喂铝线过程中铝的损失和 LF 精炼过程中酸溶铝的损失创造了有利条件。

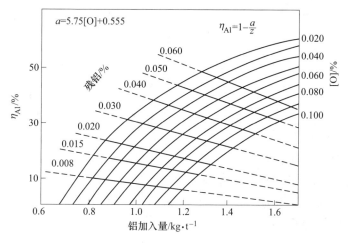

图 8-21　铝的加入量与［O］、η_{Al} 以及残铝的关系

（3）对钢液深脱硫的影响。从脱硫的热力学角度考虑，高温、高碱度、低氧化性气氛有利于脱硫。顶渣的氧化性由渣中不稳定氧化物（FeO+MnO）的活度决定，要使渣钢间获得较高的硫分配比，渣中最佳 FeO 质量分数应小于 1%，对钢包顶渣进行改质操作，使得钢包渣在精炼过程中的还原性得到增强，同时扩散脱氧能力也得到加强，能够促进钢包精炼炉发挥脱硫的能力。图 8-22 为文献给出的根据热力学分析计算和实测所得的 LF 冶炼过程中，钢渣的氧化性对渣钢之间硫的分配比影响。

钢渣的改质分为两种：

（1）在转炉出钢过程中加入改质剂，经钢水混冲，完成炉渣改质和钢水脱硫的冶金反应，此法称为渣稀释法。改质剂由石灰、萤石或铝矾土等材料组成。

（2）在转炉出钢过程中进行初步的改质，到达不同的精炼工位以后，根据钢渣的具体情况再进行第二次的改质。

从已有的实践结果和文献的介绍综合情况来看，努力做好第一种改质是上策。

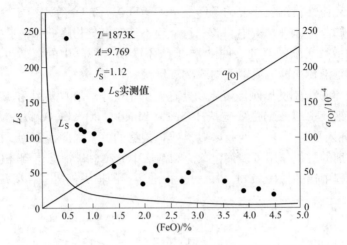

图 8-22　LF 冶炼过程中，钢渣氧化性对渣钢之间硫分配比的影响

钢渣的改质主要是通过改质剂来实现，常见的改质剂除了渣料石灰、萤石、铝灰、铝矾土外，还有烧结渣、合成渣、预熔渣、脱氧剂、脱硫剂等。这些改质剂主要有以下特点：

（1）主要以脱氧剂为主，对转炉钢液进行脱氧，对钢包内的转炉渣进行脱氧，通过脱氧产物和脱氧剂的辅助作用，调整炉渣的理化性能。

（2）以吸附夹杂物为主要目的，吸附出钢过程中产生的大颗粒夹杂物，调整炉渣的碱度和黏度，兼顾脱硫。

在改质过程中加入的一种脱氧剂的成分见表 8-6。一种脱氧铝渣球的主要化学成分见表 8-7。

表 8-6　在改质过程中加入的一种脱氧剂的成分

组分/%				粒度/mm
CaO	SiC+Si	C	Al	
35~45	10~20	10~20	1~2	0~8

表 8-7　一种脱氧铝渣球的主要化学成分　　　　　　　　　　（%）

SiO_2	Al_2O_3	CaO	MgO	Al
5.44	61.23	5.26	2.47	14~16

8.5.2.2　钢水脱氧工艺中常用的渣系

精炼炉的脱氧操作就是将钢水中的氧变成氧的化合物从钢液中排出过程。在没有渣的情况下，脱氧剂是不能把钢中的氧降得很低的。所以从脱氧角度来说，在确定了脱氧剂后，选取合适的渣料组成是非常重要的。

精炼渣根据其功能由基础渣、脱硫剂、还原剂、发泡剂和助熔剂等部分组成。基础渣最重要的作用是控制渣的碱度，实际精炼渣的熔点一般控制在 1300~1500℃，黏度一般控制在 0.25~0.6Pa·s(1500℃)。精炼渣的基础渣一般多选 $CaO-SiO_2-Al_2O_3$ 系三元相图的低熔点位置的渣系。

迄今为止，人们已经研究了很多种精炼渣渣系，其中应用最为广泛的要数 CaO 基合成渣，这是由于 CaO 自身具有很强的脱硫能力，而且其原料非常丰富，价格低廉。CaO 基渣系有以下几种[25-49]。

A　$CaO-CaF_2$ 渣系

$CaO-CaF_2$ 渣系在 1500℃ 下的硫容量可以高达 0.03，具有很强的脱氧、脱硫能力，其硫容量在二元渣系中是最高的。在 $CaO-CaF_2$ 渣系中，CaF_2 的主要作用是改善渣的流动性，降低渣的熔点，增大脱硫产物的扩散速度，改善脱硫动力学条件。成渣中 CaO 与 CaF_2 的比例要适当，比值若过高或过低，均不利于冶炼。$CaO-CaF_2$ 渣系相图如图 8-23 所示。

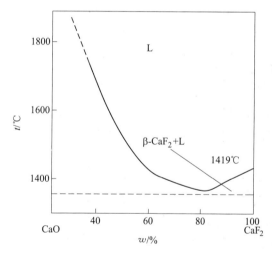

图 8-23　$CaO-CaF_2$ 渣系相图

B　$CaO-Al_2O_3$ 渣系

$CaO-Al_2O_3$ 渣系也具有较强的脱硫能力，该渣系也被用来生产超低硫钢。E. T. Turkdogan 等人对熔融氧化物的硫容进行了研究，认为与硅酸盐相比，铝酸盐的脱硫速度和硫容更大，但该渣系的炉渣流动性稍差。$CaO-Al_2O_3$ 相图如图 8-24 所示。

同时，钙铝酸盐对夹杂物吸收能力强于 $CaO-CaF_2$ 渣系，生成 $C_{12}A_7$ 低熔点夹杂易于上浮排出；实际生产中充分发挥好 $CaO-Al_2O_3$ 渣系的脱硫和去夹杂能力的关键在于控制渣中较低的 SiO_2。

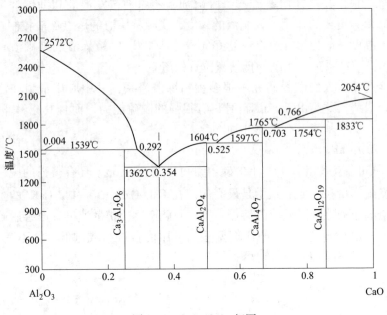

图 8-24　CaO-Al$_2$O$_3$ 相图

C　CaO-Al$_2$O$_3$-CaF$_2$ 渣系

由于无氟渣存在流动性不好的缺点，完全采用无氟渣系还有待研究，国内部分钢厂和国外很多钢厂都在 CaO-Al$_2$O$_3$ 渣系的基础上加入适量的 CaF$_2$ 形成 CaO-Al$_2$O$_3$-CaF$_2$ 渣系。

S. Oguch 等人测定了 CaO-Al$_2$O$_3$-CaF$_2$ 渣系在 1550℃ 时的硫含量。结果表明，渣中的硫含量主要取决于 CaO/Al$_2$O$_3$ 的大小，而 CaF$_2$ 含量对其影响很小。当 CaO/Al$_2$O$_3$ 的比值增加，渣中硫含量显著增加。由于原料中不可避免会带入部分 SiO$_2$，因而 CaO-Al$_2$O$_3$-CaF$_2$ 渣系实际上为 CaO-Al$_2$O$_3$-CaF$_2$-SiO$_2$ 四元渣系。对该渣系进行研究后得出，CaO/SiO$_2$>0.15 后，脱硫效果比较理想。

D　CaO-Al$_2$O$_3$-SiO$_2$ 渣系

实际生产中，石灰中含有一定量的 SiO$_2$，造渣材料和合金材料也含有部分的 SiO$_2$，或者金属硅在脱氧过程中被氧化后也会进入炉渣。所以任何一个渣洗，都含有一定量的 SiO$_2$，CaO-Al$_2$O$_3$ 渣系实际上是 CaO-Al$_2$O$_3$-SiO$_2$ 渣系，也具有很强的脱氧、脱硫能力。实验结果表明，随着 CaO/Al$_2$O$_3$ 值增大 CaS 的饱和溶解度也随着增大。

CaO-Al$_2$O$_3$-SiO$_2$ 三元相图如图 8-25 所示。

E　CaO-Al$_2$O$_3$-SiO$_2$-MgO 渣系

CaO-Al$_2$O$_3$-SiO$_2$-MgO 渣系是当前应用最为广泛也最常见的精炼渣系。实验研

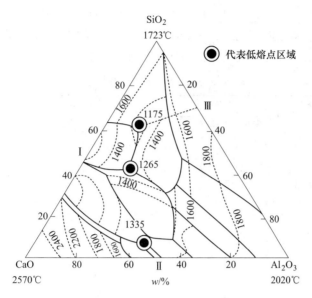

图 8-25　CaO-Al₂O₃-SiO₂ 三元相图

究表明，当 $R<3.0$ 时，随着碱度增加，脱硫率随之增加；而当 $R>3.0$ 时，若再继续增加碱度，脱硫率反而下降。

但在实际生产过程中，由于炉衬受到侵蚀等原因会带入一定的 MgO，作为脱氧产物和精炼渣原料中都会带入部分 SiO₂，因而实际渣系为 CaO-Al₂O₃-CaF₂-MgO-SiO₂ 五元渣系。

F　CaO-Na₂O-SiO₂ 渣系

钠盐的作用前面已有介绍。已有的研究和实践证明，钠盐的添加，能够增加炉渣的脱硫能力，以及还原性脱磷能力，稳定钢渣中的铝酸盐相，弱化炉渣在还原条件下向钢水回磷的矛盾。

文献研究表明[39,50]，(CaO)/(Al₂O₃) = 1.1 时，渣系中随着 Na₂O 含量的增加，CaO-Al₂O₃ 渣系的黏度先降低后升高，在 Na₂O 质量分数为 4% 处出现极小值；Na₂O、Li₂O 和 MgO 都可以降低 CaO-Al₂O₃ 渣系的黏度，其降低渣系黏度的能力由大到小依次为 Li₂O>Na₂O>MgO。综合考虑 Na₂O 对渣系黏度和熔化温度的影响，Na₂O 在 CaO-Al₂O₃ 渣系中的加入量以不超过 4% 为宜。

8.5.2.3　炉渣中各成分的功能和作用

钢水脱氧和造渣精炼，需要采用通过造渣工艺的平台，完成不同的冶金任务。所以钢水脱氧和精炼过程中，不同工艺、不同的工艺阶段，对炉渣的要求各不相同。

文献的研究表明[33-36]，炉渣中各种组成的活度，会影响钢液中夹杂物的类型。炉渣中的 Al_2O_3、SiO_2、MgO 等物质的活度，能够影响钢液中夹杂物的最终组成。故在钢水精炼的工艺中，根据脱氧的要求、钢水精炼工艺的要求、钢水脱硫的需要等因素，确定不同的炉渣组成。精炼渣的主要成分和作用见表 8-8。

表 8-8　精炼渣的主要成分和作用

渣组分名称	作　　用
CaO	调节渣碱度，脱硫剂
SiO_2	调节渣碱度和黏度，炉渣的液化剂
Al_2O_3	调整 $CaO-Al_2O_3-SiO_2$ 三元系渣处于低熔点位置，重要的助熔剂
$CaCO_3$	脱硫剂、发泡剂
$MgCO_3$	发泡剂，分解后产生氧化镁对包衬起保护作用
$BaCO_3$	发泡剂、脱硫剂，并可抑制钢液回磷
Na_2CO_3	发泡剂、脱硫剂、助熔剂
K_2CO_3	发泡剂、脱硫剂、助熔剂
Al 粒	强脱氧剂，且优先与 CaO 脱硫产生的氧反应，提高了脱硫效果
Si-Fe	脱氧剂，净化钢液
RE	脱氧剂、脱硫剂，脱硫生成高熔点稀土硫化物几乎不回硫，并能提高粉剂密度
CaC_2	脱氧剂、脱硫剂，其脱氧产物使熔渣前期发泡
SiC	脱氧剂，其脱氧产物使熔渣前期发泡
C	脱氧剂，其脱氧产物使熔渣前期发泡
各种合金粉末	脱氧剂
CaF_2	助熔，调整渣的黏度

A　CaO

CaO 是黑色冶金过程中最重要的熔剂材料，主要功能是参与炼钢过程中的脱磷、脱硫、脱硅、脱氧等化学反应，包括转炉的脱碳反应，在炉渣碱度过低的情况下，脱碳反应的进行，会受到抑制。CaO 在钢液精炼过程中参与反应的机理如下：

（1）氧化钙在炉渣中能够提供自由的氧离子[51]，为钢液脱硫、脱氧创造了极具性价比的物质条件。按照炉渣的离子理论和离子-分子共存理论，石灰在炉渣中解离的反应如下：

$$CaO = Ca^{2+} + O^{2-}$$

这种能够为炉渣提供自由氧离子的特点，大多数碱金属氧化物都具有这种能力，这对炼钢过程很重要。对炼钢过程来说，脱硫反应是硫在熔渣和金属铁液间的分配，硫在熔渣和金属间的传递可用离子形式表达如下：

$$[S] + (O^{2-}) = (S^{2-}) + [O]$$

精炼渣加入石灰后，脱硫反应表示如下：

$$[S] + (CaO) \longrightarrow (CaS) + [O]$$

通过降低炉渣中的 (O^{2-}) 浓度，钢液中的 $[O]$ 能够向炉渣中扩散，这也是扩散脱氧反应的基础。炉渣的碱度对精炼过程脱氧、脱硫均有较大的影响，提高渣的碱度可使钢中平衡氧降低，而且可提高硫在渣钢之间的分配比，即利于脱氧和脱硫。炉渣碱度与精炼脱氧的效果呈现线性关系。

（2）钢水精炼过程中加入石灰，具有调节炉渣黏度和流动性的作用[41]。在大多数炉渣中含有氧化铝和二氧化硅。从离子熔体的微观结构来看，Al_2O_3 在高碱度渣系中显示酸性，要吸收渣中的 O^{2-} 形成铝氧复合离子 $Al_xO_y^z$，存在于渣中，CaO 的加入提高了渣中 O^{2-} 活度，有利于促进 Al_2O_3 在渣中的溶解，减少了渣中熔融态或固态的 Al_2O_3 量，从而降低了熔渣黏度，同时 O^{2-} 可起到使复杂的铝氧复合离子 $Al_xO_y^z$ 解体的作用（例如发生反应：$Al_3O_7^{5-} + 2O^{2-} = 3AlO_3^{3-}$），因此提高熔渣中 O^{2-} 活度，渣中铝氧复合离子 $Al_xO_y^z$（高碱度渣中主要的黏滞单元）的尺寸变小，黏度降低。

（3）LF 精炼过程中加入的 CaO，使炉渣、钢水和夹杂物之间的平衡体系发生变化[42]。钢水中的 Si 部分还原炉渣中的 CaO，在钢水与夹杂物界面发生如下反应：

$$2(CaO) + Si \longrightarrow (SiO_2) + 2Ca$$
$$(Al_2O_3) + 3Ca \longrightarrow 3(CaO) + 2Al$$
$$(MnO) + Ca \longrightarrow (CaO) + Mn$$

精炼过程加入的 CaO 提高了精炼渣中 CaO 的活度，促进了渣金界面硅还原反应和钢水、夹杂物界面钙还原反应的进行，使夹杂物中 CaO 含量增加，即高碱度有利于复合夹杂物中 CaO 含量的增加。

CaO 是冶金生产中造渣、脱磷、脱硫等必不可少的成分，为保证良好的脱硫效果，要求精炼渣系中含有较高的自由态 CaO。故渣中的 CaO 应尽可能大，使熔渣具有较高的脱硫和吸附夹杂能力，但 CaO 过高，加入的石灰，一是长时间溶解不了，起不到作用；二是吸热，影响升温控制；三是引起炉渣黏度增加，钢液容易卷渣，降低精炼的质量；四是炉渣发干以后，钢液裸露吸气，二次氧化现象严重。

生产过程中，石灰的加入依据是：保持碱度合适，能够较快地形成白渣，白渣的流动性合适，能够满足脱硫和吸附夹杂物要求，覆盖钢液即可。对特钢，比如轴承钢的冶炼，合理的操作也是陆续分批加入石灰，最后达到增加炉渣碱度的目的。

B　SiO_2

前面的章节已经介绍，SiO_2 加入炉渣中，能够和炉渣中的各种碱性物质发生反应，形成低熔点的液态化合物，故被称为造渣过程中炉渣的液化剂。(SiO_2) 对 $CaO\text{-}Al_2O_3\text{-}MgO$ 系炉渣 1600℃ 液态区域的影响如图 8-26 所示。

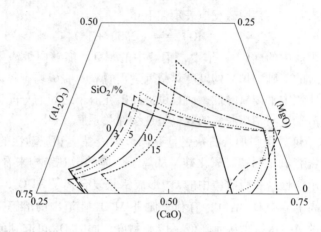

图 8-26　（SiO₂）对 CaO-Al₂O₃-MgO 系炉渣 1600℃ 液态区域的影响

SiO_2 是硅镇静钢和硅铝镇静钢生产中，调整炉渣成分和流动性的重要组成，但是对铝镇静钢，尤其是低碳铝镇静钢的生产，SiO_2 对钢液酸溶铝有氧化作用，是低碳低硅铝镇静钢造成钢水增硅的物质，钢水 $T[O]$ 增加的原因。钢液增硅的反应如下：

$$3(SiO_2) + 4[Al] \Longrightarrow 2(Al_2O_3) + 3[Si] \qquad \Delta G^{\ominus} = -682770 + 115.14T$$

文献给出了 RH 真空处理以后（SiO_2）和钢中 $T[O]$ 的关系如图 8-27 所示。

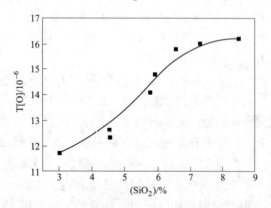

图 8-27　RH 真空处理以后（SiO_2）和钢中 $T[O]$ 的关系

在铝镇静钢的生产中，渣中 SiO_2 的含量需要控制在一定的范围内。研究和实践结果表明，炉渣中 SiO_2 的含量过高，对钢液的脱硫产生负面影响。

　　C　CaF_2

钢水精炼过程中，氟化钙的化渣助熔机理，与转炉和电炉炼钢过程中的化渣助熔机理略有不同。其中钢水在精炼造渣过程中，CaF_2 的化渣助熔作用有以下的几个方面：

（1）文献研究表明[5,17,41]，由于 CaF_2 自身的熔点低（在 1418℃[17] 左右），在精炼渣熔化的过程中，与 CaO 直接作用形成熔点为 1360℃ 左右的共晶体（β-CaF_2+CaO），直接使 CaO 熔化。

（2）CaF_2 熔化后解离为离子状态，F^- 能与 SiO_2 反应，形成氟化硅气体，切断硅酸盐的链状结构，助熔石灰熔化过程中，在 CaO 外壳上形成的高熔点物 $2CaO \cdot SiO_2$ 等，使一些熔点高的化合物转化为一些熔点比较低的化合物[5,17,41]，使得精炼渣在高碱度下有较低的熔化温度。

（3）文献研究结果证明[41]，首先，CaF 熔点低，且与渣中多种氧化物形成低熔点共晶体，如 $CaF_2 \cdot Al_2O_3$ 的共晶温度 1400℃，共晶体的形成使渣中自由的高熔点相减少，渣熔化温度降低，并有利于降低渣黏度；其次，CaF 向熔渣中提供的 F^- 比 O^{2-} 尺寸更小，数目更多，促进 Al_2O_3 溶解和使铝氧络离子解体的作用比 O^{2-} 更强，如形成尺寸比 AlO_3^{3-} 更小的 $AlOF_2^-$，使得黏度降低。

长期以来，国内外采用的精炼渣系主要为 CaO-CaF_2、CaO-Al_2O_3。尤其在我国，钢包精炼炉所用精炼渣一直使用萤石造渣。一般来说，CaO-CaF_2、CaO-Al_2O_3 这两种渣系都能满足精炼生产的需要。精炼渣中氟化钙含量与脱硫率的关系如图 8-28 所示。

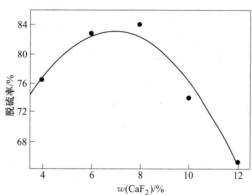

图 8-28 精炼渣中氟化钙含量与脱硫率的关系

D Al_2O_3

在钢水精炼工艺中，Al_2O_3 可以降低炉渣的熔点和黏度，是性价比良好的助熔剂。同时也是增加精炼渣硫容量的重要组分。文献［52］介绍了 Al_2O_3 在钢水精炼过程中的作用，集中体现在以下几个方面：

（1）助熔作用。文献［40］阐述了 Al_2O_3 的助熔原理，即石灰基的精炼渣，随着 Al_2O_3 含量的增加，Al_2O_3 容易与 CaO 结合生成 $5CaO \cdot 3Al_2O_3$、$12CaO \cdot 7Al_2O_3$ 等一些低熔点的化合物，使精炼渣的熔点显著降低，对炉渣起到助熔的作用，熔渣熔化的动力学条件得到改善，加快了熔渣内部化学反应，使熔渣的熔化速度显著增加，熔化时间变短。炉渣熔速与 Al_2O_3 含量的关系如图 8-29 所示。

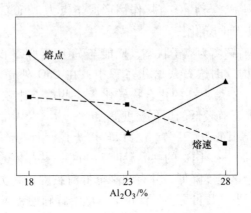

图 8-29　炉渣熔速与 Al_2O_3 含量的关系

文献的研究证明[52]，由岩相矿相检验结果可知，熔渣的矿物主要由 $12CaO \cdot 7Al_2O_3$、$3CaO \cdot Al_2O_3$、$MgO \cdot Al_2O_3$ 等组成，渣中次要物相是硅酸钙类矿物。随渣中 CaO 溶解量的增多，铝酸钙类矿物的形式在变化，前期渣以 $12CaO \cdot 7Al_2O_3$ 为主，后期渣以富氧化钙的 $3CaO \cdot Al_2O_3$ 为主，$12CaO \cdot 7Al_2O_3$ 和 $3CaO \cdot Al_2O_3$ 均为低熔点物质，并且与 $2CaO \cdot SiO_2$、$CaO \cdot Al_2O_3$ 形成低熔点共晶物。因此，此渣的组成结构保证了获得高碱度、好的流动性的脱硫条件。

渣中的助熔作用，是在一定的范围之内的。超过一定的范围，精炼渣随着 Al_2O_3 不断增加，由于 Al_2O_3 的熔点就较高，再加上部分 Al_2O_3 会跟渣中的 SiO_2 和 MgO 反应生成 $3Al_2O_3 \cdot SiO_2$、镁铝尖晶石、镁橄榄石等高熔点化合物，因此精炼渣的熔点会有所升高。

（2）增加炉渣的脱硫能力。钢水精炼炉渣脱硫的反应过程表示为：

$$[S] + (O^{2-}) \rightleftharpoons (S^{2-}) + [O]$$

根据以上的反应可知，降低钢液的氧含量，降低硫在炉渣中的活度，有助于提高脱硫效率。

Al_2O_3 的两性特征，能提高熔渣的碱度，降低熔渣中硫离子的活度系数。其含量的提高，能够保证还原渣有高碱度和良好的流动性，有利于增加钢渣界面脱硫的反应能力。文献给出的研究结果[53]证明，铝镇静钢和硅铝镇静钢的生产过程中，脱硫产物 CaS 与 $12CaO \cdot 7Al_2O_3$ 反应，形成了稳定的 $11CaO \cdot CaS \cdot 7Al_2O_3$ 物相，降低了炉渣中硫的活度，有助于脱硫反应的进行。炉渣中 Al_2O_3 含量与脱硫率的关系如图 8-30 所示。

此外，渣中 Al_2O_3 含量增加，从渣中向钢液回 Al_2O_3 的量增加；渣中 Al_2O_3

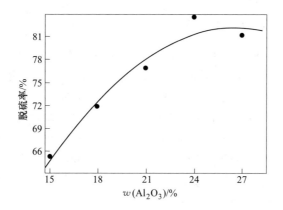

图 8-30 炉渣中 Al_2O_3 含量与脱硫率的关系

含量越高，渣的流动性越好，有利于降低渣中不稳定氧化物；但是含量过高，会影响脱氧脱硫的效果。有关文献认为，从强化脱硫的效果来讲，精炼脱硫渣中 Al_2O_3 的最佳范围是 20%~25%；从去除夹杂物的角度来讲，渣中 Al_2O_3 的含量在 13%~20% 为最佳。

E　MgO

精炼渣添加 MgO，除了能够调整炉渣的黏度，促进 LF 精炼过程中炉渣的发泡性能外，主要目的是减缓精炼渣对炉衬的侵蚀。

目前有大多数企业的钢包渣线部位采用 Mg-C 砖，或者镁铝尖晶石砖砌筑，只有当炉衬耐火材料中的 MgO 与钢包渣中的达到平衡时，炉衬被侵蚀的速度减缓。所以从延长炉衬寿命角度，渣料中应保证一定的 MgO 含量，含量控制在 8% 以内。

实际生产中有的厂家使用的是镁钙石灰，有的是合成渣中间添加白云石，有的是造渣过程中，使用轻烧镁球等。

F　Li_2O、Na_2O、K_2O、BaO

已有的研究表明，精炼渣中添加 Li_2O、Na_2O、K_2O、BaO 等物质，能够增加炉渣的脱硫能力，增加炉渣的磷容量。

作为添加剂替代 CaO 基钢包渣系中的 CaO 后，都能降低相应渣系的熔点和黏度，加快化渣并改善渣系的流动性，钢渣间反应的动力学条件得到改善。它们影响渣系熔点和黏度的强弱顺序为：$Li_2O>BaO>Na_2O>K_2O$；

添加剂等质量地替代 CaO 基钢包渣系中的 CaO 后，能大幅度提高渣系的脱磷能力，在低碱度、低氧化性条件下，改善了脱磷的热力学条件。当添加剂质量分数低于 6.5% 时，影响脱磷能力的强弱顺序为 $K_2O>Na_2O>Li_2O>BaO$，当添加剂质量分数高于 6.5% 后，影响脱磷能力的强弱顺序为 $Li_2O>Na_2O>K_2O>BaO$。

8.5.3　炉渣吸附夹杂物

精炼渣吸收钢中夹杂物有三种形式：（1）钢渣界面上的氧化物夹杂与熔渣间进行了化学反应而使夹杂物进入渣相；（2）氧化物夹杂停留在渣钢界面上并溶解在渣中；（3）由于界面能的作用，渣-钢界面上的氧化物夹杂自发地转入渣相。控制夹杂物的半径大小是促使其上浮的最为直接而有效的措施，形成液态夹杂物和形成与钢液间界面张力大的夹杂物，对增大夹杂物半径是有利的。

钢液表面存在的熔渣的物理化学性质对脱氧产物的去除影响很大，熔渣物理化学性质不同，有时能吸收脱氧产物，有时反而会造成附加的夹杂物。图 8-31 为脱氧产物进入熔渣被吸收溶解过程的示意图。

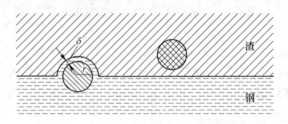

图 8-31　脱氧产物颗粒进入熔渣过程示意图

如图所示，脱氧产物在钢液-熔渣界面完全进入熔渣前，其与熔渣之间被钢液薄膜包裹。脱氧产物进入熔渣过程的自由能变化可由下式表示：

$$\Delta G_s = 4\pi r^2 \sigma_{i-s} + \Delta G_f - \pi r^2 \sigma_{m-i} - n4\pi(r+\delta)^2 \sigma_{m-s}$$

式中，ΔG_s 为脱氧产物进入熔渣的自由能变化，J；r 为脱氧产物颗粒半径，m；σ_{i-s} 为脱氧产物与熔渣间的界面张力，J/m^2；G_f 为脱氧产物溶解于熔渣的自由能变化，J；σ_{m-i} 为钢液与脱氧产物间的界面张力，J/m^2；n 为钢液薄膜破裂前脱氧产物与其接触的表面所占的比例；σ_{m-s} 为钢液与熔渣间的界面张力，J/m^2。

在脱氧产物进入熔渣的过程中，式中的 n 值相应地从零变到 1。当脱氧产物进入熔渣前，将钢液面弯曲（曲率半径为 $r+\delta$）。脱氧产物进入熔渣后，钢液面又变平。根据已有的研究可知，脱氧产物颗粒尺寸越大时，脱氧产物进入熔渣的自发趋向越大，炉渣的表面张力要满足夹杂物进入炉渣的需求，故 LF 精炼工艺过程中，选择合适的渣系，是吸附钢水中间夹杂物的关键技术之一。过程自发进行的热力学条件为：

$$2\pi rh(\sigma_{s-i} - \sigma_{m-i}) - \pi r^2 \sigma_{s-m} \leqslant 0$$

式中，σ_{m-i}、σ_{s-i}、σ_{s-m} 分别为金属-夹杂物、炉渣-夹杂物、炉渣-金属之间的界面张力。

从公式可以看出：（1）金属和夹杂物之间的界面张力越小，炉渣和夹杂物之间的界面张力越大，夹杂物尺寸越大，夹杂物越容易去除。（2）炉渣和钢液之间的界面张力越小，对熔渣吸附夹杂物有利。Al_2O_3 可以增大炉渣的界面张力。熔渣与夹杂物之间的表面张力小，有利于熔渣对夹杂物的润湿，减少熔渣与 Al_2O_3 夹杂之间的界面张力，有利于改善熔渣吸收 Al_2O_3 夹杂的能力，所以减少炉渣中 Al_2O_3 含量有利于 Al_2O_3 夹杂物的吸附。

铝镇静钢和一些硅镇静钢中存在的有害夹杂物主要是 Al_2O_3 型的，因此，需要将渣成分控制在易于去除 Al_2O_3 夹杂物的范围。

炉渣对 Al_2O_3 的吸附能力，可以通过降低 Al_2O_3 活度和降低渣熔点以改进 Al_2O_3 的传质系数来实现。降低渣中 Al_2O_3 活度被认为是更加重要，即炉渣的渣成分应接近 CaO 饱和区域。

大量的实践证明，如果渣成分在 CaO 饱和区，Al_2O_3 的活度变小，可以获得较好的热力学条件，但由于熔点较高，吸附夹杂效果并不好，在渣处于低熔点区域时，吸附夹杂物能力增加，但热力学平衡条件恶化。其解决办法是渣成分控制在 CaO 饱和区，但向低熔点区靠拢。具体的做法是控制渣中 Al_2O_3 含量，使 CaO/Al_2O_3 控制在 1.5~1.7 之间，即冶炼铝镇静钢时，我们平常所说的还原期初期保持一定时间的稀渣操作，对夹杂物上浮至关重要。

对以 $CaO-SiO_2-Al_2O_3$ 为主的渣系，试验表明：精炼渣的碱度主要取决于 CaO/SiO_2（2.5~3.0），精炼渣中不稳定氧化物（FeO+MnO）的量在 1.0%~5.0%之间，对夹杂物的吸附有一定的效果。

对以 $CaO-SiO_2-Al_2O_3-MgO$ 为主的渣系，碱度越高，炉渣的熔点越高，保持合理的炉渣碱度（1.5~4.0）很重要。其中，造渣的碱度是随着冶炼的进程逐渐增加的。先期造稀薄渣吸附夹杂物，后期造高碱度渣脱氧。

8.6 含铝合金脱氧

8.6.1 金属铝的脱氧合金化

炼钢工艺过程中，生产绝大部分优钢，国内外的钢厂优先采用金属铝及含铝材料作为脱氧剂[19,54,55]。

铝是钢水脱氧工艺中，脱氧反应最快、效率最高的脱氧元素。使用金属铝脱氧，是目前优钢生产的首选脱氧工艺。使用金属铝和含金属铝的材料脱氧，具有以下的优点：

（1）铝和氧亲和力很强。有专题研究表明："当钢液中的酸溶铝（钢液中的金属铝和析出的 AlN 的总和）大于 0.010%，就能够消除钢液浇铸后钢坯产生气泡和蜂窝的缺陷。"[8]，1934 年，Chipman 的研究表明，当钢液中的 [Al] 达到 0.035%，钢液中的氧浓度就会降低到 0.0002%，铝是公认的强脱氧元素，具有脱氧效率高、脱氧反应的速度快的优点，能够节约脱氧操作的冶炼时间，综合炼钢成本性价比优势明显。

（2）金属铝脱氧的过程，铝热效应明显，能够降低炼钢过程中热能的需求。

（3）钢液中用铝脱氧，钢中的总氧量很低，形成的氧化物夹杂易上浮而去除。用铝脱氧，是生产细晶粒钢的一种优先选择。

由于金属铝的脱氧速度快，能力强，普遍应用于炉外精炼过程中。但是使用金属铝脱氧存在的问题如下：

（1）脱氧时如用铝量过多，在炼钢温度范围内，产生的 Al_2O_3 颗粒是边缘较锋利的有棱角的固体物质。这种物质很容易在中间包水口处聚集，堵塞水口，造成连铸停浇，生产中断。

（2）钢水容易在浇铸过程中产生结瘤事故，钢坯在冷却、轧制加工过程中表面易出现石墨化倾向，出现脱碳层。

（3）当含铝较高时，其高温强度和韧性较低。

（4）Al_2O_3 夹杂对弹簧钢和硬线钢的加工性能有着致命的影响，是精加工过程中影响钢材拉拔性能的主要原因。

（5）氧化铝还是结构钢中疲劳裂纹的形核核心，尤其会降低轴承钢、重轨钢和车轮钢的疲劳抗力。

（6）铝脱氧的反应产物和残留在钢中的铝会引起耐热钢的蠕变脆性，致使钢的高温强度降低，并导致轴承钢、钢轨钢和车轮钢疲劳性能的恶化。

（7）钢中的铝，在焊接过程中，氧化成为三氧化二铝，影响钢的热加工性能、焊接性能和切削加工性能。

铝是一种合金化元素。作为合金元素，铝在钢中的作用如下：

（1）作为炼钢脱氧工艺中的定氮剂（铝在钢中能够与钢中的氮原子反应，生成 AlN），起到细化晶粒，抑制低碳钢时效缺陷的出现，改善钢在低温时的韧性，特别是降低了钢的脆性转变温度。

（2）提高钢的抗氧化性能。已有的研究和生产证明，钢中 4%Al 即可改变氧化皮的结构，加入 6%Al 可使钢在 980℃ 以下具有抗氧化性。当铝和铬配合并用时，其抗氧化性能有更大的提高。例如，含铁 50%~55%、铬 30%~35%、铝 10%~15%的合金，在 1400℃ 高温时，仍具有相当好的抗氧化性。由于铝的这一作用，近年来，常把铝作为合金元素加入耐热钢中。比如 38CrMoAl 高铝钢，铝的质量分数高达 0.7%~1.1%。该钢种具有坚硬、耐磨、抗腐蚀的性能，在航空工业、常规武器及机械制造业方面具有广泛的应用前景。

（3）铝还能提高对硫化氢和 P_2O_5 的抗腐蚀性。

铝是一种发热元素，利用铝热效应补偿钢液温度。钢液的铝氧加热法是化学热法的一种，它是利用喷枪吹氧使铝氧化放出大量的化学热，而使钢液迅速升温。常见的工艺方法有 CAS-OB 和 RH-OB 等。这类加工工艺主要由以下三个方面内容组成：

（1）向钢液中加入足够数量的铝，并保证全部溶解于钢中，或呈液态浮在钢液面上。

（2）向钢液吹入足够数量的氧气。吹氧期间，铝首先被氧化，但是随着喷枪口周围局部区域中铝的减少，钢中的硅、锰等其他元素也会被氧化。硅、锰、铁等元素的氧化会与钢中剩余的铝进行反应，大多数氧化物会被还原。未被还原的氧化物一部分变成了烟尘，另一部分留在渣中。

（3）在冶炼过程中对钢液进行搅拌。这是均匀熔池温度和成分、促进氧化产物排出的必不可少的措施。

最早使用的铝脱氧材料有铝饼、铝块、铝线、台铝等。单纯使用金属铝脱氧，存在以下的问题：

（1）密度远远低于钢液，上浮快。铝的熔点为660℃，沸点2500℃，这些都不影响铝的溶入，但铝液态的密度仅 $2.38g/cm^3$，不到钢液密度的1/3。所以加入到钢液的铝块浮力很大，很难在浮出钢液表面前全部熔化和溶入钢液中。

（2）溶解速度低。铝块加入钢液之后，表层立即溶解、氧化，产生强烈的放热反应，使溶解中的铝块立即包上一层 Al_2O_3，其熔点高达2050℃。这种金属-氧化物的混合物非常黏，阻碍了铝块的进一步溶解（虽然其硬壳内的铝已熔化），因而进一步增加上浮损失。这种现象在插入铝的实践中得到证明。就是没有溶解浮出液面的铝块往往既不是固态，也不是液态，而是一层固态渣状物包裹的液态铝。由于密度比熔渣低，从钢液内上浮的铝块，在进入渣层段由于密度低于熔渣密度，所以完全浮出渣面，迅速被空气和炉渣中的氧所氧化，失去继续溶入钢液的机会，如图8-32所示。

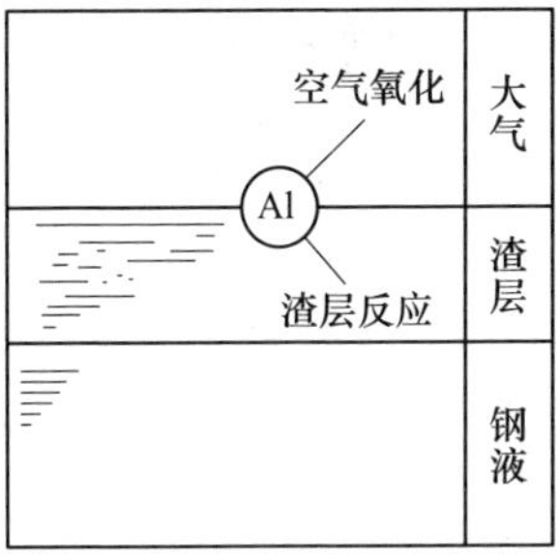

综上所述，用铝作脱氧剂，如果不采用相应手段（喷粉、铝弹、铝丝）喂入，其利用率必定是很低的。为了解决铝的回收率问题，根据以上的原因，在吹氩工艺中，除了规定合金化脱氧过程中，以较大的氩气流量搅拌钢液，促进铝的溶解外，加入过程也规定手投加入，在粗炼钢水出钢2/3左右将金属铝加完，弥补上述不足，还对脱氧使用的铝的尺寸有规定，也是为了提高利用率。某厂使用的铝粒、铝块技术条件见表8-9。

图8-32 铝块上浮被氧化反应的示意图

表8-9 某厂使用的铝粒、铝块技术条件

名称	成分要求/%	粒度要求/mm
	Al	
铝粒	99±1	5~10
铝块	99±1	10~30

除了在工艺上做改进外，铁合金厂家生产了铝铁合金、硅铝合金、铝锰合金、硅铝钡合金等材料，对钢水进行脱氧，就是减少纯金属铝脱氧存在的问题。

8.6.2　铝铁脱氧

铝铁的生产通常是在中频炉内，将纯净废钢熔化后，再加入铝锭，搅拌加氯化剂除气，再加合金元素，浇铸、缓冷后获得，铝铁中的铝含量在 45% ~ 55% 之间。

铝铁的密度大于熔渣密度，接近钢水密度，合金投入钢液中后，它的上浮速度明显减慢。虽然铝铁熔点比纯铝高，但它不像铝有一层高熔点、致密强的黏状 Al_2O_3 薄壳阻碍其溶解，因此铝铁容易溶解。铝铁在钢液中溶解和脱氧反应如下：

(1) 铝铁投入钢中，Al、Fe 溶解钢液中；

(2) Al 溶于钢液中与钢液中的 [O] 结合，且发生反应 $2[Al] + 3[O] = (Al_2O_3)$；

(3) 铝脱氧后产物 Al_2O_3，在氩气的不停搅拌下聚集长大上浮进入渣中。

某厂使用的铝铁技术指标见表 8-10。

表 8-10　某厂使用的铝铁技术指标　　　　　　　　　(%)

Al	Mn	C	Si	P	S	Cu
40~44	≤5.0	≤0.2	≤1.0	≤0.05	≤0.05	≤0.05

注：粒度要求：10~50mm。

8.6.3　硅铝合金脱氧

硅铝合金是近年发展起来的新型复合脱氧合金，1985 年本溪金属材料厂研究成功，1987 年济南铁合金厂通过技术鉴定。经一些钢厂试用，证实比原用金属铝脱氧能大幅度提高铝的回收率，因而引起炼钢行业的普遍重视，很快在国内得到推广。济钢、莱钢等应用硅铝合金代替金属铝脱氧的试验数据证明，在与纯铝单耗差不多的情况下，加入硅铝合金可获得钢中残铝、全氧量相仿脱氧效果。由于硅铝合金中的 Al 元素只有纯铝的一半左右，所以铝的利用率大大提高，其中铝的回收率较之用纯铝可提高 46% ~ 85%。某厂使用的硅铝合金成分见表8-11。

表 8-11　某厂使用的硅铝合金成分

组成	Al	Si	Fe	S	P	C	杂质总量
含量/%	45~50	15~30	余量	<0.05	<0.10	<0.5	<1.0
熔点/℃	1070	密度/g·cm⁻³		4.2~4.5		外观	银灰色

硅铝合金的生产方法主要有以下的几种[56]:

（1）重熔法冶炼合金。重熔法冶炼硅铝合金是根据硅铝合金的牌号及硅和铝的冶炼回收率计算原料配比，然后将硅铁等原料破碎成小块，称量混匀，加入中频感应炉内，在惰性气体保护下进行熔炼，浇铸成硅铝合金锭。

（2）硅铁出炉加铝锭热冲法生产硅铝合金。根据硅铝合金牌号，将铝锭放入刚浇完铁的铁水包内预热，并加入冰晶石等盐类作保护。将出炉时的硅铁水冲入铁水包内熔化铝锭，生成硅铝合金，然后浇铸成硅铝合金锭。

（3）碳热法生产硅铝合金。碳热法生产硅铝合金是以硅石、粉煤灰或铝土矿（或其他含 Al_2O_3 的矿物）、钢屑等为原料，焦炭或石油焦、烟煤为还原剂，在电炉内直接冶炼硅铝合金。冶炼的关键是要使炉内达到足够高的温度。炉内温度高，合金含铝才能高；炉内温度低，合金含铝也低。

热力学表明，Si 对脱氧影响不大。但是生产实践证实使用硅铝合金脱氧对提高 Al 回收率确有显著作用。系统的研究表明，金属铝利用率提高的原因为:

（1）硅铝合金密度比金属 Al 增加。硅铝合金密度为 $4.2 \sim 4.5 g/cm^3$ 比金属 Al 提高一倍，所以与 Al 相比，在加入钢液时，上浮速度可以明显减慢，这样在同样操作条件下，溶入钢液的合金量就可增加。

（2）溶解快。操作实践发现，虽然硅铝合金的熔点（1070℃）比金属铝高出410℃，但插入条件相同的炉中，硅铝合金比金属铝易熔化。这表明在金属铝块溶入钢中时，表面生成高熔点黏状 $Al\text{-}Al_2O_3$ 薄壳，阻碍 Al 进一步溶解。而硅铝合金脱氧过程中，由于 Si、Al 的同时溶解与脱氧反应，有可能生成了低熔点的脱氧产物，易于脱离本体，因而不会阻碍内层合金的继续溶解。$Al_2O_3\text{-}SiO_2\text{-}MnO$ 相图如图 8-33 所示。

有专家经过系统研究认为，脱氧产物的主要成分范围有可能处于相图的低熔区，熔点 1200~1550℃，与堇青石（$Mn_2A_2S_5$）十分接近，也说明在脱氧过程中锰铁、硅铁的加入对硅铝合金脱氧产物的组成、熔点、性质有影响，而且将随不同的钢种与不同的冶炼方法而变化。

（3）密度高于熔渣，上浮后可继续溶解。对硅铝合金来说，由于其密度（$4.2 \sim 4.5 g/cm^3$）大于炼钢熔渣（$3.4 g/cm^3$），所以来不及在钢液内溶解而上浮的硅铝合金不会像金属 Al 那样浮在渣面上，而是悬浮在渣与钢之间，其上半部可能被熔渣所氧化（当熔渣为氧化性时），而下半部仍可继续溶入钢中，如图8-34 所示。

8.6.4　铝锰合金脱氧

铝锰合金最常用的生产工艺是重熔[57-59]，即中碳锰铁、铝粒、废铝材、废钢

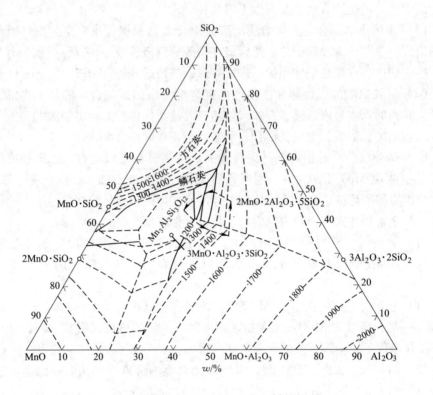

图 8-33 Al_2O_3-SiO_2-MnO 系相图

在中频炉内生产，工艺相对简单。铝锰铁密度为 5.7g/cm³，远大于钢渣密度，略小于钢液密度，因此上浮的速度明显减慢，极少有来不及熔化的铝锰合金，也不会像铝那样被排挤到渣层表面，而是悬浮在钢液之中。另外，铝锰合金在钢包内发生复合脱氧反应，在铝的周围形成一个富锰区，提高了铝的溶解度与脱氧能力，并生成低熔点的复合脱氧产物。某厂使用的铝锰合金的技术指标见表 8-12。

图 8-34   硅铝铁合金溶解示意图

表 8-12   某厂使用的铝锰合金的技术指标　　　　　　　　　　　　　　（%）

Al	Mn	C	Si	P	S
20~26	30~35	≤2.0	≤2.0	≤0.2	≤0.04

注：粒度要求：20~50mm，允许 5~10mm 和 50~60mm 的比例不超过 5%。

8.7 钢水的合金化基础

8.7.1 炼钢过程中合金化的作用

合金化是炼钢过程中脱氧的需要。在炼钢的过程中，为了脱除炼钢原料铁水和废钢中的有害元素，需要将这些有害元素氧化成为氧化物的形式，与加入的渣辅料反应，进入渣相加以去除。所以炼钢过程是一个氧化的过程，氧化反应在去除不需要的有害杂质的同时，钢中溶解了部分的氧。没有脱氧的钢液在凝固过程中，FeO 与 Fe 形成共晶，其熔点只有 940℃，呈薄膜状在晶界上析出，在热加工的温度下首先熔化，往往使钢坯开裂。此外，钢中硫含量高时，在晶界同时析出FeO 及 FeO-FeS，使钢的塑性加工性能降低及发生热脆现象，影响轧钢工艺和钢材的性能。因此，只有在控制沸腾（沸腾钢）或不出现沸腾（镇静钢）时，才可能获得成分及组织合格的优质钢锭或钢坯。为此，对沸腾钢，钢中氧含量需降到 0.025% ~ 0.030%；对镇静钢，应小于 0.005%。当钢液中碳含量达到标准要求后，便应降低钢中氧含量，保证温度下降时，不产生 CO 气体而降低钢材质量。因此，钢液在连铸之前必须采取有效方法，以降低钢液中氧含量，即脱氧。

合金化是为了满足钢材各种性能的需要。钢材是根据不同的用途和需求来分类生产制造的。不同的钢材，对钢材的力学性能和机械加工性能、抗疲劳性能、抗腐蚀性能等各个方面要求各不相同。随着现代工业和科学技术的不断发展，在机械制造中，对工件的强度、硬度、韧性、塑性、耐磨性以及其他各种物理化学性能的要求越来越高，所以冶炼不同的钢种需要加入不同的合金元素，来满足钢材的组织结构和性能的需要。在钢中加入合金元素后，钢的基本组元铁和碳与加入的合金元素会发生交互作用。合金化的目的是利用合金元素与铁、碳的相互作用和对铁碳相图及对钢的热处理的影响来改善钢的组织和性能。

（1）合金元素对热处理奥氏体化的影响。奥氏体晶粒的生长是温度达到生成温度后：1）奥氏体晶粒在铁素体与碳化物边界处生核并长大；2）剩余碳化物的溶解；3）奥氏体成分的均匀化，在高温停留时奥氏体晶粒的长大粗化等过程。

钢中加入合金元素后对三个过程均有不同程度的影响，具体的影响原因如下：

1）合金钢组织中的碳化物，是比渗碳体更稳定的合金渗碳体或特殊碳化物，在奥氏体化加热时碳化物较难溶解，即需要较高的温度和较长的时间。一般来说，合金元素形成碳化物的倾向越强，其碳化物也越难溶解。

2）合金元素在奥氏体中的均匀化也需要较长时间，因为合金元素的扩散速度均远低于碳的扩散速度。

3）某些合金元素强烈地阻碍着奥氏体晶粒的粗化过程，这主要与合金碳化物很难溶解有关，未溶解的碳化物阻碍了奥氏体晶界的迁移。因此，含有较强的碳化物形成元素（如钼、钨、钒、铌、钛等）的钢，在奥氏体化加热时，易于获得细晶粒的组织。

各合金元素对奥氏体晶粒粗化过程的影响，一般可归纳如下：

1）强烈阻止晶粒粗化的元素有钛、铌、钒、铝等，其中以钛的作用最强。

2）钨、钼、铬等中强碳化物形成元素，也显著地阻碍奥氏体晶粒粗化过程。

3）一般认为硅和镍也能阻碍奥氏体晶粒的粗化，但作用不明显。

4）锰和磷是促使奥氏体晶粒粗化的元素。

（2）合金元素对奥氏体分解转变的影响。多数合金元素使奥氏体分解转变的速度减慢，即 C 曲线向右移，也就是提高了钢的淬透性。

（3）合金元素对马氏体转变的影响。合金元素能够增加冷却时间，降低冷却速度，多数合金元素均使马氏体开始转变温度（M_s 点）降低，其中锰、铬、镍的作用最为强烈，只有铝、钴提高 M_s 点。

（4）合金元素对回火转变的影响。合金元素对淬火钢回火转变的影响主要有下列三个方面：

1）提高钢的回火稳定性。这主要表现为合金元素在回火过程中推迟了马氏体的分解和残余奥氏体的转变，提高了铁素体的再结晶温度，使碳化物难以聚集长大而保持较大的弥散度，从而提高了钢对回火软化的抗力，即提高了钢的回火稳定性。

2）产生二次硬化。一些合金元素加入钢中，在回火时，钢的硬度并不是随回火温度的升高一直降低的，而是在达到某一温度后，硬度开始增加，并随着回火温度的进一步提高，硬度也进一步增大，直至达到峰值。这种现象称为回火过程的二次硬化。回火二次硬化现象与合金钢回火时析出物的性质有关。当回火温度低于约 450℃时，钢中析出渗碳体，在 450℃以上渗碳体溶解，钢中开始沉淀析出弥散稳定的难熔碳化物 Mo_2C、VC 等，使钢的硬度开始升高，而在 550～600℃左右沉淀析出过程完成，钢的硬度达到峰值。

3）增大回火脆性。钢在回火过程中出现的第一类回火脆性（250～400℃回火），即回火马氏体脆性和第二类回火脆性（450～600℃回火），即高温回火脆性均与钢中存在的合金元素有关。

合金化是为了满足钢材抵抗和减缓氧化与腐蚀的需要。一些合金元素加入钢中能在钢的表面形成一层完整的、致密而稳定的氧化保护膜，从而提高了钢的抗氧化能力。最有效的合金元素是铬、硅和铝。但钢中硅、铝含量较多时钢材变脆，因而它们只能作为辅加元素，一般都以铬为主加元素，以提高钢的抗氧化性。钢中加入少量的铜、磷等元素，可提高低合金高强度钢的耐大气腐蚀。

8.7.2　合金元素对钢材性能的影响

8.7.2.1　合金元素对力学性能的影响

金属材料的强化方法主要有以下几个途径：

（1）结晶强化。结晶强化就是通过控制结晶条件，在凝固结晶以后获得良好的宏观组织和显微组织，从而提高金属材料的性能。它包括：

1）细化晶粒。细化晶粒可以使金属组织中包含较多的晶界，由于晶界具有阻碍滑移变形作用，因而可使金属材料得到强化。同时也改善了韧性，这是其他强化机制不可能做到的。

2）提纯强化。在浇铸过程中，把液态金属充分地提纯，尽量减少夹杂物，能显著提高固态金属的性能。夹杂物对金属材料的性能有很大的影响。在损坏的构件中，常可发现有大量的夹杂物。采用真空冶炼等方法，可以获得高纯度的金属材料。

（2）形变强化。金属材料经冷加工塑性变形可以提高其强度，这是由于材料在塑性变形后位错运动的阻力增加所致。

（3）固溶强化。通过合金化（加入合金元素）组成固溶体，金属材料得到强化。

（4）相变强化。合金化的金属材料，通过热处理等手段发生固态相变，获得需要的组织结构，使金属材料得到强化。相变强化可以分为两类：

1）沉淀强化（或称弥散强化）。在金属材料中能形成稳定化合物的合金元素，在一定条件下，使之生成的第二相化合物从固溶体中沉淀析出，弥散地分布在组织中，从而有效地提高材料的强度，通常析出的合金化合物是碳化物相。在低合金钢（低合金结构钢和低合金热强钢）中，沉淀相主要是各种碳化物，大致可分为三类：一是立方晶系，如 TiC、V_4C_3、NbC 等；二是六方晶系，如 Mo_2C、W_2C、WC 等；三是正菱形，如 Fe_3C。对低合金热强钢高温强化最有效的是体心立方晶系的碳化物。

2）马氏体强化。金属材料经过淬火和随后回火的热处理工艺后，可获得马氏体组织，使材料强化。但是，马氏体强化只能适用于在不太高的温度下工作的元件，工作于高温条件下的元件不能采用这种强化方法。

（5）晶界强化。晶界部位的自由能较高，而且存在着大量的缺陷和空穴，在低温时，晶界阻碍了位错的运动，因而晶界强度高于晶粒本身；但在高温时，沿晶界的扩散速度比晶内扩散速度大得多，晶界强度显著降低。因此，强化晶界对提高钢的热强性是很有效的。硼对晶界的强化作用，是由于硼偏集于晶界上，使晶界区域的晶格缺位和空穴减少，晶界自由能降低；硼还减缓了合金元素沿晶界的扩散过程；硼能使沿晶界的析出物降低，改善了晶界状态，加入微量硼、锆或硼+锆能延迟晶界上的裂纹形成过程。此外，它们还有利于碳化物相的稳定。

（6）综合强化。在实际生产上，强化金属材料大都是同时采用几种强化方法，以充分发挥强化能力。例如：

1）固溶强化+形变强化，常用于固溶体系合金的强化。

2）结晶强化+沉淀强化，用于铸件强化。

3）马氏体强化+表面形变强化。对一些承受疲劳载荷的构件，常在调质处理后再进行喷丸或滚压处理。

4）固溶强化+沉淀强化。对高温承压元件常采用这种方法，以提高材料的高温性能。有时还采用硼的强化晶界作用，进一步提高材料的高温强度。

正火状态下钢有铁素体和珠光体组织。合金元素通过固溶强化、结晶强化、沉淀强化等方法，不仅影响钢材的强度，同时也影响其韧性。

合金元素对调质钢力学性能的影响，主要是通过它们对淬透性和回火性的影响而起作用。主要表现于下列几方面：

（1）由于合金元素增加了钢的淬透性，截面较大的零件也可淬透，在调质状态下可获得综合机械性能优良的回火索氏体。

（2）许多合金元素可使回火转变过程缓慢，因而在高温回火后，碳化物保持较细小的幂颗粒，使调质处理的合金钢能够得到较好的强度与韧性的配合。

（3）高温回火后，钢的组织是由铁素体和碳化物组成，合金元素对铁素体的固溶强化作用可提高调质钢的强度。

8.7.2.2　合金元素对焊接性能的影响

钢的焊接性能主要取决于它的淬透性、回火性和碳含量等方面。合金元素对钢材焊接性能的影响，可用焊接碳当量来估算。我国目前所广泛应用的普通低合金钢，其焊接碳当量可按下述经验公式计算：

$$C_d = C + 1/6Mn + 1/5Cr + 1/15Ni + 1/4Mo +$$
$$1/5V + 1/24Si + 1/2P + 1/13Cu$$

近年来，对厚度为 15mm、50mm 的 200 个钢种（从碳钢到强度等级为 1000MPa 级的高强度合金钢），以低氢焊条进行常温下的 Y 形坡口拘束焊接裂纹试验。在试验基础上，提出了一个用以估计钢材出现焊接裂纹可能性的指标，称为钢材焊接裂纹敏感性指数。其计算公式为：

$$P_e = C + 1/30Si + 1/20Mn + 1/20Cu + 1/60Ni + 1/20Cr +$$
$$1/15Mo + 1/10V + 5B + 1/600t + 1/60H\%$$

该公式与碳当量公式相比增加了板厚和含氢量。

8.7.2.3　合金元素对切削加工的影响

金属的切削性能是指金属被切削的难易程度和加工表面的质量。为了提高钢的切削性能，可在钢中加入一些能改善切削性能的合金元素，最常用的元素是硫，其次是铅和磷。

由于硫在钢中与锰形成球状或点状硫化锰夹杂，破坏了金属基体的连续性，使切削抗力降低，切屑易于碎断，在易切削钢中硫的质量分数可达 0.08% ~ 0.30%。铅在钢中完全不溶，以 2~3pm 的极细质点均匀分布于钢中，使切屑易断，同时起润滑作用，改善了钢的切削性能，在易切削钢中铅的质量分数控制在0.10%~0.30%。少量的磷溶入铁素体中，可提高其硬度和脆性，有利于获得良好的加工表面质量。

8.7.2.4 合金元素对塑性加工性能的影响

钢的塑性加工分为热加工和冷加工两种。

热加工工艺性能通常由热加工时钢的塑性和变形抗力，可加工温度范围、抗氧化能力、对锻造加热和锻后冷却的要求等来评价。合金元素溶入固溶体中，或在钢中形成碳化物，都能使钢的热变形抗力提高和塑性明显降低，容易发生锻裂现象。但有些元素（如钒+铌，钛等），其碳化物在钢中呈弥散状分布时，对钢的塑性影响不大。另外，合金元素一般都降低钢的导热性和提高钢的淬透性，因此为了防止开裂，合金钢锻造时的加热和冷却都必须缓慢。

冷加工工艺性能主要包括钢的冷态变形能力和钢件的表面质量两方面。溶解在固溶体中的合金元素，一般将提高钢的冷加工硬化程度，使钢承受塑性变形后很快地变硬变脆，这对钢的冷加工是很不利的。因此，对那些需要经受大量塑性变形加工的钢材，在冶炼时应限制其中各种残存合金元素的量，特别要严格控制硫、磷等。另外，碳、硅、磷、硫、镍、铬、钒、铜等元素还会使钢材的冷态压延性能恶化。

8.7.2.5 合金元素对铸造性能的影响

钢的铸造性能主要由铸造时金属的流动性、收缩特点、偏析倾向等来综合评定。它们与钢的固相线和液相线温度的高低及结晶温度区间的大小有关。固、液相线的温度越低和结晶温度区间越窄，铸造性能越好。因此，合金元素的作用主要取决于其对状态图的影响。另外，一些元素如铬、钼、钒、钛、铝等，在钢中形成高熔点碳化物或氧化物质点，增大了钢液的黏度，降低其流动性，使铸造性能恶化。

8.7.2.6 满足氧化物冶金的工艺需要

部分合金元素，在钢液结晶凝固、热加工过程中起到特殊的作用，可以满足产品的性能要求和降低生产成本的要求。比如V、Ti等与钢液中的N、O反应形成的氧化物，能够起到细化晶粒、优化钢材组织的作用，即氧化物冶金技术[60]。

非金属夹杂物一直被认为是钢中的有害杂质，是钢铁产品出现缺陷的主要诱因。但是，对多数钢种而言，尺寸$50\mu m$以上的大型夹杂物对钢的性能才有影响，几微米以下的小夹杂在凝固和轧制过程中可作为硫化物、碳化物和氮化物的异质形核核心，通过控制夹杂物的大小、形态、数量和分布，可以提高钢材的性能。日本新日铁公司将细化和利用氧化物夹杂的技术称为氧化物冶金，并应用于产品开发。

氧化物冶金原理[61]可概括如下：首先控制钢中氧化物的成分、熔点、尺寸、分布等；再利用这些氧化物作为钢中硫化物、氮化物和碳化物等的非均质形核核心，对硫、氮、碳等析出物的析出和分布进行控制；最后利用钢中所形成的氧、硫、氮、碳化物，通过钉扎高温下晶界的迁移对晶粒的长大进行抑制，或通过促进针状铁素体和晶内粒状铁素体的形核来细化钢的组织，使钢材具有良好的韧性、较高的强度及优良的可焊性，使钢中夹杂物变害为利。这一技术开创了一条提高钢材质量的新途径。

国内外很多科研工作者对 Ti、Al、Zr 等氧化物进行了研究，认为 Ti 氧化物可诱导晶内铁素体形核，并且进一步证明了在各种 Ti 氧化物如 TiO、TiO_2、Ti_2O_3 和 Ti_3O_5 中，Ti_2O_3 是促进晶内铁素体形核最有效的非均质形核的氧化物质点。Ti_2O_3 颗粒周围贫锰区的形成是由于锰被吸收进入 Ti_2O_3 颗粒所致，贫锰区的形成增加了奥氏体向铁素体转变的驱动力，因而促进了针状铁素体板条在 Ti_2O_3 颗粒上的形核。在含 Ti 钢中，常常以 Ti 的氧化物为核心形成取向杂乱、相互交叉连接的铁素体板条，称为针状铁素体，又称为晶内铁素体。这种针状铁素体组织能够提供高强度和高韧性相结合的细化组织。Ti 和 B 对 780MPa 高强钢焊缝组织影响示意图如图 8-35 所示。

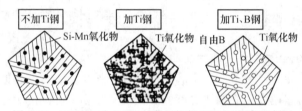

图 8-35　Ti 和 B 对 780MPa 高强钢焊缝组织影响示意图

氧化物冶金的最新应用主要是改善高强度厚钢板的大线能量焊接性能和非调质钢的韧性。大线能量焊接要求钢中的细小氧化物颗粒在 1400℃高温下仍有很强的钉扎作用，同时进一步细化焊缝和焊接热影响区（HAZ）的组织，以缩小焊接部位与母材性能的差异。非调质钢则要求既保证材料的韧性，又要省掉热锻后的调质热处理工序，以降低成本。此外，氧化物冶金技术在凝固、厚板压力加工等工序的应用也有新进展。

为了实现氧化物冶金的工艺目的，需要在钢中加入一些元素，在钢中这些元素的含量较少，被称为微合金化元素。

微合金元素的主要作用是：在钢中形成细小的碳化物和氮化物或碳氮化合物，其质点钉扎在晶界处，在加热过程中阻止奥氏体晶粒的长大，再在结晶控轧过程中阻止形变奥氏体的再结晶，延缓再结晶奥氏体晶粒的长大，在焊接过程中阻止焊接热影响区晶粒的粗化，从而显著地改善微合金化钢的综合性能。Nb、Ti、V 是最常用的微合金化元素，以上 3 种元素对晶界的钉扎作用是依次降低的。在低合金高强度钢中，复合微合金化的作用大于单独加入某种元素的总和。

Nb、Ti、V 这 3 种元素都可以在奥氏体或铁素体中沉淀，因为在奥氏体中溶解度大而扩散率小，故在奥氏体中沉淀比在铁素体中缓慢，形变可以加速沉淀过程，一般地，应使在奥氏体中沉淀减至最小，在固溶体中保持较多的合金元素而留待在铁素体中沉淀，这可依靠合金化增加微合金元素在奥氏体中的溶解度，例如在含 Nb 钢中加入 Mn 或 Mo 来实现。

所以在冶炼一些特钢时，钢中需要加入一些含量较低的合金元素，以低耗条件实现生产高强钢的目的。

8.7.3 合金元素在钢中的存在形式

炼钢过程中的成分偏析问题很常见，了解合金元素在钢中的存在形式，对配加合金的计算和操作均有指导作用。

有的合金在冶炼过程中被加入钢液，比如铜板和镍铁等；有的在出钢过程中或者 LF 精炼过程中加入，有的在 RH、VD、VOD、LFV 工位加入；也有的在连铸机中间包内加入，或者在连铸机的结晶器内加入。在冶炼过程中加入的合金元素，一般是不容易氧化的元素。

在冶炼过程中向液态铁液加入的合金，由于高温，金属铁液的原子振动大，间隙较大，合金熔化后合金元素溶解在铁液中，有的与铁液中的元素形成新的化合物，有的以金属元素存在，钢水在凝固过程中，合金元素随着钢液的凝固留在钢坯中。不同的合金元素，原子半径的大小、化学性质等不同，最终钢液凝固后，它们存在于钢材中的形式各不相同。有的合金元素溶解于铁素体（或奥氏体）中，以固溶体形式存在于钢中；有的合金元素与钢中的氮、氧、硫等化合，以氮化物、氧化物、硫化物和硅酸盐等非金属夹杂物的形式存在于钢中；有的以游离态形式存在，既不溶于铁，也不溶于化合物的合金元素有铅、铜；还有的合金元素与钢中的碳相互作用，形成碳化物存在于钢中。按合金元素在钢中与碳相互作用的情况，它们可以分为两大类：

（1）不形成碳化物的元素（称为非碳化物形成元素），包括镍、硅、铝、钴、铜等。由于这些元素与碳的结合力比铁小，因此在钢中它们不能与碳化合，它们对钢中碳化物的结构也无明显的影响。

（2）形成碳化物的元素（称为碳化物形成元素）。根据其与碳结合力的强弱，可把碳化物形成元素分成三类：

1）弱碳化物形成元素：锰。锰对碳的结合力仅略强于铁。锰加入钢中，一般不形成特殊碳化物（结构与 Fe_3C 不同的碳化物称为特殊碳化物），而是溶入渗碳体中。

2）中强碳化物形成元素：铬、钼、钨。

3）强碳化物形成元素：钒、铌、钛。这些元素与碳形成化合物，有极高的稳定性，如 TiC 在淬火加热时要到 1000℃ 以上才开始缓慢溶解。这些碳化物有极高的硬度，例如在高速钢中加入钒形成 V_4C，可以有更高的耐磨性。

8.7.4 炼钢合金化的工艺环节

炼钢合金化的主要工艺点是在转炉或电炉出钢过程中和钢水炉外精炼过程中完成。绝大多数钢种的冶炼，95% 以上的合金化材料在出钢过程中加入，将钢水中不同的合金元素成分调整到冶炼钢种需要的范围内，或者冶炼钢种成分的下限，在钢水精炼过程中再将钢液的成分调整到理想的范围内。钢水精炼过程中，添加合金主要是为了微调成分。部分的贵重合金，在精炼炉中添加，主要考虑钢水脱氧后贵重合金的收得率高，合金化操作便于控制。

转炉和电炉出钢合金化的合金加入示意图如图 8-36 所示。各种精炼工艺加合金的示意图如图 8-37 所示。

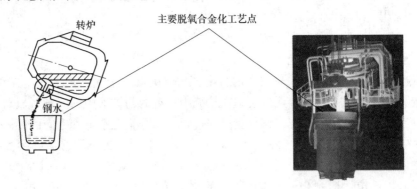

图 8-36　转炉和电炉出钢合金化的合金加入示意图

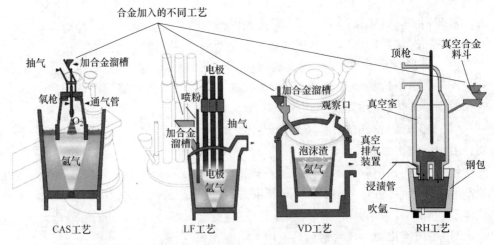

图 8-37　各种精炼工艺加合金示意图

　　电解铝工业产生的金属铝、铝灰、清包料等废弃物中回收的金属铝，大修渣中的阴极炭块，碳化硅绝热板，都能够经过加工，生产成为炼钢合金化的原料，加以资源化利用。

参 考 文 献

[1] 戴永刚，王玲霞，宋云霞，等. 转炉冶炼纯铁钢种 C、Mn 元素的控制 [J]. 钢铁研究学报，2016 (12)：41-46.

[2] 徐鹿鸣. 炼钢的脱氧和复合合金的应用（Ⅰ）[J]. 铁合金，2010 (3)：10-15.

[3] 蔡开科. 转炉冶炼低碳钢终点氧含量控制 [J]. 钢铁，2009 (5)：27-31.

[4] 冯捷，包燕平，岳峰，等. 转炉冶炼 IF 钢终点氧含量控制分析 [J]. 钢铁钒钛，2010 (1)：74-79.

[5] 李朋欢，包燕平，岳峰，等. 超低碳钢的转炉终点控制 [J]. 钢铁，2011 (10)：27-31.

[6] 万雪峰. 炼钢过程铁碳氧平衡热力学解析 [J]. 鞍钢技术，2015 (4)：13-16.

[7] 高海潮. 氢、氮、氧对钢的危害来源及对策 [J]. 包头钢铁学院学报，1999，18（增刊）：373-378.

[8] 黄希祜. 钢铁冶金原理 [M]. 北京：冶金工业出版社，2004.

[9] 高运明，郭兴敏，周国治. 熔渣中氧传递机理的研究 [J]. 钢铁研究学报，2004 (4)：1-6.

[10] 仇勇. 钢包顶渣向钢液增氧解析 [J]. 鞍钢技术，2013 (4)：18-20.

[11] 李正邦. 真空冶金新进展 [J]. 真空科学与技术，1999，19（增刊）：175-178.

[12] 薛正良，李正邦，张友平，等. "零夹杂"超级纯净钢精炼理论与工艺探讨 [J]. 武汉科技大学学报，2002 (1)：1-8.

[13] 李超，刘宇，张立夫，等. 转炉出钢及真空精炼碳脱氧技术实践 [J]. 鞍钢技术，2012 (2)：45-48.

[14] 刘浏，曾家庆. 纯净钢及其生产工艺的发展 [J]. 钢铁，2000 (3)：68-71.

[15] 郭雷. 钢水炉外精炼技术的发展 [J]. 上海冶金设计，1994 (2)：11-18.

[16] 陈家祥. 复合脱氧剂最佳成分的设计 [J]. 铁合金，2007 (1)：1-8.

[17] 陈家祥. 炼钢常用数据图表手册 [M]. 2 版. 北京：冶金工业出版社，2010.

[18] 徐匡迪. 关于洁净钢的若干基本问题 [J]. 金属学报，2009 (3)：257-269.

[19] 朱丽慧，赵钦新，顾海澄，等. 关于钢用铝脱氧的再认识 [J]. 钢铁研究学报，1999 (4)：65-70.

[20] 刘达，雷洪，王天龙，等. 关于 1873K 下铁液中铝脱氧平衡热力学的讨论 [J]. 材料与冶金学报，2015 (2)：103-106.

[21] 徐国涛，杜鹤桂，周有预，等. 脱硫过程中脱氧作用的分析与实验验证 [J]. 炼钢，2000 (2)：44-49.

[22] 曹东. 常规炼钢脱氧元素与氧平衡理论分析 [J]. 鞍钢技术，2017 (4)：15-18.

[23] 龚坚，王庆祥. 钢液钙处理的热力学分析 [J]. 炼钢，2003 (3)：56-60.

[24] 孙伟，赵元. 转炉冶炼 IF 钢终点 W(O) 的控制 [J]. 钢铁研究，2010 (3)：4-8.

[25] 赵和明，王新华，谢兵. Al_2O_3-2CaO 基预熔精炼渣吸收 Al_2O_3 夹杂的动力学研究 [J]. 特殊钢，2005，26（1）：21.

[26] 李志广，袁守谦，董鹏，等. 12CaO · 7Al_2O_3 精炼渣吸附非金属夹杂物实验分析 [J]. 物理测试，2010（2）：16-19.

[27] 李阳，姜周华，姜茂发，等. CaO-Al_2O_3 基精炼渣对钢液脱氧的影响 [J]. 钢铁研究学报，2002（5）：11-15.

[28] 汤曙光. 精炼渣组成对冶金效果的影响 [J]. 炼钢，2001（4）：29-31.

[29] 李阳，姜周华，袁伟霞，等. 精炼渣对非铝脱氧钢夹杂物影响的试验研究 [J]. 中国冶金，2006（6）：28-33.

[30] 薛正良，李正邦，张家雯. 钢的脱氧与氧化物夹杂控制 [J]. 特殊钢，2001（6）：24-28.

[31] 潘贻芳，凌遵峰，王宝明. 无氟预熔 LF 精炼渣的开发与应用研究 [J]. 钢铁，2006（10）：23-25.

[32] 殷秀文. GCr15SiMn 轴承钢夹杂物的控制浅析 [J]. 特钢技术，2009，59（15）：21-23.

[33] 王向红，周俐，刘天泉，等. Al_2O_3-SiO_2-CaO 精炼渣系对 55SiCrA 弹簧钢夹杂物形态控制的影响 [J]. 特殊钢，2013（3）：14-18.

[34] 王立峰，王新华，张炯明，等. 控制高碳钢中 CaO-Al_2O_3-SiO_2 类夹杂物成分的实验研究 [J]. 钢铁，2004（4）：22-25.

[35] 周德先，王昌生，王平. 精炼渣系对钢中夹杂物的影响 [J]. 特殊钢，1991（5）：30-34.

[36] 李波，魏季和，张学军. CaO-CaF_2 对钢包精炼顶渣性能的影响 [J]. 中国冶金，2008（5）：5-8.

[37] 陈俊锋，李广田，李文献. LF 预熔精炼渣成分优化的研究 [J]. 材料与冶金学报，2003（3）：174.

[38] 李京社，唐海燕，孙开明. 硫容量模型和在五元渣系 CaO-SiO_2-MgO-Al_2O_3-FeO 中的应用 [J]. 钢铁研究学报，2009（2）：10.

[39] 杨吉春，王宏明，李桂荣. Li_2O、Na_2O、K_2O、BaO 对 CaO 基钢包渣系性能影响的实验研究 [J]. 炼钢，2002（2）：35-36.

[40] 李宗强，薛正良，张海峰，等. CaF_2 对铝酸钙预熔精炼渣系预熔特性和脱硫的影响 [J]. 中国冶金，2007（1）：46-49.

[41] 董方，邓浩华，郄俊懋，等. 组分和粒度对高碱度精炼渣半球熔点和熔化速率的影响 [J]. 特殊钢，2014（2）：9-12.

[42] 王宏明，李波，张学军，等. CaO-CaF_2 对 LATS 精炼渣熔化性能的影响 [J]. 江苏大学学报，2006（6）：516-520.

[43] 李双汀，姜周华，黄宗泽，等. 精炼渣碱度对 304 不锈钢夹杂物的影响 [J]. 钢铁，2010（12）：26-29.

[44] 林伟. 炉外精炼用碱性白渣的特性 [J]. 炼钢，2004（3）：14.

[45] 葛允宗. 钢包渣改质剂和 LF 炉渣组分对脱硫性能的影响 [J]. 宽厚板，2012（2）：11-16.

[46] 孟劲松，姜茂发，王德永，等. LF 合成精炼渣成分优化 [J]. 东北大学学报（自然科学版），2006，27（10）：1110.

[47] 陈跃峰，王雨. 精炼渣组成对钢—渣硫分配比的影响 [J]. 特殊钢，2007，28（4）：36.

[48] 蒋兴元，李波，李桂荣，等. B_2O_3 对 CaO 基渣精炼的助熔作用和脱硫的影响 [J]. 特殊钢，2006（3）：17.

[49] 李波. 调质剂对 LATS 精炼渣熔点与脱硫能力的影响 [J]. 特殊钢，2007（2）：63.

[50] 史冠勇，张廷安，牛丽萍，等. Na_2O 对 $CaO-Al_2O_3$ 基渣系性能的影响 [J]. 东北大学学报，2012（7）：1000-1006.

[51] ［德］奥特斯. 钢冶金学 [M]. 倪瑞明，项长祥，译. 北京：冶金工业出版社，1996.

[52] 赵国昌. 炼钢炉渣中 Al_2O_3 的作用及研究 [J]. 宽厚板，2002（1）：9-14.

[53] 何环宇，倪红卫，曾静. LF 炉精炼废渣渣相组成及形成机理研究 [J]. 武汉科技大学学报，2008（5）：515-518.

[54] 史宗耀，王树林. 铝脱氧和硅铝铁脱氧分析 [J]. 炼钢，1991（1）：22-26.

[55] 胡文豪，袁永，刘骁，等. 酸溶铝在钢中行为的探讨 [J]. 钢铁，2003（7）：43-47.

[56] 储少军，牛强，成国光. 硅铝铁合金脱氧工艺技术分析 [J]. 铁合金，2000（1）：1-5.

[57] 徐鹿鸣. 炼钢的脱氧和复合合金的应用（I）[J]. 铁合金，2010（3）：10-15.

[58] 李江，刘万善，任昌华. 复合脱氧剂铝锰铁替代纯铝预脱氧工艺试验 [J]. 炼钢，1998（4）：16-20.

[59] 陈大慈. 铝锰铁优化脱氧工艺试验 [J]. 上海金属，1997（4）：19-22.

[60] 朱立光，吴耀光，韩毅华. 氧化物冶金技术的热力学及动力学研究进展 [J]. 河北联合大学学报，2013（2）：39-45.

[61] 赵素华，潘秀兰，王艳红，等. 氧化物冶金工艺的新进展及其发展趋势 [J]. 炼钢，2009（4）：66-71.

9 钢水精炼协同电解铝危险废物资源化利用技术

<<<<<<<<<<<<<<<<<<<<<<<<<<<<<<<<<<<<<<<<<<<<<<<<<<<<<<<<<

出钢脱氧合金化，以及后续对钢水的精炼脱氧工艺中，电解铝危废中的铝灰（包括二次铝灰），是铝质脱氧剂的原料；炭渣是集 F、Na、C 于一体的优质造渣和脱氧材料；大修渣的阴极炭块，既是脱氧原料，也是合金化材料；大修渣中的碳化硅结合氮化硅耐火材料，既是脱氧剂，也是合金化材料，对建筑用钢的生产能够起到降本增效、优化脱氧的作用。

9.1 电解铝危险废物在脱氧工艺中的作用

电解铝工艺过程中产生的铝灰和炭渣、电解质是良好的精炼炉化渣材料。二次铝灰中的盐类更多，也是最适合化渣的材料之一。

炭渣等含有的钠盐，在炼钢生产应用过程中，存在钠盐挥发冒白烟严重的情况。北京璞域环保科技公司开发有利用 SiO_2 耦合技术，是消除和弱化白烟污染的措施。此外，减少配加比例，与铝灰一起生产复合化渣剂，也是不错的选择。

根据炭渣和大修渣的化学组分来看，炭渣和大修渣生产精炼炉的脱氧剂和化渣剂，没有对钢水增氮的风险。

9.1.1 铝灰的脱氧功能

铝灰的脱氧功能包括：

（1）铝灰中的金属铝和氮化铝是钢水的脱氧剂，能够与炉渣或钢水中的氧反应。

（2）铝灰中的氧化铝则是吸附铝脱氧产生的细小夹杂物长大、上浮去除的辅助工艺手段。

（3）铝灰中的钠盐、电解质、氟化物，与钢中脱氧反应产生的夹杂物反应生成低熔点的物质，能够促进这些物质上浮去除。

将铝灰配加不同的物质，比如添加碳酸钠、石墨粉（阳极炭块和阴极炭块粉末）、金属铝屑、碳化硅等，就能够生产不同钢种和不同需求的脱氧剂。

在利用铝灰生产脱氧剂的时候，为了提高反应速度和减少对钢液的增氮风险，向脱氧剂内添加碳酸钙、碳酸镁等材料，是经济有效的工艺方法。

9.1.2 炭渣的脱氧功能

从炭渣的成分来看，炭渣既是直接脱氧的优质材料，又是扩散脱氧的最佳材料。某厂产生的炭渣检化验成分见表9-1。

表9-1　某厂产生的炭渣检化验成分　　　　　（%）

C	Al	Na_2O	F	主要的矿物组成	
8~25	14~22	20~33	36~45	AlF_3 20~30	Na_3AlF_6 45~55

炭渣在钢液脱氧精炼过程中的优势分析如下：

（1）含有一定量的金属铝和强还原性的含铝化合物，能够快速对钢液或者钢渣脱氧。

（2）碳含量比电石低，炼钢脱氧用电石的碳化钙（CaC_2）含量在88%左右，碳含量在40%左右，应用于铝镇静钢或硅铝镇静钢的脱氧，对钢液的增碳风险低于电石，具有碳脱氧的功能，节约铝脱氧的成本。

（3）钠盐有助于铝脱氧夹杂物的变性处理，有助于钢水的脱硫、脱氧夹杂物的上浮。

（4）氟化铝是强脱氧剂，脱氧的同时，氟化物产生的助熔作用，有助于脱氧产物的上浮。

可以说，炭渣是铝镇静钢和硅铝镇静钢"天然"的沉淀脱氧剂之一，也是适合LF、CAS、RH精炼的扩散脱氧剂、顶渣改质剂。

9.1.3　碳化硅耐火材料的脱氧功能

复合脱氧是兼具单一元素脱氧优点的综合脱氧方式，电解铝危废中的碳化硅耐火材料固溶了氟化物和钠盐，使得碳化硅耐火材料不仅具有碳化硅脱氧的功能，还兼具化渣助熔、有助于夹杂物上浮的功能，是一种脱氧性能优于碳化硅的材料。

为了更好地发挥碳化硅材料的脱氧功能，破碎造球时使用碳酸盐，是促使球体在炼钢条件下快速碎裂、提高反应速度的有效手段。

9.1.4　阴极炭块和阳极炭块的作用和功能

已有研究证明，阳极炭块或阴极炭块中的碳，已经绝大多数呈现石墨化状态，中间同样固溶了氟化物和钠盐，作为脱氧剂，将其磨粉后，与铝灰、炭渣、碳酸盐等压球，也是钢水脱氧剂的优质原料，更是钢水真空脱氧的优质碳素材料。在钢水真空脱氧的RH工艺过程中常加碳脱氧，使用电解铝炭块，综合效果优于传统的碳质材料，其主要原因是炭块中固溶的钠盐和氟化物，是炼钢不可或缺的功能性材料组分，可以优化脱氧工艺，节约成本。

使用电解铝炭块生产脱氧剂的方法有：利用铝灰和炭块粉末生产氧化铝炭球、利用石灰石和炭块粉末生产LF精炼埋弧剂、利用炭块和碳酸钠生产RH脱氧脱硫剂等。

碳是钢铁材料的主要合金元素，钢铁材料在某种意义上也可以称为铁碳合金。碳作为钢中合金元素的主要作用有：

（1）形成固溶体组织，提高钢的强度，如铁素体、奥氏体组织，都溶解有碳元素。

（2）形成碳化物组织，可提高钢的硬度及耐磨性。渗碳体 Fe_3C 就是碳化物组织。钢中碳含量越高，钢的强度、硬度就越高，但塑性、韧性也会随之降低；反之，碳含量越低，钢的塑性、韧性越高，其强度、硬度也会随之降低。因此，碳含量的高低决定了钢材的用途：低碳钢（C<0.25%），一般用作型材及冲压材料；中碳钢（C<0.6%），一般用作机械零件；高碳钢（C>0.7%），一般用作工具、刀具及模具等。

（3）钢中碳含量增加，屈服点和抗拉强度升高，但塑性和冲击韧性降低。当碳含量超过 0.23% 时，钢的焊接性能变坏，因此用于焊接的低合金结构钢，碳含量一般不超过 0.20%。碳含量高还会降低钢的耐大气腐蚀能力，在露天料场的高碳钢就易锈蚀。此外，碳能增加钢的冷脆性和时效敏感性。

电解铝阴极炭块和阳极炭块在使用一段时间以后，其中的炭大部分石墨化，其中阳极炭块中的碳含量在 70% 左右，还溶解了部分的氟化物。从成分来看，阴极炭块中的碳含量低于钢铁冶金行业的增碳剂要求，但是其中的杂质成分有助于增碳工艺过程中脱硫、助熔渣辅料功能，所以利用阴极炭块生产增碳剂也有一定的优势。YB/T 192—2001《炼钢用增碳剂》的标准见表 9-2。

表 9-2　YB/T 192—2001《炼钢用增碳剂》的标准

项目	指标		
	优级	一级	二级
水分（质量分数）/%	≤0.2	≤0.3	≤0.8
挥发分（质量分数）/%	≤0.6	≤1	≤1.2
灰分（干基）（质量分数）/%	≤0.4	≤1	≤1.8
硫分（干基）（质量分数）/%	≤0.4	≤0.5	≤0.6
固定碳（干基）（质量分数）/%	≥99	≥98	≥97
0~1mm	自然粒度分布，大于 1mm 没有		
0~5mm　0~10mm	自然粒度分布大于 5mm 或 10mm 不超过 10%		
1~4mm　4~10mm	粒度含量（质量分数）不低于 90%		

注：粒度规格及粒度含量指标可根据用户要求加工生产。

2015 年颁布的冶金行业标准 YB/T 192—2015《炼钢用增碳剂》中对碳含量的要求较高，见表 9-3。

表 9-3 YB/T 192—2015《炼钢用增碳剂》中的成分要求

等级	固定碳（干基）/%	灰分（干基）/%	挥发分（干基）/%	硫（干基）/%	水分/%	粒度
FC99	≥99.00	≤0.4	≤0.6	≤0.4	≤1.0	0~1mm，自然粒度分布，大于 1mm 粒度含量小于5%；0~5mm自然粒度分布大于5mm粒度含量小于5%
FC98	≥98.00	≤1.0	≤1.0	≤0.5		
FC97	≥97.00	≤1.8	≤1.2	≤0.5		
FC96	≥96.00	≤2.8	≤1.2	≤0.5		
FC95	≥95.00	≤4.0	≤1.2	≤0.2		
FC94	≥94.00	≤5.0	≤1.5	≤0.25		0~10mm，自然粒度分布，大于10mm粒度含量小于5%；1~4mm粒度含量大于90%；4~10mm粒度含量大于90%
FC93	≥93.00	≤6.0	≤1.5	≤0.3		
FC92	≥92.00	≤7.0	≤1.5	≤0.3		
FC90	≥90.00	≤9.0	≤1.5	≤0.3		
FC85	≥85.00	≤13.0	≤2.0	≤0.5		

显然，生产以上标准的增碳剂，电解铝的阴极炭块达不到标准。但是，利用电解铝的废弃炭块生产类石墨增碳剂，是完全能够满足工艺要求的。

9.1.5 金属铝的脱氧功能

金属铝是强脱氧元素，前面已有介绍。炼钢过程中使用的含铝脱氧剂为纯铝块、铝饼、铝铁合金等。

通常在炼钢过程中，合金化元素的铝，采用测定酸溶铝的方法来确定。

在测定钢中的铝含量时，化学分析采用酸溶解，金属铝、氮化铝、硫化铝一般能够溶于酸中，称为酸溶铝。而氧化铝及含氧化铝的尖晶石等不溶于酸，称为酸不溶铝。

炼钢生产中，铝是强脱氧元素，大部分钢均采用铝或含铝的复合脱氧剂脱氧，这样不仅可以有效降低钢中氧含量，还有细化钢的晶粒、改善韧性、防止时效的作用。加入钢中的铝部分形成 Al_2O_3 或含有 Al_2O_3 的各种夹杂物，部分则溶入固态铁中，以后随加热和冷却条件的不同，或者在固态下形成弥散的 AlN，或者继续保留在固溶体（奥氏体、铁素体）中。固溶体中的铝（包括随后析出的 AlN）即酸溶铝，而氧化铝则以大小不等的颗粒状夹杂形态存在于钢中，即酸不溶铝[1]。

9.1.6 氟化物和碱金属盐在脱氧精炼工艺中的作用

前面铁水脱硫的章节中，谈到钠冶金技术的应用，最早的钠冶金技术是应用于铁水的双脱工艺，即铁水的脱硫和脱磷。铁水的温度在 1250~1450℃左右，钢水的精炼温度在 1550~1750℃ 的范围内进行，温度比铁水预处理脱硫脱磷高 200~500℃，化学反应的条件不同，所以冶金行为也有所区别。

钠冶金技术采用的是苏打灰，熔点 1118K(845℃)，在铁水温度下，通常先发生分解反应，生成流动性良好的熔渣，然后参与反应，能够对铁水同时进行脱硫脱磷。钢水脱氧精炼的温度远远大于铁水的温度。

电解铝危废中的氟化物主要是冰晶石、氟化钠、氟化铝，还有部分的氯化物。在钢水炉渣中的脱氧工艺过程中，冰晶石和各种氟化物的分解反应如下：

$$2Na_3AlF_6 + 6(O) \longrightarrow 3Na_2O + Al_2O_3 + 12F^-$$

$$2NaF + (O) \longrightarrow Na_2O + 2F^-$$

$$2(AlF_3) + 3(O) \Longrightarrow Al_2O_3 + 6F^-$$

$$F^- + Si^{4+} \longrightarrow \{SiF_4\} \uparrow$$

$$F^- + Mg^{2+} \longrightarrow MgF_2$$

$$NaCl \longrightarrow Na^+ + Cl^-$$

$$Na^+ + (O^{2-}) \longrightarrow Na_2O$$

$$Cl^- + MgO \longrightarrow MgCl + (O)$$

$$2Cl^- + CaO \longrightarrow CaCl_2 + (O)$$

由以上的分解反应可知，分解产生的氟离子、氧化钠、氯化物都是降低炉渣熔点的物质，有助于精炼炉的化渣，并且氟化铝在化渣的同时，是钢水的强脱氧剂。

9.1.7　氧化铝在脱氧工艺中的应用机理

沉淀脱氧是将脱氧材料加入到钢液内部，其中的脱氧合金或者脱氧材料熔解后，直接与钢液中的自由氧或者氧化铁（浮氏体）反应，将其转化为氧化物，然后采用吹氩等工艺手段，将脱氧产生的氧化物从钢液内部去除。铝镇静钢由于用大量的铝进行脱氧，就要产生大量 Al_2O_3，其脱氧原理是：

$$4Al + 3O_2 \Longrightarrow 2Al_2O_3$$

辽宁科技大学的科研人员采用高温激光共聚焦显微镜实验给出了以下的结论[2]：

(1) 高温激光共聚焦显微镜实验对铝脱氧早期形成的夹杂物的研究表明，铝未全部扩散到 Fe-O 钢样，铁全部扩散到铝中，在铁扩散前沿区域夹杂物很少；

(2) 通过 FESEM 和 EDS 对反应区域夹杂物观察与分析，发现大量纳米尺寸 Al_2O_3 夹杂物，尺寸在 100nm 以下。

文献给出了国外冶金科技工作者的结论[3]，简述如下：

(1) 在钢水脱氧期间，铝和氧起反应生成 Al_2O_3。该反应速度很快，且脱氧完成后测量的活度氧与热力学计算结果极为相符。钢水中形成的氧化铝颗粒显现出不同的尺寸和形状。脱氧会产生许多小颗粒，这些小颗粒能聚集成簇，但是当氧化铝长成树突时，可以形成簇团。

（2）研究发现，低碳铝镇静钢出钢时，脱氧后的氧化铝形态与超低碳钢在RH-OB内脱氧后出现的氧化铝形态有所不同。出钢时，试样中主要出现游离的颗粒，很少看到簇团。所发现的少量簇团显示颗粒聚集与快速烧结的迹象，而非颗粒长大。另外，RH-OB脱氧时观察到的多半是大型簇团，这些簇团呈现出长大成为棒状和枝晶的迹象，而非颗粒群集和聚集。

该文献给出的铝氧平衡状态图如图9-1所示。

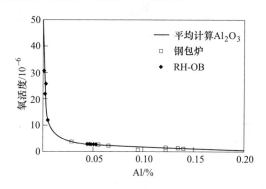

图9-1　铝氧平衡状态图

东北大学的研究文献给出了以下的试验研究结果[4]：

（1）铝镁复合脱氧钢中MgO夹杂物多数为球形，而$MgO \cdot Al_2O_3$，却呈现出不规则的形状。

（2）单独铝脱氧钢中夹杂物聚合现象明显，单颗粒Al_2O_3通过移动、碰撞、聚合的方式长大成小型簇团，进而形成大型簇团，聚合的方式和方向决定了夹杂物的不同形貌。

（3）铝镁复合脱氧钢中夹杂物的形貌和动态演变随着［Al］、［Mg］和［S］含量的变化，呈现出不同的规律。当脱氧产物为MgO时，夹杂物大多为球形或近球形，无聚合现象，夹杂物呈现弥散分布的特征；而当脱氧产物为$MgO \cdot Al_2O_3$时，夹杂物形状较不规则，尺寸较MgO大，但几乎未观察到团簇状夹杂物；当钢中夹杂物为MgO和MgS共存时，实验钢中发现了单颗粒夹杂物聚合成簇团的现象，但簇团之间聚合的情况较少。

由以上的论述和反应可知，转炉出钢过程中，采用铝脱氧产生的Al_2O_3量是加入纯铝的1.89倍。对氧含量在0.06%左右的钢进行脱氧后，其Al_2O_3量约为0.125%。这些Al_2O_3熔点高、呈固态、细小、表面张力小，由于呈现弥散状态，相互间不易絮凝、长大、上浮。并且脱氧产生的氧化铝，为不变形夹杂物，残留在钢液中对钢材的质量危害较大，去除钢液脱氧产生的氧化铝，是炼钢操作工艺中的难点。

在针对钢液中氧化铝的特点，文献给出了以下的结论[5]：氧化铝熔点为2050℃，Al_2O_3 与钢水的润湿角为 140°，具有较高的界面能。由于钢水与 Al_2O_3 的界面张力较大，Al_2O_3 有相互聚群的倾向，两个 $10\mu m$ Al_2O_3 夹杂黏结只需 0.03s，黏结力很大，且黏附后有足够的强度。因此，氧化铝夹杂容易通过碰撞，积聚形成大颗粒夹杂。

东北大学的文献[6]给出了钢液中夹杂物碰撞聚合的试验验证结论：RH 精炼过程，由于钢水的强烈搅拌作用，固相夹杂物极易被液态铝酸钙夹杂物捕获。大量镶嵌式夹杂物的存在为 RH 精炼过程中夹杂物的剧烈碰撞、聚合提供了佐证。镶嵌式夹杂物的形成机理如图 9-2 所示。

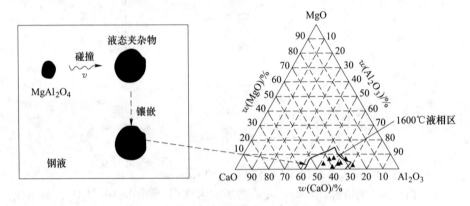

图 9-2　镶嵌式夹杂物的形成机理

将钢液中的氧化物从钢液中去除，最常用的工艺方法是吹氩搅拌。文献给出的共性结论简述如下[7-12]：

（1）钢液中的大颗粒夹杂物，主要是通过大气泡尾流的方式去除；

（2）钢液中小颗粒的夹杂物，主要以小气泡黏附上浮的方式去除；

（3）调整吹氩的流量，对去除钢液中夹杂物的效果有影响；

（4）钢包的底吹布置、炉渣黏度等因素，对钢液中夹杂物的去除有影响。

以上的各种研究，在实践中得到了广泛的应用。钢液中的夹杂物从钢液中上浮，进入钢包顶渣，成为顶渣的一部分，达到去除钢液中夹杂物的目的。

为了提高去除夹杂物的效率，将熔点较低的熔剂材料加入钢水中，在钢水中形成液态物质，这些液态熔剂材料，在浮力和吹氩工艺的作用下，能够很快从钢液中上浮，上浮过程中，能够吸纳脱氧产生的氧化物夹杂一起上浮，达到快速去除夹杂物的目的，这是钢液脱氧工艺中"渣洗"工艺。渣洗工艺最常见的液态物质是钙铝酸盐，性质见表 9-4[13]。

表9-4 渣洗工艺常见液态物质的性质

反应方程式	温度范围/℃	铝酸钙类型	化学成分/%		熔点/℃
			CaO	Al₂O₃	
$3CaO+Al_2O_3=3CaO \cdot Al_2O_3$	500~1535	$3CaO \cdot Al_2O_3$	62	38	1535
$12CaO+7Al_2O_3=CaO \cdot 6Al_2O_3$	25~1500	$12CaO \cdot 7Al_2O_3$	48	52	1455
$CaO+Al_2O_3=CaO \cdot Al_2O_3$	500~1605	$CaO \cdot Al_2O_3$	35	65	1605
$CaO+2Al_2O_3=CaO \cdot 2Al_2O_3$	500~1750	$CaO \cdot 2Al_2O_3$	22	78	~1750
$CaO+6Al_2O_3=CaO \cdot 6Al_2O_3$	1100~1650	$CaO \cdot 6Al_2O_3$	8	92	~1850

文献给出了使用渣洗工艺对钢水脱氧脱硫的效果[14-20]。文献介绍的实践结果表明，采用渣洗的工艺，不仅能高效率地脱硫，并且对夹杂物的吸附去除有重要的作用，是绝大多数优特钢生产中不可或缺的工艺。文献给出了渣洗的一种熔剂成分，见表9-5。

表9-5 一种渣洗熔剂的成分 （%）

Al₂O₃	CaO	SiO₂	MAl	H₂O	MgO
35~45	20~30	4~6	>10	<0.5	3~5

综上所述，去除钢中夹杂物常用的工艺方法有：

（1）渣洗技术。向钢水中加入低熔点的铝酸钙等，在钢液内部形成液态钢渣，液态钢渣容易上浮，在吹氩上浮的过程中，捕集铝脱氧产生的细小氧化铝颗粒上浮，达到净化钢液的目的。

（2）吹氩精炼工艺。通过不同阶段的吹氩控制，促使脱氧的氧化铝小颗粒增加相互碰撞长大的几率，在吹氩条件下逐步去除。在精炼结束时，采用钙处理技术，对钢液内部的氧化铝夹杂物进行变性处理。

（3）微小异相去除技术。采用向钢液中加入产生微小气泡的材料，材料受热产生的小气泡黏附小颗粒的氧化铝夹杂物上浮去除。

（4）加压减压技术。向钢液内加压，加入H_2等气体，然后再在真空条件下减压，使得钢液中的气体大量逸出，逸出过程中携带小颗粒夹杂物从钢液内部去除。

此外，还有氧化铝网捕技术。将铝灰生产的铝渣球球团加入钢液内部，在钢水的高温作用下，铝渣球碎裂成为氧化铝分子团簇。这些氧化铝分子相互的吸附性较强，容易团聚，团聚后尺寸较大，容易从钢液内部上浮。上浮的过程中，脱氧产生的氧化铝小颗粒容易被吸附，然后一起上浮到钢水顶部成为钢渣，达到去除夹杂物的目的。氧化铝网捕技术工艺示意图如图9-3所示。

铝灰中的氧化铝也能和炼钢出钢脱氧加入的石灰发生合成反应，生成低熔点

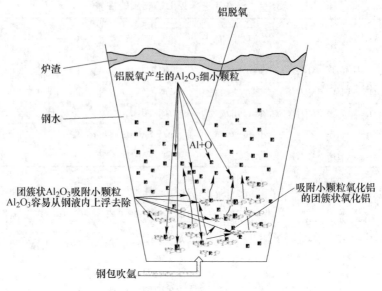

图 9-3　氧化铝网捕技术工艺示意图

的各种钙铝酸盐，在上浮过程中吸附去除夹杂物颗粒。所以电解铝产生的铝灰、废弃电解质、炭渣、对钢水沉淀脱氧有积极作用，也是极具性价比的脱氧材料。

9.2　应用铝灰脱氧时的钢液增氮问题

　　铝灰中的氮化铝存在对钢液增氮的风险，这是必须面对的问题。文献给出了铝灰中的实测全氮含量在4%左右[21]，铝灰在铁水脱硫和转炉炼钢应用中无需考虑这个问题，但在钢水精炼工艺中必须面对。文献介绍了铝灰对冶炼过程增氮的事实[22]，北京科技大学的试验结果证明了铝灰在精炼过程中对钢液增氮的过程研究结果[23]。东北大学的文献[24]给出了铝灰在冶炼管线钢脱氧过程中取得的满意脱氧效果，该文献没有提及对钢水增氮的问题。

9.2.1　钢液的脱氮和增氮

　　氮和碳一样可固溶于铁，炼钢时，铁液中的氮最大溶解度可以达到0.045%，钢液凝固到室温时，溶解度在0.001% ~ 0.002%之间。不同的钢种对钢液中氮含量的要求各不相同。氮对钢材性能的影响为：

　　（1）氮能够形成间隙式的固溶体，渗入钢表面的氮与铬、铝、钒、钛等元素可化合成极稳定的氮化物，起到固溶强化作用，成为表面硬化和强化元素。

　　（2）氮是非调质钢中一个经济有效的微合金化元素。非调质钢中增氮，改变了钒在相间的分布，促进 V(C,N) 析出，使析出相的颗粒尺寸明显减小，从而增强了钒的沉淀强化作用，大幅度提高钢的强度。氮通过促进 V(C,N) 析出，有效地钉扎奥氏体-铁素体晶界，细化了铁素体晶粒。增氮还可促进晶内铁素体的形成，进一步细化了铁素体组织。对微钛处理非调质钢，增氮提高 TiN 颗粒的稳定性，更有效地阻止奥氏体晶粒长大。充分利用廉价的氮元素，在保证一定的强度水平下，可节约钒的添加量，进一步降低非调质钢的成本。

（3）氮可降低高铬铁素体钢的晶粒长大倾向，从而改善钢的焊接性能。

（4）氮扩大钢的奥氏体相区，是一种很强的形成和稳定奥氏体的元素，其效力约 20 倍于镍，在一定的范围内可代替一部分镍用于钢中，氮使高铬钢和高铬钢镍钢的组织致密坚实，提高高铬钢和高铬镍钢的强度，而塑性并不降低，冲击韧性还有显著提高。氮还能提高钢的蠕变和高温持久强度。

（5）含氮铁素体钢中，在快冷后的回火或在室温长时间停留时，由于析出氮化物，可发生沉淀硬化的作用。

（6）含氮钢冷作变形硬化率较高，采用冷变形工艺时，需要控制钢中的氮含量，汽车板、冷轧板中严格限制钢中的氮含量。

（7）钢中残留氮量过高会导致宏观组织疏松或气孔，氮也使低碳钢发生应变时效现象。在强度和硬度提高的同时，钢的韧性下降，缺口敏感性增加，氮致脆性的特点近似磷，其作用远大于磷，氮也是导致钢产生蓝脆的主要原因。

（8）氮对钢的高温抗氧化性无显著影响。氮含量过高（如高于 0.16%），可使抗氧化性恶化。氮作为合金元素，在钢的含量一般小于 0.3%，特殊情况下可高达 0.6%，主要应用于渗氮调质结构钢、普通低合金钢、不锈耐酸钢及耐热不起皮钢。目前氮在钢中作为合金元素的应用还在扩大，采用钒氮合金等加入钢中。

在冶炼 HRB400~HRB800 的建筑用钢的工艺中。AlN 被认为是氧化物冶金技术中对钢材强度有贡献的组分[25]。我国的钢铁生产中，有将近三分之一的产品是 HRB400~HRB800 的建筑用钢。

氮引起的时效、蓝脆问题的概念如下：

（1）时效。钢经高温奥氏体温度后快冷，其固溶体中的合金元素处于过饱和状态，如果在室温或某一定温度下合金原子仍具有一定扩散能力，那么随时间的延续，过饱和固溶体中的合金元素将发生脱溶（析出），从而使钢的性能发生变化。如果时效过程是在室温下经较长时间产生，就称作自然时效。

（2）时效硬化。钢中氮以 Fe_3N 等氮化物形式析出，氮化物析出速度很慢，氮含量高的钢种，长时间放置，钢的强度、硬度随时间的推移而增大，而塑性、韧性则有所下降。

（3）蓝脆。钢中氮含量高时，在 250~450℃温度范围，钢的表面发蓝，强度升高，冲击韧性降低，称之为"蓝脆"。蓝脆由 C 和 N 间隙原子的形变时效引起。

　　钢液的脱氮主要在转炉炼钢和真空钢水精炼处理两个工序进行[26,27]，在转炉炼钢过程中，随着炉内脱碳反应的进行，生产大量的 CO 气泡，在钢液中这些气泡相当于一个个小真空室，对钢液中的氮来说，气泡内的氮分压几乎为零，氮原子将扩散到 CO 气泡中，并随着 CO 气泡的上浮不断被排出钢液，进入炉气被脱除。

　　在真空精炼的工艺中，真空条件下炉气中的氮分压很低，通过吹入的氩气泡，能够将钢液中的氮溶解入气泡内，达到去除的目的。

　　脱氮的工艺较为困难，主要原因如下[26,28]：

　　（1）钢液中，氮与多数元素反应生成的氮化物处于溶解状态，故无法通过沉淀脱氧的工艺那样将氮去除。

　　（2）氮原子的半径比氢大，扩散系数比氢小得多（小两个数量级），故真空去氮的效果比去氢差得多。

　　（3）氧、硫等表面活性元素阻碍钢液脱氮反应的继续。

　　钢液的增氮，则贯穿于炼钢的整个过程，只要钢液与空气接触，就有增氮的反应进行。钢水精炼过程中的增氮，不仅有含氮材料加入钢水、含氮材料分解所造成的钢水增氮，也有钢液裸露与炉气接触造成的钢液增氮。

　　精炼钢水增氮，钢液从气相中直接吸氮是一种主要途径。氮从气相进入钢液与氮经过能斯特边界层的扩散有关，吸氮速度符合菲克第一定律，在单位时间内通过垂直于扩散方向的单位截面积的扩散物质流量与该截面处的浓度梯度成正比，也就是说，浓度梯度越大，扩散通量越大。这就是菲克第一定律。由菲克第一定律可得到以下的关系[29]：

$$\frac{FDt}{V\delta} = 2.303 \lg\left(\frac{w_{[N]_s} - w_{[N]_0}}{w_{[N]_s} - w_{[N]}}\right)$$

式中，F 为钢液与气相界面面积，cm^2；D 为钢液中氮的扩散系数，cm^2/s；V 为钢液体积，cm^3；δ 为扩散边界层厚度，cm；$w_{[N]_s}$ 为所处氮分压下钢液中饱和氮含量；$w_{[N]_0}$ 为初始氮含量；$w_{[N]}$ 为时间为 t 时的氮的质量分数。

　　由以上的公式可知，减少钢液与气相的接触面积 F、增加扩散边界层厚度 δ 有助于减少氮含量的吸收。钢液增氮的反应如下[28]：

$$N_2 \longrightarrow 2[N] \qquad \Delta G^{\ominus} = 3600 + 23.89T$$

　　氧是表面活性元素，会吸附在钢液表面，阻碍钢液吸氮和脱氮界面反应的进行。钢液溶解氧含量对吸氮过程有决定性影响，其含量决定了钢液吸氮速率的大小。当溶解氧含量大于某一临界值后，钢液吸氮过程将基本停滞，其给出的基本结论如下：

　　（1）溶解氧低于 0.002% 的脱氧钢液，在底吹氮条件下，钢液吸氮明显，在精炼及连铸过程要避免钢液与大气接触，以减少增氮。

（2）溶解氧大于 0.02% 以上的不脱氧钢液，在底吹氮气条件下，钢液中的氮基本不发生变化，对有底吹气的电弧炉，可以考虑用氮气作为气源。

（3）钢液中的硫含量达到 0.06%，钢液基本不增氮。

文献给出钢液增氮的示意图如图 9-4 所示[29]。

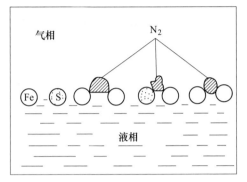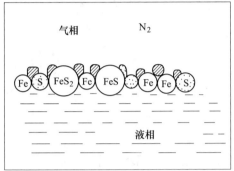

图 9-4 钢液增氮示意图

文献研究结果表明[30]："LF 加热过程中，石墨电极与钢渣之间产生高温电弧，电弧的温度可高达几千摄氏度，高温电弧使周围的空气电离，容易造成钢水增氮，LF 加热过程中的增氮量与加热时间呈线性关系。在加热过程中，在电弧的作用下熔池表面形成凹坑，如果埋弧效果不好，凹坑处会出现裸露的钢液面，这部分钢液面的温度也会比其他部位高，在高温下氧、硫对钢液的表面活性作用消失，只要钢液裸露就会吸氮。另外，电弧强大的射流会将周围的大量气体吸入弧柱中，并电离成单原子状态，为氮原子在钢液中的溶解提供条件，因此在加热过程中应尽早造泡沫渣，加强埋弧，避免钢液裸露。"LF 加热时间与钢水增氮的关系如图 9-5 所示。吹氩时间与钢液增氮的关系如图 9-6 所示。该文献给出避免增氮的措施是：加强泡沫渣操作，缩短精炼时间，有助于减少钢液增氮。

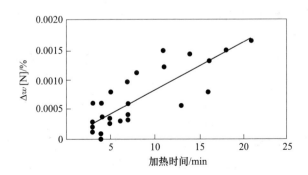

图 9-5 LF 加热时间与钢水增氮的关系

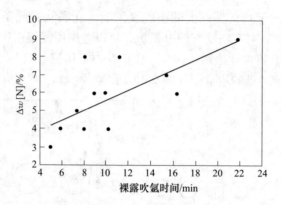

图 9-6　吹氩时间与钢液增氮的关系

9. 2. 2　铝灰在钢水精炼中的应用

李燕龙、张立峰、杨文等人在 2014 年研究了铝灰对钢液的增氮行为，文献［23］给出钢液的增氮过程示意图如图 9-7 所示。

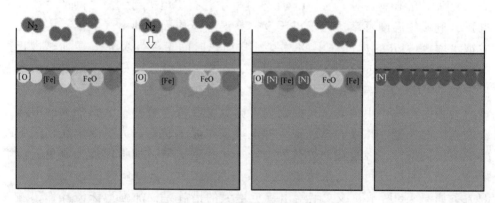

图 9-7　钢液增氮过程示意图

该研究的结果表明，钢液的增氮不仅存在热力学上可行，在动力学上也具有很大的优势。已有的研究结果证明，（FeO）、［O］、［N］均为钢液表面活性元素或成分。它们会自发地从钢液内部扩散于表面，以减小钢液的表面张力。所以，在加入铝灰后，渣钢界面的（FeO）与［O］的活度均降低，并且（AlN）/与（FeO+MnO）反应生成 N_2，钢液为尽量减小表面张力则会吸附渣中的 N_2，造成了钢液增氮。

东北大学、北京科技大学、安徽工业大学等均做了铝灰应用研究，济钢、攀钢、梅钢等企业介绍了铝灰应用钢水精炼实践的结果，不同的研究和实践的结果介绍如下。

北京科技大学的试验研究给出的结论为[31]："当每吨钢加入量为 15~20kg 时，LF 炉处理时间平均缩短 10min，平均脱硫率提高 16%。"

东北大学的试验研究结论如下[6]：

（1）铝灰脱硫剂的脱硫效果令人满意，管线钢中［S］可从 0.005% 降到 0.002% 左右，脱硫率均接近 76%。

（2）用电解铝灰作脱硫剂原料可节省甚至无需氟化钙作助熔剂。

北京科技大学和安徽工业大学合作研究给出了利用铝灰做脱氧剂的使用结论如下[32]：

（1）利用生产铝锭的铝渣或电解 Al_2O_3 的下脚料配制了一种含铝钢包顶渣改制剂，并将该改质剂应用于济南钢铁公司 Q345C 含铝钢的生产实验。

（2）实验结果表明，该改质剂有利于提高铝的收得率，并稳定钢中铝含量，精炼时能提高脱硫效率，但并不增加精炼过程回磷量，部分还有一定的脱磷效果。生产时添加该改质剂有回硅的趋势，但回硅量不大，能够满足生产要求，并能够降低渣中全铁含量。

济钢使用铝灰改质剂的结论为[33]：

（1）选择了电解铝厂的废料作为改质剂原料，经初步加工就可以达到改质剂的要求。废料的市场价格为 800~1000 元/t，较传统改质剂可节约成本约 3000 元/t，具有可观的经济效益。其成分见表 9-6。

表 9-6　山东济钢使用铝灰改质剂的成分　　　　　　　　（%）

Al_2O_3	SiO_2	MAl	盐类	MgO
60±2	10±2	15±2	<8	5±2

（2）改质剂化渣快，能迅速降低顶渣的氧化性。与原工艺相比，钢中平均铝含量提高 0.06%，脱硫率提高 89.25%，渣中全铁降低 0.6，稳定了含铝钢的生产。

9.2.3　应用铝灰精炼弱化钢液增氮实践

文献[21]给出的铝灰氮含量为 4%，按照吨钢使用 3kg 纯铝灰脱氧，假定铝灰中的氮全量进入钢液，进入钢水中的氮为 0.012%，显然这对低氮钢的生产是不能够应用的材料。

实际上，铝灰（AD 粉）生产的脱氧剂在行业广泛应用。作者经历 3 年产品供货，铝灰生产脱氧剂应用于高等级钢的生产，大量应用于 SPHC（氮含量要求<50ppm）钢、X52~X80 等低氮钢的冶炼，用量吨钢 3~5kg。作者公司的产品指标见表 9-7。用户生产的高级别管线钢 X80 成分要求见表 9-8。用户大量生产的冷轧 SPHC 钢的成分要求见表 9-9。

表 9-7　作者公司用铝灰生产脱氧剂的产品指标　　　　　　　　（%）

Al_2O_3	CaO	SiO_2	MAl
>40	>4	<8	>20

表 9-8　用户生产的高级别管线钢 X80 的内控成分要求　　　　（%）

C	Si	Mn	Al_t	Cr	Ni	Mo	Ti	Nb	N
<0.06	0.15~ 0.25	1.60~ 1.75	0.020~ 0.050	0.18~ 0.28	0.15~ 0.25	0.16~ 0.26	0.007~ 0.022	0.060~ 0.075	≤0.0060

表 9-9　用户大量生产的冷轧钢 SPHC 的成分要求　　　　　（%）

C	Si	Mn	P	S	N	Al_s
0.02~0.06	≤0.040	0.12~0.25	≤0.025	≤0.015	<50ppm	0.035~0.065

其中也经历了用户对于我们产品造成的增氮投诉。在和用户的沟通过程中发现，使用铝渣球脱氧造成钢液增氮的情况如下：

（1）铝渣球中的金属铝含量低，LF 脱氧时间长，顶渣改质困难，吨钢铝渣球用量超过 6kg。

（2）转炉出钢带渣或者下渣严重的炉次，冶炼时间超过 1h 以上的炉次，并且吨钢铝渣球的用量大于 6kg。

（3）LF 精炼炉初炼钢水温度低，LF 升温时间长，炉渣泡沫化埋弧效果差。

我们的实践结果与文献［23，31］的描述基本一致，即采用一定的工艺方法，能够弱化铝灰增氮，利用铝灰熔剂优化造渣工艺，减少空气与钢液接触的增氮，使得钢液增氮超标问题得以解决。显然，对钢中氮含量要求在 0.006% 的钢种，采用铝灰作为脱氧剂是可行的。

文献［23］给出了使用铝灰后解决钢液增氮的实践结果：使用 Al_2O_3 含量较高、氮含量较低的人工合成渣替代铝灰，使铝灰的使用量由吨钢 2.6kg 降低至 0.6kg。通过对一个浇次 7 炉试验钢的 LF 出站氮含量进行检测，平均氮含量由改进前的 0.0076% 下降到 0.0044%，在不影响精炼效果的同时抑制了原辅料引起的钢液增氮。使用的低氮合成渣成分见表 9-10。

表 9-10　低氮合成渣的成分　　　　　　　　　　　　　（%）

Al_2O_3	CaO	SiO_2	MAl	T.N	MgO
>40	10~20	<8	>6	<0.5	1~12

由上述的结论和给出的合成渣成分可知，减少铝灰的用量，使用合成渣替代部分铝灰是有效防止增氮的工艺。根据氮含量和氧化铝指标可知，合成渣是铝灰与石灰混合后的一种产品。

根据 AlN 还原反应的特点可知，在铝灰中添加碳酸盐，在造渣过程中碳酸盐分解产生 CO_2 气体，促进炉渣发泡，增加炉渣的体积，减少 N_2 向钢液界面扩散。同时泡沫渣中的气泡能溶入 N_2 分子，泡沫渣破泡后，氮化铝脱氧产生的 N_2 最终上浮至炉渣上部的炉气，弱化 AlN 分解的 N_2 分子向钢水增氮的风险。

在铝渣球中添加部分碳质材料，也是基于碳质材料与精炼顶渣中的 FeO 或者 MnO 反应，产生 CO/CO_2 气体，促进炉渣泡沫化，同样能够弱化增氮风险。

我们开发了在铝灰中加入钙质碳酸盐、配加少量的碳质材料，保证铝渣球中金属铝的含量，调整使用工艺，尽可能快地完成顶渣改质脱氧的操作，解决了铝渣球在使用工艺中的增氮问题。

通过四五年的生产应用实践表明，铝灰与碳酸盐的组合，再根据不同的冶炼钢种对碳含量的要求调整铝渣球中的碳含量，是弱化钢液增氮的有效工艺方法。

泡沫渣最大的特点是能够充分覆盖钢液，防止炉气与钢液的接触，对防止钢液增氮增氢有至关重要的作用。

文献 [34] 给出了泡沫渣对钢液减少增氮的实践结果："在电极加热期间加入两批发泡剂，间隔 7min，在钢水入 LF 炉和出 LF 炉时取钢样，分析钢中氮、氧和酸溶铝含量。采用泡沫渣工艺，钢水增氮量为 0.0001% ~ 0.0013%，平均增氮 0.000527%。未采用泡沫渣工艺时，钢水增氮 0 ~ 0.002%，平均增氮 0.000643%。"由此可见泡沫渣对钢水减少增氮增氢的重要性，与文献 [30, 35] 给出的结论一致。

精炼炉的泡沫渣不仅对热效率有决定性的作用，而且对脱硫、去除气体、炉渣吸附夹杂、钢包渣线的寿命等方面影响作用巨大。对一个渣系来讲，炉渣的发泡性能有以下特点：

（1）炉渣黏度一定时，随着炉渣密度、表面张力的增大，顶渣起泡性能减弱。

（2）当炉渣密度、表面张力一定时，随着炉渣黏度的增大，炉渣起泡性能增强。

（3）相对密度、表面张力而言，炉渣黏度对炉渣起泡性能的影响最为明显。

控制渣中各种成分的含量，得到发泡性能较好的渣成分，有利于精炼过程中泡沫渣的形成。采用含碳酸盐和碳质材料，生产脱氧与炉渣发泡双重功能的材料，是防止增氮的措施之一。电解铝危废中，炭渣、铝灰、碳化硅、阴极炭块，都可以用来生产 LF 精炼炉发泡脱氧剂。

此外，从改质剂的物理状态上彻底消除原料中的氮化铝，是保证产品安全性最直接的方法。利用铝灰中氮化铝的特点[36]，即在 0 ~ 100℃ 的范围内，AlN 遇水能够发生反应，反应速度较快，将铝灰加湿搅拌处理后烘干，然后再应用于炼钢改质剂的生产。

9.3　电解铝危险废物在造渣精炼工艺中的作用

　　钢水的精炼工艺，是指将钢水通过 CAS、LF、VD、VOD、RH 等工序，对钢液进行深度脱氧、脱硫、去除气体、去除钢液内部的夹杂物。这些精炼工艺中，既有通过炉渣的精炼达到精炼钢水的目的工艺，也有通过真空条件下的脱氧脱气工艺，但是所有的精炼工艺，都离不开钢渣。而含有氧化铝材料在钢水精炼造渣工艺中，有着不可或缺的功能和作用。

　　LF 炉的炉渣在很多厂家俗称顶渣，它对钢液脱氧的影响比较明显。在常见的转炉钢水的精炼手段中，除了需要在 RH 进行自然脱碳和强制吹氧脱碳的钢种外，其他的精炼方法，都希望钢水的顶渣有良好的还原性能，有适合于冶炼该钢种的理化性能。而钢渣的性能又和钢渣的组成关系密切。

　　前面的章节已有论述，目前行业精炼工艺中常见的几种渣系，都需要 Al_2O_3、氟化钙、SiO_2、盐类这几种物质。其中，Al_2O_3、氟化钙是钢水精炼中最重要的辅助造渣熔剂材料。在少数特种钢，如硬线钢等，为了减少钢中 Al_2O_3 刚性夹杂物，不采用 Al_2O_3 质造渣材料外，其余 95% 以上的钢种冶炼，Al_2O_3 和氟化盐在造渣中互为补充，不可或缺。在造渣脱氧的工艺中，电解铝危废中的氟化物、Al_2O_3 和盐类，均是精炼炉造渣脱氧的有益组分。

　　精炼炉炉渣的基本要求之一是炉渣要求具有良好的流动性，在具有流动性的基础上，钢渣脱氧精炼的工艺才能够进行，所以钢渣的流动性是精炼渣最重要的基础特性。

　　LF 精炼渣根据其功能由基础渣、脱硫剂、发泡剂和助熔剂等到部分组成。根据造渣是否使用萤石，分为常规精炼渣（采用萤石造渣）和无氟精炼渣两大类。

　　前面的论述已有表述，精炼渣造渣过程中，CaF_2、Al_2O_3、B_2O_3、SiO_2 等物质，它们有的能够促使基础渣出现液相，有的降低炉渣的熔点，有的能够分解阻碍炉渣溶化的物质，促进炉渣溶解，所以氟化物称为化渣剂，其余的被称为助熔剂。

　　文献［37］给出了无氟精炼渣 Al_2O_3 和 SiO_2、MgO 含量的合理范围：

　　（1）精炼渣中 Al_2O_3 能够降低炉渣的黏度，提高炉渣的流动性，有利于脱硫。当 Al_2O_3 的含量过高时，不利于精炼渣吸收 Al_2O_3 夹杂物，同时会降低 CaO 的活度，抑制脱硫反应。无氟精炼渣中，Al_2O_3 含量范围在 38%~42% 较为合理。

　　（2）精炼渣中含有一定的 SiO_2 能起到助熔的作用。但是 SiO_2 含量过多会降低精炼渣的碱度，不利于脱氧、脱硫。为了保持炉渣的碱度，一般要求其含量尽可能少，这样可以实现深脱硫，将 SiO_2 的含量范围控制在 6% 以内较为合理。文献［38］给出了 SiO_2 含量对精炼渣熔化温度的影响如图 9-8 所示。

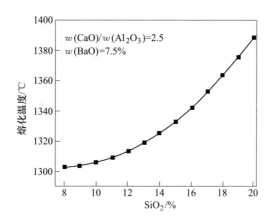

图 9-8　SiO_2 含量对精炼渣熔化温度的影响

（3）精炼渣含有 MgO 主要是为了保护炉衬。研究表明，精炼渣中 MgO 含量在 8% 左右时，炉渣中的 MgO 与炉衬耐火材料中的 MgO 达到平衡，能够阻止炉渣对炉衬的侵蚀。氧化镁越高，炉渣的黏度增加，流动性变差，因此，无氟精炼渣中 MgO 含量控制在 8% 以内。

文献［39］给出了常规精炼渣（采用氟化物萤石造渣）中，氧化铝和氟化物含量对炉渣的影响，给出的试验研究和给出的结论如下：

（1）Al_2O_3 含量对熔点的影响：随着 Al_2O_3 含量的增加，精炼渣的熔点逐渐降低，随后会稍有升高。

（2）Al_2O_3 含量对熔速的影响：随着 Al_2O_3 的增加，精炼渣的熔化时间逐渐减少，熔速增加，这是由于过多的 Al_2O_3，易与渣中的 CaO 反应结合成低熔点、低黏度的化合物，熔渣的黏度降低，熔渣熔化的动力学条件得到改善，加快了熔渣内部化学反应，使熔渣的熔化速度显著增加，熔化时间变短。因此，控制精炼渣中 Al_2O_3 的含量在 23%~28% 为宜。

（3）CaF_2 对熔点和熔速的影响：随着 CaF_2 加入量的增加，精炼渣的熔点和熔速均有改善。CaF_2 含量增加可以明显降低精炼渣的熔化时间，提高熔化速率。文献的研究结果表明，精炼渣中 CaF_2 的含量在 5%~10% 较为合理。其中炉渣碱度、BaO、Al_2O_3、CaF_2 含量对精炼渣的熔化温度和熔化速度的影响如图 9-9 所示。

文献［40］给出了 CaF_2 对精炼渣的熔化温度、黏度的影响，如图 9-10 所示。

不同成分的 $CaO\text{-}Al_2O_3$ 渣的黏度见表 9-11。

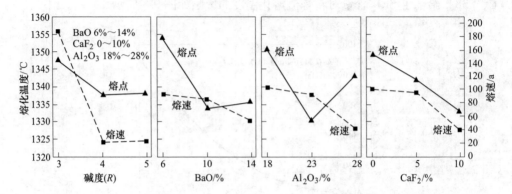

图 9-9　炉渣碱度、BaO、Al_2O_3、CaF_2 含量对精炼渣的熔化温度和熔化速度的影响

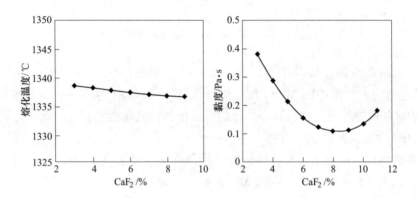

图 9-10　CaF_2 对精炼渣的熔化温度、黏度的影响

表 9-11　不同成分的 CaO-Al_2O_3 渣的黏度

成分/%			不同温度下渣的黏度/Pa·s					
SiO_2	Al_2O_3	CaO	1500℃	1550℃	1600℃	1650℃	1700℃	1750℃
—	40	60	—	—	—	0.11	0.08	0.07
—	50	50	0.57	0.35	0.23	0.16	0.12	0.11
—	54	46	0.60	0.40	0.27	0.20	0.15	0.12
10	30	60	—	0.22	0.13	0.10	0.08	0.07
10	40	50	0.50	0.33	0.23	0.17	0.15	0.12
10	50	40		0.52	0.34	0.23	0.17	0.14
20	30	50		—	0.24	0.18	0.14	0.12
20	40	40		0.63	0.40	0.27	0.20	0.15
30	30	40	0.92	0.61	0.44	0.38	0.24	0.19

由以上的论述可知，精炼造渣过程中，精炼渣中 Al_2O_3 含量在20%左右。钢水精炼过程中的精炼渣，每吨钢的渣量在 $8\sim15kg$ 之间，按照吨钢 $11kg$ 的平均渣量计算，在钢水的精炼过程中，吨钢使用 Al_2O_3 2.2kg，按照铝灰中氧化铝含量为75%的量计算，吨钢可使用铝灰接近3kg。

按照渣中8%的氟化钙的最佳用量计算，常规精炼工艺中，吨钢可使用碳渣和废弃电解质（F 含量大于32%）0.88kg。

9.4 电解铝危险废物资源化利用工艺

9.4.1 铝灰的资源化利用

炼钢过程铝灰资源化利用的工艺有多种。将铝灰压球生产转炉或者电炉炼钢过程中的无氟化渣剂，是对钢水没有增氮风险的工艺，但是潜在的价值没有被利用。利用铝灰生产脱氧剂是电解铝企业、脱氧剂生产企业和钢铁企业三方价值最大化的工艺选择。

利用铝灰生产脱氧剂的工艺方法有多种，既有以旋转窑、矿热炉生产预熔渣、烧结型铝酸钙为代表的传统工艺，也有利用铝灰生产铝渣球、铝钙球、脱硫剂、高铝渣球等产品的改进型工艺。

9.4.1.1 铝灰生产预熔渣和烧结型铝酸钙

预熔渣是将铝灰和钙质材料按照预定的配比，加入矿热炉熔融后，然后利用渣处理工艺冷却，加工到一定的粒度，包装后在炼钢工艺使用；烧结渣是将钙质材料和铝灰，按照一定的配比，加入旋转窑煅烧，生产成为烧结状的铝酸钙。

预熔渣与铝酸钙，在环保和能源保障的条件下，无疑是一种理想的铝灰资源化利用工艺，但是相对的生产成本较高，在优特钢的生产中具有一定的优势，在普钢的生产过程中，增加了炼钢的成本。

9.4.1.2 铝灰生产铝渣球

该工艺以铝灰为主原料，添加部分的再生铝原料（断桥铝铝屑、铝合金加工行业的边角料、回收的铝制品等），确保产品中的金属 Al 和 Al_2O_3 含量，用于替代扩散脱氧的铝粒和造渣用的 Al_2O_3 原料，按照不同企业的标准，铝渣球的成分可以调整。有的铝渣球要求金属铝含量为主要技术要求，有的要求以氧化铝含量为主要技术指标。常见的不同类型铝渣球成分见表9-12。

表 9-12　常见的不同类型铝渣球成分

类型	成分/%			
	Al_2O_3	SiO_2	C	MAl
AD60	>20	<5	<2	>60
AD50	>25	<5	<2	>50

续表 9-12

类型	成分/%			
	Al_2O_3	SiO_2	C	MAl
AD40	>35	<5	<2	>40
AD30	>40	<5	<5	>30
AD20	>45	<5	<5	>20
AD10	>55	<10		>10

生产铝渣球的核心技术是黏结剂。这一点困扰行业多年。主要原因是铝灰中的 AlN，遇水后能够迅速的发生反应，释放出的 NH_3 气体对现场的操作工人和环境的负面影响很大，水解放热造成球团的成球率低。

作者根据工厂的生产情况，由团队现场试验 6 种不同的黏结剂后，先后历时两年，发现了使用盐卤（$MgCl \cdot 6H_2O$）做黏结剂，解决了以上问题。铝灰中加入 5% 的盐卤，搅拌 30min 后，加入对辊干粉压球机造球，随后烘烤，能够解决造球成球率低以及现场有大量刺激性 NH_3 的问题。

9.4.1.3　铝灰生产铝钙复合脱氧剂

1999 年，宝钢就采用铝灰作为合成渣的添加材料，应用于优特钢的脱氧，文献给出了利用铝灰生产合成渣的工艺[41]。石灰与铝灰、萤石采用物理混合的方法，按照一定的添加比例，就得到了炼钢的脱氧合成渣。采用石灰、碳酸钙、铝灰等，混合压球后，经过筛分，筛选掉粉末部分，就是炼钢常用的铝钙球。

9.4.1.4　铝灰生产低氮铝钙球

根据铝灰中氮化铝的特点，采用硅酸钠水溶液做黏结剂，按照组分配比，生产低氮铝钙球。某厂要求的产品成分见表 9-13。

表 9-13　某厂要求的低氮铝钙球产品成分　　　　　　　　（%）

CaO	Al_2O_3	MgO	SiO_2	Fe_2O_3	TiO_2	H_2O	N
35~45	35~45	4.0~9.0	<8	<2	<0.3	<0.5	<0.05

由以上的要求可知，限制其中的氮含量是关键，利用铝灰生产的技术有以下的两种：

（1）铝灰与石灰、硅酸钠、盐卤的比例为 45%、45%、5%、5%，工艺如下：

1）铝灰与水按照 1000kg 铝灰配加 13.5kg 水搅拌 30min，待反应生成的气体排空，然后烘烤到 400℃（$Al(OH)_3$ 脱水温度 380℃）；

2）添加 50kg $MgCl_2 \cdot 6H_2O$，与烘烤后的铝灰 45% 混合搅拌 30min，搅拌均匀后，将石灰按照 45%，碳酸钙颗粒料 5%，一起加入搅拌均匀，压球即可。

（2）将铝灰、硅酸钠水溶液与盐卤按照 450kg 铝灰配加 50kg 硅酸钠，配加 50kg 的 $MgCl_2 \cdot 6H_2O$ 搅拌 60min，待反应生成的气体排空，然后添加钝化石灰 450kg，混合搅拌均匀，压球后烘烤到 200℃脱水即可。

9.4.1.5 利用铝灰生产脱氧埋弧渣

某厂要求的脱氧埋弧渣的指标见表 9-14。

表 9-14 某厂要求的脱氧埋弧渣的指标

CaO	Al_2O_3	MgO	SiO_2	H_2O	C
>20	>20	>5.0	<8	<0.5	<5

生产方法如下：

（1）石灰石、铝灰、阴极炭块粉末、盐卤的比例为：55%、35%、5%、5%；

（2）铝灰与添加 5% 的 $MgCl_2 \cdot 6H_2O$，将石灰按照 45%，烘烤后的铝灰 45%，碳酸钙颗粒料 5%，搅拌均匀，压球即可。

9.4.2 用铝灰和铝块生产炼钢用含铝合金

铝灰和大修渣、铝水罐的清包料中均含有纯的金属铝，一般情况下，铝厂将其中的金属铝挑选出，然后应用于铝再生工艺，去除其中的杂质，提取纯铝。在这一工艺过程中，提取金属铝的工艺过程中，需要能耗和介质消耗和人工的投入等，均有一定的投入。并且在这一过程中，对环境也有负面的影响，尤其是产生的二次铝灰的量，比一次铝灰的量更多。

据我们的研究，提取金属铝应用于炼钢生产，与利用挑拣的金属铝生产炼钢的铝铁或者铝锰铁等合金或者脱氧剂，均是具有降低能耗和成本的工艺方法。二者的工序介绍如图 9-11 和图 9-12 所示。

根据以上的工艺流程可知，利用铝灰炒灰炼铝，不仅增加了能耗，并且降低了一次铝灰的品质，限制了其资源化利用的途径。利用电解铝的铝灰直接生产钢铁冶炼的原料，产生的效益远远高于目前的资源化利用模式。

利用铝灰生产合金化用铝铁的工艺方法：

（1）利用中频炉或者电炉生产铝铁工艺。将铝灰中块度较大（30mm）的铝挑选出，替代铝锭使用，将其余含有金属铝的铝灰作为中频炉或者电炉冶炼的造渣材料。

电炉或者中频炉冶炼开始后，完成钢液的脱硫脱磷工艺，温度控制在 1580℃ 左右，扒除炉渣，加入铝灰和挑选出的碎小铝屑对钢液脱氧，将一次铝灰中挑选出的大块铝加入钢包，并且加入钢水量 5% 左右的一次铝灰和阳极炭渣，然后将电炉或者中频炉的钢水倒入钢包。这一过程采用钢包吹氩搅拌，然后根据具体成分，加入调整成分的铝块，再浇铸。

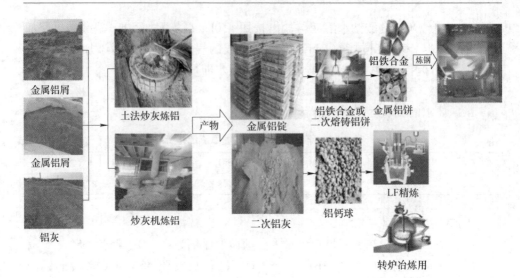

图 9-11　目前铝灰应用于钢铁冶金的工序简图

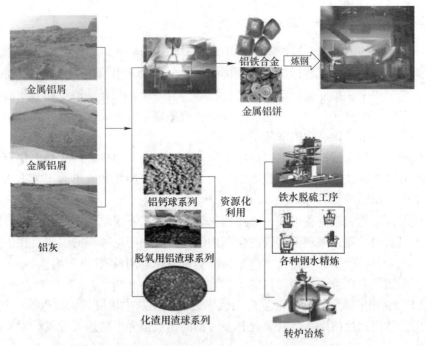

图 9-12　电解铝厂直接生产钢铁冶金原料的工序示意图

这种工艺方法，同样适合生产硅铝铁、铝锰铁等合金。其工艺方法简述如下：

1）矿热炉冶炼的硅铁出铁过程中，向铁包加入回收的铝块，吹氩搅拌，或者倒包搅拌均匀后浇铸，生产硅铝铁。

2）在锰铁生产出铁时添加回收的铝块，即可生产铝锰铁。

同样，利用生产钡合金或者其他合金时，向液态合金铁液中加入从铝灰中回收的金属铝，生产不同的复合型脱氧剂，也可以应用于铝热法生产其他的贵重合金。

（2）利用冷态成型工艺生产铝铁工艺。使用铝铁的主要工艺目的，是利用铝铁的物理特点提高铝的溶解脱氧效率。采用纯铝块脱氧，由于铝块的密度为 2.69t/m³，与炉渣的密度（还原渣 2.98t/m³）相近，加入钢液后容易上浮到钢渣内，与大气中的氧反应，加上铝溶解过程中，表面的金属铝与钢液中的氧反应后，生成的 Al_2O_3 影响金属铝的溶解，所以使用金属铝脱氧存在一些不足。采用铝铁后，密度增大，提高了金属铝的利用率。

利用机械加工行业产生的铁屑、金属铝加工行业产生的铝屑，以及铝灰中间挑拣出的金属铝屑，采用熔铸或机械冷压的方式，生产出饼状、球状、块状的铝铁合金，在炼钢应用，也是一种较好的工艺方法。比如含金属铝 90% 的回收铝块，以 60% 的添加比例，配加 40% 的金属铁屑（清洁无油污），二者混合均匀后，就能够生产金属铝含量为 50% 的铝铁，应用于炼钢脱氧。

铝粒是炼钢脱氧，或者 CAS-OB、RH-OB 精炼工序用于化学热加热钢液的原料，对铝粒中杂质元素含量的要求不高。将回收的金属铝块，采用机械加工成为适合炼钢需要的粒度即可，也可将铝块熔铸。在加工之前，将铝块采用机械的方法，清除表面黏附的夹杂物即可。

9.4.3 利用阴极炭块和阳极炭块生产增碳剂

钢铁行业用增碳剂，要求碳含量越高越好，对钢液中有害物质含量要求有限制：

（1）在提高碳含量的同时，尽可能减少增碳剂的加入量，减少增碳作业的劳动强度，减少增碳不稳定对成分控制的影响；

（2）减少增碳剂带入钢水中硫、磷及其他有害物质的量。

将炭块破碎后，在球磨机中破碎到 10mm 以下，作为中低碳钢的增碳剂使用，也可以将破碎的炭粉添加部分氧化钙粉末，造球后作为炼钢增碳脱硫剂应用。阴极炭块中对钢液有害的物质含量少，但是碳含量低，适用于增碳量不大（增碳量低于 0.25%）的钢种增碳。增碳剂中的碳含量在 60% 以上。这种材料生产的增碳剂具有以下的优点：

（1）生产建筑用钢材时，不仅增碳，增碳剂中含有的氟化物和钠盐，能够提高增碳过程中对钢水的脱硫能力；

（2）挥发分较少，增碳过程中产生的烟气较少，钢水在增碳过程中产生沸腾等危险性同比降低。

从大修渣中挑选出炭块，将炭块破碎后，磨细到 5mm 以下，添加白云石粉末 5%（造球的条件下添加苯磺酸钠 2%），采用 5kg、10kg 防潮袋（内壁覆膜）包装即可。工艺流程如图 9-13 所示。

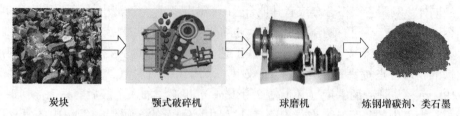

炭块　　　　　　　颚式破碎机　　　　　　　球磨机　　　　炼钢增碳剂、类石墨

图 9-13　利用阴极炭块和阳极炭块生产炼钢增碳剂的工艺流程

这种增碳剂，不仅能够增碳，并且能够增加增碳的稳定性，兼具化渣的功能。传统的增碳剂增碳后，与增碳材料一起加入的渣料，熔化情况不好，利用含有氟化物的增碳剂，能够优化增碳的工艺。

9.4.4　利用大修渣生产碳化硅脱氧剂

经过机械力化学反应原理处理的大修渣碳化硅耐火材料，可以生产炼钢脱氧剂[42]。

文献给出的碳化硅脱氧热力学数据如下：

$$SiC(s) + 3FeO(l) \Longrightarrow SiO_2(s) + CO(g) + 3Fe(l) \qquad \Delta G^{\ominus} = -49140 - 8.24T$$

$$SiC(s) + 3[O] \Longrightarrow SiO_2(s) + CO(g) \qquad \Delta G^{\ominus} = -132000 + 22.18T$$

$$SiC(l) + 2FeO(l) \Longrightarrow SiO_2(s) + 2Fe(l) \qquad \Delta G^{\ominus} = -116460 - 27.04T$$

硅铁粉脱氧反应的标准自由能 $\Delta G^{\ominus}$ 与温度 T 的关系为：

$$[Si] + 2[O] \Longrightarrow (SiO_2) \qquad \Delta G^{\ominus} = -129440 + 48.44T$$

炭粉脱氧反应的标准自由能 $\Delta G^{\ominus}$ 与温度 T 的关系为：

$$[C] + [O] \Longrightarrow CO(g) \qquad \Delta G^{\ominus} = 4893 - 14.06T$$

$$C(s) + FeO(l) \Longrightarrow CO(g) + Fe(l) \qquad \Delta G^{\ominus} = 28920 - 31.78T$$

由以上分析可知：

(1) 在 1600℃时，碳化硅和硅铁粉与 FeO 反应的 $\Delta G^{\ominus}$ 很接近，而 C 与 FeO 反应的绝对值却远低于碳化硅、硅铁粉与 FeO 反应的 $\Delta G^{\ominus}$ 的绝对值。随着温度的升高，碳化硅和炭粉 FeO 与反应的 $\Delta G^{\ominus}$ 绝对值上升，而 Si 与 FeO 反应的 $\Delta G^{\ominus}$ 绝对值下降。

(2) 在炼钢温度下（1600℃）各脱氧剂直接与 [O] 反应时，碳化硅与 [O] 反应的 $\Delta G^{\ominus}$ 绝对值高于 Si 与 [O] 反应的 $\Delta G^{\ominus}$ 的绝对值，并大大高于 C 与 [O] 反应的 $\Delta G^{\ominus}$ 绝对值。随着温度的升高，除 C 与 [O] 反应的 $\Delta G^{\ominus}$ 的绝对值升高外，碳化硅和 Si 与 [O] 反应的 $\Delta G^{\ominus}$ 的绝对值是下降的。

(3) 同样在 1600℃时，碳化硅与 [O] 反应的 $\Delta G^{\ominus}$ 的绝对值高于碳化硅与 FeO 反应的 $\Delta G^{\ominus}$ 的绝对值。随着温度的升高，碳化硅与 FeO 反应的 $\Delta G^{\ominus}$ 的绝对值升高，而碳化硅与 [O] 反应的 $\Delta G^{\ominus}$ 的绝对值下降，但在炼钢温度下，碳化硅

与 [O] 反应的 $\Delta G^{\ominus}$ 的绝对值恒高于碳化硅与 FeO 反应的 $\Delta G^{\ominus}$ 的绝对值。

综上所述，从热力学条件来看，碳化硅的扩散脱氧能力与硅铁粉的扩散脱氧能力相当。而碳化硅与 [O] 直接反应时，其脱氧能力要比硅铁粉与 [O] 反应的脱氧能力强，同样也比碳化硅与 FeO 反应时的脱氧能力强。

在陈家祥的《炼钢常用图表数据手册》给出的氮化硅的性质如下：熔点 1800℃，沸点 1900℃，在不同氮气的分压条件下的分解温度见表 9-15。

表 9-15 不同氮气的分压条件下的氮化硅分解温度

p_{N_2}/Pa	0.133	13.33	133.3	101325
分解温度/℃	1060	1282	1230	1640

由以上分析可知，氮化硅的分解反应数据如下：
$$Si_3N_{4(\alpha)} = 3Si(s) + 2N_2(g) \qquad \Delta H = 723832J/mol$$

有以上的数据可知，在炼钢的工艺条件下，氮化硅能够发生脱氧反应，同样的对钢液存在有增氮的可能，脱氧反应的方程式如下：
$$Si_3N_4(s) + 6FeO(l) = 3SiO_2(s) + 2N_2(g)\uparrow + 6Fe(l)$$
$$Si_3N_4(s) + 6[O](l) = 3SiO_2(s) + 2N_2(g)\uparrow$$

利用电解铝电解槽耐火材料碳化硅结合氮化硅生产脱氧剂的技术路线如下：从大修渣中间挑拣出碳化硅耐火材料，破碎后，磨细到小于 5mm 和小于 1mm 两种粒度的产品，添加碳酸钙活化剂和氯化镁黏结剂，用于在炼钢过程中促进其中的氟化盐与镁盐和钙盐反应。其中，5mm 的做脱氧剂，小于 1mm 的做耐火材料的添加剂。工艺流程如图 9-14 所示。

碳化硅　　　　　颚式破碎机　　　　　球磨机　　　　脱氧剂、磨料

$CaMg(CO_3)_2$

图 9-14　利用电解槽耐火材料碳化硅结合氮化硅生产脱氧剂的工艺流程

生产出的脱氧剂，可以按照碳化硅的含量，提供给炼钢生产，在一些特殊的情况下，加入部分的电解铝回收的铝粒，可以生产 Al-SiC 脱氧剂。

参 考 文 献

[1] 胡文豪，袁永，刘骁，等 . 酸溶铝在钢中行为的探讨 [J]. 钢铁，2003 (7)：43-47.

[2] 曹磊，王国承，赵洋，等 . 钢液铝脱氧早期形成的 Al_2O_3 夹杂 [J]. 辽宁科技大学学报，2018 (2)：88-91.

[3] Tiekink W，等 . 钢液脱氧与二次氧化形成的氧化铝的若干形态 [J]. 钢铁译文集，2011 (1)：10-15.

[4] 张同生，王德永，张永启，等 . 铝、镁脱氧钢中夹杂物的动态演变规律 [J]. 东北大学学报（自然科学版），2014，35 (9)：1270-1276.

[5] 王宝明，潘贻芳，田雷，等 . 含铝钢连铸时中间包水口结瘤物的成因分析 [J]. 炼钢，2008 (6)：42.

[6] 王德永，吕铭，刘承军，等 . RH 精炼过程钢中非金属夹杂物行为及演变规律 [J]. 东北大学学报（自然科学版），2013，34 (3)：373-377.

[7] 薛正良，王义芳，王立涛 . 用小气泡从钢液中去除夹杂物颗粒 [J]. 金属学报，2003 (4)：431-437.

[8] 王立涛，薛正良，张乔英，等 . 钢包炉吹氩与夹杂物去除 [J]. 钢铁研究学报，2005，17 (3)：34.

[9] 郑淑国，朱苗勇 . 吹氩钢液精炼过程气泡去夹杂机理研究 [J]. 钢铁，2008 (6)：25-28.

[10] 李碧霞，高文芳，颜正国，等 . 大包底吹氩水模试验研究 [J]. 炼钢，2001 (4)：44-46.

[11] 李宝宽，顾明言，齐凤升 . 底吹钢包内气-钢液-渣三相流模型及渣层行为的研究 [J]. 金属学报，2008 (10)：1198-1202.

[12] 幸伟，沈巧珍，王晓红，等 . 钢包底吹氩过程数学物理模拟研究 [J]. 炼钢，2005 (6)：33-36.

[13] 陈家祥 . 炼钢常用数据图表手册 [M]. 2 版 . 北京：冶金工业出版社，2010.

[14] 曾加庆，刘浏，刘跃，等 . 转炉出钢过程渣脱硫工艺研究 [J]. 炼钢，2003，19 (6)：29-31.

[15] 潘贵明，曲欣，张奇毅 . 用渣洗替代钢包精炼炉脱硫的工艺优化试验研究 [J]. 安徽工业大学学报，2016 (1)：1-4.

[16] 姜峰，陈保战 . 钙基脱硫剂盛钢桶内脱硫的应用 [J]. 天津冶金，2008 (9)：26-29.

[17] 朱立光，王硕明，姬旦旦，等 . 渣洗工艺冶金效果分析与评测 [J]. 河南冶金，2012 (1)：1-5.

[18] 赵圣功，张永青，费燕，等 . 预熔合成渣洗工艺在品种钢生产中的应用 [J]. 莱钢科技，2009 (2)：54-55.

[19] 张占省，胡志刚，赵彦华 . 转炉出钢过程中渣洗脱硫的试验研究 [J]. 河北冶金，2008 (6)：9-11.

[20] 黄志勇，颜根发，徐广治，等 . 含 BaO 渣系"渣洗"脱硫工艺的试验研究 [J]. 安徽

工业大学学报（自然科学版），2009（1）：1-4.

[21] 周长祥，王卿，张文娟，等．铝灰渣中氨氮的回收［J］．矿产保护与利用，2012（3）：39.

[22] 苏利川，李朋欢，吴辉强，等．LF 精炼过程钢液氮含量控制［J］．炼钢，2015（1）：52-57.

[23] 李燕龙，张立峰，杨文，等．铝灰用于钢包渣改质剂试验研究［J］．钢铁，2014（3）：18-21.

[24] 王德永，刘承军，等．铝灰在管线钢脱硫中的作用［J］．中国冶金，2007（2）：14-18.

[25] 杨才福．高强度建筑钢筋的最新技术进展［J］．钢铁，2010（11）：1-5.

[26] 黄希祜．钢铁冶金原理［M］．北京：冶金工业出版社，2004.

[27] 傅杰，唱鹤鸣．钢液真空脱氮动力学研究［J］．钢铁，2000（10）：24-26.

[28] 成国光，赵沛，刘龙生，等．表面活性元素影响钢液吸氮机理的研究［J］．钢铁研究，1997（2）：3-8.

[29] 彭其春，李源源，张细菊，等．SPHC 钢过程氮含量变化以及吸氮机理分析［J］．武汉科技大学学报（自然科学版），2006（2）：115-119.

[30] 黄得胜，杨森祥，李桂军．LF 精炼过程氮含量控制技术与实践［J］．炼钢，2012（2）：14-18.

[31] 周世祥，徐诚信，屠宝洪，等．铝灰渣脱硫剂对提高 LF 炉脱硫效果的影响［J］．北京科技大学学报，1997（4）：338-342.

[32] 彭军，王世俊，刘丽霞，等．新型钢包改质剂生产 Q345C 的应用研究［J］．钢铁，2009（4）：38-41.

[33] 刘彦平，薄涛，霍自美，等．济钢钢包顶渣改质剂的开发与应用试验［J］．山东冶金，2008（2）：12-16.

[34] 耿继双，李万象，赵素华，等．LF 精炼及后道工序钢中氮、氧含量控制技术研究［J］．鞍钢技术，2004（3）：29.

[35] 项长祥，杨斯馥，Gammal T E，等．合成渣对钢液吸氮的保护作用［J］．北京科技大学学报，1998（2）：122-125.

[36] 姜澜，邱明放，丁友东，等．铝灰中 AlN 的水解行为［J］．中国有色金属学报，2012（12）：3556-3561.

[37] 刘伟，赖朝彬，冯小明，等．无氟预熔型精炼渣的设计与应用［J］．有色金属科学与工程，2012（5）：45-50.

[38] 赵丙新，杨吉春，左立杰，等．CaO-BaO-Al$_2$O$_3$-SiO$_2$-MgO-CaF$_2$ 精炼渣系熔化温度研究［J］．内蒙古科技大学学报，2012（4）：316-318.

[39] 董方，邓浩华，郖俊懋．组分和粒度对高碱度精炼渣半球熔点和熔化速率的影响［J］．特殊钢，2014（2）：9-12.

[40] 赵和明，王新华，谢兵．铝钙型预熔精炼渣熔化温度和黏度的研究［J］．钢铁钒钛，2004（2）：13-16.

[41] 徐国华．100t 钢包炉用固体合成精炼渣［J］．包头钢铁学院学报，2001（4）：319-321.

[42] 耿志军．碳化硅脱氧的特性及效果分析［J］．甘肃冶金，1995（3）：11-16.